新编家常菜

家庭菜谱实用大全

文萱◎著

西安交通大学出版社
XI'AN JIAOTONG UNIVERSITY PRESS

图书在版编目（CIP）数据

新编家常菜：家庭菜谱实用大全 / 文萱著. —西安：西安交通大学出版社，2016.4

ISBN 978 - 7 - 5605 - 8440-9

Ⅰ.①新… Ⅱ.①文… Ⅲ.①家常菜肴—菜谱 Ⅳ.①TS972.12

中国版本图书馆CIP数据核字（2016）第072970号

书　　名　新编家常菜：家庭菜谱实用大全
著　　者　文　萱
责任编辑　李　晶

出版发行　西安交通大学出版社
（西安市兴庆南路10号　邮政编码710049）
网　　址　http://www.xjtupress.com
电　　话　（029）82668805　82668502（医学分社）
（029）82668315　（总编办）
传　　真　（029）82668280
印　　刷　保定市西城胶印有限公司

开　　本　880mm×1280mm　1/32　　印张　14.75　　字数　450千字
版次印次　2016年7月第1版　　2017年11月第2次印刷
书　　号　ISBN　978-7-5605-8440-9/TS•25
定　　价　39.80元

读者购书、书店添货、如发现印装质量问题，请通过以下方式联系、调换。
订购热线：（029）82665248　82665249
投稿热线：（029）82668805
读者信箱：medpress@126.com

前言

人们常说“民以食为天”，就是说食物对于我们而言是极其重要的，人的生存离不开食物。在物质生活日益丰富的今天，人们已不再满足于吃饱即可，而是追求美食的享受、味蕾的满足。

可是无论我们怎样追求口感的创新，终究逃不过五谷杂粮、四季蔬菜、海鲜肉类等，于是我们常常听到这样的抱怨：到底吃什么才好啊？总是那么几样，翻来覆去的，都没什么新意。

随着现代生活压力的增大，生活节奏也越来越快，如果我们不在食物上多花点心思和精力，又怎么能够给予身体充足的营养，保证我们一天的工作及生活能量的消耗呢？

所以，忙碌的我们应该让多滋多味的美食来为我们的生活增添色彩，为我们的身体带来能量，让工作和学习更加出色。改善生活，从改变食物开始，从今天起，就跟着这本《新编家常菜：家庭菜谱实用大全》来做饭吧。这里汇集了各式各样的食材，囊括了多种快捷方便的烹饪方式，满足身体所需的各类营养物质，不仅呵护您的脾胃，更能满足您挑剔的味蕾。

本书共分为家常菜和特色菜两大部分。

家常菜里包括热菜类、凉菜类、汤羹类、主食类。

热菜类（含果蔬类、畜肉类、河鲜及海鲜类、豆制品及蛋类），热菜类的食材都很容易准备，又简单易做，百变搭出不同的花样，让你一年365天，每天三餐，餐餐不重样。

凉菜类（含果蔬类、畜肉类、水产类和豆制品类），在满满油荤餐桌上，搭配一道清淡的凉菜，为我们带来完美的清爽口味。

汤羹类（含汤类、羹类、饮品类及其他），最能让人身心融化的美味，唯靓汤莫属。汤可以将百味融入，每一样食材都可以随着时间的推移，将其营养丝丝融入汤品之中。

主食类（含面食类、米饭类、馅类和小吃类），你要做的只是把你的胃口交给最朴素的五谷杂粮和几许时间，按照我们的食谱去做，就能做出各类花样的主食了。

家常菜对于厨艺初学者来说，可以从中学习简单的菜色，让自己逐步变成烹饪高手；对于已经可以熟练烹饪的人来说，则可以从中学习新的菜色，为自己的厨艺秀锦上添花。

特色菜里包括八大菜系、国外美食、儿童菜谱、孕妇食谱四大类。

八大菜系。将中华美食文化的博大精深充分发挥，全面涵盖了中国菜系的经典菜肴，将美食文化发扬光大，让你可以人在河北，吃到正宗的粤菜；也可以人在湖南，吃到正宗鲁菜。总之，八大菜系带你在餐桌上游历祖国的天南地北。

国外美食。包含各色国外食品，可以让你足不出户就领略异国的味道，满足味蕾对新奇味道的追求，尽享天下美食。

儿童菜谱和孕妇菜谱是讲述在人生两个重要的阶段要注意的饮食搭配，我们从补充营养入手，合理搭配各种食材，让这两个时期的人群充分补充到营养，吃出健康好身体。

特色菜，让我们的每一餐都是一次享受之旅，这短短的享受时间，可以让我们生活品质有大大的提高。

《新编家常菜：家庭菜谱实用大全》是你全新生活的开始，让你从口开始，品味珍馐，感受美好，在平凡的生活中享受不平凡的人生，打造不平凡的新滋味。

目录

家常菜

☞ **热菜**

果蔬类 / 002

01 白菜/卷心菜/青菜/油菜/菠菜 / 002

醋熘白菜 / 002
油焖白菜 / 002
酸辣白菜 / 002
香鱼白菜 / 003
香菇烧菜心 / 003
扒栗子白菜 / 003
茄汁菜包 / 004
芝麻小白菜 / 004
清香手撕圆白菜 / 004
糖醋卷心菜 / 005
炝莲白卷 / 005
香菇炒青菜 / 005
金钩青菜心 / 006
鱼香菜心 / 006
鱼香油菜薹 / 006
锅塌菠菜 / 007

02 茄子/土豆/菜花/西蓝花 / 007

炒茄丝 / 007
烧茄子 / 007
海米烧茄子 / 008
鱼香茄条 / 008
辣汁茄丝 / 008
焖茄子条 / 009
三鲜茄子 / 009
炸茄盒 / 009
锅塌茄盒 / 010
油煎茄片 / 010
拌茄泥 / 010
熘土豆丝 / 011
樱桃土豆 / 011
炝菜花 / 011
奶油西蓝花 / 012

03 山药/冬瓜/丝瓜/黄瓜 / 012

香酥山药 / 012
南煎素丸子 / 012
炸冬瓜丸子 / 013
软炸冬瓜 / 013
麻辣冬瓜 / 014
酱烧冬瓜条 / 014
茄汁冬瓜排 / 014
红烧冬瓜 / 015
香酥冬瓜 / 015
鲜蘑火冬瓜 / 015
香菇烧丝瓜 / 016
醋熘黄瓜 / 016
炝青瓜条 / 016

04 菇类/笋类/木耳/茭白 / 017

蚝油鲜菇 / 017
长寿菜 / 017
鼎湖上素 / 017
炒素什锦 / 018
扒素子双菇 / 018
炒鲜莴笋 / 018
油闷春笋 / 019
干煸冬笋 / 019
麻酱凤尾 / 019
清炒芦笋 / 020

炝椒青笋尖 / 020
如意冬笋 / 020
糖醋黑木耳 / 020
木耳顺风 / 021
油焖茭白 / 021
炝茭白 / 021

05 豌豆/豆芽/豆角/其他 / 022

鲜蘑炒豌豆 / 022
炒豌豆荚 / 022
熘豆芽 / 022
韭菜炒绿豆芽 / 022
珊瑚金钩 / 023
香菇豆角 / 023
玛瑙银杏 / 023
诗礼银杏 / 024
锅塌韭菜 / 024
乳椒空心菜 / 024
炒空心菜 / 024
椒油炝芹菜 / 025
玉兔葵菜尖 / 025
糖醋红柿椒 / 025
大良炒鲜奶 / 026
干炸果肉 / 026
香炸云雾 / 026
菊叶玉板 / 027
八宝梨罐 / 027

禽畜类 / 027

01 鸡/鸭/鸽/鹌鹑/雀 / 027

炸蚕蛹鸡 / 027
三菌炖鸡 / 028
家常烤鸡 / 028
炸八块 / 028
荷叶米粉鸡 / 029
担担鸡 / 029
怪味鸡 / 030
白果烧鸡 / 030
风鸡斩肉 / 030
姜汁热味鸡 / 031
五香脆皮鸡 / 031
清汤火方 / 032
麻油鸡 / 032
炖鸡汁 / 033
红杞蒸鸡 / 033
归芪蒸鸡 / 033
叉烧鸡 / 034
当归炖鸡 / 034
桃杞鸡卷 / 034
栗杏焖鸡 / 035
麻油火鸡肾 / 036
糖醋鸡圆 / 036
芙蓉鸡片 / 036
荷叶凤脯 / 037
雪花鸡烨 / 037
龙凤腿 / 037
豆苗鸡丝 / 038
炒鸡什件 / 038
软炸鸡肝 / 039
花椒鸡丁 / 039
锅贴鸡片 / 039
粉蒸鸡 / 040
黄焖鸡块 / 040
炒鸡丝 / 041
豉椒鸡片 / 041
浮油鸡片 / 041
红烧卷筒鸡 / 042
金钱鸡塔 / 042
碎末鸡丁 / 043
辣子鸡丁 / 043
茄汁鸡肉 / 044
鸡里爆 / 044
雪魔芋鸡翅 / 044
小煎鸡 / 045
香酥鸭 / 045
糟片鸭 / 045
丁香鸭 / 046
八宝碎扣鸭 / 046
清蒸鸭子 / 047
银杏蒸鸭 / 047
魔芋烧鸭 / 048
樟茶鸭子 / 048
虫草鸭子 / 048
酱爆鸭块 / 049
烩鸭四宝 / 049
鸭泥腐片 / 049
重庆毛血旺 / 050
脆皮乳鸽 / 050
兰度鸽脯 / 050
软炸白花鸽 / 051
虫草鹌鹑 / 051
芪蒸鹌鹑 / 051
焗禾花雀 / 052

02 猪/牛/羊 / 052

水浒肉 / 052
冬笋里脊丝 / 052
糖醋里脊 / 053
酥炸春花肉 / 053
炸芝麻里脊 / 054
水煮肉片 / 054

山楂肉干 / 054
泡菜肉末 / 055
酱爆肉 / 055
肉丝炒芹菜 / 055
生爆盐煎肉 / 056
烤扁担肉 / 056
辣子肉丁 / 056
番茄豆腐炒肉片 / 057
蚂蚁上树 / 057
酿青椒 / 057
宫保肉丁 / 057
川味肉丁 / 058
腐乳汁肉 / 058
筒子肉 / 058
菠萝咕咾肉 / 059
扒方肉 / 059
南煎肉丸子 / 060
红烧狮子头 / 060
番茄酿肉 / 060
麻辣肉丁 / 061
青椒肉丝 / 061
泡菜炒肉末 / 062
四喜丸子 / 062
冬菜肉末 / 062
冬菜扣肉 / 062
五花肉炒豆腐泡菜 / 063
榨菜肉丝 / 063
炸灌汤丸子 / 063
蜜汁火方 / 064
炸扳指 / 064
东坡肘子 / 064
酥炸排骨 / 065
粉蒸排骨 / 065
果仁排骨 / 065
茄汁猪排 / 066
佛手排骨 / 066
椒盐蹄膀 / 066
红烧猪蹄 / 067
牛膝蹄筋 / 067
火爆腰花 / 067
腰花笋片 / 068
鱼香腰花 / 068
砂仁肚条 / 069
芫爆肚丝 / 069
火爆双脆 / 069
干炸肝花 / 070
菜心炒猪肝 / 070
麻辣猪肝 / 070
南煎肝 / 071
豆渣猪头 / 071
红烧猪脑 / 071
红烧舌尾 / 072
川味牛肉 / 072
芦笋牛肉 / 072
酥炸牛肉卷 / 073
水煮牛肉 / 073
椒盐牛排 / 073
滑蛋牛肉 / 074
红烧牛尾 / 074
干烧牛肉片 / 074
干煸牛肉丝 / 074
粉蒸牛肉 / 075
虾须牛肉 / 075
酸菜牛肉 / 075
炝肉丝莴笋 / 076
重庆麻辣火锅 / 076
淮杞炖羊肉 / 077
羔烧羊肉 / 077
酥炸羊腩 / 077
萝卜炖羊肉 / 078

河鲜/海鲜 / 078

01 鱼/虾 / 078

参蒸鳝段 / 078
银丝鳝鱼 / 079
蝴蝶烩鳝 / 079
椒盐鳝卷 / 079
爆炒鳝片 / 080
干煸鳝鱼 / 080
白斩鲤鱼 / 081
五柳鱼丝 / 081
叉烧鱼 / 081
芪烧活鱼 / 082
糖醋鲤鱼 / 082
鱼腹藏羊肉 / 083
芹黄鱼丝 / 083
糖醋黄河鲤 / 084
彭城鱼丸 / 084
龙肝凤脑 / 084
椒盐塘鱼片 / 085
莼菜氽塘鱼片 / 085
泡菜鱼 / 086
豆腐鲫鱼 / 086
凉粉鲫鱼 / 087
豆瓣鲫鱼 / 087
干煸鱿鱼丝 / 087
荔枝鱿鱼卷 / 088
玻璃鱿鱼 / 088
烧腩鱿鱼 / 088
香滑鲈鱼球 / 089
芫爆鱿鱼卷 / 089
砂锅鱿鱼 / 089
干蒸黄鱼 / 090

锅塌银鱼 / 090
网油鱼包 / 090
脆皮鳜鱼 / 091
清蒸甲鱼 / 091
鲜菇鱼片 / 091
熬黄花鱼 / 092
红烧下巴 / 092
上料鱼圆 / 092
豆豉鱼 / 093
葱辣鱼 / 093
黄焖鲇鱼头 / 094
软烧仔鲇 / 094
大蒜鲇鱼 / 095
茄汁鱼卷 / 095
椰盅海皇 / 096
白汁鱼 / 096
醋熘鳜鱼 / 096
红松鳜鱼 / 097
五丁鱼圆 / 097
香炸银鱼 / 098
鸡火鱼鲞 / 098
红烧武昌鱼 / 099
东坡墨鱼 / 099
白汁鱼肚 / 100
辣椒鱼 / 100
参麦团鱼 / 100
米熏鱼 / 101
蟹黄大生翅 / 101
三丝鱼翅 / 101
干烧鱼翅 / 102
三色虾仁 / 102
炸珍珠虾 / 103
蚕豆炒虾仁 / 103
虾片油菜 / 104
炊水晶虾 / 104
吉利大虾 / 104
豆苗炒虾片 / 105
燕巢凤尾虾 / 105
滑蛋虾仁 / 105
清炒虾仁 / 106
油焖虾 / 106
软炸虾糕 / 106
南卤醉虾 / 107
腐皮虾包 / 107
金钱芝麻虾 / 107
干炸虾枣 / 108
虫草杜仲炖海虾 / 108
炊太极虾 / 108
虾仁拉丝蛋 / 109
海棠冬菇 / 109
龙凤腿 / 109

02 海参/蟹/贝/其他 / 110

家常海参 / 110
蝴蝶海参 / 110
一品海参 / 111
酸辣海参 / 111
豆瓣海参 / 112
枸杞海参鸽蛋 / 112
响铃海参 / 113
葱烧乌参 / 113
金丝海蟹 / 113
赛螃蟹 / 114
香辣炒蟹 / 114
醉蟹清炖鸡 / 114
干焗蟹塔 / 115
蛤蜊鲫鱼 / 115
蒜蓉粉丝蒸扇贝 / 115
蛏溜奇 / 116
白炒响螺 / 116
海底松银肺 / 117
鸡丝海蜇 / 117
南排杂烩 / 117
牡丹煎酿蛇脯 / 118
烩乌鱼蛋 / 118

豆制品/蛋 / 119

软烧豆腐 / 119
虾仁豆腐 / 119
恋爱豆腐 / 119
脆皮炸豆腐 / 120
鸭蛋豆腐 / 120
榨菜肉末蒸豆腐 / 120
炒豆腐 / 121
彩塘滑豆腐 / 121
酸奶豆腐 / 121
翡翠豆腐 / 122
三鲜豆腐 / 122
两色豆腐 / 122
太阳豆腐 / 122
东江豆腐 / 122
卤豆腐 / 123
泰安三美豆腐 / 123
炸豆腐丸子 / 123
富贵豆腐 / 124
镜箱豆腐 / 124
平桥豆腐 / 125
雪花豆腐 / 125
烧豆腐 / 126
冬菇豆腐 / 126
炒豆腐松 / 126
番茄豆腐 / 126
虾米拌豆腐 / 127
炝豆腐 / 127

蘑菇炖豆腐 / 127
麻婆豆腐 / 127
麻辣豆腐 / 128
口袋豆腐 / 128
熊掌豆腐 / 128
芙蓉煎滑蛋 / 129
鱼香荷包蛋 / 129
绉纱鸽蛋 / 130
金银炒蛋 / 130
首乌炖蛋 / 130
虎皮蛋 / 130
蛋松 / 131
菠菜蛋蓉 / 131
香葱烘蛋 / 131
鱼香炒蛋 / 132
水炒鸡蛋 / 132

☞ 凉菜

果蔬类 / 133

01 白菜/圆白菜/苦苣/泡菜 / 133

珊瑚白菜 / 133
炝辣白菜 / 133
三味白菜 / 133
糖醋白菜 / 134
麻酱白菜丝 / 134
凉拌白菜心 / 134
拌圆白菜 / 135
醋熘莲花白 / 135
百合拌苦苣 / 135
水果泡菜 / 135
四川泡菜 / 136
沙拉川式泡菜 / 136
韩国泡菜 / 136

02 苦瓜/黄瓜/冬瓜/南瓜/金瓜/银瓜 / 137

忆苦思甜 / 137
凉拌苦瓜 / 137
甘蓝什锦串 / 137
油酥瓜条 / 137
三味黄瓜 / 138
翠玉黄瓜 / 138
辣黄瓜皮 / 138
油泼黄瓜 / 139
炝辣椒黄瓜 / 139
蒜泥黄瓜 / 139
油激黄瓜 / 139
拌拉皮 / 140
黄瓜粉皮 / 140
酸辣瓜片 / 140
开胃南瓜片 / 140
香油金瓜丝 / 141
酿银瓜 / 141

03 山药/土豆/豆角/豇豆/豆芽 / 141

素火腿 / 141
拔丝山药 / 142
土豆火腿沙拉 / 142
酸豆角 / 142
麻酱拌豆角 / 143
炝拌豇豆 / 143
拌绿豆芽 / 143

04 芹菜/菠菜/韭菜/油菜 / 143

拌芹菜 / 143
茄汁芹菜 / 144
三丝芹菜 / 144
炝芹菜 / 144
花生仁拌芹菜 / 144
芹菜拌腐竹 / 145
菠菜泥 / 145
麻酱菠菜 / 145
三彩菠菜 / 146
拌韭菜 / 146
韭黄拌干丝 / 146
海米拌油菜 / 146
炝油菜 / 147
菜心面鱼 / 147

05 藕/菌/笋/菇类 / 147

葡萄藕片 / 147
香麻拌藕片 / 148
凉拌莲藕 / 148
糯米藕 / 148
蜜汁红枣藕片 / 149
茶香酸辣藕片 / 149
糖拌三鲜 / 149
美味双耳 / 150
凉拌剁椒木耳 / 150
凉拌黑木耳 / 150
凉拌银耳 / 150
炝辣三丝 / 151
拌莴笋 / 151
蜜汁鲜果 / 151
如意笋 / 151
酒醉冬笋 / 152
糖醋莴笋 / 152
香辣鲜笋 / 152
椒油金菇 / 153

金针菇拌肚丝 / 153
凉拌金针菇 / 153
菊花酥金菇 / 153
香卤猴头 / 154
水晶猴头 / 154
田园蘑菇沙拉 / 155

06 萝卜/花椰菜/葱/彩椒 / 155

剁椒炝拌三丝 / 155
开胃酱萝卜 / 155
京糕萝卜丝 / 156
凉拌西蓝花 / 156
炝菜花 / 156
醒胃腌椰菜花 / 156
拌葱头 / 157
糖醋京葱 / 157
青椒拌干丝 / 157

07 苹果/梨/其他果类 / 157

拔丝苹果 / 157
田园三脆 / 158
蜜汁梨球 / 158
芒果沙拉 / 158
桃子沙拉 / 158
蜜汁肥桃 / 159
拔丝楂糕 / 159
蜜汁金枣 / 159
蜜三果 / 160
拔丝空心小枣 / 160
香橙龙眼 / 160
石斛花生米 / 160

禽畜类 / 161

01 鸡/鸭/鹅 / 161

葱椒鸡 / 161
手撕白斩鸡 / 161
白斩河田鸡 / 161
怪味鸡丝 / 162
椒麻鸡 / 162
芥末鸡 / 163
翡翠鸡片 / 163
芥酱酸拉皮 / 163
泡椒沙拉鸡 / 164
熏鸡 / 164
五味鸡 / 164
桶子鸡 / 165
香辣雪梨手撕鸡 / 165
蓝花酥鸡腿 / 166
陈皮鸡 / 166
水八块 / 167
糊涂鸡 / 167
山城棒棒鸡 / 167
鸡丝拉皮 / 168
盐水肫花 / 168
鸡蹄花 / 168
山椒凤爪 / 169
沙拉樟茶鸭 / 169
冻鸭掌 / 169
鸭掌海蜇 / 170
精盐水鸭 / 170
红花鸭子 / 170
芥末鸭掌 / 171

02 猪/牛/羊/兔 / 171

烤里脊肉 / 171
腊肉 / 171
五香里脊肉 / 172
蒜泥白肉 / 172
猪肉冷盘 / 173
怪味白肉 / 173
三色板肚 / 173
肉丝拌粉皮 / 174
拌什锦 / 174
麻粉肘子 / 175
拌鸡冠肚皮 / 175
红油耳片 / 175
面酱拌牛舌 / 176
麻辣牛肉 / 176
五香清酱牛肉 / 176
肘花 / 177
生拌百叶 / 177
干拌牛肉 / 178
姜丝拌百叶 / 178
白切牛肉 / 178
水爆肚仁 / 179
热牛肉拌双丝 / 179
凉拌牛肉片 / 179
夫妻肺片 / 179
麻酱牛腰片 / 180
香卤牛腱 / 180
拌牛蹄黄 / 181
牛筋冻 / 181
牛肉冻 / 181
板羊肉 / 182
杞子兔卷 / 182
芝麻兔 / 182

水产类 / 183

01 鱼/虾/蟹柳 / 183

陈皮鳝鱼 / 183
葱辣鱼条 / 183
五香鱼 / 184
椒麻沙拉鱼 / 184
拌脆鳝 / 184
松子鱼米 / 185
风活鲤鱼 / 185
油浸咸鱼 / 185
冰镇银鱼 / 186
酥鱼 / 186
冰镇醋青鱼 / 186
熏黄鱼 / 187
瓜环虾仁 / 187
精盐水虾 / 187
虾仁熘银耳 / 188
黄瓜拌虾片 / 188
西芹虾仁 / 188
凉拌蟹柳丝 / 188
鲜虾蟹柳沙拉 / 189
蟹肉黄瓜土豆泥 / 189

02 海蜇/海带/海苔 / 189

金丝玉条 / 189
凉拌五丝 / 190
佛手海蜇皮 / 190
生炝椒圈海蜇 / 190
陈醋海蜇头 / 190
炝海带丝 / 191
海带拌粉丝 / 191
凉拌海带丝 / 191
海苔脆黄瓜 / 192

蛋及豆制品类 / 192

凉拌皮蛋 / 192
蛋黄苦瓜酿 / 192
皮蛋拌豆腐 / 192
凉拌蛋皮丝 / 193
五香熏鸡蛋 / 193
香干菠菜塔 / 193
香菜拌豆腐 / 194
麻酱拌豆腐 / 194
精盐水毛豆 / 194
拌香黄豆 / 194

主食

米饭类 / 198

肉丁豌豆饭 / 198
鸡肉卤饭 / 198
什锦炒饭 / 199
牛奶大米饭 / 199
八宝甜饭 / 199
虾仁饭煲 / 200
八宝青蟹饭 / 200
豆腐软饭 / 200
扬州蛋炒饭 / 200
五谷蛋包饭 / 201
果汁饭 / 201

面食类 / 202

01 面条/面筋/面线/面皮 / 202

汀州伊面 / 202
担担面 / 202
麻油素面 / 202
辣酱面 / 202
阳春面 / 203
排骨汤面 / 203
叉烧炒面 / 203
三鲜酿面筋 / 204
糖醋面筋 / 204
炒面线 / 204
烤奶酪水饺皮 / 205
凉拌馄饨皮 / 205

02 饼/糕点 / 205

鸡蛋家常饼 / 205
香椿饼 / 206
水饺豆沙煎饼 / 206
水晶虾饼 / 206
葱油饼 / 207
金钱饼 / 207
茄汁牛肉饼 / 207
红薯饼 / 208
芝麻南瓜饼 / 208
土豆肉饼 / 208
土豆丝煎饼 / 209
韭菜馅饼 / 209

萝卜饼 / 209
香蕉玉米饼 / 209
西红柿饼 / 210
白菜饼 / 210
洋葱饼 / 210
南瓜豆腐饼 / 210
菠菜饼 / 211
豆腐饼 / 211
咸蛋蒸肉饼 / 211
小米面蜂糕 / 211
玉米面发糕 / 212
小窝头 / 212
炸馓子 / 213

馅类 / 213

01 包子/饺子 / 213

猪肉酸菜包 / 213
三丁大包 / 214
烤麸大包 / 214
洋白菜鲜虾包 / 215
麻蓉包 / 215
小笼汤包 / 215
蟹黄灌汤包 / 216
广式叉烧包 / 216
菜包 / 216
红豆沙包 / 217
玉米面蒸饺 / 217
灌汤蒸饺 / 217
锅贴饺 / 218
广东虾饺 / 218
煸馅水饺 / 219
三鲜水饺 / 219
大白菜水饺 / 220
咖喱饺 / 220

02 馄饨/烧麦/汤圆 / 220

荠菜肉馄饨 / 220
炸馄饨 / 221
串煎馄饨 / 221
糯米烧麦 / 221
鸡头粉馄饨 / 222
芝麻元宵 / 222
藕粉圆子 / 222

小吃类 / 223

冰糖莲子 / 223
桂花核桃冻 / 223
蛋酥花生仁 / 223
酱酥桃仁 / 224
马蹄糕 / 224
响铃球 / 224
琥珀莲子 / 225
豆蓉酿枇杷 / 225
八宝酿香瓜 / 225
香蕉果炸 / 226
桂花糖大栗 / 226
涟水鸡糕 / 226
灯影苕片 / 227
芝麻球 / 227
炒米粉 / 227
油煎糖年糕 / 228
炒山药泥 / 228
果酱三明治 / 228
蜜汁红芋 / 229
西湖桂花藕粉 / 229
拔丝蜜橘 / 229
一品薯包 / 229
馄饨香蕉卷 / 230
地栗糕 / 230
炒三泥 / 230
玫瑰果炸 / 231
鸡丝米粉 / 231
核桃仁酪 / 232
小米面茶 / 232
蜜饯萝卜 / 232
花生奶酪 / 233

粥类 / 233

黑米粥 / 233
翡翠鱼粥 / 233
木耳粥 / 234
枸杞豉汁粥 / 234
核桃仁粥 / 234
菠菜粥 / 234
豌豆粥 / 234
芹菜粥 / 235
胡萝卜粥 / 235
牛乳粥 / 235
香蕉粥 / 235
牛奶麦片粥 / 235
黑芝麻粥 / 236
小米红糖粥 / 236
绿豆银耳粥 / 236
皮蛋粥 / 236
山药大米粥 / 237
薏仁白米粥 / 237
麦枣糯米粥 / 237
荷叶粥 / 237
红小豆粥 / 237
什锦甜粥 / 238
鸡粥菜心 / 238

汤类 / 239

01 蔬菜类汤 / 239

云耳番茄汤 / 239
家常豆腐汤 / 239
紫菜豆腐汤 / 239
冬菇笋炖老豆腐 / 239
鲜花豆腐 / 240
南瓜汤 / 240
绿豆冬瓜汤 / 241
南瓜泥子汤 / 241
绿豆海带汤 / 241
海米冬瓜汤 / 241
海米白菜汤 / 242
冬瓜连锅汤 / 242
奶汤白菜 / 242
奶汤鲜核桃仁 / 243
海米萝卜汤 / 243
萝卜连锅汤 / 243
三鲜苦瓜汤 / 244
粟米菜花汤 / 244
西湖莼菜汤 / 244
金钱口蘑汤 / 244
青菜汤 / 245
藕片汤 / 245
甜椒南瓜汤 / 245
荔枝红枣汤 / 245
大枣冬菇汤 / 246
大枣百合汤 / 246

02 畜禽蛋汤 / 246

肉丝榨菜汤 / 246
椰菜腌肉汤 / 246
连锅汤 / 247
山东丸子 / 247
火腿冬瓜汤 / 248
火腿萝卜丝汤 / 248
韭菜肉片汤 / 248
海带肉丝汤 / 248
土豆排骨汤 / 249
萝卜排骨汤 / 249
豆腐排骨豆芽汤 / 249
猪尾浓汤 / 249
沙参心肺汤 / 250
杏仁猪肺汤 / 250
花生当归猪蹄汤 / 250
猪蹄汤 / 250
肉片粉丝汤 / 251
茄汁牛肉汤 / 251
牛肉汤 / 251
枸杞牛鞭汤 / 251
单县羊肉汤 / 252
仲景羊肉汤 / 252
清炖姜归羊肉汤 / 253
老姜肉片汤 / 253
羊肉冬瓜汤 / 253
人参山药乌鸡汤 / 253
茄子炖鸡汤 / 254
鸡丁米汤 / 254
枸杞莲子鸡汤 / 254
酒蒸全鸡汤 / 254
黄瓜鸡杂汤 / 255
酸辣汤 / 255
清汤燕菜 / 255
平菇蛋汤 / 256
成都蛋汤 / 256
海米紫菜蛋汤 / 256

03 水产类汤 / 257

三色鱼丸汤 / 257
菠菜鱼片汤 / 257
龙凤鲜汤 / 257
豆腐海鲜汤 / 258
鲜鱼生菜汤 / 258
鱼头木耳汤 / 258
胡椒海参汤 / 259
扣环球上汤 / 259
干贝萝卜汤 / 259
奶油瓜菇汤 / 260
荪角四宝汤 / 260
鸡火甲鱼汤 / 260
竹笋芋艿鲫鱼汤 / 260
荷花干贝汤 / 261
八卦汤 / 261
冬笋雪菜黄鱼汤 / 261
八鲜八补汤 / 261
黄鱼鱼肚汤 / 262
虾仁冬瓜汤 / 262
簩粉鱼头豆腐汤 / 262
鲤鱼苦瓜汤 / 263
还丝汤 / 263
鱼酸汤 / 263
鲍鱼肚片汤 / 264
绣球鱼翅 / 264
清汤鳗鱼丸 / 265

羹类 / 265

01 肉类羹 / 265

肉茸玉米羹 / 265
当归羊肉羹 / 266
米苋黄鱼羹 / 266
之江鲈莼羹 / 266

黄鱼羹 / 267
浦江蟹羹 / 267
雪梗珍珠羹 / 267
翡翠瑶柱羹 / 268
黄鱼豆腐羹 / 268
海参羹 / 268

02 蔬果羹 / 269

山药豆腐羹 / 269
酸辣豆腐羹 / 269
海鲜豆腐羹 / 269
雪花豆腐羹 / 269
荠菜干贝羹 / 270
玉米羹 / 270
糖红果 / 270
鲜果明珠羹 / 270
香蕉西米羹 / 271
太极山楂奶露 / 271

其他类 / 271

牛筋煲 / 271
狗肉煲 / 272
白果鸭煲 / 272
菠菜鸡煲 / 272
番茄鸡煲 / 273
海南椰子盅 / 273
牛腩煲 / 273
砂锅三味 / 273
什锦一品锅 / 274
三鲜砂锅 / 274
鲜鱿鲛鱼茄汁煲 / 275
海陆煲 / 275
砂锅鱼 / 275
蒜蓉辣椒鲜鱿煲 / 276
砂锅瓣胃 / 276
人参全鸡煲 / 276
砂锅鸭块 / 277
冬瓜薏米煲鸭 / 277
雪里红炖豆腐 / 277
熬白菜 / 277

特色菜

八大菜系

闽菜 / 280

肉松 / 280
金钱肉 / 280
葱爆肉丝 / 280
爆糟排骨 / 281
酸菜牛肉 / 281
咖喱牛肉 / 281
红糟羊肉 / 282
豉椒鸡丁 / 282
莲子鸡丁 / 282
干贝水晶鸡 / 283
马蹄鸡丁 / 283
炸鸡排 / 283
台式三杯鸡 / 283
咖喱鸡 / 284
香露全鸡 / 284
豌豆鸡丝 / 284
扛糟鸡 / 284
茄子炖鸡汤 / 285
鸿图鸭 / 285
罗汉鸭 / 285
银耳川鸭 / 286
油条西舌 / 286
干烧鱼 / 286
菊花鲈鱼 / 287
淡糟香螺片 / 287
龙身凤尾虾 / 287
生炒海蚌 / 287
白蜜黄螺 / 288
拉糟鱼块 / 288
七星丸 / 288
罗汉鱼首 / 289
白烧鱼翅 / 289
醉排骨 / 290
雪山潭虾 / 290
焗烧鳗 / 290
白拌黄螺 / 291
龙须燕丸 / 291
煎明虾段 / 292

炒蜇血 / 292
清炒海蚌 / 292
熘鸽松 / 292
清蒸鳜鱼 / 293
炒海蜇 / 293
荤罗汉 / 293
芙蓉海蚌 / 294
肉米鱼唇 / 294
鱼腩煲 / 294
西瓜盅 / 295
虾仁汤河粉 / 295
香油石鳞 / 295
蛋拌豆腐 / 296
芝麻豆腐 / 296
炒海瓜子 / 296
闽生果 / 296

鲁菜 / 297

砂锅牛尾 / 297
山东包子 / 297
山东菜丸 / 297
德州扒鸡 / 298
纸包鸡 / 298
龙凤双腿 / 299
炒鸡丝蜇头 / 299
炸鸡椒 / 300
烧鸡酥 / 300
炒鸡米 / 301
清汤鸡蒙冬菇 / 301
福山烧小鸡 / 301
烤小鸡 / 302
吉祥干贝 / 302
扒原壳鲍鱼 / 302
油爆鲜贝 / 303
蟹黄鱼翅 / 303
红扒鱼唇 / 303
油泼青鱼 / 304
糖炒虾瓣 / 304
凤尾金鱼 / 305
红烧甲鱼 / 305
清炖甲鱼 / 306
氽虾蘑海 / 306
原壳鲍鱼 / 306
荷花金鱼虾 / 307
软炸鲜贝 / 307
芙蓉干贝 / 308
糟煨冬笋 / 308
铁素四色球 / 308
奶油扒菜心 / 309

川菜 / 309

鱼香肉丝 / 309
回锅肉 / 310
盐煎肉 / 310
合川肉片 / 310
锅巴肉片 / 311
甜椒肉丝 / 311
鱼香碎滑肉 / 312
坛子肉 / 312
干煸肉丝 / 313
茗菜狮子头 / 313
香椿白肉丝 / 313
鹅黄肉 / 314
芝麻肉丝 / 314
龙眼咸烧白 / 314
荷叶蒸肉 / 315
炸蒸肉 / 315
一品酥方 / 316
龙眼甜烧白 / 316
夹沙肉 / 317
糖粘羊尾 / 317
原笼玉簪 / 318
豆瓣肘子 / 318
红枣煨肘 / 318
豆渣猪头 / 319
糖醋排骨 / 319
网油腰卷 / 320
炸花仁腰块 / 320
火爆荔枝腰 / 321
火爆肚头 / 321
酸辣臊子蹄筋 / 321
生烧筋尾舌 / 322
宫保牛肉 / 322
豆苗炒鸡片 / 322
姜汁热窝鸡 / 323
宫保鸡丁 / 323
水煮鱼 / 323
芹黄烧鱼条 / 324
宫保虾仁 / 324

粤菜 / 325

潮州冻肉 / 325
果汁肉脯 / 325
烧肉藏珠 / 325
大良肉卷 / 326
广东粉果 / 326
炒绵羊丝 / 326
脆皮鸡 / 327
冬瓜干贝炖田鸡 / 327
灌汤龙凤球 / 327
脆皮炸鸡 / 328
葱油白切鸡 / 328

炸子鸡 / 329
蚝油鸡翅 / 329
盐酥鸡块 / 329
明炉梅子鸭 / 330
广东烤鸭 / 330
蚝油鸭掌 / 330
素烧鹅 / 331
参附鸽鸳鸯戏水 / 331
大地鹌鹑片 / 331
田鸡饭煲 / 332
鱼肠蒸蛋 / 332
潮州生淋鱼 / 332
姜葱鲤鱼 / 333
油泡鱼青丸 / 333
煲仔鱼丸 / 333
古法扣全瑞 / 334
荷包鲤鱼 / 334
池塘莲花 / 334
鳜鱼虾干泡丝瓜 / 335
生炊龙虾 / 335
乳酪蒸虾仁 / 336
水晶明虾球 / 336
上汤虾丸 / 336
酸辣虾仁烘蛋 / 336
蒸大红膏蟹 / 337
砂锅螃蟹 / 337
香芹海蜇卷 / 337
白灼响螺片 / 338
炒红云雪影 / 338
干贝发菜 / 338
蒜子瑶柱豆苗 / 339
冬瓜羹 / 339
蚝油生菜 / 339
肠粉 / 339
芥蓝沙拉 / 340
清风送爽 / 340
冬瓜甑 / 340
白玉藏珠 / 340
黄埔炒蛋 / 341
植物扒四宝 / 341

苏菜 / 341

枣方肉 / 341
糟扣肉 / 342
酱方 / 342
金陵圆子 / 343
酱汁肉 / 343
樱桃肉 / 343
扁大枯酥 / 344
松子熏肉 / 344
生麸肉圆 / 345
百花酒焖肉 / 345
刺猬圆子 / 346
香菜梗炒肚丝 / 346
酱汁排骨 / 346
无锡肉骨头 / 347
宿迁猪头肉 / 347
汆脊脑 / 347
风蹄 / 348
水晶肴肉 / 348
酒酿金腿 / 348
京葱炆牛方 / 349
沛公狗肉 / 349
叫花鸡 / 349
炖菜核 / 350
美人肝 / 350
霸王别姬 / 351
金陵盐水鸭 / 351
三套鸭 / 351
锅烧野鸭 / 352
太湖银鱼 / 352
松鼠鳜鱼 / 352
叉烤鳜鱼 / 353
青鱼甩水 / 354
爆汆 / 354
炝虎尾 / 354
白汤鲫鱼 / 354
双皮刀鱼 / 355
滑炒虾仁 / 355
松子鱼米 / 356
文思豆腐 / 356

浙菜 / 356

云猪手 / 356
茶香骨 / 357
梅子排骨 / 357
葱炖猪蹄 / 357
茶香牛肉 / 357
酥炸牛柳 / 358
萝卜杏仁煮牛肺 / 358
红烧狗肉 / 358
霸王鸡翅 / 359
核桃鸡丁 / 359
元蹄炖鸡 / 359
百花鸡 / 360
酱鸭 / 360
荷香笼仔鸭 / 360
虫草全鸭 / 361
银耳陈皮炖乳鸽 / 361
柠汁焗鹌鹑 / 361
清汤菊花鱼 / 362
龙井鱼片 / 362

奶汤火腿大鱼头 / 362
麒麟鲈鱼 / 362
三丝敲鱼 / 363
松鼠鳜鱼 / 363
糟香鱼头云 / 364
粟米鲈鱼块 / 364
菊花鲈鱼块 / 364
酱味烤海鱼 / 365
川贝酿梨 / 365
香菱鱼松酿银萝 / 365
天麻鱼头 / 366
鱼片蒸蛋 / 366
贝母甲鱼 / 366
海鲜铁锅烧 / 367
干煎大虾 / 367
油焖海明虾 / 367
茄汁熘虾仁 / 367
白菜扣虾 / 368
鲜虾扒豆苗 / 368
醉活虾 / 368
鹿茸三珍 / 369
白及冰糖燕窝 / 369
豉姜泥鳅 / 369
功德豆腐 / 369
罗汉上素 / 370
干烧冬笋 / 370
杏仁豆腐 / 370
芙蓉蛋 / 371
海米拌菜花 / 371
翡翠裙边 / 371

湘菜 / 372

红椒酿肉 / 372
尖椒炒腊肉 / 372
豉椒肉丝 / 372
腊味合蒸 / 373
红焖牛头 / 373
酸辣百叶 / 373
三色百叶 / 373
好丝百叶 / 374
椒盐兔片 / 374
东安子鸡 / 375
酸辣鸡丁 / 375
老姜鸡 / 375
面包鸡排 / 375
龙凤葡萄珠 / 376
炸八块 / 376
清汤柴把鸭 / 377
麻辣田鸡腿 / 377
柴把鱼 / 378
鱿鱼肉丝 / 378
麻辣笔鱼 / 378
锅贴鱼 / 379
云托八鲜 / 379
翠竹粉蒸鱼 / 379
芙蓉鲫鱼 / 380
金鱼戏莲 / 380
酸辣笔筒鱿鱼 / 381
青韭鱿鱼丝 / 381
紫龙脱袍 / 382
豉椒划水 / 382
雪菜黄鱼 / 382
双色鱿鱼卷 / 382
玻璃鲜墨 / 383
组庵鱼翅 / 383
红烧龟肉 / 384
洞庭金龟 / 384
煎连壳蟹 / 385
五彩鲜贝 / 385
沙律海鲜卷 / 385
炒素什锦 / 386
腐乳冬笋 / 386
南荠草莓饼 / 386
冰糖湘莲 / 387

徽菜 / 387

徽州圆子 / 387
萝卜烧排骨 / 387
杨梅丸子 / 388
芫荽炖牛肉 / 388
牛腩煲 / 388
清蒸石鸡 / 389
双爆串飞 / 389
茶叶熏鸡 / 389
无为熏鸭 / 390
花菇田鸡 / 390
当归獐肉 / 390
银鱼煎蛋 / 391
火腿炖甲鱼 / 391
菊花冬笋 / 392
包公鱼 / 392
干烧臭鳜鱼 / 392
腌鲜鳜鱼 / 393
中和汤 / 393
问政山笋 / 393
凤阳酿豆腐 / 394
八公山豆腐 / 394

☞ 国外美食精选

日本料理 / 395

日本红豆饭 / 395
彩色饭团便当 / 395
炸天妇罗 / 395
日式炸豆腐 / 395
蔬果寿司 / 396
紫菜卷寿司 / 396
水滴寿司 / 397
日式土豆沙拉 / 397
日式叉烧肉 / 397
茶壶蒸海鲜 / 397
日式蒸鱼 / 398
日式海鲜炒面 / 398
日式凉面 / 398
天妇罗大虾面 / 399
海鲜刺身 / 399
海鳗鸡骨汤 / 399
日式年糕汤 / 400
味噌汤 / 400

韩国料理 / 400

韩国手卷饼 / 400
丸子煎饼 / 401
海鲜蔬菜饼 / 401
韩式杂菜煎饼 / 401
东来葱煎饼 / 401
烤酱鲈鱼 / 402
烤鱿鱼 / 402
韩国海带汤 / 402
烤五花肉 / 402
韩国烤鸡肉 / 403
烤牡蛎串 / 403
香菇青椒串烤 / 403
包泡菜 / 404
小黄瓜泡菜 / 404
韩味泡菜锅 / 405
韩国酱汤 / 405
韩国泡菜汤 / 405
韩式芝麻冷汤 / 405
清曲酱汤 / 406
韩国参鸡汤 / 406
牛杂碎汤 / 406
田螺汤 / 407
韩国辣白菜 / 407
韩国拌菜 / 408
韩式冷汤面 / 408
牛骨汤面 / 408
冻土豆黄豆面条 / 409
蘑菇炒牛肉 / 409
黄豆芽汤饭 / 409
山菜拌饭 / 410
紫菜饭 / 410
韩式炒饭 / 410
土豆汤圆 / 410
尖椒炖鱼 / 411
南瓜糊糊 / 411
酱鸡 / 411
蒸人参鸡 / 412
韩国炒粉条 / 412
番茄咖喱烩蔬菜 / 412
红枣蜜饯 / 412
鱿鱼卷 / 413
生鱿鱼片 / 413
清炖狗肉 / 413
红蛤蜊 / 414
芥末菜 / 414
一品鲜贝 / 414

意大利餐 / 415

番茄青蚝汤
（4人份） / 415
鲜茄海鲜幼面
（4人份） / 415

法国菜 / 416

红焖狍肉
（8人份） / 416
红焖野兔
（6人份） / 416
阿尔萨斯鹅肝酱
（6人份） / 416
洋葱蛋塔
（8人份） / 417
洋葱汤
（6人份） / 417
阿尔萨斯水手鱼块
（6人份） / 417
明火烤蛋塔
（4人份） / 417
土豆洋葱烘肉
（6人份） / 418
意大利细面条 / 418
意式香脂醋酱拌田园沙拉 / 418
云呢拿忌廉布甸 / 419

孕妇和儿童美食精选

孕妇菜谱 / 420

肉丝海带 / 420
肉片滑熘卷心菜 / 420
砂锅狮子头 / 421

肉丝拌豆腐皮 / 421
炝肉丝蒜苗 / 421
青椒里脊片 / 422
拌猪肝菠菜 / 422
炒腰花 / 423
清炖牛肉 / 423
土豆烧牛肉 / 423
鸡脯扒小白菜 / 424
锅塌带鱼 / 424
干蒸鲤鱼 / 425
醋椒鱼 / 425
奶汤鲫鱼 / 426
干煎黄鱼 / 426
家常熬鱼 / 426
虾仁芙蓉蛋 / 427
炝虾子菠菜 / 427
白扒银耳 / 428
奶油冬瓜 / 428
芹菜拌银芽 / 428
水晶西红柿 / 428
脆爆海带 / 429
腌花菜 / 429
糖醋白菜丝 / 429
海米醋熘白菜 / 430
麻酱白菜 / 430
鲜蘑莴笋尖 / 430
樱桃萝卜 / 431
拌腐竹 / 431
柿椒炒嫩玉米 / 432
香椿拌豆腐 / 432
豆腐干拌豆角 / 432
素三鲜 / 433
糖醋黄瓜 / 433
白干炒菠菜 / 433
凉拌菠菜 / 434
白烧腐竹 / 434
香菇菜花 / 434
炸熘海带 / 435

儿童菜谱 / 435

糖酥丸子 / 435
肉丝米粉 / 435
青椒炒肉丝 / 436
肉炒三丝 / 436
芙蓉肉 / 436
熘腰子 / 437
酸辣猪血羹 / 437
菠菜猪肝汤 / 437
油炸芝麻猪肝 / 437
肝黄粥 / 438
牛肉烧萝卜 / 438
黄豆炖牛肉 / 438
滑炒牛肝片 / 438
羊肝菠菜汤 / 439
姜丝羊肉 / 439
油菜鸡肝 / 439
熘鸡肝 / 439
核桃米炒鸡丁 / 440
嫩姜爆鸭丝 / 440
软炸鸭肝 / 441
鳝鱼蛋汤 / 441
玉兰五花鱼 / 441
奶汁带鱼 / 441
油氽鱿鱼 / 442
海带牡蛎汤 / 442
鸡蓉牡蛎糊 / 442
牛肉牡蛎汤 / 443
发菜虾排 / 443
菜花虾米 / 443
板栗炒白菜 / 444
番茄白菜 / 444
咸蛋芥菜汤 / 444
素炒荠菜 / 444
豌豆包 / 444
糖酥花生米 / 445
琥珀花生 / 445
辣糊豆 / 445
三丝黄瓜 / 446
三鲜豆腐 / 446
雪里红炒豆腐 / 446
虾皮炖豆腐 / 447
酥海带 / 447
核桃奶酪 / 447
烧腐竹 / 447
麻酱拌豇豆 / 448
红枣木耳汤 / 448

☞ 安全买菜速查清单

五谷类 / 449
肉、蛋、水产类/450
蔬菜、水果类 / 451

家常菜

热菜

果蔬类

01 白菜/卷心菜/青菜/油菜/菠菜

醋熘白菜

【原料】白菜300克。

【调料】植物油30克，白糖22克，水淀粉20克，酱油、米醋各15克，香油7.5克，花椒15粒，精盐4克。

【制法】1.将白菜洗净后切成象眼块。

2.将植物油放入锅内，下入花椒炸糊，捡出，投入白菜，用油煸炒几遍，烹醋、酱油，下白糖、精盐，勾芡，淋入香油出锅即成。这道菜脆、酸，咸甜可口。

油焖白菜

【原料】白菜500克，鲜蘑250克，汤适量。

【调料】植物油300克，胡椒粉、水淀粉、盐、味精各适量。

【制法】1.将鲜蘑洗净，倒入盆内，加汤、盐稍煨；白菜洗净，取菜心待用。

2.炒勺上火，注入植物油烧至四五成热时，倒入白菜心，随即加大火力，油焖至八成熟，控去油，再加入汤，将菜心焖熟，沥干汤汁，整齐地把白菜心放在盘中。

3.炒勺洗净，放入汤、鲜蘑、盐、味精、胡椒粉烧开，淋入水淀粉勾芡，然后起勺，浇在白菜上即成。这道菜油润光亮，入味咸鲜。

酸辣白菜

【原料】黄芽白菜2500克。

【调料】干辣椒60克，精盐100克，姜丝50克，白糖200克，花椒15克，醋250克，芝麻油150克。

【制法】1.选用抱合很紧的黄芽白菜，去掉外帮，洗净，直剖成两瓣，切成半寸长的段，然后再直切成2厘米宽的粗丝。

2.取大盆一个，放一层菜撒一层盐，然后拌和均匀，用一个大盘子盖压，腌渍3小时后，挤去水分仍放盆内，加入白糖、醋拌匀；干辣椒洗净，泡软切成丝，和姜丝一起放在菜上即可。这道菜清脆微咸，有酸、辣、甜香味，饮酒佐餐咸宜。

香鱼白菜

【原料】白菜250克。

【调料】油30克，酱油10克，醋8克，糖6克，料酒、葱各5克，姜、淀粉、蒜各3克，豆瓣辣酱4克。

【制法】1.葱、姜、蒜均切成末放入碗中，然后将酱油、醋、糖、淀粉、料酒放入，适量加点水，搅拌均匀。

2.用白菜嫩帮，洗净后切成边长约1厘米的菱形。

3.炒锅上火，放入底油，加入豆瓣辣酱略煸炒后，将白菜放入，不停地翻炒，使每块原料均匀受热，待其炒熟后，将调好的汁倒入锅中（可分几次倒入），翻炒均匀后，即可出锅装盘。

香菇烧菜心

【原料】水发香菇8～9个；白菜心1棵。

【调料】花生油250克（耗50克），水淀粉50克，葱段、味精、白糖、姜末、精盐、料酒各适量。

【制法】1.将香菇洗净；白菜心切成长8厘米、宽1.5厘米的条。

2.花生油入锅烧至五成热，将菜心分数次过油稍炸后捞出码在盘内。

3.锅内留花生油25克，投入葱段、姜末稍炸后放入料酒、清水、精盐、味精、白糖、香菇和白菜，用微火烧至汤浓菜入味时，淋水淀粉，勾芡即成。这道菜香味扑鼻，鲜香可口。

扒栗子白菜

【原料】白菜心400克，栗子罐头1听（或生栗子250克），高汤适量。

【调料】清油40克，水淀粉35克，料酒20克，酱油、白糖、味精、香油各5克，盐、葱末、姜末各2克。

【制法】1.白菜心顺刀切长条；栗子罐头用开水焯，如果用生栗子，切口煮熟，去皮，再切两半，用蒸锅蒸软，或用开水焯软后，理顺码放盘中。

2.锅放清油，烧温热，放葱末、姜末爆香，烹料酒，加酱油、盐、高汤、白菜、味精，放栗子、白菜，转微火稍煮，勾水淀粉，翻勺，淋香油即成。这道菜鲜咸软烂。

茄汁菜包

【原料】白菜500克，虾肉100克，海带25克，肥膘肉丁5克，蛋清2个。

【调料】醋、料酒、植物油、番茄酱、盐、味精、白糖、姜葱汁、水淀粉、胡椒粉各适量。

【制法】1.将白菜洗净、取叶，用开水烫熟后捞出，再浸入凉水中过凉待用。

2.将虾肉先用刀剁碎，再用刀背砸烂成茸，加入盐、味精、料酒、胡椒粉、姜葱汁稍搅，然后将肥膘肉丁加入蛋清搅拌均匀，倒入虾茸中混拌至上劲，即成虾馅。

3.海带用水泡软，上火蒸熟后切成细丝；番茄酱加入盐、白糖、醋和适量水，兑成番茄汁。

4.白菜叶滤去水分，用洁净的干布沾干，整齐铺放在案板上，再将虾馅挤成丸子形，放至菜叶上，托起菜叶并以边缘折起包好，用海带丝将口扎成蝴蝶形的扣，系紧，上笼蒸约5~7分钟后出笼码入盘内。

5.另勺上火，加植物油烧热，下入兑好的番茄汁翻炒，待开锅后淋放水淀粉勾薄芡，浇在菜包上即成。这道菜色泽红润，皮脆馅糯，味道鲜美。

芝麻小白菜

【原料】小白菜300克，熟芝麻50克。

【调料】姜5片，盐1小匙。

【制法】1.取一耐热微波炉袋，放入油1大匙及姜片，以强微波3分钟爆香后，拣出姜片。

2.小白菜洗净后对切，放入装油2大匙的耐热袋中，加盐拌匀，松绑袋口，以强微波3分钟煮熟。

3.小白菜放入大盘中，淋上芝麻即可。这道菜清淡爽口，并有芝麻的香味。

清香手撕圆白菜

【原料】圆白菜1棵。

【调料】干红辣椒6个，大蒜2瓣，料酒、米醋各15毫升，白砂糖、精盐各5克。

【制法】1.圆白菜用手掰开

成大片，放入沸水中焯烫变软捞出，入冷水过凉后沥干，再用手撕成小片儿；大蒜切成末备用。

2.锅烧热后倒入油，待油五成热时放入干红辣椒和蒜末，煸出香味后倒入圆白菜片儿，淋入料酒、米醋，调入白砂糖和精盐，翻炒均匀后即可。

糖醋卷心菜

【原料】卷心菜250克。

【调料】植物油15克，白糖20克，醋、酱油各10克，精盐3克，花椒5粒。

【制法】1.卷心菜洗干净，切成小块。

2.炒锅上火，放入植物油烧热，下花椒炸出香味，倒入卷心菜，煸炒至半熟，加酱油、白糖、醋、精盐，急炒几下，盛入盘内即成。这道菜清淡素雅，酸甜适口。卷心菜含钙、磷、铁、维生素C，还含有维生素U，能开胃助消化，增进食欲。

炝莲白卷

【原料】莲花白500克，鲜汤50克。

【调料】菜油50克，干辣椒、花椒、盐各3克，白糖15克，味精1克，醋5克，酱油、香油、豆粉各10克。

【制法】1.将整张的莲花白叶去茎，洗净，沥干水；干辣椒去蒂、籽，用盐、味精、醋、酱油、白糖、豆粉、鲜汤兑成芡汁。

2.炒锅置旺火上，放油烧至五成热，下干辣椒、花椒炸呈棕褐色捞起，莲花白放入锅中炒至断生，烹入芡汁，炒匀起锅，入盘，晾凉。

3.干辣椒、花椒剁细，撒莲花白上，将莲花白裹成直径1厘米的卷，再切成3厘米长的节，整齐入盘，将原汁放入香油淋上即成。这道菜成形美观，白菜脆嫩，香辣酸甜。

香菇炒青菜

【原料】青菜1捆，香菇10个，水少量。

【调料】味精、料酒、盐、小磨香油、花生油各适量。

【制法】1.将锅内倒入花生油，烧热下入青菜煸炒。

2.再下入香菇同炒，烹入料酒、盐、味精、小磨香油，旺火急炒，青菜塌架，填入少量水，即成。这道菜香味浓郁，是宴席佳品。

金钩青菜心

【原料】青菜心500克，大金钩30克，鸡汤300克。

【调料】料酒15克，胡椒粉、盐各2克，猪化油50克，葱节、姜片、水豆粉、鸡化油各10克，味精1克。

【制法】1.青菜心去皮、筋，洗净，沥干，入沸水锅氽至断生，捞出入凉水内漂凉后，捞出轻轻挤出水分，改成牙瓣。

2.金钩洗净，放入碗内加汤、料酒、胡椒粉上笼蒸至软透取出。

3.炒锅置旺火上，下猪化油烧热约100℃，下葱节、姜片稍炒，掺鸡汤烧沸后，拣去姜、葱，下盐、胡椒粉、料酒、味精、金钩、青菜心烧至熟透入味时，先捞起菜心整齐地摆于盘内，再将金钩捞起放在上面，锅内下水豆粉勾二流芡，放鸡化油和匀，起锅淋于菜心上即成。这道菜色润翠绿，咸鲜清香，质嫩爽口。

鱼香菜心

【原料】嫩油菜500克。

【调料】花生油35克，白糖25克，葱、姜、蒜各50克，水淀粉20克，四川郫县豆瓣酱15克，米醋、酱油各10克，味精、精盐各2克。

【制法】1.用白糖、米醋、酱油、味精、精盐、水淀粉兑汁待用；油菜洗净、切成3厘米长的段；葱、姜、蒜切成末，豆瓣酱剁细。

2.锅中放花生油20克烧热，油菜下锅，稍炒，倒在盘中。锅中再放15克花生油，把豆瓣酱和葱、姜、蒜一同下锅，煸炒，待出香味，烹入兑好的汁炒熟，油菜下锅炒匀即成。这道菜脆嫩、酸甜微辣。

鱼香油菜薹

【原料】油菜薹适量。

【调料】花生油、酱油、醋、精盐、姜、葱、蒜、白糖、泡辣椒各适量，淀粉、味精、料酒各少许。

【制法】1.油菜薹去根、筋，洗净，切成5厘米长的段；姜、葱、蒜均切成细末。

2.用一个小碗放入酱油、料酒、味精、白糖、醋、精盐、姜、葱、蒜和水淀粉兑成芡汁。

3.锅置火上，放入花生油烧至八成热，投入油菜薹煸炒数下，控去水分，另起锅放入泡辣椒炒出红油，放入煸炒好的菜薹，烹入芡汁，翻炒即成。这道菜鲜嫩、微甜、酸辣。

锅塌菠菜

【原料】菠菜200克，鸡蛋黄、香菇、火腿各25克，清汤150克。

【调料】花生油50克，水淀粉50毫升，精盐5克，葱15克，姜10克。

【制法】1.菠菜削去根部，去掉老皮及前梢，齐刀切成长6厘米的段，入开水中略焯，迅速捞出。

2.蛋黄放入汤盘中打散，再放入水淀粉、精盐搅匀成蛋黄糊；将菠菜整齐地放入盘内，使其沾满蛋黄糊；葱、姜、香菇与火腿均切成细丝。

3.放花生油烧至四成热，放入葱姜丝稍炸，然后整齐地推入挂糊的菠菜，用微火塌煎至金黄色时翻个个儿，使两面呈金黄色，再放入清汤、精盐，加盖塌煎1分钟，待汤汁将尽时出锅，撒上火腿、冬菇丝即成。这道菜色泽金黄，香鲜脆嫩。

02 茄子/土豆/菜花/西蓝花

炒茄丝

【原料】茄子、番茄各1个，葱1根，蒜2瓣。

【调料】盐、味精、花生油、料酒各适量。

【制法】1.锅内放油烧热，倒入葱丝、蒜末，爆香后倒入切好的茄丝。

2.再依次倒入料酒、盐、味精、番茄块，翻炒即成。这道菜咸香，略带酸味，清爽利口。

烧茄子

【原料】茄子、番茄各1个，鸡蛋半个，芡粉150克。

【调料】葱1根，蒜2瓣，姜1块，盐、味精、酱油、胡椒粉、白糖各少许，花生油、料酒各适量。

【制法】1.蒜用刀拍一下，茄子切成滚刀块，番茄切块，葱切成丝，姜切成丝。

2.锅放火上加入半斤油烧热，茄子挂糊（鸡蛋半个，芡粉150克调成糊）炸成金黄色捞出，倒出余下的油，锅内留适量油，下入葱姜丝、烂蒜爆锅（炒出香味），下入茄子，依次下入盐、味精、料酒、酱油、胡椒粉和少许白糖，下入水半碗和番茄块，烧透就成了。

海米烧茄子

【原料】茄子500克，海米25克。

【调料】植物油适量，酱油2茶匙，盐、糖各适量，葱末、姜末各1汤匙。

【制法】1.把海米放入碗中，用开水浸泡，泡软后去杂洗净，泡海米的水留用；将茄子切成滚刀块，放入清水中浸泡片刻，捞出待用。

2.炒锅置中火上，放入植物油3汤匙烧热，下葱末、姜末炒香，放入茄子块和泡好的海米，约炒2分钟后，加入酱油、盐、糖和泡海米的水炒匀，转用小火焖烧10分钟后即可。

鱼香茄条

【原料】长茄子300克，鸡蛋3个。

【调料】优质淀粉100克，葱、姜、蒜末各少许，泡辣椒50克，绍酒、糖、醋、豆瓣酱各1汤匙，酱油1茶匙，盐、鸡粉各适量。

【制法】1.鸡蛋与干淀粉调成糊；将茄子去皮，去两头，切成2厘米宽、5厘米长的条；泡辣椒剁成茸。

2.炒锅上火，将油烧至五成热，将茄条逐一裹上蛋糊后，投入锅内炸至定型，边炸边捞，炸完为止。重新将锅内油烧至七成热，将茄条放入锅内再炸一次，待茄条皮酥呈金黄色时捞出，滤干油待用。

3.锅内放油，放泡辣椒茸，炒香至油呈红色，投入葱、姜、蒜末炒香，加入适量水，加鸡粉、酱油、糖、醋、盐调成鱼香味，用水淀粉勾芡后起锅，将汁淋在茄条上即可。

辣汁茄丝

【原料】茄子500克。

【调料】红辣椒2个，干辣椒10克，酱油2汤匙，蒜泥1茶匙，糖2茶匙，绍酒、葱丝、姜丝各适量。

【制法】1.将茄子去蒂洗净，切成长4厘米的细丝；将红辣椒和干辣椒切成细丝。

2.炒锅中放入油4汤匙，小火

烧至微热，下干辣椒丝炸出辣椒油，撇去干辣椒丝，红油留用。

3.将红油继续加热，先炒葱丝、姜丝和红辣椒丝，然后倒入茄丝炒熟，加入绍酒、酱油、糖、蒜泥和少量水，用旺火将汁收浓出锅即可。

焖茄子条

【原料】茄子2个，柿子椒1个，奶酪50克，葱头1个。

【调料】花生油75克，番茄酱50克，大蒜3头，香菜末、胡椒粉各适量。

【制法】1.将茄子洗净、去皮、切条，用冷水浸泡、捞出，沥干；大蒜去皮、捣泥；青柿子椒切片；葱头去皮，切块。

2.煎锅倒入花生油，烧六成熟，放入茄子条油煎，待煎至两面金黄时，改用小火，放入青椒片、葱头块和蒜泥、倒入番茄酱炒匀，再放入胡椒粉、奶酪，加盖煨20分钟，待茄条熟软，出锅入盘，撒适量香菜末即成。这道菜酥嫩软香，易于消化。

三鲜茄子

【原料】小圆茄子4个，水发口蘑、水发木耳各100克。

【调料】油炸核桃仁50克，葱头10克，白糖、料酒、味精、水淀粉各适量，鱼子酱100克。

【制法】1.将水发口蘑、木耳用清水洗净，切碎末。

2.炒勺上火，放入鱼子酱、葱头煸炒出香味，离火，后再倒姜末、味精、白糖、料酒、口蘑、木耳、水淀粉拌匀，制成馅料。

3.茄子洗净，挖盖，去籽，填入馅料，盖上茄盖，并用淀粉封口，入蒸锅蒸约10分钟取出，装盘，在盘子四周放入油炸核桃仁即成。这道菜清香适口。

炸茄盒

【原料】茄子400克，蘑菇50克，洋葱、面粉各25克，鸡蛋3个，面包渣75克。

【调料】香菜13克，植物油125克，精盐、胡椒面各适量。

【制法】1.把茄子洗净削去皮，一切两开，然后把一半放平，凸部向上，用刀切下但不能切断。

2.洋葱去皮切成碎末；蘑菇切碎末；香菜洗净，切碎末；鸡蛋两个，打散。煎盘烧热后放入植物油，待油热时下入葱末、鸡蛋和蘑菇，撒上精盐、胡椒面炒成馅，晾凉待用。

3.把切过的茄子掰开，用餐刀把馅抹入，全部抹完后再撒上些盐、胡椒面，蘸上面粉，在打散的另一个鸡蛋中蘸一遍，捞出放到面包渣上，用双手压实，使面包渣裹住茄子。

4.将炸锅放置于火上，烧热后放入植物油，待到油起烟时，下入茄子，炸至金黄色捞出，如不熟可放入烤炉烘烤片刻，即可食用。这道菜外焦里嫩，鲜香适口。

锅塌茄盒

【原料】长茄子2个，肉馅150克，鸡蛋1个。

【调料】发好的海米10克，香菜末10克，植物油50克，香油15克，精盐4克，味精2克，花椒面10克，面粉适量，葱末、姜末各5克。

【制法】1.将海米切成碎末；将肉馅放入葱末、姜末、精盐、味精、花椒面、香油，搅匀和好。

2.将茄子削去皮，切成3毫米厚的片，两片茄子中间夹上肉馅，蘸上面粉，挂上鸡蛋糊。

3.锅内倒油，热后将挂糊的茄盒放入锅里煎，待两面煎成金黄色时，放入一勺汤，盖上盖，放在慢火上炖5分钟后撒上香菜即成。这道菜鲜嫩不腻，味美可口。

油煎茄片

【原料】嫩茄子400克，肉末50克。

【调料】花生油65克，白糖10克，精盐7克，米醋、葱丝、蒜末各5克，姜末3克。

【制法】1.将嫩茄子洗净后，带皮竖切为厚约0.5厘米的长形片，放入盒内，加沸水2000克，烫泡约半小时，捞出，沥水待用。

2.将平锅烧热后，加入花生油50克，将茄片平排在锅内煎至两面金黄即出锅。

3.将炒锅放中火上，加花生油15克，热后投入葱丝、蒜末、姜末、肉末、精盐、白糖、米醋，炒好后即下入煎茄片，轻轻拌炒，炒好即可出锅。这道菜紫黄相映，光亮悦目，五味俱全。

拌茄泥

【原料】茄子350克。

【调料】香油5克，芝麻酱10克，精盐7克，香菜、韭菜、蒜泥各适量。

【制法】1.将茄子削去蒂托，去皮，切成0.3厘米厚的片，放入碗中，上笼蒸25分钟，出笼后略放凉待用。

2.将蒸过的茄子滤掉水，加入香油、精盐、芝麻酱、香菜、韭菜、蒜泥拌匀即成。

熘土豆丝

【原料】土豆、红辣椒各1个，葱1根。

【调料】料酒、味精、盐、酱油、醋、白糖、胡椒粉各适量。

【制法】1.将葱、土豆、红辣椒均切丝。

2.锅内放适量油，倒入葱丝、红辣椒丝，爆锅，然后倒入土豆丝，依次倒入料酒、味精、盐、酱油、醋、胡椒粉、白糖适量，翻炒即可。这道菜咸酸可口，是佐餐的佳肴。

樱桃土豆

【原料】土豆350克，鸡蛋（打散）1个。

【调料】干淀粉75克，白糖35克，酱油、醋各10克，香油5克，姜末适量（可用水适量浸为姜汁）。

【制法】1.土豆洗净，上笼蒸熟，放入清水中浸泡片刻后去皮，用刀面将土豆碾为泥，放入姜汁一并搅匀。

2.用干淀粉50克碾成细末25克，调成水淀粉，将剩余淀粉末撒入土豆泥中搅拌均匀，遂将鸡蛋液拌匀成馅。

3.平底菜盘中抹油适量，将馅泥逐个挤为大若小指的泥丸。

4.炒锅上火放油，油热起沫，待沫消后即下入泥丸三分之一炸之,待炸至土豆泥丸变成金黄色时捞出，如此将剩下的泥丸炸好，将油倒出，留底油适量。

5.将白糖、醋、酱油、姜汁、水淀粉、清水适量，调成芡汁，倒入锅中，芡熟后投入炸好的土豆泥丸，颠翻即成，出锅淋入香油。这道菜形如樱桃，味道甜酸。

炝菜花

【原料】新鲜菜花500克。

【调料】花椒粒1茶匙，葱丝、姜末、盐各适量。

【制法】1.把菜花洗净，掰散后用刀切成块，在开水锅中煮沸，捞出，沥干水分，撒上适量盐，拌匀后盛入盘中，放上葱丝、姜末待用。

2.炒锅置中火上，放油两汤匙，投入花椒粒，炸出香味后撇去花椒粒，将油趁热浇在盘中，炝香葱丝、姜末即可。这道菜味道鲜美，清脆可口。

奶油西蓝花

【原料】西蓝花500克，牛奶75克，汤适量。

【调料】清油70克，水淀粉50克，味精10克，糖3克，葱末、姜末、盐各2克。

【制法】1.把西蓝花去根，劈开，洗净，入开水锅中焯一下，倒出。

2.坐勺，放油，葱、姜炝锅，加汤、盐、糖、味精，捞出葱、姜，放西蓝花，开两遍，加牛奶，开后勾芡，颠勺，打明油，出锅即成。这道菜鲜脆咸嫩，清爽适口。

03 山药/冬瓜/丝瓜/黄瓜

香酥山药

【原料】山药500克。

【调料】菜油750克，醋30克，味精1克，豆粉100克，白糖125克。

【制法】1.将鲜山药洗净，上笼蒸熟后取出去皮，切成3厘米长的段，再一剖两片，用刀拍扁。锅烧热后倒入菜油，待油烧至七成热（约175℃）时，投入山药，炸至发黄时捞出。

2.另烧热锅放入炸好的山药，加入糖和两勺水，用文火烧3~5分钟后即用武火，加醋、味精，用水豆粉勾芡，淋上熟油起锅装盘即成。这道菜山药酥烂，软糯香甜，具有健脾胃，补肺益肾之功效。

南煎素丸子

【原料】山药160克，鲜藕120克，面粉50克，糕点20克，鸡蛋1个，白汤250克。

【调料】香油600克（实耗约130克），湿淀粉10克，花椒、盐、姜末各2克，酱油16克，味精3克，白糖1克。

【制法】1.将山药洗干净去皮，用滚刀法切成菱角块；鲜藕洗干净，用刀先切成丝，然后剁成泥。

2.将生面筋切成条，放开水中煮10分钟左右，捞出来，剁成碎末；糕点擀碎。

3.炒勺放在旺火上，倒入香油30克烧热，下入面筋末煸成黄色，倒入大碗里，加入鸡蛋、糕点末、花椒盐、面粉、藕泥、味精、姜末等，搅拌均匀，用手捏成直径为3厘米的丸子14个。

4.炒勺放旺火上，倒入60克香油，烧到七八成热，下入丸子，煎成焦黄色，取出来，摆在大碗里。

5.炒勺放回旺火上，倒入香油烧到七八成热，下入山药块，炸成金黄色，倒入漏勺中沥油，再将炒勺放回旺火上，下入100克白汤、白糖、酱油和炸好的山药块煮2～3分钟入味后捞出来，码在大碗里的丸子上面，再泼上汤汁，上笼屉蒸20分钟左右，取出来连汤一起扣入盘中。

6.炒勺内放入25克香油在旺火上烧，下入姜末，把汤汁灌入勺内，再加入白汤、白糖、酱油、味精等，把汤烧开后，用湿淀粉调稀勾芡，再滴入香油，然后浇在丸子上即成。这道菜光泽油亮，质地软嫩，味美鲜香，食之不腻。

炸冬瓜丸子

【原料】冬瓜500克，面粉100克，鸡蛋1个。

【调料】炸油750克（耗75克），料酒25克，精盐20克，葱末、姜末各适量，味精2克。

【制法】1.将冬瓜洗净去皮，切丝，用开水烫至七成熟捞出，用水冲凉剁成末，控净水。

2.将冬瓜末放入盆内，打入鸡蛋，加入料酒、盐、葱末、姜末、面粉、味精、适量水，按一致方向拌至有黏性待用。

3.炒锅上火，倒油旺火烧开，将调拌好的瓜泥用手挤成丸子，投入油锅炸至焦黄色，捞出即成。这道菜色彩焦黄，入口酥散，清淡爽口。

软炸冬瓜

【原料】冬瓜400克，面粉200克，韭菜50克，鸡蛋2个。

【调料】生姜8克，盐、味精各适量。

【制法】1.将韭菜择洗干净，切碎；姜切碎，剁茸；面粉放入碗内，磕入鸡蛋，另加适量清水、盐，将切碎的韭菜末、姜茸、味精拌匀，调成蛋面糊。

2.冬瓜削皮，洗净，切成薄片，放入蛋面糊中拖匀，放入六成热油锅中炸透，捞出即可。这道菜外酥香，内软糯。

麻辣冬瓜

【原料】冬瓜500克。

【调料】香油2茶匙，干辣椒若干，花椒末适量，盐、酱油、糖各半茶匙。

【制法】1.将干辣椒去籽、去蒂待用；将冬瓜削去外皮，去瓤、籽，洗净切成小片待用。

2.将冬瓜片投入开水锅中煮3~4分钟至熟后捞出，沥干水分，加入盐、酱油、糖和花椒末。

3.炒锅中倒入香油，烧至七成热时，放入干辣椒，炸香后捞出干辣椒，将炸出的红油趁热淋在冬瓜片上，拌匀后即可食用。这道菜汁浓味鲜，麻辣飘香。

酱烧冬瓜条

【原料】冬瓜500克。

【调料】糖1汤匙，酱油半茶匙，葱末1茶匙，甜面酱2汤匙，盐、水淀粉、鸡粉、植物油各适量。

【制法】1.将冬瓜削去外皮，去瓤、籽，洗净切成条待用；

2.炒锅置旺火上，放植物油3汤匙烧至六成热，下葱末爆香，倒入冬瓜条煸炒至断生，加入盐、酱油、甜面酱、糖、鸡粉和3汤匙水，用旺火烧至熟烂，用水淀粉勾芡，炒匀即可出锅。这道菜汁浓味鲜，瓜嫩爽滑。

茄汁冬瓜排

【原料】去皮冬瓜450克，面包150克，鸡蛋2个，番茄酱50克。

【调料】菜油500克（实耗75克），精盐、味精、面粉、白糖各适量。

【制法】1.先把冬瓜切成6厘米长、3厘米宽、1厘米厚的片，用适量盐腌一下，使冬瓜滗出一些水，软一些。

2.面包弄成层。鸡蛋磕入碗内，加精盐、味精，打匀待用。待冬瓜水分沥干，两面沾上面粉（稍厚一些），再在鸡蛋液里浸一下，然后埋在面包层中，用手按一下，使冬瓜均匀地沾满一层面包屑。

3.锅洗净置中火上，放菜油烧至六成热时，分别扒入冬瓜片，约炸2分钟，见呈金黄色时捞出，沥净油，整齐装在盘中。

4.用另一干净锅放中火上，放菜油适量，倒入番茄酱炒熟，添些清水，加白糖和适量精盐，搅匀烧开，浇在冬瓜排上即成。

这道菜冬瓜白嫩，辅料鲜艳，入口鲜嫩无比。

红烧冬瓜

【原料】高汤100克，冬瓜500克。

【调料】葱油40克，花生油35克，甜酱、酱油各25克，水淀粉20克，白糖10克，精盐3克，味精2克，葱末、姜末适量。

【制法】1.冬瓜去皮，洗净，切成3厘米长、1.2厘米宽的块。

2.锅内加花生油烧热、下入葱、姜、甜酱，再投入冬瓜、酱油、白糖、味精、高汤，开后转微火烧，冬瓜块烂时勾芡，淋上葱油搅匀即成。

香酥冬瓜

【原料】净冬瓜500克。

【调料】花生油500克（实耗150克），面粉75克，盐10克，发酵粉、味精各2克，五香粉1克。

【制法】1.面粉加清水调成厚糊，加入五香粉、发酵粉、花生油15克调匀；将冬瓜削皮、挖籽、去瓤、洗净，切成3.5厘米长、0.3厘米厚的条形后用盐腌30分钟，轻轻压去水分，拌入味精待用。

2.将炒锅放旺火上，放入余下的花生油烧至六七成热，将冬瓜逐条挂糊投入油锅，略炸即捞出，待全部炸完后，将油温烧到八九成热，将冬瓜投进复炸，炸成金黄色，捞出，沥油即成。这道菜外酥里嫩，清香可口。

鲜蘑火冬瓜

【原料】鸡汤50克，冬瓜500克，罐头鲜蘑10个，火腿25克。

【调料】胡椒面、猪油、鸡油、料酒、盐、白糖、味精、湿淀粉各适量。

【制法】1.冬瓜刮去外面的一层薄皮（青皮要保留不要刮掉），挖去瓤，洗净，切成1.5厘米厚、6厘米长的两刀断的连刀片放在盘内；火腿切成0.5厘米厚、5厘米长的薄片放入盘中。

2.将锅加水，烧开后放入冬瓜煮透，捞出用凉水冲凉。

3.在冬瓜中间夹一片火腿，依此方法把火腿全部夹入冬瓜内，夹好之后（口朝下）码入扣碗内，下入盐、味精、猪油、部分鸡汤上笼蒸透使冬瓜入味。

4.锅上火注入适量猪油，烹入料酒炝锅，倒入余下鸡汤和鲜蘑，将冬瓜原汤滗入锅内（冬瓜翻扣在盘内），再往锅内加入盐、味精、白糖、胡椒面，汤开后尝好味，用水淀粉勾稀芡，淋入鸡油，取掉盘内的扣碗，将汁浇在冬瓜夹上，鲜蘑围在冬瓜的周围即成。这道菜瓜烂味鲜并有火腿香味。

香菇烧丝瓜

【原料】干香菇15克，丝瓜500克。

【调料】熟花生油20克，淀粉25克，香油15克，绍酒、鲜姜各5克，精盐、味精各1克。

【制法】1.香菇水发后捞出，原汁放一旁沉淀，然后倒在另一个碗内备用；姜去皮，切成极细的细末，用水泡上，取用其汁；丝瓜去皮，顺长一劈两开，切成寸片，用开水稍烫，过凉。

2.把炒勺放在旺火上，放入花生油，用姜汁一烹，放入绍酒、精盐、味精、香菇、丝瓜，把水淀粉（25克淀粉加25克水）慢慢淋入，放入香油，将勺颠翻过来即成。这道菜色形雅观，鲜嫩清香。

醋熘黄瓜

【原料】嫩黄瓜300克。

【调料】白糖6克，香醋7.5克，葱、姜、精盐各4克，干辣椒节、酱油、湿菱粉、整花椒各适量。

【制法】1.将黄瓜挖去心，切成薄片，放适量精盐调拌后，挤去汁水。

2.起麻油锅，烧到滚热后，将花椒、干辣椒放入炒红，再放黄瓜，随即将葱、姜、醋、酱油、湿菱粉调好倒入，炒几下即好。这道菜味甜酸，绿色入眼，四季皆宜。

炝青瓜条

【原料】青瓜300克。

【调料】植物油、红醋、香油各少许，精盐、味精、葱、姜各适量。

【制法】1.将青瓜洗净，切成中指大小的条；葱、姜分别去皮，洗净，改刀切成末。

2.锅置火上，放适量植物油，下葱、姜末炸出香味，随后放入瓜条、适量精盐、适量味精、香油、红醋，翻匀出锅，装盘上席。

04 菇类/笋类/木耳/茭白

蚝油鲜菇

【原料】鲜菇1250克，清汤半杯。

【调料】植物油0.5汤匙，蚝油0.5汤匙，料酒、湿淀粉、精盐、酱油各3茶匙，味精1.5茶匙，胡椒粉1茶匙。

【制法】1.将鲜菇洗净，捞出，控净水。

2.锅放植物油烧三成热，下入鲜菇、料酒、蚝油、清汤，烧片刻，放入精盐、酱油、味精调好口味，用湿淀粉勾芡，撒上胡椒粉出锅即可。

长寿菜

【原料】鲜汤150克，水发香菇500克，净冬笋50克。

【调料】花生油30克，酱油20克，麻油15克，白糖5克，湿淀粉3克，味精1克。

【制法】1.冬笋切成4厘米长的薄片；香菇去蒂，用清水反复洗干净。

2.炒锅上火，下油烧至六七成热，放入冬笋片煸炒，然后下香菇，加酱油、白糖、味精、鲜汤150克，旺火烧开，移小火上焖煮15分钟左右，至香菇软熟吸入卤汁发胖时，移旺火上收汁，用湿淀粉勾芡，颠炒几下，淋上麻油，出锅装盘即成。这道菜香菇软熟可口，滋味鲜美清香。

鼎湖上素

【原料】香菇、榆耳、黄耳、桂花耳、蘑菇、草菇、银耳、竹荪、鲜莲子、白菌、笋花、菜心、绿豆芽、素上汤各适量。

【调料】白糖、酱油、味精、芝麻油、湿淀粉各适量。

【制法】1.先将焯过或处理熟的榆耳、竹荪、鲜莲子、黄耳、草菇、笋、白菌等一起入锅，用素上汤及调味品煨过，银耳、桂花耳也煨过，再将炖过或焯过的香菇、蘑菇、草菇与榆耳、黄耳、竹荪、鲜莲子、笋花、白菌等一起入锅加调味品焖透，取出用净布吸去水分。

2.取大汤碗一个，按白菌、草菇、黄耳、鲜莲子、香菇、竹荪、蘑菇、笋花、榆耳的次序，各取一部分，从碗底部向上依次分层排好，把剩余材料放入碗中填满，把碗覆在碟上，呈层次分明的山形，用料酒、素上汤、芝麻油、白糖、酱油、味精、湿淀粉等兑成芡汁入锅烹制，取多量芡汁淋在碟中，将桂花耳放在“山”的顶部中间，银耳放在腰间，菜心、绿豆芽依次由里向外镶边，再将剩余芡汁浇在桂花耳、银耳上即成。

炒素什锦

【原料】冬菇、冬笋、胡萝卜、油菜、腐竹、面筋、木耳、鸡蛋皮各50克，发菜适量，鸡汤200克。

【调料】植物油80克，酱油50克，香油适量，白糖2克，盐、味精、葱花、姜水各5克。

【制法】1.冬菇洗干净切成两半，冬笋、胡萝卜、油菜、面筋等分别洗干净后，切成0.3厘米厚的片，用开水汆熟。

2.鸡蛋皮切斜象眼块；发菜择洗干净，捏成球；腐竹发透后，切成3厘米长的段。

3.炒勺内倒入植物油，在旺火上烧热，下入葱、姜煸炒，随即加入冬菇、冬笋、胡萝卜等煸炒一下，再加上油菜、腐竹、面筋、鸡蛋皮、发菜球、鸡汤，以及盐、白糖、味精、酱油等调料，翻炒均匀，滴入香油即成。这道菜色泽艳丽，质地软嫩鲜香，美味可口，老少咸宜。

扒素子双菇

【原料】冬菇、鲜草菇各175克，鸡汤适量。

【调料】虾子、盐各7.5克，味精4克，葱、姜、白糖、黄酒、胡椒粉、地栗粉各适量。

【制法】1.将冬菇炖熟；将草菇放入开水中汆熟，然后一起落油锅爆一下，去水分即捞起。

2.将虾子和葱、姜用猪油熬热，将双菇一并倒入，加鸡汤和盐、糖、酒、胡椒粉烧透，最后用地栗粉勾薄芡，起锅，装盘即可。这道菜色黑中带白，味鲜甘、爽口，夏季最宜。

炒鲜莴笋

【原料】莴笋500克。

【调料】植物油30克，花椒10粒，精盐4克，葱花3克。

【制法】1.将莴笋去掉笋叶和皮，洗净，从笋的斜面切成3厘米长的薄片放入盆中，用开水烫一下，用凉水过凉，控干水分。

2.炒锅置于火上，放入植物油烧热，放入花椒，炸至九成熟，将花椒取出，放入葱花稍炸，随即放入莴笋，翻炒均匀后，加入精盐，炒拌均匀，即可出锅。这道菜色碧绿，味鲜香。

油闷春笋

【原料】春笋350克，火腿片25克，清汤200克。

【调料】植物油500克，酱油25克，白糖15克，料酒10克，香油5克，精盐、葱末各3克，味精2克。

【制法】1.将春笋去根，去皮，洗净后剖开，拍松，切成3厘米长的段儿。

2.炒勺置旺火上，放入植物油，烧至五成热时，将春笋入油，炸1~2分钟色呈微黄后捞出，控净油。

3.炒勺内留底油适量，放入葱末、清汤，加入酱油、白糖、料酒、精盐、味精调好口味，将笋条推入勺中，以小火焖至春笋酥烂，汤汁浓稠时移至旺火上颠几下，淋上香油即可上桌。这道菜口感爽脆清香。

干煸冬笋

【原料】冬笋500克，肥瘦猪肉、芽菜各50克。

【调料】酱油、料酒、白糖、味精、芝麻油各10克，猪化油500克，盐3克。

【制法】1.将冬笋切成厚片拍松，再切成4厘米长、0.8厘米宽的片；肥瘦猪肉剁成绿豆大小的细粒。炒锅置火上，下猪化油烧至六成热时，下冬笋炸至浅黄色捞起。

2.锅内留油50克，下肉粒炒至散粒酥香，放入冬笋煸炒至起皱时，再烹入料酒，依次下盐、酱油、白糖、味精，每下一样煸炒几下，最后将芽菜入锅炒出香味，放入芝麻油，炒匀起锅即成。这道菜脆嫩兼备，咸鲜干香，回味悠长。

麻酱凤尾

【原料】嫩笋尖400克。

【调料】细盐3克，芝麻酱、酱油、芝麻油各10克，味精0.5克。

【制法】1.笋尖去皮，修整齐后，在粗端改成四瓣，切开部分为莴笋尖长度的3/5，放入沸水锅内焯至断生，捞出。

2.撒上适量细盐拌匀，摊开，整齐摆放于盘内，淋上由芝麻酱、酱油、味精、芝麻油调成的味汁即成。这道菜质地脆嫩，酱香浓郁，鲜美可口，清爽宜人。

清炒芦笋

【原料】芦笋200克，葱粒100克。

【调料】盐、淀粉、料酒、醋各适量。

【制法】1.将芦笋洗净，切成段，备用。

2.炒锅内放底油，加入葱粒煸炒，并放入料酒、醋、盐和味精，加入笋段，不停地翻炒，待笋段熟后加入溶于水的淀粉收汁，即可出锅装盘。

炝椒青笋尖

【原料】莴笋尖30条。

【调料】植物油60克，花椒40粒，酱油40克，盐6克，料酒15克，味精3克，干辣椒25克。

【制法】1.掰去莴笋尖老叶，用刀削去基部的皮和筋，洗净泥沙，切成长条，用盐腌2小时，再用清水冲洗去盐汁，沥去水；干辣椒切成短节。

2.将炒勺烧热注油，油热时先把花椒炸煳，再下辣椒炸至黑紫色，而后下入莴笋尖、料酒、酱油、味精，迅速翻炒几下即成。这道菜麻辣香脆，别有风味。

如意冬笋

【原料】净冬笋400克，鸡胸脯肉100克，鸡蛋清30克，火腿条25克，青椒20克。

【调料】葱姜汁25克，料酒、味精各5克，盐4克，干淀粉3克。

【制法】1.鸡胸脯肉剁成鸡茸，加入味精、盐、蛋清、料酒和葱姜汁，搅拌均匀；用开水先把冬笋煮熟，然后用滚刀切成约20厘米长的薄片；把青椒挖去籽，洗净，切成与火腿条一样粗（筷子粗）的长条。

2.把笋片摊平，抹上干淀粉和一层鸡茸，然后把两根火腿条放在笋片的一端，把两根青椒条放在另一端，由两端向中间卷起。其他按同法去做，卷好后上笼屉蒸熟取出，淋上香油，冷却后把两头切去，并切成0.5厘米厚的片装盘即成。这道菜色白，脆嫩。

糖醋黑木耳

【原料】鲜汤25克，水发黑木耳300克，荸荠50克。

【调料】酱油30克，白砂糖20克，米醋15克，湿淀粉5克，熟花生油50克。

【制法】1.将木耳用冷水洗净，泡发后，沥干水分，切成片。

2.将荸荠洗净，去皮，用刀拍碎。

3.在炒锅中放入花生油40克，待七成热后，把木耳、荸荠同时下锅煸炒。

4.加入白砂糖、酱油、鲜汤，烧滚后用湿淀粉勾芡，再加入米醋，淋上熟花生油10克，即可完成。这道菜黑白相映，爽滑适口。

木耳顺风

【原料】泡发木耳200克，莴苣、凤梨各1个。

【调料】色拉油1.5汤匙，湿淀粉、植物油各1汤匙，精盐、味精各1茶匙，白糖0.5汤匙。

【制法】1.将木耳择去沙根，洗净，切成大片；将莴苣去皮，洗净，切成薄片；将凤梨洗净，去皮，切片。

2.炒锅内放植物油烧五成热，放入木耳、莴苣片、凤梨片、色拉油、精盐、白糖、味精炒3分钟后用湿淀粉勾芡，炒匀后即可盛盘。这道菜微酸带甜，爽口开胃。

油焖茭白

【原料】净茭白300克。

【调料】香油、白糖各10克，精盐3克，酱油15克，植物油500克（约耗50克）。

【制法】1.茭白切成4～5厘米长、0.5厘米宽的条块。

2.炒锅上旺火，加入植物油，烧至六成热，下茭白炸约1分钟，捞出沥油。

3.炒锅置火上，放入茭白，加酱油、精盐、白糖和少许清水，再烧1～2分钟，淋入香油，起锅装盘即成。这道菜色泽明亮，味鲜汁浓，含有丰富的蛋白质、脂肪、碳水化合物、钙、磷、铁和维生素B_1、维生素C、烟酸等多种营养素。

炝茭白

【原料】茭白700克。

【调料】酱油30克，香油25克，花椒30粒，干辣椒、味精、精盐各5克。

【制法】1.将茭白的老根、壳和内皮去掉，切成5厘米的粗条，用开水氽熟后捞出，加精盐、味精拌匀。

2.用热油将花椒炸煳后取出弃去，随之将辣椒炸成黑紫色，加入酱油，烧开后浇在拌好的茭白上，焖片刻即成。这道菜鲜香麻辣，口感嫩脆。

05 豌豆/豆芽/豆角/其他

鲜蘑炒豌豆

【原料】鲜口蘑100克，鲜嫩豌豆角200克。

【调料】植物油150克、酱油15克，精盐3克。

【制法】1.豌豆去壳，鲜蘑洗净切丁。

2.炒锅上火，放入植物油烧热，下鲜蘑丁、豌豆，煸炒几下，加酱油、精盐，用旺火快炒，炒熟即成。此菜白绿相间，赏心悦目，清鲜味美。口蘑含蛋白质、脂肪、碳水化合物、多种氨基酸和多种微量元素及维生素。豌豆含蛋白质、脂肪、碳水化合物、钙、磷、铁和维生素，能消除油腻引起的口味不佳。

炒豌豆荚

【原料】豌豆荚500克，青、红椒各适量。

【调料】姜、葱、盐、植物油、白酱油、糖、醋、味精、麻油各适量。

【制法】1.姜、葱切末；将豌豆荚洗净，加适量盐暴腌；青椒、红椒均切丝。

2.将锅烧热，加植物油，投入葱、姜末煸透，再下青、红椒丝，随即将豌豆荚挤掉水，下锅略煸后加白酱油、糖、醋，继续煸炒至熟，放适量味精、麻油即可。

熘豆芽

【原料】豆芽250克。

【调料】干红辣椒4个切丝，葱丝、味精、醋、盐、料酒、花生油各适量。

【制法】锅放火上，倒入150克左右的油，烧热后下干红辣椒丝和葱丝爆锅，下入绿豆芽，烹入料酒、盐、味精、醋，翻炒即成。

韭菜炒绿豆芽

【原料】绿豆芽400克，韭菜100克。

【调料】植物油50克，精盐6克，葱、姜各适量。

【制法】1.将豆芽掐去两头，放入凉水内淘洗干净，捞出，控净水分。将韭菜择好洗净，切成3厘米长的段。葱、姜均切成丝。

2.将锅放在旺火上，放入油，热后用葱、姜丝炝锅，随即倒入豆芽，翻炒几下，再倒入韭菜，放入精盐翻炒几下即成。这道菜嫩脆、利口。

珊瑚金钩

【原料】嫩黄豆芽350克，木耳丝11克。

【调料】红辣椒丝5克，葱、姜丝各1克，香油、花椒粒、酱油、料酒、醋、白糖、精盐适量。

【制法】1.豆芽洗净，去根，放入开水中煮熟，捞出控水，装盘。

2.香油烧至五成熟，放入花椒粒炸成金黄色捞出弃用，将辣椒丝、葱、姜丝放入炒香，再依次放入木耳丝、酱油、料酒、醋、白糖、精盐，浇开后浇在豆芽上即成。这道菜味道鲜美，营养丰富。

香菇豆角

【原料】豆角400克，香菇75克，汤适量。

【调料】油40克，水淀粉30克，料酒15克，酱油、香油、味精各5克，葱、姜末、盐各2克。

【制法】1.豆角去筋、洗净，坡刀改3厘米长的段，用开水焯一下；香菇择洗干净，去把儿，改刀。

2.坐勺，放油、葱、姜炝锅，烹料酒，倒入豆角、香菇，放酱油、味精、汤、盐，慢慢炖熟，勾芡，淋香油，出锅即成。这道菜鲜咸口，软烂香。

玛瑙银杏

【原料】银杏250克，青红丝20克，芝麻仁15克。

【调料】白糖20克，花生油250克，干淀粉50克，麻油适量。

【制法】1.银杏砸碎，去外壳，煮约10分钟，搓去皮膜，上笼蒸至回软，放入干淀粉内，使其蘸匀，放入七成热油锅内，略炸捞出。

2.待油温升高至八成热时，再炸至微黄色时，捞出沥油，锅内放少许油，放入白糖炒至金黄色起泡时，放入银杏炒匀，撒上青红丝、芝麻仁，倒入抹好麻油的搪瓷盘内，用刀将糖液拉成片状，稍凉装盘即成。这道菜造型美观，外脆香甜，内韧软嫩，颜色晶莹剔透，别具一格。

诗礼银杏

【原料】白果750克。

【调料】蜂蜜、猪油各50克，白糖250克，桂花酱2.5克。

【制法】1.将白果去壳，用碱水稍泡去皮，再放沸水锅中稍焯，以去除苦味，再入锅煮熟，取出。

2.炒锅烧热，下猪油35克，加白糖，炒至呈银红色时，放清水100克、白糖、蜂蜜、桂花酱，倒入白果，烧至汁浓，淋上白猪油15克，盛入浅汤盘中即成。这道菜色泽洁白，鲜甜入味。

锅塌韭菜

【原料】嫩韭菜100克，鸡蛋2个，面粉25克。

【调料】植物油50克，沸水50克，酱油10克，精盐、味精、醋各2克，料酒、香油各5克，姜丝3克。

【制法】1.将嫩韭菜洗净，切成3厘米长的段儿；鸡蛋磕入碗中，加面粉及清水50克，顺一个方向搅拌成糊，放入韭菜、精盐拌匀。

2.炒勺置中火上烧热，放入植物油30克，烧至约五成热时，将碗中的韭菜糊倒入勺中，移至小火，用小勺将韭糊从中心向四周拨动，使其厚薄一致，待勺底部已硬结，可翻勺时，加油20克从勺边浇入，继续煎制。

3.煎至两面微黄，即可出勺放在砧板上切成10余块，重新放入锅中，撒上姜丝，放入料酒、酱油、味精及沸水50克，放置火上，收干汤汁，烹入醋，淋上香油，即可盛盘。这道菜美味可口。

乳椒空心菜

【原料】空心菜500克。

【调料】泡辣椒2个，玫瑰腐乳汁1汤匙，盐3克，糖、味精各2克，蒜泥适量，生油50克。

【制法】1.将空心菜剪去老根，嫩头一剪两断，洗净。

2.起锅放入生油，待油冒青烟时将蒜泥下锅炒散，即将空心菜入锅煸炒，放入泡辣椒、腐乳汁、盐、糖、味精略炒即好。这道菜清口脆嫩，别有风味。

炒空心菜

【原料】空心菜1000克，瘦猪肉100克。

【调料】盐1克，糖3克，油40克。

【制法】1.把瘦猪肉切成碎

末；将空心菜洗净。

2.砂锅内放油，加入肉末煸炒，再加入盐、糖，略炒后放入空心菜，翻炒片刻即可。

椒油炝芹菜

【原料】鲜嫩芹菜750克。

【调料】陈醋50克，精盐5克，姜末10克，椒油12.5克，味精适量。

【制法】1.将鲜芹菜择去叶和根洗净，直刀切成5厘米长的段（粗根可劈两半），放进开水锅中焯烫片刻，捞出，用凉水冲凉，控干。

2.再将精盐、味精、陈醋拌匀盛盘，放上姜末，倒上加热的椒油炝味即可。这道菜营养丰富，扑鼻喷香。

玉兔葵菜尖

【原料】葵菜尖500克，澄面粉150克，熟鸡肉、熟瘦火腿、罐头冬笋各20克，糖水樱桃1个，奶汤350克。

【调料】川盐4克，姜10克，葱15克，胡椒粉1.5克，味精2克，湿淀粉15克，鸡油20克，猪油30克。

【制法】1.将鸡肉、火腿、冬笋均剁成极细粒。炒锅置火上，下猪油15克，烧至六成热，下鸡肉、火腿、冬笋炒匀，加入川盐1克、味精1克、胡椒粉0.5克，炒匀后起锅成三鲜馅。

2.将葵菜尖入沸水锅焯熟捞起修整齐，放入清水中漂冷，澄面粉加川盐0.5克，倒入沸水烫熟，揉成团后做成12个剂子，分别包入三鲜馅，捏成兔子形。

3.炒锅置旺火上，下猪油烧至五成热，下姜、葱炒香掺入奶汤、川盐、胡椒粉烧沸后取出姜、葱。锅内下葵菜尖烧入味，取出放入大圆盘中摆放整齐。锅内下味精、湿淀粉勾成的芡，淋入鸡油，起锅浇淋在菜心上。

4.在烧葵菜的同时，将澄面兔子上笼蒸熟，将樱桃切成小粒镶在兔子头部做红眼睛和兔嘴，然后摆在葵菜尖周围即成。这道菜鲜咸清香适口，葵菜鲜嫩宜人。

糖醋红柿椒

【原料】红柿椒500克。

【调料】白糖60克，香油、醋各40克，盐5克。

【制法】1.将红柿椒用清水洗净，去柄和瓤，切成长块。

2.将炒勺烧热注油，先下红

柿椒炒熟，再加盐和糖翻炒，随后加醋炒匀即成。这道菜色红美，味鲜香。

大良炒鲜奶

【原料】鲜牛奶325克，鲜草菇20克，鸡蛋白6克。

【调料】猪油适量，味精12.5克，地栗粉40克，精盐适量。

【制法】1.将鲜牛奶和鸡蛋白、地栗粉、精盐、味精拌匀，再与草菇调匀。

2.铁锅烧热，放入猪油，保持炆火温油，将拌匀的奶、蛋白、草菇倾入锅中推匀，如火力太猛，须将锅稍离火，只要使奶蛋炒嫩即好。这道菜色雪白，淡而鲜，并有奶汁味，最适宜春季食用。

干炸果肉

【原料】前胸肉400克，荸荠200克，鸭蛋1个。

【调料】猪油750克（耗100克），五香粉、芝麻油、绍酒、生葱、味精、精盐、干淀粉各适量，猪网油150克。

【制法】1.将肉、荸荠、生葱均切丝，加入鸭蛋液、五香粉、精盐、味精、芝麻油、绍酒和干淀粉拌匀；将猪网油平放在砧板上，沾上干淀粉，然后将肉料放上，卷成长条，两头修齐，然后切成长约3.5厘米段，两头沾干淀粉成果肉段。

2.烧热锅倒入猪油，油温五六成热时，将果肉下锅炸至熟，倒入笊篱，把油烧热，将果肉下锅再炸一次，用锅铲翻动几下起锅。这道菜色泽金黄，外酥肉嫩，味馥。

香炸云雾

【原料】云雾茶尖350克，虾仁150克，鸡蛋50克，松子仁30克。

【调料】熟猪油750克（实耗100克），干淀粉20克，番茄酱、绍酒各15克，精盐5克，味精2克。

【制法】1.虾仁洗净沥干，剁成虾茸，加入绍酒、精盐、味精、干淀粉搅匀成虾糊。

2.云雾茶尖放入碗中，用沸水浸泡30秒钟，取出沥干。

3.将鸡蛋清打成发蛋，先取1/4与茶尖、虾茸拌匀，再将余下的发蛋连同剁碎的松子仁一起放入，搅成糊状。

4.锅置火上烧热，舀入熟猪

油，烧至两成热约44℃时，用汤匙将云雾虾茸糊一匙一匙舀入锅内，待呈玉白色时，轻轻翻身，再氽一分钟，捞出。

5.待油温升至五成热时，倒入云雾团略氽，捞出装盘，佐以番茄酱即成。这道菜色泽青绿，酥脆干香，茶味馥郁。

菊叶玉板

【原料】菊花脑300克，鲜笋、高汤各100克，熟火腿30克。

【调料】花生油40克，盐7.5克，白糖10克。

【制法】1.菊花脑去黄叶，择根后洗净；鲜笋和火腿均切成片，将笋片和火腿用高汤炆一下，取出放入盘内四周做衬托。

2.炒锅置火上烧热，放花生油，投入菊花脑，加盐、白糖煸炒几下，起锅装盘即成。这道菜菊叶清香可口，色彩怡人，荤腥过后食之，备觉清新。

八宝梨罐

【原料】梨150克，橘饼、冬瓜条各20克，桂圆肉、红枣、山楂糕、青梅、糯米饭、瓜子仁、青红丝各15克。

【调料】白糖、桂花酱、熟猪油各20克。

【制法】1.将梨削去外皮，在梨头切下1/4（按梨的高度）作盖，去梨把，用小刀挖去梨核，梨肉壁厚1厘米成为罐形，用开水稍烫。

2.橘饼、桂圆肉、冬瓜条、红枣去核，山楂糕、青梅均匀切成小方丁，用沸水焯过，与糯米饭、白糖、桂花酱、瓜子仁、熟猪油搅拌成馅。

3.将馅装入梨罐内，盖上盖，青梅切条做梨把，装入盘内，上笼旺火蒸20分钟取出，撒上青红丝。炒锅放入清水、白糖、桂花酱，旺火烧沸成汁，浇在梨上即成。这道菜多果融合，清脆爽口，香甘味美，甜中略酸。

禽畜类

01 鸡/鸭/鸽/鹌鹑/雀

炸蚕蛹鸡

【原料】鸡1000克，鸡蛋清、菠菜各25克。

【调料】绍酒30克，精盐3克，葱椒泥10克，淀粉25克，花生油1500克。

【制法】1.鸡里脊肉去筋膜，砸碎后剁成细茸，加绍酒、精盐、葱椒泥、淀粉调匀，再磕入鸡蛋清，搅匀为鸡料子；菠菜洗净，顺丝切5厘米长的细丝。

2.猪网油截成6厘米长、2厘米宽的片，放上鸡料子卷成直径0.5厘米的卷，用竹签从一头插进3厘米左右，外留1.5厘米的把儿，放入蛋泡糊内蘸满，再投入三成热的油锅中，用筷子拨动，挺身后捞起，抽出竹签成“蚕蛹鸡”。

3.菠菜稍炸，捞起铺在盘里。

4.将蚕蛹鸡投入七成热油锅中炸至杏黄色捞出，放在菠菜丝上即成。这道菜鲜嫩香郁，松软可口。

三菌炖鸡

【原料】开膛嫩母鸡1只（约500克），三菌（木耳、香菇、姬松茸）50克，鲜汤750克。

【调料】独蒜25克，猪油75克，葱、姜、料酒各10克，盐3克。

【制法】1.开膛嫩鸡洗净后，连骨剁成约2.5厘米大的块；三菌去根脚洗净，改小，用清水漂起；将姜洗净拍破；葱、蒜均洗净。

2.炒锅置旺火上，下猪油烧热，放入鸡块，葱、姜炒出香味，加鲜汤、蒜烧开，舀入砂锅，用微火煨40分钟左右。

3.炒锅置旺火上，下猪油适量烧热约150℃，将三菌沥干水入锅煸炒约3分钟，倒入砂锅内，加精盐，再用微火煨约20分钟至鸡块熟了，舀出盛于汤碗中即成。这道菜菜汤乳白，鸡肥菌嫩，汤味鲜美。

家常烤鸡

【原料】鲜嫩鸡1只。

【调料】盐15克，酒10克，味精3克，麦芽糖适量。

【制法】1.将鸡入沸水煮5分钟，捞出，沥干。

2.用味精、盐、酒搽匀鸡身，腌半小时取出晾干，再用麦芽糖均匀地涂在鸡身上。

3.鸡装入烤盘后进烤箱烘烤，胸向上25分钟，背向上5分钟，取出淋上香油即可。

炸八块

【原料】嫩母鸡1只（约500克）。

【调料】花生油500克，黄酒、麻油各20克，白糖、菱粉各6.5克，葱末、姜末、酱油各适量。

【制法】1.将鸡杀好，去毛、内脏，再将它的胸脯起下，斩成4块，两只腿也斩成4块，其他不要，然后将鸡块放入用糖、酒、酱油、葱、姜调和的卤内拌一拌，腌渍20分钟，再加菱粉拌一拌。

2.开温火热花生油，将鸡块放入锅内炸呈金黄色后，滗去油，再将酱油、糖、麻油、酒放入一滚即可。

荷叶米粉鸡

【原料】鲜嫩雏鸡1000克，荷叶50克，米粉100克，清汤100毫升。

【调料】芝麻油100克，绍酒30克，甜面酱20克，葱丝、姜丝、酱油各10克，精盐、白糖各5克。

【制法】1.将荷叶洗净泡透，剪成3片20厘米见方的叶片备用。将雏鸡剔骨后洗净，切成大小均匀的12块，加入葱丝、姜丝、酱油、甜面酱、绍酒、白糖、精盐拌匀腌渍10分钟，然后放入米粉、清汤、芝麻油搅匀。

2.将荷叶铺在案板上，每张放一块鸡肉和米粉（约8.5克）包好。包制时先放一个角叠进去，再连荷叶带肉一起卷，卷到最后，将两边的角叠进去，再把留下的一角叠起来夹在中间，头露在外面。将逐个包好的米粉鸡块，入笼置旺火上蒸1.5小时至熟烂，取出装盘即成。这道菜有新鲜荷叶之清香，增进食欲。

担担鸡

【原料】鸡胸脯肉600克，猪肉末200克，面包150克，鸡蛋清、鸡汤各50克，净冬笋、青椒、红椒各25克，笋鸡腿2个，鸡翅膀1对，鸡头1个。

【调料】植物油900克（实耗约100克），湿淀粉100克，葱末25克，料酒、姜末各15克，味精8克，盐7克。

【制法】1.把冬笋，青椒、红椒均切成片；面包切成长1.2厘米，宽、厚各6厘米的长方形块；用50克鸡汤、2克盐、3克味精、5克料酒和适量湿淀粉勾兑成汁；将鸡胸脯肉400克去皮、筋后切成片，用鸡蛋清、盐2.5克、料酒5克加适量湿淀粉搅拌均匀并浆好备用；将余量鸡胸脯肉去皮、筋后，剁成茸放盆内，加入葱末、姜末、味精、盐各2.5克、料酒5克和适量湿淀粉拌匀做成馅。

2.炒勺上旺火，把植物油烧至六成热，分别把浆好的肉片以及冬笋、青、红椒放入油内划透，捞出，沥油。待油烧至七成热，把用肉馅挤成的丸子放入，炸透后捞出沥油。再将面包炸成金黄色，捞出放在盘内，用15厘米长的竹签两头各插上一个丸子，担放于面包托上。

3.炒勺留底油，烧热后将鸡片、青、红椒片、青笋均投入勺中，把兑好的汁也倒入勺内，颠翻几下，盛在面包托前。面包托两边摆上热油炸透的鸡头、笋鸡和鸡膀，码成鸡形即可出锅。这道菜摆形似鸡，美观别致，鸡片香嫩，丸子酥香。

怪味鸡

【原料】仔公鸡1只（约1500克），脆花生仁25克，汤750克。

【调料】白糖40克，酱油20克，郫县豆瓣、糟蛋黄、醋、料酒各15克，辣椒油、芝麻酱、香油、姜、葱各10克，花椒粉3克，味精1克。

【制法】1.仔公鸡宰杀、开膛、去内脏，洗净，去掉头、颈、爪，入锅出水再入沸汤锅，加姜、葱、料酒煮至刚熟，捞出，放入凉水内浸凉，捞出，擦干水分，去尽鸡骨，改成片、丝、块均可。

2.郫县豆瓣剁细炒酥；糟蛋黄按成茸，加酱油、醋、辣椒油、花椒粉、白糖、芝麻酱、味精、香油混匀兑成怪味汁；脆花生仁剁成细粒。食用时将鸡肉装盘，淋上怪味汁，撒上脆花生仁即成。这道菜充分体现川味独特味型，香鲜味浓，细嫩爽口。

白果烧鸡

【原料】鲜嫩开膛母鸡1只（约500克），红汤500克。

【调料】白果50克，豆粉15克，香油10克。

【制法】1.鸡洗净后，挤出水；白果去皮，捅去心，入清水漂；红汤入锅，用鸡骨垫底放入鸡，加白果，用小火慢烧至鸡软、白果裂缝时，将鸡捞出放盘中，拣出白果环绕四周。

2.锅内原汁勾芡收浓，淋上香油和匀，浇于鸡上即成。这道菜鸡肉细嫩，白果回甜，味醇厚。

风鸡斩肉

【原料】风鸡1只（约500

克左右），猪五花肉200克，清水适量。

【调料】绍酒40克，葱姜汁25克，酱油15克，白糖10克，盐5克。

【制法】1.将风鸡燎毛，斩去头、爪，放入冷水中浸泡两小时，洗净，斩成大方块，再入冷水中浸泡一小时，捞入沸水锅中汆水；炒锅上火放油，投入风鸡块煸炒，烹入绍酒、葱姜汁，倒入砂锅内，加入酱油、白糖、清水，放大火上烧沸，移小火焖炖。

2.将猪五花肉切细斩成茸，加入绍酒、葱姜汁、酱油、精盐、白糖、清水适量，搅拌上劲，做成肉团下油锅煎至金黄，然后放入风鸡砂锅，焖炖两小时即成。这道菜原汁原味，鸡酥肉嫩，为席上佳肴。

姜汁热味鸡

【原料】净熟公鸡、肉汤各适量。

【调料】姜末、酱油、醋、湿淀粉、川盐、葱花、熟菜油各适量。

【制法】1.将鸡肉斩成块，炒锅置旺火上，下菜油烧至七成热，放入鸡块、姜末煸炒约2分钟，加川盐、葱花稍煸炒后，加入酱油、肉汤烧约5分钟至入味。

2.再加入剩下的葱花，用湿淀粉勾芡，放醋，待收汁后和匀即成。这道菜成菜色泽黄亮，姜醋味浓香，鸡肉质烂细嫩，菜形丰腴大方。

五香脆皮鸡

【原料】嫩仔鸡1只（约1000克）。

【调料】素油500克，糖色30克，酱油、香油各10克，白糖、姜片、葱段、料酒各15克，盐、五香粉各3克，花椒2克，味精0.5克。

【制法】1.鸡宰杀后，去头、翅尖、足爪，入沸水锅内汆一下取出，将盐、白糖、酱油、料酒、五香粉、花椒于碗中调匀后，抹在鸡身内外，姜片、葱段塞入鸡腹中，装蒸碗中上笼蒸熟，取出擦干水分，趁热抹上糖色，拣去葱、姜、花椒。

2.晾冷，炒锅置旺火上，下素油烧热（约180℃），放入鸡炸至皮酥色呈棕红时捞出，待稍冷，剔去大骨，斩成约5厘米长、1.5厘米宽的条块，在盘内摆成鸡形，并将蒸鸡原汁加味精、白糖、香油调匀后，装味碟，或淋于鸡身。此菜若不用五香粉，而在鸡炸好入盘后，浇上烹好的鱼香滋汁，则成鱼香脆皮鸡。这道菜色泽红亮，皮酥肉嫩，味道鲜美。

清汤火方

【原料】净母鸡2只（各约600克），火腿腰峰500克，冬笋片150克，火腿脚爪75克，水发冬菇25克，鸡清汤适量。

【调料】绍酒75克、精盐、葱节、姜片各20克，味精15克。

【制法】1.将火腿腰峰及脚爪放清水中浸泡，刮洗干净。母鸡去内脏洗净，用一只母鸡和火腿脚爪一起放入锅中调汤；将另只鸡脯斩成茸，谓“白馅”；鸡腿斩成茸，谓“红馅”；鸡骨斩成茸，谓“骨馅”。

2.在炖好的鸡汤中再经3种“馅”分别调制，从而汤清见底，将火方放入垫有竹箅的砂锅中，加绍酒、葱节、姜片、清水，上火焖至七成熟。

3.待凉后在肉面上剖成3厘米见方的方格，肉皮面剞同样的方格，然后将皮朝下放入汤盘中，加清水上笼蒸30分钟，取出后滗去汤汁；换入清水复蒸一次，再用鸡汤套蒸2次至酥烂，蒸火方的同时，将冬菇、冬笋片放入盘中上笼蒸熟。

4.从笼内取出火方，滗去汤汁，翻扣入盘中，将冬菇、冬笋放在火方上，舀入烧沸的鸡清汤即成。这道菜汤清见底，味鲜汁醇，火腿酥香。

麻油鸡

【原料】鸡（蒸烂）1只，什件50克，菠菜30克，水发木耳25克。

【调料】油1500克，酱油40克，醋25克，葱花、蒜片各2克，料酒、白糖各30克，盐1克，味精、香油各10克，水淀粉50克。

【制法】1.菠菜切段；什件切片，用开水焯一下。

2.用碗把酱油、醋、白糖、盐、水淀粉、味精、葱、蒜、料酒及什件、菠菜、木耳放一起调匀。

3.勺内放油，等油七成热，鸡下油炸透捞出，去大骨，撕成条，码放盘里。坐勺，倒上油，将上步骤中的调成品炒熟，淋香油，浇在鸡肉上即成。

炖鸡汁

【原料】鲜肥母鸡1只（约1500克）。

【调料】枸杞100克，老姜20克，精盐2克，胡椒粉1克，味精0.5克。

【制法】1.母鸡宰杀煺毛，掏去内脏，洗净，宰去鸡的头、脚，入锅加清水置旺火上烧开，撇去浮泡，加入老姜、枸杞（用白纱布包上），移焖炉内，用微火炖4小时（嫩鸡3小时），取出，鸡肉用筷子拨开成丝，去掉脊背骨，拣去老姜，取出枸杞即成。

2.将鸡汁和鸡肉丝盛于碗内，加味精、精盐、胡椒粉，并酌加鲜嫩小菜即可食用。这道菜汤鲜肉嫩，回味纯正。

红杞蒸鸡

【原料】仔母鸡1只（约1500克），清汤150克。

【调料】枸杞15克，胡椒粉3克，生姜、葱、料酒各10克，味精1克，盐4克。

【制法】1.将鸡宰杀后去毛、内脏和爪，洗净；枸杞洗净；姜切成大片；葱切段待用。

2.将鸡入沸水氽透，捞起用凉水冲洗干净，沥去水分，将枸杞由鸡的裆部装入腹内，然后将腹部朝上放入盆内，加姜、葱、胡椒粉、料酒、盐，注入清汤，用温棉纸封口，上笼旺火蒸2小时至熟取出，拣出姜、葱，放入味精即成。这道菜鸡肉软烂，鲜香滑爽，汤汁浓郁，并具有滋肝补肾之功效。

归芪蒸鸡

【原料】清汤150克，仔母鸡1只（约1500克）。

【调料】炙黄芪100克，当归20克，味精1克，胡椒粉、盐各3克，葱、料酒、生姜各10克。

【制法】1.将鸡宰杀后去毛、内脏和爪，洗净，放入沸水中煮透捞出，放入凉水中冲洗，沥去水分；当归洗净，视其个头大小顺切几刀。

2.生姜、葱洗净，姜切大片、葱切段；将当归、炙黄芪由鸡的裆部装入腹内，然后将鸡腹部朝上放入盆内，放上生姜、葱段，注入清汤，加盐、胡椒粉、料酒，用湿棉纸封口，上笼蒸约2小时取出，启封，拣去姜、葱，加入味精调味即成。这道菜肉质肥烂，鲜咸适口，原汁原味，汁浓味酽。

叉烧鸡

【原料】嫩仔鸡1只（约1000克），猪肉100克，冬菜、生菜各50克。

【调料】猪网油300克，猪油50克，葱末25克，豆粉、料酒、甜酱各20克，酱油、蛋清、香油、姜各15克，泡辣椒10克，白糖、麻油各5克，盐2克。

【制法】1.仔鸡宰杀洗净，开小口取出内脏，去头、翅、翘、脚爪和腿骨，洗净后，用酱油、料酒、姜末、葱末涂抹鸡身内外，并腌渍入味（约1小时）；猪网油洗净，改成3大张；猪肉切成丝；冬菜、泡辣椒均切成短节；蛋清和豆粉调成糊。

2.炒锅置火上，下猪油烧热（约200℃），猪肉丝加盐、料酒、豆粉拌匀后下锅炒散，加冬菜节炒匀起锅，晾凉拌入泡辣椒，然后填入鸡腹内，鸡外皮上抹香油，再用猪网油把鸡裹紧（共裹3层，第2、3层网油上要抹上蛋清豆粉糊）。用双股铁叉从鸡翅与鸡腿处平穿过，入明火池中不断地转动，烤至表面网油焦皮吐油、呈金黄色、鸡肉熟时擦净叉，取下，剥开网油，将网油酥皮和鸡肉分别切成条子，摆于条盘两端。

3.鸡腹中馅料，去掉姜、葱、泡辣椒后，配上生菜摆于条盘中，另配上甜酱、白糖、麻油兑成的调汁和葱花即成。这道菜鸡肉细嫩，网油酥香，馅料味鲜。

当归炖鸡

【原料】母鸡1只（约1000克）。

【调料】当归、姜、葱、料酒各10克，盐3克。

【制法】1.鸡宰杀后煺毛，剖腹洗净，剁去爪，用开水焯透，再放入凉水中洗净，沥干水分。

2.当归洗净，按块质大小，顺切几刀；姜葱洗净，姜拍破、葱切段待用。

3.将当归、姜、葱装入鸡腹内，肚腹朝上放入砂锅内，注入清水适量，加入盐、料酒，在武火上烧开，再改用炆火炖至鸡肉酥烂时即成。这道菜鸡肉白嫩酥烂，汤汁鲜咸适口，略有药香味，并具有补血、保肝之功效。

桃杞鸡卷

【原料】公鸡1只（约1000克），枸杞50克，核桃仁100克，白卤汤750克。

【调料】菜油200克，芝麻油25克，味精1克，盐3克，姜、葱、料酒各10克。

【制法】1.将公鸡宰杀后去毛和内脏，洗净，由脊背下刀剔骨，保持整形不破裂；姜、葱切片；把鸡用盐、料酒、味精抹匀，加姜、葱腌渍3小时。

2.核桃仁用开水泡后去皮，下油锅炸熟；枸杞洗净备用；将鸡肉内的姜、葱去掉，皮朝下放在案板上理伸，把枸杞、核桃仁混合，放在鸡肉面上卷成筒形，用线捆紧。

3.烧沸卤汤，放入鸡卷，煮30分钟，煮时撇去浮沫，煮好捞出晾凉，解去线布，刷上芝麻油，切成圆片即成。这道菜肉质红润，软烂鲜嫩，卤香味浓，并具有补精添髓、补中益气、明目健身之功效。

栗杏焖鸡

【原料】肥母鸡1只（约1500克），栗子200克，杏仁10克，核桃仁20克，红枣5枚，汤适量。

【调料】熟猪油75克，香油26克，姜丝、葱、蒜、料酒各10克，味精5克，食盐3克，酱油、芝麻酱、白糖各25克，水豆粉15克。

【制法】1.用刀把栗子切成两半，放入开水锅中煮至壳、衣可以剥掉时捞出，去壳、衣；将杏仁、核桃仁放入碗内，用开水烫后去皮，捞出沥干。

2.将核桃仁、杏仁放入四成热油锅中炸制，用漏勺上下翻动，炸至呈金黄色，捞在盘中摊开，待冷脆后用木棒压成细末；鸡宰杀煺毛，除内脏，洗净，剁成3厘米大小的方块。

3.炒锅烧热后加入猪油25克，在武火上烧至六成热，倒入鸡块，煸至皮呈黄色，随即加入料酒、姜丝、白糖、酱油，烧至上色，再加汤、红枣、核桃仁烧沸，改用炆火焖1小时，倒入栗子再焖15分钟，焖至鸡块酥烂时改用武火，在锅内滚上浓卤汁，用漏勺把鸡块捞出，皮朝下扣放在碗中码齐，栗子盖在鸡块上面，翻入盘中。

4.将装有卤汁的锅置武火上烧开，放入芝麻酱拌匀，淋适量水豆粉勾成薄芡，加入熟猪油50克，再放入香油，出锅浇于鸡块上面，撒上杏仁粉即成。这道菜鸡肉软烂鲜咸，栗枣酥烂软糯，具有温中益气、补精添髓之功效。

麻油火鸡肾

【原料】急冻火鸡肾3～4个，榨菜1小块。

【调料】姜2片，葱段1条。腌料：花椒盐或粗盐1汤匙，绍酒2汤匙，姜汁1～2汤匙，胡椒粉适量。调味料：麻油、砂糖各适量。

【制法】1.榨菜先用开水冲净，吸干水分，切成方丁薄块，加入砂糖一汤匙拌匀，使榨菜吸收糖之甜味，加入适量麻油拌匀，待用。

2.火鸡肾解冻后，以姜片、葱段出水，洗净，抹干，加入腌料拌匀，腌至过夜使入味，取出略冲净，上碟，以大火隔水蒸至熟透，备用。

3.置火鸡肾块于深碗内加入调味料拌匀后，放入榨菜块再拌至均匀，即可装碟供食。

糖醋鸡圆

【原料】鸡脯肉200克，鲜虾仁50克，鸡蛋2个，鲜汤100克。

【调料】姜末5克，蒜末8克，鱼眼葱10克，精盐适量，白糖12克，醋15克，酱油10克，胡椒粉1克，水豆粉40克，精炼油1000克（约耗75克）。

【制法】1.鸡脯肉剁细成茸，加入清水、精盐、鸡蛋液、胡椒粉、水豆粉搅打成一体，再加入剁细的鲜虾仁颗粒，搅匀备用。

2.锅置旺火上，烧油至六成热，用手将鸡肉馅挤成鸡圆，下锅炸定型后，捞出备用，待油温回升至七成热时，将鸡圆回锅炸酥、发黄，捞出装入盘内。

3.锅中留油适量，油温三成，下姜末、蒜末，炒香，烹入用酱油、醋、白糖、精盐、鲜汤、水豆粉调成的芡汁，收汁起锅放入鱼眼葱，淋在鸡圆上即成。这道菜外酥内嫩，甜酸味浓，鲜香爽口。

芙蓉鸡片

【原料】鸡脯肉300克，鸡蛋清50克，火腿、冬笋、豌豆苗各25克，冷鲜汤250克，奶汤80克。

【调料】猪油500克，水豆粉30克，鸡油10克，盐5克，胡椒粉1克，味精0.5克。

【制法】1.鸡脯肉去筋，捶成茸入碗，加冷鲜汤、水豆粉、盐、蛋清调匀成糊状；火腿、冬笋切成长约3.5厘米、宽约2厘米的薄片；豌豆苗洗净；炒锅置火上，下猪油烧热（约80℃至

100℃），将锅稍倾斜。

2.用炒勺舀鸡糊（约30克）顺锅边倒入锅内，然后迅速将锅向反方向倾斜，使油没过鸡糊，待其成形离锅后，捞出放入鲜汤中漂起，即成鸡片，依此法将全部鸡糊做成鸡片。

3.将锅内余油倒出，下火腿及冬笋片，入奶汤，加盐、味精、胡椒粉烧沸，放入鸡片稍烩，下豌豆苗，勾水豆荧粉，起锅淋上鸡油即成。这道菜入口柔软，细微鲜美。

荷叶凤脯

【原料】鸡脯肉500克，蘑菇100克，火腿50克，荷叶4张。

【调料】味精1克，豆粉15克，香油10克，盐3克，白糖30克，鸡油、料酒、胡椒面、香油、姜、葱各10克。

【制法】1.把鸡脯肉、蘑菇均切成片；火腿切20片，姜切片；葱切花；荷叶洗净用开水稍烫一下，去掉蒂梗，切成20片三角形。

2.蘑菇用沸水划透捞出，用凉水冲凉，把鸡肉、蘑菇一起放入盘内加盐、味精、白糖、胡椒面、料酒、香油、鸡油、豆粉、姜片、葱花搅拌均匀。

3.把鸡肉、蘑菇分放在20片荷叶上，加上一片火腿，包成长方形，码盘上笼蒸2小时，出笼即成。这道菜肉质鲜嫩，清香适口，并具有补益强身、解暑利湿之功效。

雪花鸡焯

【原料】冷鲜汤350克，鸡脯肉150克，熟火腿末31克，鸡蛋清50克。

【调料】砣状水豆粉、猪油各50克，胡椒粉1克，味精0.5克，盐适量。

【制法】1.将鸡脯肉去筋，洗净，用刀背捶茸，去尽茸中筋络，装入碗内，先用冷鲜汤调散，再加入水豆粉、盐、味精、胡椒粉搅匀，最后加入蛋清打成的蛋泡搅匀。

2.炒锅置旺火上，下猪油烧热（约180℃），倒入鸡浆，炒熟起锅，盛盘撒上火腿末即成。这道菜状如云朵，似积雪堆叠，入口柔软滑嫩。

龙凤腿

【原料】鸡丝450克，虾仁100克，鸡腿骨10克。

【调料】花生油1250克（实耗油150克），猪网油150克，鸡蛋50克，绍酒、葱、干淀粉各20克，白糖10克，辣酱油、盐各7.5克，胡椒粉3克，味精2克，面包粉适量。

【制法】1.将鸡丝、虾仁同放碗内，加鸡蛋、白糖、辣酱油、盐、绍酒、味精、葱末和胡椒粉拌和待用；猪网油漂洗干净，切成10厘米见方的块；将鸡丝、虾仁分别放在网油上，鸡腿骨摆放在网油的一端包成鸡腿形；鸡蛋加干淀粉调和。

2.油锅上火，烧至七成热时，将龙凤腿坯逐个沾满干淀粉，再拖蛋糊，滚上面包粉，下入油锅炸至淡黄色，将油锅移至小火上炸1分钟至熟，用漏勺捞出，整齐摆入盘中即成。这道菜造型美观，色泽褐黄，外松脆、里鲜嫩。

豆苗鸡丝

【原料】豆苗400克，鸡丝135克，鸡蛋清1个，上汤1汤匙。

【调料】绍酒、湿淀粉、精盐、植物油各3茶匙，胡椒粉、麻油、味精各1茶匙，植物油适量。

【制法】1.先将鸡丝用鸡蛋清、湿淀粉拌匀，将炒锅内放植物油烧三成热，将压干水分的豆苗放在锅中，用一半湿淀粉勾芡，放在碟中。

2.炒锅内放植物油，待油烧至三成热，将鸡丝放入拉油至熟，倾在笊篱里，沥油。

3.将锅放回炉上，放绍酒，注入上汤，撒上精盐、胡椒粉，用一半湿淀粉勾芡，把拉熟的鸡丝放入锅内，加热油、味精、麻油和匀，扒在豆苗上便成。

炒鸡什件

【原料】鸡胗、鸡肝共350克，干木耳10克，青菜100克，汤适量。

【调料】大油80克，姜、蒜、酱油各20克，葱、料酒各25克，湿淀粉30克，盐、味精各5克，醋3克。

【制法】1.把鸡胗两面白色的皮去掉，切成片；鸡肝切成片；随之将鸡胗、鸡肝用料酒、酱油和盐腌好，浆些湿淀粉再拌些油；木耳用水发透，择洗干净；青菜叶切段；茎切成片；葱、姜、蒜均切片。

2.将酱油、料酒、味精、湿淀粉和葱、姜、蒜、汤放入碗中，一起兑成汁。

3.用炒勺将大油烧热后，随下鸡胗、鸡肝翻炒，至将要熟时，把木耳、青菜倒入再继续翻炒，并将兑好的汁倾入勺中，并翻炒均匀，滴几滴醋，起锅将菜盛入盘中即成。这道菜味鲜醇香，胗肝脆嫩。

软炸鸡肝

【原料】鸡肝400克，山药粉100克，鸡蛋4个。

【调料】花椒、食盐各3克，生姜、葱、料酒各10克，胡椒粉2克，味精1克，芝麻油20克。

【制法】1.将鸡肝去筋膜，大的鸡肝改成两块；葱切段，适量葱切花；姜拍破；鸡蛋打散加山药粉，调成糊状；将鸡肝拌入葱花、姜、胡椒粉、食盐、味精、料酒略腌后，用蛋清糊上浆。

2.油锅烧至六成热时，将鸡肝逐块放入锅内炸，用漏勺捞起，将锅烧热，注入芝麻油，下入鸡肝，放葱段、花椒，翻炸几下盛盘即成。这道菜鸡肝酥脆，甘香味麻，并具有滋肝肾、清心明目之功效。

花椒鸡丁

【原料】开膛嫩仔鸡1只（约500克），鲜汤150克。

【调料】素油500克，料酒20克，酱油15克，干辣椒2克，花椒、盐各3克，白糖、葱节、姜片各10克，香油5克，味精1克。

【制法】1.鸡洗净后，剔骨，剁成约2厘米见方的丁，加料酒、酱油、盐、葱节、姜片拌匀，腌渍入味（约30分钟）；干辣椒擦净，去蒂、籽，切成约2厘米长的节。锅置旺火上，下素油烧热（约180℃~200℃），将鸡丁内葱、姜去掉，滗去汁水后下锅炸至刚熟（鸡丁微带黄色）时捞起沥干油。

2.炒锅另放净素油100克，烧热后，投入干辣椒节、花椒炒出香味，辣椒呈棕红色时，倒入鸡丁，烹酱油、白糖、料酒和少许清汤，中火收汁，待收干亮油，放入味精、香油，颠匀起锅。若热食直接装盘；若冷食，放入盘拨开晾凉后，将辣椒垫底，鸡丁摆在上面即成。这道菜色泽金红，麻辣鲜香略带甜味。

锅贴鸡片

【原料】猪肥膘肉300克，

鸡脯肉250克，冬笋100克，熟火腿、生菜、蛋清各50克。

【调料】清油、葱酱各50克，豆粉35克，料酒15克，白糖、姜段、酱油、葱段各10克，香油6克，醋5克。

【制法】1.鸡脯肉片切成长约5厘米、宽4厘米的薄片，用姜段、葱段、料酒、酱油拌匀，腌渍码味约15分钟；肥膘肉入汤锅煮熟，捞出晾冷后，片成与鸡片相同的薄片；火腿切成细末；冬笋煮熟后，切成长约4厘米、宽约2.7厘米的薄片；蛋清、豆粉放一起搅匀。

2.猪肥膘片平铺盘内，用热布揾干油腻，抹上1层蛋清豆粉，随后贴上冬笋片，笋片上放火腿末，码味的鸡片裹上蛋清豆粉放在火腿末之上，依此法共做24块坯片。

3.炒锅在旺火上烧热，放入清油涂匀，滗去余油，将坯片猪肉一面向下逐一贴于锅内，锅置微火上，不断转动锅并将煎出的油用小铲铲起淋于鸡片上，至底面贴成深黄色、鸡肉熟、色呈浅黄时，滗去余油，淋上香油，起锅装盘，并配上生菜（用白糖、醋、香油拌匀）和葱酱碟即成。这道菜颜色美观，入口脆嫩酥香，风味别具。

粉蒸鸡

【原料】肥鸡肉200克。

【调料】甜面酱、酒酿露、酱油、米粉、麻油、整花椒、葱、姜末、猪油、胡椒粉、黄酒、熟豌豆、精盐、豆瓣酱各适量，白糖6.5克。

【制法】1.将鸡肉切成3厘米左右长的厚片，和甜面酱、豆瓣酱、糖、酱油、葱、姜末、黄酒、胡椒、酒酿露等调味拌和。

2.另将大米炒至黄色，加花椒一起炒，磨成末，再加猪油、麻油，同鸡片调拌均匀后放在碗中，再把熟豌豆拌上米粉和胡椒粉，加适量盐，放在碗上面，上笼蒸熟，翻扣在盘中即可上桌。这道菜芳香扑鼻，稍带辣甜，呈酱油色。

黄焖鸡块

【原料】鸡汤130克，鸡肉200克，笋块或冬菇65克。

【调料】猪油适量，黄酒6.5克，酱油3克，湿淀粉8克，味精、姜丝、葱花、精盐、白糖各适量。

【制法】1.将鸡肉洗净后切成3厘米见方的块，先入温猪油锅煎半分钟。

2.再加入笋块或冬菇及调味葱花、姜丝、黄酒、酱油、盐、糖、味精、鸡汤，用炆火焖十分钟，随即用湿淀粉下锅勾芡即好。这道菜鸡汁浓，味鲜甜，入口烂，色鲜亮。

炒鸡丝

【原料】鸡蛋1个，鸡750克，水发玉兰片25克，清汤适量。

【调料】味精1克，精盐3克，青蒜段5克，绍酒20克，湿淀粉25克，猪油100克。

【制法】1.鸡脯肉剔去筋膜，片成厚0.2厘米的片，再切成长5厘米的丝，加蛋清、精盐、湿淀粉拌匀入味，水发玉兰片切成3.5厘米长的丝，甩开水焯过，青蒜切成3.5厘米长的段。

2.炒锅放猪油，烧至五成热，下入鸡丝划开，至八成熟时捞出，锅内留油，放玉兰片丝、青蒜段稍微一煸，倒进鸡丝，再放清汤、精盐、绍酒、味精，颠翻出锅即成。这道菜颜色洁白，质地细软滑爽，口味清淡鲜嫩。

豉椒鸡片

【原料】熟鸡片50克，火腿片30克，菠菜心25克，鸡汤250毫升。

【调料】黄酒25克，精盐3克，猪油50克，豆豉20克，花椒5克，水淀粉10克。

【制法】1.锅上火，下猪油烧热，放入火腿片略炸，倒入鸡汤，下鸡片、黄酒、豆豉、花椒，烧沸片刻。

2.加入精盐、菠菜心烧入味，用水淀粉勾薄芡，起锅装盘即可。

浮油鸡片

【原料】鸡里脊肉750克，冬笋25克，青豆15克，鸡蛋1个，清汤适量。

【调料】猪油500克（实耗油75克），绍酒、湿淀粉各25克，精盐3克，葱末、姜末、味精适量。

【制法】1.鸡里脊肉剔净脂皮、白筋，用刀背砸成细泥，加鸡蛋清、湿淀粉、精盐、清汤拌匀；冬笋切成小象眼片。

2.在炒锅放入猪油微火烧至四成热，用羹匙将鸡糊逐勺舀入油内，注意不要粘在一起，待鸡茸浮出油面成薄片状捞出；锅内留油，烧至六成热，放葱末、姜末爆锅，再放精盐、绍酒、笋片、青豆、清汤、炸鸡片颠炒，加味精，装盘即成。这道菜质地鲜嫩，汤汁透明，清香利口。

红烧卷筒鸡

【原料】鸡脯肉350克，冬笋、冬菇、蛋清各50克，豆粉40克，好汤750克，鸡骨适量。

【调料】素油500克，红酱油、葱、姜、料酒各10克，盐2克，酱油5克。

【制法】1.鸡脯肉片成长约4.5厘米、宽约2.7厘米的薄片24张；火腿、冬笋、冬菇均切成长约2.5厘米、宽2厘米粗丝各24根。鸡片摊开，将火腿、冬笋、冬菇丝各一根放于片的一端，顺裹成卷形，卷尾处抹上蛋清豆粉交口，整个卷再裹一层蛋清豆粉。

2.炒锅置旺火上，下素油烧热约200℃，将鸡卷逐个顺锅边放入，炸至呈黄色捞出；烧热锅放鸡骨垫底，加好汤、红酱油、葱、姜、料酒、酱油、盐吃味上色，然后放入鸡卷，大火烧开后改用小慢火烧约30分钟，取出鸡卷，摆放于蒸碗中定成“三叠水”；将烧鸡原汁入碗，上笼蒸约10分钟取出，将原汁滗入锅中，鸡卷翻扣于盘中，锅内汁勾二流芡淋于鸡卷上即成。这道菜色泽棕红，肉质细嫩，味极鲜美。

金钱鸡塔

【原料】鸡脯200克，生、熟猪肥膘肉各100克，熟瘦火腿、韭菜各50克。

【调料】蛋清50克，醋、香油各10克，盐3克。

【制法】1.鸡脯肉洗净去筋，与生猪肥膘肉分别用刀背捶茸后混合，加清水、蛋清、盐搅匀，制成鸡糁；另将熟猪肥膘肉切成直径约4厘米、厚约0.4厘米的圆片24片；熟火腿切成细片；韭菜切成长约1厘米的段，漂入清水中。

2.蛋清加干豆粉调匀；将圆形猪肉片铺于盘中，用热布揩干表面油质，抹上一层蛋清豆粉，然后将鸡糁做成直径约为2厘米的圆珠，放于肉片上，并抹平，再取适量火腿末放在圆珠上粘稳，即是金钱鸡塔坯。

3.炒锅置火上烧热，取鸡塔坯肥膘向下贴于锅中，烙至肥膘呈金黄色时起锅，装于条盘中，将韭菜滤干水，用盐、醋、香油拌匀，摆于盘的两端即成。这道菜形似金钱，入口酥香，脆嫩味美。

碎末鸡丁

【原料】鸡脯肉200克，花生仁25克，鲜汤50克。

【调料】猪油150克，料酒、豆粉各20克，泡红辣椒、葱、蒜各适量，酱油、蛋清各10克，白糖、醋各5克，盐4克，味精1克。

【制法】1.鸡脯肉轻拍后，切成0.7厘米见方的丁，入碗加盐、料酒、味精拌匀；泡红辣椒去蒂、籽，剁细；花生仁剁成粗粒；葱切细花；蒜切细粒。

2.另取小碗，用盐、酱油、白糖、醋、料酒、味精、水豆粉、鲜汤兑成滋汁。

3.炒锅置旺火上，下猪油烧热约150℃，将鸡丁用蛋清豆粉上浆后入锅，滑透，倒入漏勺，沥干油。锅内加油适量，烧热，下泡红辣椒，炒至油呈红色时，下葱、蒜炒香，下鸡丁炒匀，烹入滋汁，推炒至散籽亮油，撒上花生仁，推匀起锅装盘即成。这道菜红白相间，色调明快，滑嫩香酥。

辣子鸡丁

【原料】鸡脯肉250克，荸荠、好汤各50克。

【调料】猪油50克，酱油、料酒、豆粉各20克，泡红辣椒、蛋清各15克，葱、姜、蒜各10克，醋5克，盐3克，味精1克。

【制法】1.鸡脯肉去掉筋膜，用刀尖戳一些小眼，切成约1.5厘米见方的丁，入碗加盐、酱油、料酒、味精拌匀入味；荸荠去皮，洗净后切成方丁。

2.泡红辣椒去蒂、籽，剁细；葱切成短节；姜、蒜均切小方片；蛋清加干豆粉调成稀糊。

3.炒锅置旺火上，炙锅后，下猪油烧热约150℃~180℃，鸡丁用蛋清豆粉糊上浆后，下锅滑散至熟，下剁细的泡辣椒，急速翻炒至鸡丁全呈辣椒红色时，下荸荠、姜、葱、蒜炒出香味，烹入用盐、酱油、料酒、白糖、味精、水豆粉、好汤兑成的滋汁，迅速翻颠，并滴醋适量，起锅装盘即成。此菜可用郫县豆瓣酱代替泡辣椒；用鲜笋或青笋代替荸荠。这道菜色润红亮，质细滑嫩，鲜香带辣。

茄汁鸡肉

【原料】嫩鸡肉300克，汤适量。

【调料】绍酒、酱油、水淀粉、葱、姜各20克，白糖10克，小苏打5克，胡椒粉1克，姜末2克，花生油500克，盐、黄酒、味精各适量，番茄酱50克。

【制法】1.将小苏打、酱油、胡椒粉、水淀粉、绍酒、姜末和100克清水调成汁，再把鸡肉横切成2厘米长的薄片，放入汁内，浸10分钟后，再加入200克花生油腌1小时。

2.炒锅上火，加入300克花生油烧至六成热，放入牛肉片拌和，待牛肉色白时，倒入漏勺沥油；炒锅内放适量油将番茄酱、盐、黄酒、白糖、味精、汤，用水淀粉勾芡，炒好，淋在肉上即可出锅。

鸡里爆

【原料】鸡脯肉750克，猪肚30克，鸡蛋1个，清汤适量。

【调料】熟猪油100克，湿淀粉25克，绍酒20克，精盐4克，碱粉、蒜末各3克，味精1克。

【制法】1.鸡脯肉剔去筋膜，片成长3.3厘米的片，加蛋清、精盐、湿淀粉上浆拌匀，猪肚去脂皮，片成0.7厘米厚的片，在片上面剞0.3厘米宽的斜十字花纹，然后在后面每隔0.3厘米打上直刀约1/2厚，再切成1.3厘米见方的块，用碱粉、温水泡5分钟，洗净碱味。

2.碗内加入清汤、绍酒、味精、湿淀粉、精盐兑汁待用；炒锅上火，放入熟猪油烧至五成热，将鸡肉片放入拨散，划透捞出；将肚放入沸水中一汆捞出，随即将肚放入九成热的油内一触（约3秒钟），倒入漏勺内，炒锅内留油，烹入蒜末。

3.将鸡肉片、肚放入锅内，迅速倒入芡汁，颠翻，沾匀使之包住，盛入盘内即可出锅。这道菜色泽洁白，鸡肉鲜香，别有风味。

雪魔芋鸡翅

【原料】鸡翅、鸡汤各500克，水发魔芋15克。

【调料】猪油50克，酱油、豆粉各10克，盐2克，姜、葱、料酒各15克，味精0.5克，胡椒粉1克。

【制法】1.鸡翅去尖，一断为二，洗净出水；葱挽结；姜拍破；雪魔芋切成长约5厘米、宽约3厘米的条块。

2.炒锅置旺火上，下猪油烧热约180℃，下鸡翅、料酒、姜、葱炒出香味，再加鸡汤、酱油、盐烧沸，去尽浮沫，用小火慢烧至鸡翅将熟时，加雪魔芋继续烧至鸡翅离骨时，拣去姜、葱，勾芡，放味精、胡椒粉和匀起锅即成。这道菜鸡翅软糯细嫩，魔芋柔软汁浓。

小煎鸡

【原料】鸡腿肉300克，青笋、鲜汤各50克，芹黄25克。

【调料】猪油50克，豆粉25克，料酒20克，泡辣椒、葱各15克，姜、蒜、白糖、酱油各10克，盐、醋各5克，味精0.5克。

【制法】1.鸡腿肉去骨，用刀拍松，剞菱形花刀，斩成长约5厘米、宽1厘米的1字条形，入碗加盐、料酒、水豆粉和匀；青笋切成长约4厘米、宽0.7厘米的条状，用适量盐腌一下，洗净；泡辣椒切成长约2.5厘米的段；芹黄切成短节；葱切成马耳朵形；用酱油、醋、白糖、盐、料酒、味精、水豆粉、鲜汤兑成芡汁。

2.炒锅置旺火上，下猪油烧热约150℃，下鸡肉炒散籽，加泡辣椒、姜、蒜片炒出香味，再下青笋、芹黄和葱炒匀，烹芡汁，待收汁亮油，起锅装盘即成。这道菜色橘红，略酸香，质嫩爽口，微辣回甜。

香酥鸭

【原料】光鸭1500克。

【调料】葱花80克，精盐65克，姜、花椒、八角各8克，黄酒、酱油各适量，桂皮20克，小茴香4克。

【制法】1.除去鸭子的内脏、翅膀、鸭脚，再把鸭脯处的胸骨压平，将盐抹遍全身，加各种调料如桂皮、八角、小茴香、葱、姜等，上笼约蒸3小时后取出，晾干。

2.起油锅，用武火烧热，将鸭子放入锅内，炸后拿起，在鸭皮上抹些黄酒和酱油，再用锅炸至呈金黄色即好。食用时，可蘸花椒盐吃。这道菜味香酥，色金黄。

糟片鸭

【原料】熟肥嫩鸭1只（约重500克）。

【调料】香菜、干淀粉、香糟各50克，姜末1克，绍酒、白糖、白酱油各15克，味精、芝麻油、五香粉各0.5克，花生油750克（约耗60克）。

【制法】1.将熟鸭去头、脚和大骨，切成4大块。锅置中火上，下花生油25克烧热，先将姜末、香糟下锅煸香，再加入鸭块、白糖、五香粉、绍酒、酱油，改用微火焖20分钟后，调以味精拌匀，起锅装入盆中，滗去汁，加入干淀粉拌匀。

2.锅置旺火上，下花生油烧至六成热时，将浆粉的鸭块下锅翻炸至酥，倒进漏勺，沥去油，淋上芝麻油，然后切成5厘米长、3厘米宽的薄片装盘；香菜择洗干净，饰配盘边即成。这道菜色泽淡红，皮酥肉嫩，糟味馥郁芳香，甘鲜爽口。

丁香鸭

【原料】鸭子1只（约1000克）。

【调料】生姜15克，葱20克，丁香、肉桂、豆蔻各5克，盐3克，卤汁500克，冰糖30克，味精1克，香油25克。

【制法】1.将鸭宰杀后，去毛和内脏，洗净。丁香、肉桂、豆蔻用水煎熬两次。每次水沸后20分钟即可盛出药汁，取两次药汁合并倒入锅内，姜、葱洗净拍破，同鸭子一起放锅中，鸭子淹没在药汁中，用炆火煮至六成熟，捞起稍凉，再放入适量卤汁于锅内，用炆火卤熟后盛出。

2.取适量卤汁放入锅内，加盐、冰糖、味精拌匀，放入鸭子，在炆火上边滚边浇卤汁，直到卤汁均匀地粘在鸭子上，色泽红亮时取出，抹上香油，切块装盘即成。这道菜色泽红亮，肉质软嫩，鲜香可口，并对脾胃虚弱、咳嗽、水肿有辅助疗效。

八宝碎扣鸭

【原料】光鸭1只（重约350克），湿薏米750克，湿莲子100克，湿香菇25克，白果酒、栗子肉、猪肉、湿百合各50克，火腿15克，二汤2杯，上汤3杯。

【调料】精盐3茶匙，姜末、味精各2茶匙，花生油1汤匙。

【制法】1.将光鸭洗净，入烧沸的汤缶中煨至七成热，捞起，待凉后斩成块，排放在钵内（皮在底）；猪肉、火腿、湿香菇均切成粒。

2.炒锅内放花生油烧三成热，下姜末，再下猪肉粒、湿香菇、湿百合、湿薏米、湿莲子、白果肉、栗子肉、火腿粒，煸炒几下，再下精盐、味精炒匀，放在鸭块上，加二汤，入蒸笼中，中火蒸炖至熟。

3.出笼后倒出原汤，复放在汤盆里。炒锅置旺火上，加入原汤、上汤烧沸后，撇去浮沫，调入精盐和味精，倒入汤盆内即成。这道菜熟烂软糯，汤汁白稠，鲜香味醇，略有药味。

清蒸鸭子

【原料】净填鸭1只（2000克左右）。

【调料】料酒50克，味精10克，盐6克，姜20克，葱30克，胡椒粉、清汤各适量。

【制法】1.鸭子剖膛去内脏、足、舌、鸭臊及翅尖的一段，用水洗净，控去水分，然后在烧开的汤内把鸭子煮一下，将血水去掉，捞出后用水冲洗，并尽量把水分控干。

2.用盐在鸭身上揉搓一遍，脊背朝上盛入坛子内腌一会儿，并放上料酒、葱、姜、胡椒粉和清汤，再将坛子封严上屉，用旺火开水蒸2~3小时，取出，揭去封闭汤的盖子，将乳油撇去，加入味精，调好咸淡即成。这道菜肉质软烂，味道鲜美。

银杏蒸鸭

【原料】鸭1只（约1000克），银杏200克，清汤200克，汤150克。

【调料】熟猪油500克，胡椒、花椒各2克，料酒、水豆粉各15克，姜、鸡油、味精、葱各10克，食盐3克。

【制法】1.银杏捶破去壳，在开水内煮熟，撕去皮膜，切去两头，除去心，再用开水焯去苦水，在猪油锅内炸一下，捞出待用；将鸭洗净，择去头脚，用盐、胡椒粉、料酒抹匀入盆，加入姜、葱、花椒，上笼蒸约1小时取出。

2.拣去姜、葱、花椒，用刀从背脊骨剐开，去净骨头，盛入碗内，齐碗口修圆；将剩下的鸭肉切成丁，与银杏混合放于鸭脯上，将原汁倒入，加上汤，蒸笼蒸约半小时至鸭肉烂，出笼翻入盘内。

3.锅内掺清汤，加鸡油、料酒、盐、味精、胡椒粉、水豆粉勾芡，放猪油，挂白汁于鸭肉上即成。这道菜鸭肉色白油润，肉质酥烂鲜香，并具有滋阴养胃之功效。

魔芋烧鸭

【原料】嫩肥鸭、水魔芋、青蒜苗段、肉汤各适量。

【调料】绍酒、川盐、酱油、味精、郫县豆瓣、姜片、蒜片、湿淀粉、花椒、猪化油各适量。

【制法】1.将净鸭去鸭头、颈、翅尖、脚掌，剔去大骨，斩成条；水魔芋切成条，放沸水锅内氽两次，去掉石灰味，再漂在温水内。

2.炒锅置旺火上，下猪化油烧至七成热时，放入鸭条煸炒至浅黄色起锅；再将锅洗净加入肉汤、花椒、豆瓣烧沸，捞出花椒和豆瓣渣，放入鸭条、魔芋条、姜、蒜、绍酒、川盐、酱油烧至汁浓鸭软、魔芋入味时加入青蒜苗、味精，用湿淀粉勾薄芡起锅装盘即成。这道菜色泽红亮，魔芋酥软细腻，鸭肉肥酥，滋味咸中带鲜，辣而又香。

樟茶鸭子

【原料】肥公鸭适量。

【调料】花茶、川盐、绍酒、樟树叶、稻草、芝麻油、松柏枝、花椒、胡椒粉、醒糟汁、熟菜油各适量。

【制法】1.将净鸭从背尾部横开口，取出内脏，割去肛门，洗净；盆内放绍酒、醒糟汁、胡椒粉、川盐、花椒拌匀抹鸭身，腌8小时捞出，再入沸水内烫一下紧皮，揩干水，放入熏炉内；用花茶、稻草、松柏枝、樟树叶拌匀做熏料，熏至鸭皮呈黄色取出，再将鸭放入大蒸碗内，上笼蒸2小时，出笼晾凉。

2.炒锅置旺火上，下熟菜油烧至八成热，放入熏蒸后的鸭炸至鸭皮酥香捞出，刷上芝麻油。

3.将鸭颈斩成段，盛入圆盘中间，再将鸭身斩成条，鸭皮朝上盖在鸭颈块上，摆成鸭形，另配荷叶软饼上席。这道菜色泽金红，外酥里嫩，带有樟木和茶叶的特殊香气，别具风味。

虫草鸭子

【原料】嫩肥鸭1只，鸭汤适量。

【调料】虫草、葱段、绍酒、味精、川盐、姜各适量。

【制法】1.将净鸭从背尾部横着开口，去内脏，割去肛门，放入沸水锅内煮尽血水，捞出斩去鸭嘴、鸭脚，将鸭翅扭翻在背上盘好。

2.虫草用30℃温水泡15分钟后洗净；将竹筷削尖，在鸭胸腹部斜戳小孔，每戳一个孔插入一根虫草，逐一插完后盛入大品锅中，鸭腹部向上，加绍酒、姜、葱、川盐、鸭汤，将锅盖严上笼蒸3小时至肉熟烂，拣去姜、葱，加入味精，原品锅上席。这道菜肉软烂，汤鲜美，营养丰富。

酱爆鸭块

【原料】烧鸭块300克，笋块40克。

【调料】甜面酱、白糖各适量，姜20克，黄酒、蒜末、麻油各3克，鸡汤1匙，葱节30克。

【制法】1.将烧鸭切成长3厘米左右、宽1厘米的长方块，先放入旺火油锅内，把水分爆干取出。

2.取笋块下锅，加甜面酱、黄酒、姜、蒜末等炒拌，再将鸭块拉入，放葱节、糖和鸡汤再翻几下把汤收干，起锅时再放麻油。此菜需火力，先用旺火，后用炆火，使鸭块酥透入味。这道菜味酥而香，色酱红。

烩鸭四宝

【原料】鸡汤300克，鸭胰100克，鸭掌、鸭舌各50克，鸭腰30克。

【调料】香油5克，葱姜油12克，胡椒粉、毛姜水、湿淀粉各适量，料酒15克，酱油10克，盐、味精各2克。

【制法】1.将鸭胰、鸭掌、鸭舌、鸭腰（切除腰臊）洗干净，放开水锅里用旺水煮，烧开后撇去浮沫，改炆火煮熟后，沥汤待用。

2.把鸭胰切成段；鸭掌切成条；鸭腰去皮剥开；鸭舌洗干净，然后都倒入开水里焯一下，捞出控净水。

3.把鸡汤倒入炒勺，放旺火上，再加入料酒、酱油、盐、毛姜水、味精，烧开后撇去浮沫，将汤调成金黄色，淋入湿淀粉，勾成稀稀的乳芡汤。

4.再把鸭胰、鸭掌、鸭舌、鸭腰倒入，轻轻搅拌均匀，滴入葱姜油和香油，盛碗后，撒上胡椒粉即成。这道菜颜色金黄，汤汁清爽，质地脆嫩，味道鲜美。

鸭泥腐片

【原料】鸡鸭汤1000克，熟鸭

肉50克，油皮2张，豆苗适量。

【调料】鸡油、姜各10克，绍酒5克，精盐2.5克，味精2克。

【制法】1.油皮用手撕碎，用清水泡上备用；熟鸭肉切成细末，放在一个碗内备用；姜去皮，切成极细的细末，用水泡上，取用其汁备用。

2.把炒勺放旺火上，放入鸡鸭汤，加精盐、味精、绍酒、姜汁、鸭末，把泡油皮的水滗出，也放入勺内，撇去浮沫，尝好味，放入鸡油，倒入汤碗内，放上豆苗即可食用。

重庆毛血旺

【原料】鸭血旺、鸡胸肉、猪心、猪肚、火腿肠、香菇、海白菜、黄豆芽、鲜汤各适量。

【调料】植物油、大葱节、泡辣椒、干辣椒、牛油、香油、花椒、味精、鸡精各适量。

【制法】1.将鸭血旺切成一字条形，将鸡胸肉、猪肚、猪心、火腿肠切成片；将香菇切成片；海白菜、芹菜切成节待用。

2.炒锅放置旺火上，加入适量植物油将海白菜、芹菜、大葱节、黄豆芽炒熟，放入味精，加适量香油，起锅装碗内做底用。

3.将炒锅放置旺火上，将鸡胸肉、猪肚、猪心、火腿肠放炒锅内加泡辣椒、干辣椒煸炒至香，加入适量鲜汤，然后放入牛油、香油、花椒、味精、鸡精起锅后盛入炒好做底用的原料上即成。这道菜麻、辣、烫、鲜、香。

脆皮乳鸽

【原料】肥嫩乳鸽2只，鸡汤2500克。

【调料】黄酒325克，葱花165克，姜、白酱油、精盐各80克，丁香4克，饴糖、桂皮、甘草、八角、白醋、椒盐各适量。

【制法】1.将乳鸽除去内脏洗净。另将各种香料放入鸡汤内，上锅烧约1小时，即成白卤水，再将乳鸽放入白卤水内，即停火，浸至1小时后取出。

2.用饴糖、白醋调成糊，涂在乳鸽皮上，挂在风凉处吹3小时，等乳鸽皮吹干，即入生油锅炸至金黄色，便切块装盘，盘边加椒盐即好。这道菜色金黄，皮脆嫩，秋季最宜。

兰度鸽脯

【原料】乳鸽1只，芥蓝200克，甘笋花适量。

【调料】蒜蓉、姜花、盐、味精、料酒、蚝油、香油、胡椒粉、水淀粉各适量。

【制法】1.芥蓝切段，两次剞十字花刀放在水中泡卷待用；乳鸽起肉去肥油，片成鸽脯，用盐、味精翻炒，码在盘中；鸽脯在四成热的油中划熟。

2.锅中留底油，放入蒜蓉、姜花、甘笋花，再放入鸽脯，烹料酒、蚝油、香油、胡椒粉、水淀粉，最后点明油出锅，倒在芥蓝段上即成。

软炸白花鸽

【原料】鸽肉250克，淮山药粉50克，鸡蛋5个。

【调料】菜油500克，豆粉25克，料酒、酱油各10克，味精0.5克，花椒3克，食盐4克。

【制法】1.将鸽肉洗净去皮，剞成十字花刀，切成3厘米见方的块，装于碗中，用料酒、酱油、味精腌好，再用鸡蛋清加淮山药粉、豆粉调成糊状；将腌好的鸽肉加蛋清豆粉糊拌匀。

2.菜油烧至六成热时离火，逐个放入浆好的鸽肉块，炸时用勺翻动，使受热均匀，待糊凝结后捞起，切去角叉。

3.炒锅置火上，待油温升高后，将鸽肉下锅再炸一次，炸至金黄色时捞起，沥油装盘，撒上花椒盐即成。这道菜色泽金黄，皮脆里嫩，椒香味浓，并具有益气健脾、滋肾止渴之功效。

虫草鹌鹑

【原料】鹌鹑8只，冬虫夏草8克，鸡汤300克。

【调料】生姜、葱各10克，胡椒粉、盐各3克。

【制法】1.将冬虫夏草择去灰屑，用温水洗净；鹌鹑宰杀后去毛、内脏和头爪，洗净，沥干水分，放入沸水锅内氽一下，捞出晾凉。

2.生姜、葱洗净，姜切片，葱切段；将每只鹌鹑的腹内放入冬虫夏草1~4只，然后逐只用绳缠紧，放入盆内，放入葱、姜、胡椒粉和盐，注入鸡汤，用温棉纸封口，上笼蒸约40分钟取出，揭去棉纸即成。这道菜鹌鹑肉软烂，鲜咸味香，并具有滋肺补肾、强筋健骨之功效。

芪蒸鹌鹑

【原料】鹌鹑2只，清汤100毫升。

【调料】黄芪、生姜、葱各10克，胡椒粉2克，盐适量。

【制法】1.将鹌鹑杀后，去毛、内脏和爪，洗净，入沸水中氽1分钟捞出待用。

2.将黄芪用湿布擦净，切成薄片，装入鹌鹑腹内，放入蒸碗，注入清汤，用湿棉纸封口，上笼蒸约30分钟，出笼揭去棉纸，倒出原汁，加盐、胡椒粉等调好味，再将鹌鹑扣入碗内，灌入原汁即成。这道菜肉清鲜软烂，汤汁鲜香滑爽。

焗禾花雀

【原料】禾花雀12只。

【调料】白糖、黄酒、白酱油、番茄汁各20克，麻油3.5克，胡椒粉适量，辣酱油40克。

【制法】将禾花雀除去内脏杂物，用酱油、胡椒粉腌半小时后取出。

2.另锅放适量生油，将黄酒、辣酱油、番茄汁、白糖、麻油放入搅拌，再放禾花雀翻拌几下即好。这道菜色淡红，味甘鲜肥美，滋补。

02 猪/牛/羊

水浒肉

【原料】里脊肉200克，豌豆苗80克，青蒜40克，鸡蛋1个。

【调料】猪油适量，干辣椒13克，酱油4克，菱粉32.5克，味精、白糖、花椒、胡椒、精盐各适量。

【制法】1.将豌豆苗下猪油锅加盐、味精炒熟，放在盘底；将里脊肉切成薄片；青蒜切成节；里脊片用水过一下，再用蛋白、菱粉拌和。

2.另起猪油锅，将干辣椒、花椒放入爆一下，取出剁碎，放在另一个碗中。

3.利用原油锅，加汤、胡椒、酱油、味精、糖、盐爆一下，马上将里脊片入锅，炒至七八成熟时，连汁倒在豌豆苗上，将爆好的干辣椒、花椒倒在里脊片上面，再烧一点儿热油浇上即好。

冬笋里脊丝

【原料】猪里脊肉200克，冬笋100克。

【调料】清油75克，鸡蛋

液、水淀粉各40克，味精、盐各3克，料酒25克，葱末、姜末各少许，香油适量。

【制法】1.将冬笋切细丝，焯水，捞出，控净，备用；将里脊肉洗净，切细丝，在肉丝中加入淀粉和蛋液，并抓匀；在锅中放油烧五成热，将肉丝划散，控油。

2.锅留底油，放葱末、姜末爆香，倒入肉丝、冬笋丝翻炒，加料酒、盐、味精炒匀，勾少许水淀粉，淋香油出锅。这道菜菜色洁白，软嫩鲜脆。

糖醋里脊

【原料】猪里脊肉250克，高汤适量。

【调料】清油750克（实耗100克），水淀粉70克，白糖60克，醋50克，鸡蛋液35克，料酒20克，香油10克，盐、葱末、姜末各2克，面粉适量。

【制法】1.肉洗净，切片，加入鸡蛋液、水淀粉、面粉抓匀；在碗中放料酒、糖、醋、盐、葱、姜、水淀粉、少许汤兑成汁。

2.锅放油烧至五成热，下入肉片，炸至焦脆，捞出控油。锅留底油，烹入糖醋汁，倒入肉片，翻勺，淋香油即可出锅。这道菜菜色金黄，甜酸可口，外焦脆、里嫩香。

酥炸春花肉

【原料】猪里脊肉500克，荠菜50克，冬笋丝15克，冬菇丝、木耳丝各10克，鸡蛋5个，清汤适量。

【调料】猪油500克，酱油15克，葱末、姜末各10克，椒盐、精盐各5克，味精3克，老酵面、面粉、食用碱、湿淀粉、芝麻油适量。

【制法】1.将里脊肉切成长5厘米、宽3厘米的丝，待用；鸡蛋磕入碗内，加精盐、湿淀粉、清汤搅匀，放入稍带油的锅中，摊成饼状，煎成3张蛋皮，每张蛋皮切成相等的七块，再用面粉、老酵面加水搅匀，然后加入熟猪油、食用碱调成发酵糊。

2.炒锅内加熟猪油，上中火烧至五成热时，放入葱、姜丝、冬笋丝、荠菜、冬菇丝、木耳丝、酱油略炒，随后加入清汤、精盐、味精烧开，用湿淀粉勾芡，加芝麻油盛出为馅。

3.将炒好的熟馅分放在21张蛋皮上，逐个卷成食指粗的卷，用面糊粘住口；炒锅内加入熟猪油，烧至八成热时，将蛋卷逐个蘸上发酵糊，下锅炸至金黄，捞出，装盘，上桌时带椒盐佐食。这道菜外酥里嫩，口感清爽带微辣，营养价值较高，常用于宴席菜肴。

炸芝麻里脊

【原料】猪里脊肉400克，鸡蛋1个。

【调料】花生油500克（实耗油100克），芝麻25克，精盐、绍酒各15克，味精、酱油、湿淀粉各10克。

【制法】1.将里脊肉切成1厘米厚的片，两面均匀地剞上十字花刀，再改成长3.5厘米、宽1.5厘米的条放入盛器中，加精盐、味精、绍酒、酱油腌渍入味。

2.取一只碗，放入蛋清、湿淀粉搅匀成糊备用。炒锅内放入花生油，用中火烧至六成热时，将肉逐条粘上蛋糊再沾满一层芝麻仁，放入油内炸透，捞出，待油温升至八成热时，再将肉投入油内炸，炸至呈金黄色时捞出，沥油，装盘即成。这道菜色泽金黄，外焦里嫩，香鲜可口。

水煮肉片

【原料】猪通脊肉250克，芹菜、莴笋叶、青蒜各适量。

【调料】姜、葱、蒜、豆瓣辣酱、酱油、水淀粉、盐、味精、花椒粒、干红辣椒、食用油各适量。

【制法】1.猪通脊肉切成片后用适量酱油和水淀粉浆一下；葱、姜、蒜均切丝，豆瓣辣酱用刀剁碎；芹菜洗净，切成段，青蒜拍松，斜切成小段，莴笋叶洗净，切成段。

2.坐锅，放少量油，待油烧热后放入豆瓣辣酱，炒出红油后放入葱、姜、蒜翻炒几下，放入少量水，开锅放入适量盐、味精，然后放入青菜，断生后捞出装入碗内，将浆好的肉一片一片划入锅内，待肉变色熟透后连汤一起装入碗内。

3.将锅洗净烧热，将花椒粒、干红辣椒倒入锅内翻炒焙脆后，倒在案板上碾碎，撒在煮好的肉片上。坐锅，倒入少量油，烧热后淋在肉片上即可。

山楂肉干

【原料】猪瘦肉1000克，山楂100克。

【调料】菜油250克，香油、姜各15克，葱、白糖各25克，花椒3克，料酒20克，酱油10克，味精1克。

【制法】1.将猪瘦肉去筋，洗净；山楂去杂质洗净，拍破；姜葱洗净，分别切成姜片、葱节；用50克山楂加水适量，在火上烧沸后，下猪瘦肉共煮至六成熟，捞出肉晾凉后切成5厘米长的粗条，用酱油、姜、葱、料酒、花椒将肉条拌匀腌约1小时，沥去水分。

2.炒锅置火上，将菜油烧热，投入肉条炸熟，呈黄色捞起，沥去油，将余下的50克山楂略炸后，再将肉干倒入锅内，反复翻炒，微火焙干，放入香油、味精、白糖和匀起锅装盘即成。这道菜肉干黄亮，甘香酥脆，略带酸味，适宜脾虚食滞、高血压高脂肪等中老年人食用。

泡菜肉末

【原料】肥瘦猪肉末65克,泡菜200克。

【调料】葱、姜各6.5克，白糖3克，麻油4克，黄酒、蒜末、干辣椒各适量。

【制法】1.将干辣椒放入猪油锅内炒辣后，即将肉末、葱、姜加入炒酥。

2.再把蒜末、黄酒、白糖、麻油加入炒几下，最后加入泡菜（水分要挤干），炒2分钟即好。这道菜辣味甚浓，泡菜味酸，色美观。

酱爆肉

【原料】坐臀猪肉200克，芥菜65克。

【调料】白糖、酱油各4克，甜面酱10克，黄酒、葱、姜各6.5克，蒜苗适量。

【制法】1.将肉放入滚水煮七成熟捞出，切成长5厘米左右、厚1厘米的薄片，放入旺猪油锅炒透至肉片发卷。

2.再放葱、姜、酱油、甜面酱、黄酒、糖，最后加芥菜、蒜苗，炒拌20秒钟起锅。这道菜香带酱味，呈深酱色，四季皆宜。

肉丝炒芹菜

【原料】猪肉丝50克，芹菜500克。

【调料】植物油10毫升，酱油15毫升，料酒3毫升，团粉、姜末、精盐各5克，葱花3克，味精0.5克。

【制法】1.先把芹菜洗净，切成3厘米长段，用开水焯过；将猪肉丝用团粉、酱油、料酒搅拌均匀。

2.待油锅热后，把猪肉丝放入，炒至八成熟时，放入芹菜，略炒片刻，加入葱、姜、盐和酱油，用旺火快炒至熟，再放入味精拌匀，即可装盘上桌。

生爆盐煎肉

【原料】生猪肉或后腿的肥瘦肉适量。

【调料】鲜红辣椒、花生油、青蒜、四川郫县豆瓣酱、豆豉、酱油、料酒、白糖、姜、精盐各适量。

【制法】1.将猪肉去皮切成3厘米长、2.5厘米宽、2.2毫米厚的片；姜去皮切成薄片；青蒜斜着切成1厘米长的段；鲜红辣椒切成长、宽各1厘米的块。

2.炒锅放在旺火上烧热，放入花生油，烧到起浓烟时，先投入肉片炸1分钟，炸到肉片卷起略呈黄色时，加入精盐、姜片炒几下，依次放进豆豉、豆瓣酱、鲜红辣椒、酱油、料酒、白糖、青蒜拌炒即成。这道菜味香辣，色呈枣红。

烤扁担肉

【原料】去骨扁担肉400克左右。

【调料】盐7克，料酒、香油、葱各25克，净姜15克，味精5克。

【制法】1.将肉用竹签等尖锐物扎许多小眼（以便进味和烤时熟得快些），用盐、味精揉搓，放于容器内，加入料酒、葱、姜腌2小时左右。

2.将腌好的肉放于烤盘中用烤箱烤，随时注意防止烤焦。如烤时出现色深浅不均时，可用菜叶盖住深色处再烤，待快熟时刷上香油，直烤至颜色一致熟透为止。吃时切片摆入盘中即成。这道菜味鲜香，肉细嫩。

辣子肉丁

【原料】青笋、猪瘦肉、鲜汤各适量。

【调料】姜、葱、蒜、泡红辣椒、盐、味精、酱油、白糖、醋、料酒、湿淀粉、熟菜油各适量。

【制法】1.猪肉切丁，加盐、湿淀粉码味上浆；青笋去皮切丁，加盐码味；用盐、白糖、酱油、醋、味精、料酒、湿淀粉、鲜汤兑成滋汁。

2.锅中放油，放入肉丁炒散，放入姜、葱、蒜、泡红辣椒炒香上色，放入青笋丁炒匀，烹汁收汁，起锅装盘。这道菜色红质嫩，咸鲜微辣。

番茄豆腐炒肉片

【原料】番茄2个，豆腐1块，猪肉80克，高汤半杯。

【调料】砂糖、酱油各1汤匙，酒2汤匙，盐、姜丝各1匙，油、水溶栗粉各1.5汤匙。

【制法】1.番茄切块；豆腐切大块；猪肉切片。

2.将猪肉在油中炒透，加番茄、豆腐炒匀，加调料煮开，用栗粉水勾芡即成。

蚂蚁上树

【原料】粉丝100克，猪肉末75克，汤150克。

【调料】植物油750（实耗油50克），酱油20克，料酒、豆瓣酱各13克，葱5克，姜、蒜瓣、味精各3克，辣椒粉1克。

【制法】1.葱、姜、蒜均切末；用旺火把炒勺内的油烧到六七成热，下入粉条，炸至发泡时捞出。

2.炒后，再把葱、姜、蒜、辣椒粉炒几下，随即把料酒、汤和酱油倒入，再下入粉条，待收干汁，加味精便成。这道菜色泽红亮，肉末贴在粉丝上，形似蚂蚁爬在树枝上，别有一番风味。

酿青椒

【原料】猪肉250克，地栗40克，青椒15个，火腿或鸡肉12.5克，鸡蛋1个，鸡汤适量。

【调料】猪油、菱粉、味精、精盐、酱油、葱姜末、胡椒粉、开洋末、黄酒、白糖各适量。

【制法】1.将青椒挖去心子，在青椒内部涂一层干菱粉使青椒不易裂开，再将猪肉、火腿捣成肉泥，同鸡蛋、湿菱粉、地栗去皮切成末、开洋末、葱姜末及盐、胡椒粉、黄酒、味精调拌，塞在青椒内，放入猪油锅煎熟，再加些鸡汤上笼蒸。

2.蒸好后，将汤倒入另一个碗，加酱油、盐、糖和干菱粉收一下，浇在青椒上即好。这道菜味鲜香，稍带辣，呈绿色。

宫保肉丁

【原料】猪后腿肉150克，笋丁50克，高汤适量。

【调料】油40克，鸡蛋清15

克，水团粉25克，白糖、料酒各10克，味精1.5克，酱油、辣油、辣豆瓣酱、盐各适量。

【制法】1.笋丁用水汆一下。

2.把肉切成8厘米见方的肉丁；将肉丁用鸡蛋清、水团粉、盐浆好，再用辣豆瓣酱抓一抓，用温油划开。

3.将白糖、盐、酱油、味精、料酒、水团粉、高汤兑成滋汁。

4.热锅打底油，倒入原料、滋汁翻炒几下，再倒入兑好的汁翻炒几下，打辣油出锅即成。

川味肉丁

【原料】瘦嫩猪肉150克，油100克，毛汤15克。

【调料】盐5克，糖3克，醋2克，鸡蛋清半个，豆瓣酱、葱、姜、蒜各15克，水淀粉、酱油、料酒各20克，味精适量。

【制法】1.将葱切成葱节；姜、蒜切成片备用；将切好的肉丁用酱油、料酒、盐、味精腌制入味，再加入蛋清、水淀粉，用手抓匀；用酱油、糖、醋、汤、料酒、盐、味精、水淀粉兑成碗芡。

2.勺上火，倒入油烧热后将上好浆的肉丁与豆瓣酱同时下锅煸炒，待肉热，豆瓣酱炒出香味与红油后下入葱节、姜片、蒜片翻炒，然后放入配料再倒入兑好的碗芡，等芡汁熟透后翻炒，芡汁均匀地将原料裹起来即可出勺。

腐乳汁肉

【原料】去骨猪肋条肉1000克，肥鸭750克。

【调料】绍酒25克，酱油、葱、姜各15克，冰糖10克，精盐、桂皮、八角各5克，红曲米、水适量。

【制法】1.将肋条肉切成5厘米见方块，入开水锅中汆烫后捞出，把红曲米研成末，用水调和；在锅内放入竹箅，加葱、姜、桂皮、八角，再加入猪肋条肉，在肉的上面放肥鸭，然后倒入红曲米水，加绍酒、精盐、酱油、冰糖和清水。

2.将锅置旺火烧沸，移小火煨焖一个半小时，加冰糖收稠卤汁，起锅将肉皮朝下扣入碗内，上笼蒸透。吃时将肉翻扣入汤盆里，肉汁用旺火烧稠，浇在肉上即成。这道菜酥烂入味，甜中带咸。

筒子肉

【原料】去皮猪肉（肥瘦各半）、猪网油各200克，鸡蛋2

个，白面、白肉汤各50克。

【调料】植物油500克（实耗约50克），香油、盐、料酒、葱、姜各10克，花椒、味精、湿淀粉各适量。

【制法】1.先将葱、姜（去皮）、花椒切制成细末，猪肉剁成肉泥，一起盛入碗里，拌入盐、料酒、味精、部分湿淀粉、香油、白肉汤，拌成馅。

2.把鸡蛋打入碗里，搅匀，加入白面、湿淀粉（余量），搅拌成糊浆。

3.将猪网油洗干净后，切成20厘米见方的块，在各块的一头，把肉馅摊成一厘米粗的馅条。在未摊肉馅的网油上抹上一些鸡蛋糊浆，而后卷成2厘米粗、20厘米长的卷，上屉蒸10分钟左右，取出晾凉，切成10厘米长一根。

4.在旺火上架上炒勺倒入植物油，烧热，将网油卷裹上鸡蛋糊浆，慢慢放入油里炸1～2分钟，至金黄色即可取出，切成小段即成。这道菜金黄光亮，外酥内嫩，鲜香可口。

菠萝咕咾肉

【原料】肥猪肉300克，菠萝150克。

【调料】面粉30克，淀粉50克，泡打粉4克，油菜叶150克，番茄酱25克，白醋40克，白糖、淀粉、油各50克，盐3克，姜汁少许，鸡蛋黄1个。

【制法】1.将肥肉切成1.5厘米见方的丁；菠萝切滚刀块；将面粉、干淀粉、泡打粉掺在一起加入鸡蛋黄、少量水，放肉丁抓匀。

2.油菜叶切细丝，用热油炸干制成菜松。起锅放油，烧至五六成热时将挂糊肥肉丁炸焦，捞出，装盘。

3.锅留底油，加入番茄酱稍炒，再加入姜汁、白醋、白糖、盐、水调匀，用水淀粉勾芡，下入菠萝，淋明油出锅与咕咾肉同盘，菜松围边即可出锅。这道菜色泽美观，红绿相间，口味甜酸，肥而不腻。

扒方肉

【原料】猪五花肉1500克，荷叶夹12只。

【调料】料酒100克，冰糖150克，净葱25克，酱油10克，盐5克。

【制法】1.先将五花肉皮的毛污刮洗干净，去掉杂质，切成15厘米见方的肉块，用火将皮面烧呈焦黑色时，放入冷水中泡软，然后取出，将焦黑灰刮去，使之呈红黄色，洗干净。

2.将砂锅底部用竹箅垫好，把肉块的皮朝上置于箅子上，加入料酒、盐、酱油、冰糖、葱和适量的水，盖好盖，用小火炖至八成熟。

3.再将肉块翻转使皮向下炖至全烂，然后转旺火将汁收浓，取出装盆。食用时，跟热荷叶夹一起上桌即可。这道菜色泽金红，香甜味浓。

南煎肉丸子

【原料】猪肉200克，高汤适量。

【调料】清油250克（实耗约100克），料酒、黄酱各15克，味精、白糖各5克，葱末、姜末、盐各2克，香油10克，鸡蛋液35克，水淀粉100克。

【制法】1.肉切细末，加鸡蛋液、盐、料酒、味精、酱油、黄酱、香油、水淀粉搅拌，挤成个头均匀的丸子。

2.锅放油烧热，将丸子推入锅里煎，之后用手勺将丸子按扁，一面煎熟翻个儿继续煎，两面都煎好取出。

3.锅留底油，放葱、姜爆香，烹料酒，加汤、酱油、盐、糖、味精，下入丸子，锅开后转微火焐入味，再转大火勾芡，翻个儿，淋香油即可出锅。这道菜色泽金红，鲜嫩香醇。

红烧狮子头

【原料】上汤半杯，半肥瘦猪肉、小棠菜各600克。

【调料】老抽、生油、糖各1茶匙，酒2茶匙，盐、姜汁、葱汁、生粉各适量。

【制法】1.猪肉分割成肥肉及瘦肉两部分。

2.肥肉切粒，瘦肉切幼粒，再剁碎，一同放入大碗中，加入调味料拌匀至起胶，搓成6个肉丸。

3.小棠菜洗净，切段，以油锅略炒，盛起一半于瓦锅底，放入肉丸，再将其余菜放在肉丸上，加入上汤、老抽、糖煮至滚，改慢火焖约1小时，即可原煲上桌。

番茄酿肉

【原料】番茄200克，猪肉、绿叶蔬菜各100克。

【调料】植物油适量，葱花10克，精盐5克，淀粉20克，姜汁6克。

【制法】1.番茄洗净，挖去蒂，籽和芯留下备用。

2.猪肉剁成末，加葱花、姜汁、适量淀粉、精盐和水搅匀成馅，装入番茄内，上笼蒸15分钟取出。

3.绿叶蔬菜洗净，切成段；锅内放油烧热，下绿叶蔬菜翻炒，加挖出的番茄籽和芯，用水淀粉勾芡，盛入盘底铺平，将蒸好的番茄放在上面即成。这道菜形色美观，鲜美适口，含有丰富的锌、维生素A、维生素C、蛋白质、脂肪、碳水化合物等营养元素，具有滋阴养血、健脾益气、强心安神、温中润便等功效。

麻辣肉丁

【原料】瘦猪肉200克，炸花生米75克。

【调料】植物油75克，花椒10粒，干辣椒8克，辣椒面、盐各2克，料酒25克，味精3克，湿淀粉、酱油、葱各20克，姜、蒜、糖各12克，醋适量。

【制法】1.用料酒、湿淀粉、葱、姜、蒜、糖、酱油和味精兑成汁。

2.将猪肉切成中指大小的四方丁，用盐、料酒、酱油拌匀，用湿淀粉浆好拌些油待用。

3.将炒勺烧热注油，油开后下花椒，炸黄后拣出，再下辣椒炸成黑紫色后下入肉丁，翻炒几下，再加上辣椒面。将兑好的汁倒入勺内，汁开时翻动数次，滴醋适量，加入炸花生米即成。这道菜麻辣香鲜。

青椒肉丝

【原料】猪肉（肥肉与瘦肉之比为3：7）200克，青柿子椒70克，汤适量。

【调料】花生油75克，盐2克，料酒、面酱、葱各13克，酱油20克，湿淀粉15克，味精3克，姜8克。

【制法】1.将肉、葱、姜和青椒（去籽和瓤）均切成丝，肉丝用适量酱油、料酒、盐拌匀，然后浆上湿淀粉，再抹些花生油。

2.用酱油、料酒、味精、葱、姜、湿淀粉兑成汁。

3.炒勺烧热注油，油热后即下肉丝，边下边用手勺推动，待肉丝散开，加入面酱，待散出味后加青椒炒几下，再倒入兑好的汁，待起泡时翻匀即成。这道菜色美，红绿相间。

泡菜炒肉末

【原料】猪肉（肥与瘦以3：7为宜）100克，泡菜200克。

【调料】植物油50克，干辣椒8克，料酒13克，糖、味精、盐各3克，花椒10粒。

【制法】1.将泡菜挤去水分同猪肉分别剁成末；辣椒切短节。

2.把花椒投入热油中，炸黄后拣出，再下辣椒炸成黑紫色后加入肉末，煸炒将熟，加入糖、盐、味精、料酒和泡菜，翻炒均匀即成。这道菜味辣、鲜脆。

四喜丸子

【原料】猪肉（肥与瘦以1：4为宜）500克，冬菇、冬笋各10克，鸡蛋100克，清汤适量。

【调料】湿淀粉、花生油各25克，酱油、绍酒各20克，葱末、姜末各10克，花椒、八角各5克。

【制法】1.将猪肥肉切0.3厘米的丁，瘦肉剁成细茸，放入碗内，加入鸡蛋、葱末、姜末、湿淀粉、酱油、绍酒拌匀，做成4个大小一致的丸子备用；冬菇、冬笋洗净，均匀切成片；炒锅放入花生油，上中火烧六成热时放入肉丸，炸至金黄色捞出。

2.把肉丸子放入碗内加入酱油、绍酒、花椒、八角、清汤入笼用旺火蒸30分钟取出，摆入大盘内；原汤滗入锅内，加冬笋片、冬菇片，用旺火烧开，放入味精、葱油拌匀，用湿淀粉勾芡，浇在丸子上即可出锅。这道菜色泽红润，鲜香糯嫩，入口即散，老幼皆宜。

冬菜肉末

【原料】猪肉（肥与瘦肉为3：7）200克，川冬菜75克。

【调料】大油75克，酱油20克，料酒13克，白糖、姜各10克，味精、葱各3克。

【制法】1.把猪肉剁成末；冬菜去根，洗净；姜均切成末；葱切葱花。

2.炒勺烧热注大油，油热后先放入肉末煸炒至水分殆尽，再加入葱、姜稍炒后，即下料酒、酱油、糖和味精炒匀，最后下冬菜翻炒几下即成。这道菜味鲜香适口，下饭便菜。

冬菜扣肉

【原料】五花肉250克，冬菜100克。

【调料】泡辣椒、植物油、

料酒、酱油各25克，盐2克，豆豉、姜、葱各8克。

【制法】1.猪肉用白水煮熟，捞出用净布擦去肉皮上的油和水，抹上些酱油；冬菜洗净，切粒状；泡辣椒切短节；姜、葱均切片。

2.炒勺烧热，注适量植物油，油将开时把肉皮向下放入，炸至焦黄色为度，晾凉后把肉切成7厘米长的薄片。

3.皮向下把肉按鱼鳞状排列摆在碗底，浇洒料酒、酱油，加入盐，再放入5粒左右豆豉和2~3节泡辣椒以及冬菜，上屉蒸2小时即可，食用时翻扣于盘中。这道菜香鲜可口，味浓不腻。

五花肉炒豆腐泡菜

【原料】猪五花肉、豆腐各适量。

【调料】植物油、盐、味精、蒜、红泡菜各适量。

【制法】1.将五花肉切片；豆腐用水煮透；蒜切片。

2.炒锅放植物油，煸香蒜片，加入五花肉，八成熟时，放入红泡菜，加盐、味精炒熟；豆腐煮好切成片放入盘中即可。

榨菜肉丝

【原料】猪瘦肉丝、榨菜、葱、汤各适量。

【调料】植物油、酱油、料酒、味精、湿淀粉各适量。

【制法】1.肉丝用盐、湿淀粉浆好，榨菜、葱洗净，均切丝。

2.锅烧热放植物油烧至六成热，下入肉丝炒散即放榨菜丝、葱丝、酱油、料酒、味精，汤收汁即成。这道菜见油无汁，咸鲜适口。

炸灌汤丸子

【原料】猪瘦肉250克，高汤冻100克，鸡蛋1个。

【调料】花生油500克，精盐10克，五香粉5克，面包末、湿淀粉各50克。

【制法】1.猪瘦肉洗净，剁成肉泥，放入碗内，加入精盐、鸡蛋清、湿淀粉拌匀；高汤冻切1厘米见方的块，共12块待用。用肉泥做成直径约2.5厘米的丸子，肉丸中间包一块高汤冻，表面均匀地沾上一层面包末，共做12个。

2.炒锅上中火，倒入花生油，烧至五六成热时逐个放入肉丸，炸至棕黄色捞出，装盘即可出锅，以五香粉蘸食。这道菜肉丸外皮酥脆，内包汤汁，色泽棕黄，香鲜可口。食时蘸五香粉味更佳。

蜜汁火方

【原料】熟南腿中峰750克，白糖莲子、松子仁各50克。

【调料】清油75克（实耗油25克），蜂蜜20克，精盐、冰糖各15克，味精12克，水淀粉10克，糖桂花5克。

【制法】1.将火腿修切成大方块，皮朝下放砧板上，用刀剞成小方块，深度至肥膘一半，但要皮肉相连。皮朝下放入碗内，加清水上笼蒸2小时30分钟后取出，换清汤，加入冰糖，再上笼蒸1小时取出，然后放入莲子再蒸30分钟，取出，滗去卤汁，装入盘中。

2.锅上火烧热，放清油烧至五成热，投入松子仁略炸至金黄色，取出待用。

3.锅再置火上，倒入卤汁，加蜂蜜烧沸，用水淀粉勾芡，放入糖桂花搅和，浇在火方上面，再撒上松子仁即成。这道菜色呈枣红，蜜汁芬芳，味甜而咸香，火腿酥烂甘鲜。

炸扳指

【原料】肥肠头300克，生菜、冷汤各50克。

【调料】盐3克，料酒、葱白各20克，花椒2克，蒜10克，水豆粉、香油、姜、酱油各15克，醋25克，白糖50克，素油500克。

【制法】1.肥肠头切去两端，洗净后入沸水锅中稍煮约1刻钟，捞出切成两段，装入蒸碗中，加清水、盐、葱白、料酒、花椒、姜（拍松），上蒸笼用旺火蒸，取出，沥干水分；葱、姜、蒜分别切细末，和香油、料酒、冷汤、水豆粉、白糖、醋、酱油入碗，调匀成糖醋汁。

2.锅置火上，下素油烧热，将蒸好的肥肠头放入，炸呈金黄色时，捞出切成长约1.5厘米的短节，淋上香油，装于盘中，另配糖醋生菜；糖醋汁入锅煎热，装于汤杯中同上。这道菜色泽金黄，皮酥肉肥，鲜香味美，因其形似旧时射箭者带在手指上的“扳指”而得名。

东坡肘子

【原料】猪肘子、雪山大豆（雪豆）各适量。

【调料】酱油汁、葱节、绍酒、姜、川盐各适量。

【制法】1.猪肘刮洗干净，顺骨缝划一刀，放入汤锅煮透，捞出剔去肘骨，放入垫有猪骨的砂锅内，下入煮肉原汤，一次加足，放葱节、姜、绍酒在旺火上烧开。

2.雪豆洗净，下入开沸的砂锅中盖严，移微火上煨炖约3小时，直至用筷轻轻一戳肉皮即烂为止。吃时放川盐连汤带豆舀入碗中上席，蘸酱油汁食之。这道菜汤汁乳白，雪豆粉白，猪肘烂软适口。

酥炸排骨

【原料】猪排骨肉400克，鸡蛋1个。

【调料】花生油1500克，精盐2.5茶匙，蒜蓉1茶匙，辣椒3个，干、湿淀粉各0.5汤匙，糖醋汁3汤匙。

【制法】1.大蒜去皮，剁成茸；辣椒洗净，切成末;将排骨洗净，先切成条，再斩成3厘米的块，放入碗中，加入精盐、湿淀粉拌匀，再放鸡蛋液调匀，然后拍上干淀粉。

2.炒锅置旺火上，烧热放花生油，烧至七成热，放入排骨炸至金黄色，捞出，沥去油，装盘。

3.炒锅回炉上，放入蒜蓉、辣椒末、糖醋，调入湿淀粉推匀，分装在两个小盘内，上桌蘸食。这道菜酥脆焦香，汁味酸辣。

粉蒸排骨

【原料】排骨、米粉、芫荽叶、豆瓣各适量。

【调料】豆腐乳汁、花椒、姜末、葱末、豆瓣、蒜末、盐、味精、胡椒粉、菜油各适量。

【制法】1.排骨斩成节，加炒酥的豆瓣、盐、姜末、葱末、花椒、豆腐乳汁、胡椒粉、味精拌匀，再加入米粉、菜油调匀。

2.在蒸笼上垫一片荷叶，装入排骨，上笼蒸40分钟至熟，取出放入蒜末、芫荽叶，入盘即成。这道菜咸辣鲜香，排骨烂软。

果仁排骨

【原料】卤汁500克，猪排骨2500克，炒果仁10克，炒苡仁50克。

【调料】冰糖50克，花椒、盐各3克，料酒20克，香油15克，味精1克。

【制法】1.将炒果仁、苡仁捣碎，用水煎煮两次，收取汁液

500毫升。

2.将猪排骨洗净、拍破，同花椒一起下锅，煮至排骨达六成熟时，打净浮沫，捞出排骨，放入卤锅中卤至熟透后捞出。

3.取适量卤汁倒入锅中，加冰糖、味精、盐在炆火上收成浓汁，烹入料酒后，均匀抹在排骨上，再抹上香油即成。这道菜排骨红亮，肉质酥烂，甜咸适口。

茄汁猪排

【原料】猪排500克，鸡蛋1个（打散）。

【调料】猪油1000克，酱油20克，干淀粉15克，绍酒、花椒盐各10克，味精1克，番茄汁适量。

【制法】1.将猪排斩成15厘米宽、厚薄均匀的条，每条都要均匀地带上骨头；将猪骨条放碗里加入绍酒、酱油、味精、干淀粉、番茄汁和鸡蛋液，用手捏和均匀。

2.炒锅上火，下油烧至八成热，投入猪骨炸制，猪骨放入时要四面分散以防粘连，全部投入后用漏勺翻动，炸至呈金黄色并且排骨浮起，用漏勺捞起装盘码好，即可蘸花椒盐食用。

佛手排骨

【原料】排骨400克，瘦猪肉300克，虾肉60克，鸭蛋2个，肥猪肉25克，荸荠50克，方鱼15克。

【调料】生油1000克（实耗100克），精盐10克，麻油5克，面粉100克，味精6克，红辣椒1个，川椒末适量，生葱50克。

【制法】1.先将排骨洗净后拆枝脱肉，排骨枝用刀剁成每枝5厘米长，再把脱出来的排骨肉、瘦猪肉及肥猪肉、虾仁肉、荸荠、方鱼、生葱、红辣椒，分别用刀改切后拌在一起，放在砧板上用刀剁成茸后，加入精盐、味精、麻油、川椒末拌匀，用手把肉茸分别镶在排骨枝上捏成20枝佛手状，蘸一下干面粉，再将面粉压实。

2.将鸭蛋磕开，打成蛋液，然后把佛手状的排骨一枝一枝用鸭蛋液蘸过，再放入油鼎中用温油炸至熟透即成，配甜酱两碟上席。这道菜形似佛手，外香里嫩，鲜美可口。

椒盐蹄膀

【原料】蹄膀1只。

【调料】干菱粉65克，酱油、椒盐、黄酒各6.5克，葱花、姜各4克，精盐2.5克。

【制法】1.将蹄膀洗净，剖开，加黄酒、酱油、盐、葱、姜，上笼蒸熟，取出，去骨。

2.用湿菱粉调匀，涂在蹄膀肉上，放入猪油锅内，两面煎黄，再放入旺油锅，炸至发脆，捞出切成小方块，再撒上椒盐（花椒末及盐合炒熟）。这道菜味香脆，适用于秋冬季节食用。

红烧猪蹄

【原料】猪蹄750克，汤1300克。

【调料】盐、葱各13克，姜8克，香油、料酒各25克，花椒5粒，冰糖50克。

【制法】1.将猪蹄刮毛洗净，剁去爪尖劈成两半，用水煮透后放入凉水中；姜、葱拍破待用。

2.用炒勺将适量香油烧热，放入冰糖炸成紫红色时放汤调至浅红色为度。

3.加入猪蹄、料酒、葱、姜、盐、花椒，汤烧开后除去浮沫，用大火烧至猪蹄上色后，移至小火炖烂，收浓汁即成。这道菜味浓适口，肥而不腻。

牛膝蹄筋

【原料】猪蹄筋100克，鸡肉500克，牛膝10克，火腿50克，蘑菇25克。

【调料】胡椒、盐各3克，料酒、姜、葱各10克，味精1克。

【制法】1.将牛膝洗净，润后切成斜口片；猪蹄筋放入钵中，加水上笼蒸4小时，至蹄筋酥软时取出；再用凉水浸漂2小时，剥去外层筋膜，洗净；火腿洗净，切丝。

2.蘑菇水发后切成丝，姜、葱洗净后，姜切片，葱切段；把发涨的蹄筋切成长节；鸡肉剁成小方块，取蒸碗将蹄筋、鸡肉放入碗内，再把牛膝片放在鸡肉上面；火腿丝和蘑菇丝调和均匀，撒在周围。

3.把姜片、葱段放入碗中，上笼蒸约3小时，待蹄筋酥烂后出笼，拣去姜、葱，加胡椒、料酒、盐、味精等调味即成。这道菜肉质软烂，鲜香适口，并具有祛风湿、活筋骨之功效。

火爆腰花

【原料】猪腰子、黄瓜、鲜汤各适量。

【调料】姜、葱、蒜、泡红

辣椒、盐、味精、酱油、白糖、醋、湿淀粉、熟菜油各适量。

【制法】1.猪腰子平片成两块，去净油皮和腰臊，先反刀斜剞，再直刀剞成三刀一断的眉毛形，盐、湿淀粉码味上浆；黄瓜洗净，去瓤芯，切成条；用盐、白糖、味精、酱油、醋、料酒、湿淀粉、鲜汤兑成滋汁。

2.锅中放油烧熟，放入腰花炒散，加姜、蒜、葱、泡红辣椒、黄瓜条炒匀，烹汁收汁，起锅装盘。这道菜质地细嫩，咸鲜醇厚。

腰花笋片

【原料】猪腰200克，笋片40克，冬菇片20克。

【调料】辣油、泡辣椒各13克，香醋8克，干菱粉、白糖、葱、姜、胡椒粉、酱油、味精、蒜泥、花椒粉、湿菱粉、黄酒、精盐各适量。

【制法】1.先将腰子切半，取掉腰心杂物洗净，打梳形花刀，切成小条，用适量精盐、酒、胡椒粉抹一下，用干净布挤干，放入干菱粉内翻滚，再放入旺猪油锅中一溜捞出（注意把握时间，保持鲜嫩）。

2.泡辣椒、冬菇片、笋片放入油锅内拌炒，同时将准备好的姜、葱、酱油、胡椒粉、辣油、味精、蒜泥、糖、醋、湿菱粉和腰子倒入一炒即好。这道菜味嫩脆，有鱼香，呈深酱色。

鱼香腰花

【原料】猪肾300克，干木耳3克水发，净青菜50克，汤适量。

【调料】大油75克，湿淀粉、酱油各20克，料酒、葱各13克，蒜、姜、糖、醋各8克，泡辣椒2个，味精3克。

【制法】1.先撕肾表面膜，纵切成两半后去掉中心腰臊，而后用斜刀斜着剞一遍，再用直横刀剞成十字形（横剞时可四刀一段，剞的深度为半片腰子的3/4），随之用料酒、盐、湿淀粉拌匀浆好，再加一些油；泡辣椒剁碎。

2.用料酒、淀粉、葱、姜、蒜、糖、醋、酱油、味精兑成汁。

3.炒勺烧热注大油，油热后下腰子用手勺推动，待腰子按切的刀口散开卷起时加辣椒，待出叶时下发好的木耳、青菜下入翻炒几下，再将兑好的汁倒入，汁开后翻匀即成。这道菜鲜香脆嫩，味佳适口。

砂仁肚条

【原料】猪肚100克，砂仁米10克，清汤500克。

【调料】猪油100克，葱白、姜各10克，胡椒粉、盐各3克，花椒2克，料酒、水豆粉各15克，味精1克。

【制法】1.将猪肚洗净，下沸水锅煮透捞出，刮去内膜。

2.在锅中掺入清汤，放入猪肚，再下姜、葱白、花椒，煮至熟，打去浮沫，起锅切成条状。

3.用原汤烧沸，放入切好的肚条及砂仁米搅拌，加入猪油、盐、料酒和味精，用水豆粉勾芡，炒匀，洒上胡椒粉即成。这道菜肚仁脆烂，汤汁浓稠，鲜香可口。

芫爆肚丝

【原料】猪肚500克。

【调料】香菜50克，料酒15克，葱、姜、蒜各10克，姜汁、香油各5克，盐3克，味精、胡椒粉、清油、醋、碱各适量。

【制法】1.将猪肚用碱、醋搓洗，去净白油及杂质，再用清水洗净，用开水氽后另换水，加入葱段、料酒、姜片，用微火煮熟，捞出，切成细丝；香菜切段；蒜切片。

2.锅入油烧热，放葱、姜丝、蒜片爆香，加入肚丝翻炒，烹入料酒，加盐、姜汁、味精、醋、胡椒粉、香菜翻炒，淋香油即可出锅。这道菜菜色白绿相间，味美可口。

火爆双脆

【原料】猪肚头、鸡肫各150克，豌豆苗30克。

【调料】猪油50克，葱白20克，豆粉25克，泡辣椒15克，蒜、料酒、姜各10克，香油5克，盐、胡椒粉、味精各适量。

【制法】1.猪肚头漂洗净，去油筋，从正面剞十字刀纹约2/3深，然后再切成边长约2厘米的菱形块；鸡肫去内金，洗净去底板和边筋，每个平剖成4块，剞十字刀纹约2/3深。

2.姜蒜切片；泡辣椒、葱白均切成马耳朵形；豌豆苗洗净；肚头、鸡肫用盐、料酒、水豆粉拌匀。

3.炒锅置旺火上，放猪油烧热约180℃，下肚头；鸡肫爆散后，下泡辣椒、姜片、蒜片、葱白、豌豆苗炒匀，烹入以盐、料酒、味精、胡椒粉、水豆粉、香油、鲜汤兑成的滋汁，炒匀迅速起锅装盘即成。这道菜脆嫩爽口，咸鲜味美。

干炸肝花

【原料】猪肝400克，白肉50克，虾肉100克，鸡蛋1个，腐皮2张。

【调料】猪油1000克（实耗100克），猪网油200克，川椒末1克，葱茸15克，绍酒、精盐、味精、芝麻酱、湿淀粉、芫荽、胡椒油各适量。

【制法】1.将猪肝、白肉均切薄片，虾肉剁成末，加入味精、精盐、川椒末、葱茸、芝麻酱、绍酒搅匀，分成2份，猪网油洗净，晾干待用。

2.将腐皮用湿布拭过，回软后铺在砧板上，将猪肝料放在腐皮上，卷成直径约3.5厘米的圆卷，再包上猪网油，共制2条，然后放进蒸笼，用纹火蒸约15分钟，用竹针刺猪肝卷的中间，无血水流出即熟，取出，在猪肝卷外皮抹上湿淀粉待炸。

3.烧热炒鼎放入猪油，待油温达七成熟时，把猪肝卷下油鼎炸至呈金黄色捞起，切件摆在盘内，淋上胡椒油，用芫荽围盘即成。

菜心炒猪肝

【原料】猪肝300克，菜芯200克，鲜汤1碗。

【调料】花生油1汤匙，精盐、姜末、料酒、麻油各3茶匙，味精、蒜蓉、胡椒粉各1茶匙，生抽、湿淀粉、干淀粉各0.5茶匙。

【制法】1.猪肝切成大片，用布擦干水分，加干淀粉抓匀。

2.用鲜汤、精盐、生抽、味精、胡椒粉、湿淀粉调成汁。

3.锅放底油，下菜芯、精盐，炒熟，捞出；锅放油烧七成热，将猪肝下入旺油锅中划透，捞出；锅留底油加蒜蓉、姜末炝锅，放入猪肝、菜芯和料酒，倒入调好的汁翻匀，加香油起锅，装盘。

麻辣猪肝

【原料】猪肝200克，炸花生米75克，汤适量。

【调料】混合油75克，花椒10粒，干辣椒8克，盐、味精各3克，料酒13克，酱油、湿淀粉各20克，葱、姜、蒜、白糖各8克，醋适量。

【制法】1.肝、葱、姜均切

成片；干辣椒切节；葱切段。将肝用盐和料酒拌匀，用湿淀粉浆好再拌些油。

2.用料酒、湿淀粉、葱、姜、蒜、白糖、酱油、味精和汤兑成汁。

3.炒勺烧热倒油，油热后先下辣椒、花椒，炸至黑紫色，再下猪肝片，待肝熟透即速注汁入勺，汁开后稍翻炒，滴醋并加入炸花生米即成。这道菜麻辣味浓，肝鲜嫩，花生米香脆。

南煎肝

【原料】猪肝500克，鸡蛋白2个。

【调料】猪油100克，麻油60克，干菱粉40克，酱油、黄酒各20克，白糖6克，葱末适量。

【制法】1.将猪肝片成长约5厘米、宽约2厘米的薄片，放入用酱油、酒、蛋白调成的卤内蘸一蘸，再一片片地滚满干菱粉。

2.开热猪油锅，将猪肝放入拉一下，拉时油锅要热，动作要快，以免猪肝出水而发韧，拉好后，倒去锅内的油，随即加入糖、葱、麻油，同猪肝一道翻一翻，起锅装盘。

豆渣猪头

【原料】清汤2000克，猪头1个（约3000克），豆腐渣500克，火腿250克，干贝、汤各适量。

【调料】大油、料酒各100克，香油、葱各50克，姜、盐各25克，冰糖、味精各10克，胡椒粉3克。

【制法】1.将猪头刮毛洗净，用开水煮熟（勿烂），剔骨切成条；干贝洗净泡透；火腿洗净；姜拍破；整葱、豆腐渣蒸熟，挤干水分。

2.锅烧热，注香油，用热油将冰糖炒成紫红色时，加入汤和盐、料酒、葱、姜、胡椒粉、猪头肉、干贝汤（干贝用布包上）等，料调好色和味，汤开时撇去浮沫倒入砂锅用小火蒸。

3.用大油把豆腐渣炒酥，当汁浓猪头快烂时也下入砂锅内，再蒸烂，拣出干贝、火腿即成。这道菜肥而不腻，鲜香酥烂。

红烧猪脑

【原料】猪脑400克，玉兰片25克，冬菇10克，汤250克。

【调料】大油50克，葱、盐、料酒各13克，酱油20克，姜8克，味精、湿淀粉各3克。

【制法】1.先用温水泡上猪脑，撕净脑膜，再用开水加盐将猪脑氽熟，除去浮沫，改切成块状，再用原汤泡上；玉兰片横切成片；冬菇水发透后去腿、洗净切片；葱、姜均切片。

2.起勺注大油烧热，将玉兰片、冬菇、姜、葱煸炒而后随下猪脑和酱油、料酒、盐等调料并入汤。

3.汤开后撇去浮沫，炖透后加味精，用湿淀粉勾芡，再淋上明油即成。这道菜软嫩鲜香，形似豆腐。

红烧舌尾

【原料】猪舌、猪尾、冬笋各250克，汤适量。

【调料】冰糖、料酒各25克，香油、葱各13克，姜、盐各8克，味精3克。

【制法】1.猪舌先用水烫后将粗皮刮去，洗净，切成条；猪尾刮洗干净剁成段，用开水汆透；姜切成片；葱切段；冬笋去壳、内皮，切成梳背形。

2.炒勺烧热注入适量香油，加入冰糖炒至紫黑色，再加汤、盐、葱、姜、料酒、猪舌、猪尾和冬笋，烧开后把浮沫撇去，移入砂锅盖好盖，先用旺火烧，上色后改炆火炖烂，拣出葱、姜收浓汁，加味精即成。这道菜浓香适口，鲜脆味美。

川味牛肉

【原料】牛脯适量。

【调料】植物油、干辣椒、料酒、红糖、笋块、盐、麻油各适量。

【制法】1.牛脯切成3厘米见方的块，用铁板烤透。

2.锅内倒植物油，放入干辣椒、料酒、红糖、笋块、盐、麻油、烤牛脯，炖透收干汁即可。

芦笋牛肉

【原料】牛肉200克，芦笋150克，清水适量。

【调料】绍酒40克，白糖、小苏打、胡椒粉各适量，水淀粉、葱姜片、酱油各20克，姜末2克，花生油500克，味精适量。

【制法】1.芦笋切菱形片；牛肉去筋络，切成薄片，放入碗内加小苏打、酱油、胡椒粉、淀粉、绍酒、姜末和清水腌10分钟；加入花生油，再腌1小时。

2.炒锅内放花生油，烧至六成热，放入牛肉片，拌炒，色白时，倒入漏勺沥油。

3.锅内留油，放入葱姜片、白糖、酱油、味精、清水适量，烧沸后，用水淀粉勾芡，放入牛肉片、芦笋段，拌匀起锅装盘。

酥炸牛肉卷

【原料】牛肉350克，马蹄100克。

【调料】网油300克，葱1棵，姜、陈皮各1块，精盐3茶匙，味精、胡椒粉、五香粉、白糖各1茶匙，酱油、料酒、椒盐、浙醋各0.5汤匙，淀粉、脆浆各2汤匙，花生油1000克，食用碱少许。

【制法】1.将牛肉剁成泥，加入淀粉、水、白糖、精盐、食用碱、味精、酱油腌渍。

2.马蹄切成小丁；葱、姜切末；陈皮压成末与胡椒粉、五香粉、料酒加入牛肉馅中搅匀。

3.将网油摊开，撒上干淀粉，抹上牛肉馅，卷成直径约2厘米、长约20厘米的卷。锅内放油上旺火，放入裹上脆浆的牛肉卷，先大火炸然后改用温火炸熟。斜刀改成厚片装盘，跟椒盐、浙醋一起上桌蘸食。这道菜香酥可口，外焦里嫩。

水煮牛肉

【原料】牛肉500克，莴笋尖100克，蒜苗、鲜汤各50克。

【调料】素油75克，干辣椒末、豆粉各15克，酱油、醪糟汁、料酒各10克，花椒3克，盐2克，郫县豆瓣20克。

【制法】1.莴笋尖切成约长6厘米的薄片；蒜苗切成长约4.5厘米的节；郫县豆瓣剁细；牛肉切成长约5厘米、宽3厘米、厚0.3厘米的片，加盐、水豆粉、醪糟汁拌匀。

2.炒锅置旺火上，下油烧热，放辣椒煸至呈深红色取出、剁细。锅内下豆瓣煸出色，下剁细的辣椒和莴笋尖炒几下，掺鲜汤，加料酒、酱油和蒜苗，煮至蒜苗断生，拣出莴笋尖和蒜苗盛于窝盘内；肉片抖散入锅，待沸时拨散，煮熟后起锅，舀出盖在盘中菜上，撒上辣椒末、花椒面，再浇上沸油即成。这道菜色红味厚，麻、辣、鲜、嫩、烫。

椒盐牛排

【原料】牛排500克，鸡蛋1个（打散）。

【调料】绍酒、花椒盐、酱油、味精、干淀粉、猪油各适量。

【制法】1.将牛排斩成宽、厚均匀的条，每条都要带上骨头。

2.将牛排条加入绍酒、酱油、味精、干淀粉和鸡蛋液煨味。

3.全部食材投入八成热的油锅后用漏勺翻动，炸至呈金黄、浮起，捞出装盘，佐以花椒盐即可食用。

滑蛋牛肉

【原料】熟牛肉250克，鸡蛋2个，高汤适量。

【调料】花生油500克，湿团粉30克，精盐1克，葱、姜各适量，料酒15克。

【制法】1.将牛肉切成2毫米厚、5毫米宽、1厘米长的条待用；将鸡蛋打碎，放入碗中，加适量盐搅匀，放入油锅中煎，煎至五成熟时，搅拌成块，盛出待用。

2.勺内放油，上火烧至六七成熟，将鸡蛋、牛肉下入翻炒，熟后即可。

红烧牛尾

【原料】熟牛尾400克，笋片50克，汤适量。

【调料】水淀粉、大油各40克，酱油30克，料酒15克，味精、香油各10克，盐3克，葱、姜末、胡椒面各2克，白糖5克。

【制法】1.把牛尾、笋一起用开水焯一下倒出。

2.坐勺放油、葱、姜炝锅，烹料酒，加汤、酱油、盐、糖、味精、胡椒面，放入牛尾、笋片炒一会儿，拢芡，颠勺，淋香油，出勺即可。

干烧牛肉片

【原料】牛肉400克，芹菜适量。

【调料】姜丝、豆瓣酱、辣椒粉、花椒粉、料酒、味精、醋、白糖各适量。

【制法】1.将牛肉切成薄片，芹菜切段。

2.上旺火煸炒，加姜丝、豆瓣酱、辣椒粉略炒至油变红，加料酒、味精、白糖、芹菜翻炒几下，淋适量醋装盘，撒花椒粉即可出锅。

干煸牛肉丝

【原料】瘦嫩牛肉600克，芹菜60克。

【调料】植物油120克，豆瓣辣椒酱、青蒜段各30克，辣椒粉6克，白糖8克，料酒15克，姜丝（去皮）6克，盐、酱油、醋、味精各适量。

【制法】1.将牛肉筋膜剥除掉，片成0.1～0.2厘米厚的薄片，横着肉纹切成5～6厘米长的细丝；把芹菜的根、筋、叶择去，洗干净后切成2～3厘米长的段（过粗的劈开）；将豆瓣辣椒酱剁成细泥。

2.用旺火烧热炒勺，倒入植物油烧到六七成热，放入牛肉丝快速煸炒几下，加入盐，再炒至酥脆，肉变成枣红色，再加入豆瓣辣椒酱泥和辣椒粉，再颠炒几下。

3.然后顺次加入白糖、料酒、酱油、味精，翻炒均匀，再加入芹菜、青蒜、姜丝拌炒几下后，喷点醋，颠翻几下盛出即可。这道菜肉丝色泽酱红，口味酥香。

粉蒸牛肉

【原料】瘦牛肉370克，大米75克。

【调料】植物油50克，酱油、豆瓣酱各30克，花椒粉、胡椒粉各3克，辣椒粉2克，葱、姜各8克，料酒13克，四川豆豉5克，香菜适量。

【制法】1.大米炒黄磨成粗粉；葱切成葱花；豆豉剁细；姜捣烂后用适量的水泡；香菜洗净，切碎。

2.牛肉切成薄片（长4厘米、宽2厘米），用植物油、酱油、姜水、豆豉、豆瓣酱、胡椒粉、大米粉等拌匀，放入碗中上屉蒸熟，取出翻扣盘中，撒上葱花。另用小碟盛香菜、花椒粉、胡椒粉上桌。这道菜鲜嫩醇香，麻辣适口。

虾须牛肉

【原料】鲜牛肉适量。

【调料】盐、曲酒、姜、葱、红油辣椒、花椒油、白糖、味精、香油、熟菜油各适量。

【制法】1.牛肉洗净切成较大薄片，加盐、曲酒、姜、葱码味6小时，入笼内蒸熟，出笼晾凉，撕成细丝。

2.将牛肉丝放入油锅内炸酥捞出，加入白糖、味精、红油辣椒、花椒油、香油拌匀，装盘即成。这道菜麻辣味浓，干香滋润。

酸菜牛肉

【原料】腌牛肉250克，酸菜茎薄片200克，汤适量。

【调料】葱节、辣椒、蒜蓉均适量作为配料，糖、醋、湿淀粉、油、绍酒、盐、麻油各适量。

【制法】1.用汤、糖、醋与湿淀粉调为芡；烧锅入油，牛肉放入，拌炒至熟放入漏勺里。

2.锅中留油，将配料、酸菜片放入锅中炒香，放入牛肉炒匀，淋入绍酒随即把碗芡倒入炒匀，淋入麻油上碟即可出锅。

炝肉丝莴笋

【原料】生瘦牛肉、净莴笋各150克，鸡蛋1个。

【调料】熟豆油500克（实耗50克），湿淀粉40克，精盐、味精、花椒油、姜丝、葱丝各适量。

【制法】1.将生牛肉切丝，与少许精盐、湿淀粉、蛋清抓匀，放入温油内迅速划散开，见变色时捞出，用凉水过凉，沥干水；莴笋切丝，用开水烫透捞出，用凉水过凉，沥净水装盘。

2.莴笋丝放上肉丝、葱丝、姜丝，浇上炸好的花椒油，略焖一会儿，再加精盐、味精，拌匀即成。这道菜味鲜，质脆嫩。

重庆麻辣火锅

【原料】牛肝、牛腰、牛脊髓各100克，毛肚250克，黄牛瘦肉背柳肉150克，鲜菜1000克，牛肉汤250克，汤150克。

【调料】大葱、青蒜苗各50克，精盐10克，豆豉、芝麻油、辣椒粉各40克，味精、花椒各4克，醪糟汁100克，郫县豆瓣125克，料酒15克，熟牛油200克。

【制法】1.牛肝用清水漂净漂白，片成长薄片，用凉水漂起；肝、腰和牛肉均片成又薄又大的片；葱和蒜苗均切成7厘米长的段；鲜菜用莲花白、芹菜、卷心菜、豌豆苗均可，用清水洗净，撕成长片；豆豉、豆瓣剁碎。

2.炒锅置中火上，下牛油75克，烧至八成熟时，放入豆瓣炒酥，加入姜末、辣椒粉、花椒炒香，再入牛肉汤烧沸，移至旺火上，放入料酒、豆豉、醪糟汁，烧沸出味，撇尽浮沫，即为火锅卤汁。

3.将芝麻油和味精分成四份，调成四个味碟，供蘸食用。临吃时将卤汁烧沸上桌，各种肉菜原料分别放入盘中，与精盐、牛油125克同时上桌，除脊髓、葱、蒜苗要先下入火锅外，其他原料由客人随食随放。可根据汤味浓淡适量加入精盐和牛油。这道菜麻辣鲜烫，口感丰富，自烹自食，乐在其中。

淮杞炖羊肉

【原料】鸡汤650克，羊肉500克，淮山药40克。

【调料】枸杞子20克，味精13克，姜片数片，精盐适量。

【制法】1.将羊肉放入水内煮熟切块，再放入锅内加姜片炒透。

2.将羊肉放入瓦盅，加淮山药、枸杞子、鸡汤、味精及精盐，上笼蒸两小时即好。这道菜为冬令补品，鲜美入味，淡酱色。

羔烧羊肉

【原料】羊肉1000克，上汤50克，二汤适量。

【调料】南姜50克，绍酒25克，红豉油20克，猪油1000克（实耗150克），五花肉250克，芒光丝腌糖醋、山楂糕丝各100克，干面粉、酱油、川椒末、生蒜、芝麻油、精盐、淀粉、味精、生葱末各适量。

【制法】1.将羊肉洗净，红豉油、干面粉拌匀涂在羊肉皮上，下油鼎炸至呈金黄色时捞起；将炸好羊肉放入锅内用竹篦垫底，加入二汤、绍酒、南姜、生蒜、精盐、红豉油、五花肉（先切块），炒香，放置炉上用旺火煮沸后，用炆火炖至羊肉软烂，取出，拣去五花肉，羊肉拆去骨切长5厘米、宽1.5厘米件，摆落盘。

2.用1小碗，放入酱油、味精、芝麻油、上汤、淀粉、水调成碗芡。

3.将羊肉放入蒸笼蒸2分钟，取出，撒上干淀粉；烧热炒鼎后下猪油，把羊肉倒入略炸，倒回笊篱。顺鼎把川椒末、葱末炒香，投入羊肉，烹入绍酒，加入碗芡拌匀起鼎装盘。芒光丝、山楂糕丝拼盘。

酥炸羊腩

【原料】羊肉500克，面粉250克，汤适量。

【调料】大油、酱油各150克，白糖50克，葱末30克，姜末20克，料酒12克，碱、大料、盐各10克，味精5克，发酵粉5克。

【制法】1.将羊肉切成长12厘米、宽3厘米的长块，放入汤盆中，加入料酒、酱油、白糖、盐、葱末、姜末、大料及少量的汤，上笼屉用旺火蒸20～30分钟，用筷子穿扎试熟烂了后，取出来冷却；将面粉用水和匀，加入碱搅拌均匀，再加入发酵粉和匀。

2.炒勺内倒入大油，用旺火

烧到七八成热，将羊肉块上抹上一层发酵粉后，投入油内炸至皮坚硬呈黄色，捞出沥油；将炸好的羊肉切成1厘米见方的小块，盛于盘内上席。吃时另带葱酱、椒盐、辣椒、酱油。

萝卜炖羊肉

【原料】羊肉500克，萝卜1000克。

【调料】陈皮10克，料酒15克，葱20克，姜6克，盐3克，味精1克。

【制法】1.将萝卜洗净，去皮切成块状；羊肉洗净切成条或块；陈皮洗净；姜洗净拍破；葱洗净切成节。

2.把羊肉、陈皮放入锅内用武火烧开，撇去浮沫，改用炆火煮半小时，再加入萝卜、姜、葱、料酒、盐，炖至萝卜熟透，加味精，装碗即成。这道菜清香味淡，具有清痰止咳、温中益气之功效。

河鲜/海鲜

01 鱼/虾

参蒸鳝段

【原料】鳝鱼1000克，熟火腿150克，鸡汤100克。

【调料】当归5克，党参10克，盐3克，料酒15克，葱、姜各20克，味精1克，胡椒粉适量。

【制法】1.将鳝鱼剖腹，去内脏和骨后洗净，入沸水锅氽一下捞出，刮去黏液，去头尾切成6厘米长的段；熟火腿切成片；姜及葱洗净，姜切片、葱切段。

2.在锅内注入清水，下一半姜、葱和料酒，待水沸后，把鳝鱼段放沸水中烫一下捞出，码在盆内，上面放火腿片、当归、党参、姜片、葱段、料酒、胡椒粉、盐，注入清鸡汤，加盖，用棉纸封口，上笼蒸1小时左右，取出启封，拣去姜、葱，加味精即成。这道菜鳝肉软烂鲜香，汤汁清爽味酽，并具有补中益气，生津润燥之功效。

银丝鳝鱼

【原料】鸡清汤50克，活鳝鱼750克，冬笋40克，鸡蛋3个（取蛋清）。

【调料】绍酒、蒜瓣各20克，淀粉15克，葱白10克，白糖5克，盐2.5克，白胡椒粉0.5克。

【制法】1.鳝鱼活杀，去骨，铲去皮，洗净，放清水中漂泡至肉色发白时捞出，切成细丝，然后用清水漂洗1次，捞出吸干水分，倒入碗中，放进蛋清、精盐、绍酒、水淀粉上浆；冬笋、葱白、蒜瓣分别切成细丝。

2.锅置旺火烧热，放入熟猪油烧至四成热时将鱼丝下锅划油，待鱼丝发白时倒出沥油，原锅留适量底油，投入葱、蒜丝略炸，随后投入笋丝煸炒，再下鱼丝，加鸡清汤、绍酒、精盐、白糖烧沸，用水淀粉勾芡，轻轻颠锅，装入盘中，撒上白胡椒粉即成。这道菜色白如银，鱼丝鲜美滑嫩。

蝴蝶烩鳝

【原料】鳝鱼肉750克，熟笋片25克，水发香菇片100克，猪后腿蝴蝶骨1个。

【调料】豆油500克（实耗油75克），绍酒35克，酱油30克，葱15克，姜、白糖各10克，芝麻油5克。

【制法】1.将猪后腿拆卸下的蝴蝶骨放入水锅中煮透出水，捞出洗净，再放入炒锅中，加绍酒、酱油、白糖和清水，加盖烧沸，移小火焖至汤稠，倒入碗内，盖上圆盘，上笼蒸至酥烂。

2.锅置火上烧热，舀入豆油烧至五成热时，将鳝鱼肉放入炸3分钟，捞出，待油温升至八成热时，再入鳝鱼复炸2分钟，倒出沥油，然后改切成6.5厘米的段。

3.锅再置旺火上，舀入豆油，放入葱末煸香，倒入鳝段，加猪肉汤、绍酒、姜末，加盖移微火上烧10分钟，加入酱油、白糖、香菇片、笋片，盖上锅盖，烧至鳝肉酥烂，再倒入蝴蝶骨同烧，用旺火将汤汁收稠，淋芝麻油，盛入盘中即成。这道菜卤汁稠浓，胶质黏口。

椒盐鳝卷

【原料】活鳝鱼1250克。

【调料】豆油1000克（实耗油125克），绍酒35克，芝麻油30克，葱25克，姜15克，椒盐、生粉各7.5克，盐、胡椒粉各5克。

【制法】1.葱、姜切末泡成汁，备用；将鳝鱼洗净，去头、尾，剔去脊骨，洗净；将鳝鱼皮向下放砧板上，用刀在鳝鱼腹内剞十字花刀，深至鱼皮，切成菱形块，放入碗内，加入绍酒、精盐、葱姜汁、胡椒粉拌和腌渍20分钟，再用干生粉拍鱼肉。

2.锅置旺火上烧热，倒入豆油，烧至七成热时，投入鳝鱼炸透，使鱼成卷，捞出，待油温升至八成热时，倒入鳝鱼卷复炸至外部脆香时，倒出沥油。

3.原锅上火，放入芝麻油，烧热，投入葱末炸香，倒入鳝卷，撒入椒盐，翻锅装盘即成。这道菜菜形美观，肉质酥脆，香椒味浓。

爆炒鳝片

【原料】鳝鱼600克，菱粉50克，鸡蛋白2个，清汤适量。

【调料】麻油、盐、猪油、菱粉各适量，大蒜、胡椒粉、黄酒各少许。

【制法】1.将鳝鱼平放在砧板上，用竹签沿肚皮划开2片，去背骨、皮、尾，用洁净布揩干（注意不要用水洗，以免影响鲜味），然后切成荷叶片。

2.开旺火热猪油，将鳝鱼片放下去脆，倒出，滤去油。

3.在锅内另加适量猪油烧热，将大蒜头拍碎，倒入锅内炒香，加清汤、黄酒、菱粉、盐，勾好芡，再将鲜片倒入略炒，浇上麻油，撒上胡椒粉即可出锅。

干煸鳝鱼

【原料】鲜活黄鳝500克，芹黄100克。

【调料】素油50克，料酒15克，姜、蒜、麻油、酱油各10克，醋、花椒面各5克，盐3克，郫县豆瓣20克。

【制法】1.选肚黄肉厚的鲜活黄鳝剖腹去骨，斩去头尾，切成约8厘米长、筷子头粗的丝；芹黄切成约4厘米长的节；郫县豆瓣剁细。

2.炒锅置火上，下素油烧至200℃，下鳝鱼丝煸至水分基本挥发后，烹入料酒；移偏火上略焙约3~4分钟，然后移火上提锅煸炒，并下豆瓣煸至油呈红色，下姜、蒜炒匀，加盐、酱油、芹黄稍炒，淋少许醋和麻油和匀，起锅装盘，撒上花椒面即成。这道菜色泽红亮，鲜香味浓，酥软化渣，富有川味特色。

白斩鲤鱼

【原料】活鲤鱼500克，鸡汤50克。

【调料】香油20克，酱油8克，味精3克，料酒7克，五香粉3克，姜17克。

【制法】1.鲤鱼去鳞、鳃、鳍，剖腹去内脏，洗净；姜切丝。

2.炒锅上火，加水烧沸，把鱼放入，煮熟捞出放鱼盘内。

3.炒锅置火上，放入香油烧热，下姜丝略煸，烹料酒，加酱油、味精、五香粉、鸡汤，烧开后浇在鱼上即成。用此法做成的鲤鱼鲜嫩适口，清淡不腻。这道菜含有丰富的蛋白质、脂肪、碳水化合物和钙、磷、铁、锌、核黄素、烟酸等多种营养素。

五柳鱼丝

【原料】鲜活鲤鱼1条（约750克），熟火腿、丝瓜各15克，冬笋、香菌各10克。

【调料】熟猪油150克，料酒、湿淀粉各30克，蛋清豆粉25克，泡红辣椒、精盐、鸡油各10克，大葱5克。

【制法】1.将熟火腿、熟冬笋、香菌、丝瓜（焯熟）、泡红辣椒（去蒂、籽）均切成细丝；将鲜鲤鱼去鳞，去鳃，剖腹去内脏洗净，剞去骨刺后将净肉切成粗丝，放入钵内加精盐、料酒腌渍码味。

2.炒锅置火上，下熟猪油烧热（约80℃），将腌渍入味的鱼丝用蛋清豆粉糊上浆后入锅划散，滗去余油；将鱼丝拨一边，下火腿等丝略炒，烹汁翻颠，淋上少许鸡油起锅装盘即成。这道菜清爽悦目，入口滑嫩。

叉烧鱼

【原料】鲜活鲤鱼1条（约750克），猪肥瘦肉100克，芽菜、生菜各50克。

【调料】猪网油500克，蛋清50克，料酒、豆粉各30克，猪油25克，泡辣椒、香油各15克，酱油、姜、葱各10克，盐5克。

【制法】1.鲤鱼去鳞、鳃，剖腹去内脏，切去头尖、尾梢，揩干水分，在鱼身两面划上梯形块，用拌匀的料酒、酱油、盐、姜、葱等调料腌渍5分钟，取出揩干待用。

2.猪肉、芽菜、泡辣椒（去籽）剁细，下锅用猪油炒成馅，填入鱼腹，用竹签锁住鱼腹。网油洗净晾干，平铺在案板上，先将鱼包裹一层，然后将剩余网油抹上蛋清豆粉，再将鱼包裹3~4层，然后用一小叉从鱼腹部刺入，鱼背穿出，放木炭火上烤制约30分钟。

3.烤时不断翻转，至鱼表面呈金黄色时下叉。从鱼背处划破网油，刷上香油，抽出竹筷和竹签，网油除最内一层不用外，其余切成约6厘米长、3厘米宽的片，镶于鱼侧，生菜切成细丝镶于盘的一角即成。也有不镶生菜而配葱酱、火夹饼上席的。这道菜油皮酥香，鱼鲜味浓，风味独特。

芪烧活鱼

【原料】活鲤鱼1尾（约750克），水发香菇、冬笋片各15克，清汤500克。

【调料】白糖30克，料酒、酱油、葱、蒜、黄芪各10克，党参6克，盐3克，姜15克，味精1克，水豆粉20克，菜油500克，猪油50克。

【制法】1.鲤鱼去鳃、鳞、鳍后，剖腹去内脏，洗净，在鱼身上两面剞十字花刀；水发香菇一切两半；党参、黄芪洗净后，切成2厘米厚的片，姜、葱、蒜洗净，切成蒜片、葱丝，姜做成姜汁备用。炒锅烧热，放入菜油烧至六成热时，下鲤鱼炸至金黄色捞出，沥去油。

2.炒锅置火上，注入猪油，放白糖，炒成枣红色时，加清汤，下入炸好的鲤鱼、党参片、黄芪片，烧沸后移文火煨至熟透入味，将鱼入盘，拣去党参和黄芪。

3.把笋片、香菇片放入汤锅内，调入味精，烧沸后，撇去浮沫，用水豆粉勾芡，淋上猪油，浇在鱼上即成。这道菜鱼肉褐红，肉质鲜嫩，芡汁浓郁，鲜香味醇，并具有益气健脾、利水清肿之功效。

糖醋鲤鱼

【原料】鲤鱼750克，清汤300克。

【调料】花生油1500克，白糖200克，醋120克，湿淀粉100克，酱油、料酒各10克，蒜蓉、精盐各3克，葱、姜各2克。

【制法】1.鲤鱼去鳞、内脏、两腮，于身两侧每2.5厘米直剞后斜剞成翻刀，提起鱼尾使刀口张开，料酒、精盐撒入刀口稍腌；清汤、酱油、料酒、醋、白糖、精盐、湿淀粉兑成芡汁。

2.在刀口处撒上湿淀粉后放

在七成热的油中炸至外皮变硬，以微火浸炸3分钟，再上旺火炸至金黄色，捞出摆盘即可。这道菜是传统山东名菜，源于山东济南黄河码头洛口镇，用黄河鲤鱼，经炸、熘而成。特点是鱼肉外焦里嫩，味酸甜。

鱼腹藏羊肉

【原料】鲜鲤鱼700克，净羊肉200克，香菇50克，冬笋30克，黄瓜20克。

【调料】料酒25克，醋、糖各20克，红辣椒15克，精盐、酱油各10克，猪网油适量。

【制法】1.将洗净鲤鱼整鱼剔骨后加调料稍微腌制；将羊肉、冬笋、香菇等切成米粒状，加调料放入锅中煸炒后填入鱼腹中；将鱼用猪网油裹好后放置于烤炉内烤熟。

2.将红辣椒、黄瓜切成细丝，摆放在烤好的鱼腹上即可出锅。这道菜是山东名菜，相传由春秋时代齐国人易牙所创。在北方，水产以鲤鱼为最鲜，肉以羊肉为最鲜。此菜两鲜并用，互相搭配，取得意想不到的效果。

芹黄鱼丝

【原料】鲜活鲤鱼1条（约750克），上汤30克。

【调料】芹黄200克，泡红辣椒、豆粉各30克，蛋清25克，料酒10克，盐3克，姜、蒜、酱油、醋、香油各10克，白糖20克，味精0.5克，熟猪油150克。

【制法】1.活鲤鱼宰杀，去鳞、鳃、内脏后洗净，擦干水分，对剖剔骨后，将鱼净肉切成长约7厘米、宽厚各0.4厘米的丝，蛋清和干豆粉搅匀，加料酒、盐和匀，与鱼丝拌匀；芹黄切成长约7厘米的节；泡红辣椒去籽后切成丝；姜、蒜切细粒；酱油、白糖、醋、味精、香油、豆粉加好汤兑成芡汁。

2.炒锅置旺火上，下猪油烧热约120℃~150℃，下码好味的鱼丝，随即将锅端离火口，用竹筷将鱼丝拨散，鱼丝变白后，倒去一部分油，锅内留余油约50克，再置火口上，鱼丝推至锅边，将锅稍倾斜，放入姜、蒜粒及泡红辣椒和芹黄煸炒出香味后，与鱼丝炒匀，烹入芡汁，翻炒推匀，起锅装盘即成。

糖醋黄河鲤

【原料】活黄河鲤鱼1条（约1000克）。

【调料】花生油750克（实耗油100克），盐5克，葱20克，姜15克，猪肉汤150克，水淀粉、蒜、绍酒、醋各25克，酱油10克，白糖50克。

【制法】1.将活鲤鱼宰杀，洗净，在鱼身两侧各剞八刀深至骨，放入盘内，加精盐、绍酒、葱、姜略腌；锅置旺火烧热，放花生油烧至七成热时，将水淀粉调成水粉糊，放入鱼拖满糊，下油锅中炸至金黄色时捞出，将鱼捏松，再放入八成热的油中炸至深黄色、鱼外表酥脆时捞出，装入长腰盘中。

2.在炸鱼的同时，另取锅置旺火上烧热，放入适量花生油，投入葱末、姜末、蒜末炸香，再加入酱油、白糖、猪肉汤烧沸，勾芡，烹入香醋，起锅浇在鱼身上即成。这道菜外酥里嫩，卤汁甜酸适口。

彭城鱼丸

【原料】活鲤鱼1条（约1000克），水发粉丝100克，猪肥膘50克，熟菜心、鸡蛋清各25克，熟火腿片15克，水发冬菇片50克，鸡清汤500克。

【调料】绍酒、淀粉各25克，葱末、芝麻油各15克，姜末10克，盐3.5克，味精2克。

【制法】1.将鲤鱼洗净，斩下头尾，取净鱼肉，洗净后同猪肥膘一起斩成茸，放入钵内，加绍酒、葱、姜、鸡蛋清、鸡清汤、精盐搅拌上劲后，加入斩碎的粉丝和干淀粉，调成糊状；将鱼头尾洗净，下水锅焯水后加精盐、绍酒、葱、姜上笼蒸熟。

2.将锅置火上，放入冷水，将鱼糊挤成大桂圆形状的丸子放入水锅中，待水沸时，鱼丸即熟，捞出。

3.锅置火上放熟猪油，放入葱、姜炸黄出香时捞出，加入鸡清汤，倒入鱼丸、菜心、火腿片、冬菇片，加入绍酒、精盐、味精，烧沸后勾芡，淋入芝麻油，装入长腰盘中，将蒸熟的鱼头尾饰在盘子两头即成。这道菜鱼丸清淡洁白，滑嫩爽口，尤宜老人食用。

龙肝凤脑

【原料】高汤250克，鲤鱼肝200克，鸡脑150克，菜心50

克，熟火腿15克。

【调料】绍酒20克，葱、水淀粉各15克，姜、熟鸡油各10克，精盐2克，胡椒粉1克，味精1.5克。

【制法】1.将鱼肝洗净放入水锅中，加葱、姜、绍酒出水，取出漂入清水中；将鸡头煮熟劈开，取出鸡脑；将火腿切成柳叶片；菜心洗净，削成橄榄形。

2.锅置火上烧热，放油滑锅，加入高汤、鱼肝、鸡脑、火腿，用旺火烧沸后移小火略炆。

3.另取锅上火放油烧热，下菜心划油至翠绿色时，倒出沥油，将菜心放入鱼肝锅中，并移至旺火加入精盐、味精推匀，用水淀粉勾芡，淋入熟鸡油，撒上胡椒粉。这道菜汤汁鲜香，别具风味。

椒盐塘鱼片

【原料】净塘鲤鱼450克，鸡蛋清25克，粳米粉10克。

【调料】熟猪油500克，绍酒20克，白胡椒粉1克，味精1.5克，盐2.5克，干淀粉15克，花椒盐（用花椒粉、盐炒成）、葱各10克。

【制法】1.塘鲤鱼片洗净，沥干，放入碗内，加绍酒、白胡椒粉、葱花、味精、精盐拌至起黏性后，加入鸡蛋清拌和，再加干淀粉拌匀。将鸡蛋清打成泡沫状，加入干淀粉、粳米粉搅成发蛋糊。

2.锅置旺火上烧热，舀入熟猪油烧至四成热时，将塘鱼片挂满发蛋糊后放入油锅中，轻轻翻动，待鱼片外层结软衣时，倒入漏勺中。

3.全部炸好后，再放入四成热的油锅中复炸一分钟，捞出沥油，装盘撒上花椒盐即成。这道菜洁白光亮松软，塘鱼片鲜嫩味美。

莼菜汆塘鱼片

【原料】猪肉汤250克，塘鲤鱼200克，莼菜150克，熟火腿15克。

【调料】绍酒15克，盐1.5克，葱末10克，味精1.2克，熟鸡油15克。

【制法】1.将塘鲤鱼洗净，取下两侧鱼肉，铲去鱼皮，斜片去胸刺成净鱼片，洗净沥去水放入碗内，加绍酒、精盐、葱末拌匀。

2.取莼菜嫩头洗净，放入沸水锅中汆至翠绿色，捞出，放入碗中；锅置火上，舀入猪肉汤和清水，再倒入鱼片，加精盐烧沸，撇去浮沫，再加绍酒、火腿丝、味精，倒入莼菜碗中，淋入熟鸡油即成。

泡菜鱼

【原料】鲜活鲫鱼3条，泡青菜50克，鲜汤150克。

【调料】泡辣椒、葱末、淀粉各15克，菜油5克，醒糟汁、料酒、酱油、姜、蒜蓉、香油各10克。

【制法】1.将鲫鱼剖开，洗净，鱼身两面各立划四刀；泡青菜挤干盐水，切成长2厘米的短节细丝；泡辣椒剁细；葱洗净，切成葱花。

2.烧热锅，下油至八成熟，将鱼身抹上料酒，入锅内炸2分钟，炸时翻面，至鱼身出现裂纹时，将油滗去滤干。

3.锅内留适量油，放入泡辣椒、姜、蒜蓉、葱末（一部分）、醒糟汁等炒出香味。

4.再依次放入料酒、酱油、红酱油、上汤等，将汤汁搅匀淹至鱼身，改用中火烧至汤汁滚后，放泡青菜丝翻面，烧约10分钟，待鱼入味后装碟。

5.再放醋、葱花于锅内搅匀，随即下生粉水勾芡，淋于鱼身上面。这道菜鲫鱼细嫩，咸鲜适口，略带酸辣，含有丰富的优质蛋白质、脂肪、碳水化合物、钙、磷和维生素A等营养素。

豆腐鲫鱼

【原料】鲜活鲫鱼3条（每条约150克），豆腐300克，芹菜心50克，鲜汤200克。

【调料】素油250克，郫县豆瓣20克，淀粉15克，葱、姜、蒜、醒糟汁各10克，辣椒油、盐各5克，味精0.5克。

【制法】1.鲜活鲫鱼去净鳞、鳃、内脏，在鱼身两面用刀各划3刀，抹盐码起。豆腐切成4.5厘米见方、厚1厘米的块，先入沸水中氽一下捞起，再用鲜汤加少许盐煸在小火上备用；芹菜心切细花，豆瓣剁细，葱、姜、蒜均切细；炒锅置火上，加素油烧热，下鲫鱼煎至两面呈浅黄色时捞起。

2.锅内余油约75克，下豆瓣煸呈红色，出香味时，下汤稍熬，去净渣子，下鱼，并加味精、醒糟汁和匀，将煸好的豆腐放入同烧至鱼熟，把鱼先拣入盘内，锅内勾芡收汁，放入葱、姜、蒜粒和辣椒油，起锅倒在鱼上，撒上芹菜花即成。这道菜色泽红亮，豆腐嫩而不烂，味浓鲜香微甜。

凉粉鲫鱼

【原料】鲜活鲫鱼1条（约750克），白凉粉250克。

【调料】猪网油200克，料酒、红油各15克，豆豉、芽菜末各10克，蒜泥、盐、葱花、花椒油各5克。

【制法】1.活鲫鱼拍昏后，去鳞、鳃、内脏，洗净，在鱼身两侧各划几刀，抹上料酒、盐，用猪网油包好，放入蒸碗，上笼蒸约15分钟至熟。

2.凉粉切成约1.5厘米见方的小块，入清水锅煮开，捞起滤干，加上由红油、豆豉、蒜泥、芽菜末、葱花、花椒油等配好的调料和匀。

3.将蒸好的鱼取出，去掉网油。拈鱼入盘，倒上和好的凉粉即成。这道菜色红亮，味麻辣，香味浓，鱼细嫩，造型质朴。

豆瓣鲫鱼

【原料】鲜活鲫鱼3条（每条约150克），鲜汤150克。

【调料】郫县豆瓣20克，料酒、姜、葱、蒜、白糖、醋各10克，素油500克，淀粉15克，盐、酱油各5克。

【制法】1.将鲫鱼去鳞、鳃、内脏洗净后，在鱼身两侧各剞两刀，抹上料酒、盐腌渍；郫县豆瓣剁细；姜、蒜切丝；葱切细花。

2.炒锅置旺火上，下油烧热，放入鲫鱼稍炸即捞起；锅内留油约75克，下郫县豆瓣、姜、蒜煸出香味并呈红色时，放入鲫鱼、鱼汤、酱油、盐、白糖，移小火烧至鱼熟入味时，将鱼捞出摆于盘中，用旺火收汁、勾芡，烹入醋推转，撒上葱花起锅即成。这道菜色泽红亮，咸鲜微辣，略带甜酸。

干煸鱿鱼丝

【原料】干鱿鱼1张（约150克），绿豆芽、猪肉各50克。

【调料】酱油、香油各10克，料酒15克，素油25克，盐2克，猪油20克。

【制法】1.干鱿鱼撕去头、须、骨，用火烤软后，横切成细丝，用温水淘洗净，控干水分；绿豆芽选体长者掐去头尾；猪肉切成二指粗丝。

2.炒锅内下猪油烧热，下肉丝煸干血水，炒散，加酱油、料酒适量推转，盛起。

3.锅洗净，置火上，下素油烧热，放入鱿鱼丝煸炒，散软卷曲后，烹料酒并放入煸好的肉丝、绿豆芽炒匀，烹汁加味，迅速炒匀，加适量香油，起锅入盘即成。这道菜绿白相间，干香鲜脆，佐酒最宜。

荔枝鱿鱼卷

【原料】干鱿鱼1张（约150克），嫩黄瓜100克。

【调料】葱白、猪油各30克，泡辣椒25克，荔枝味芡汁20克，香油15克。

【制法】1.将干鱿鱼水浸发软，洗净，去两头尖，顺割成三条，再用正反刀剞成花纹，然后切成三角形块；葱白切成橄榄形；嫩黄瓜去籽瓤，切成小鸟翅形；泡辣椒去籽，切成斜刀块。

2.炒锅内热油，下鱿鱼片，待鱿鱼卷缩成形时，下葱白、黄瓜、辣椒炒匀，烹入荔枝味芡汁，迅速翻炒均匀后，加入香油，炒匀起锅装盘即成。这道菜色泽金红，形如荔枝，柔软带韧，酸甜味醇。

玻璃鱿鱼

【原料】清汤适量，干鱿鱼1张（约150克），菠菜心50克。

【调料】胡椒粉1克，盐2克，味精0.5克，料酒10克。

【制法】1.鱿鱼用温水泡1小时，淘洗净，去掉头须、蒙皮，用快刀片成长约9厘米、宽约3.5厘米完整、均匀的薄片，放入碗内用温水淘洗一次，沥干水加白碱拌匀，加开水盖严，焖至水不烫手时，将水滗去，再加开水盖焖，如此反复至鱿鱼色白、透明、体软，再用清水漂起待用。

2.菠菜心洗净，入沸水锅中汆熟，捞起放汤碗中；锅内烧清汤，沸后放入鱿鱼片，煨两次后，捞出盖在菠菜心上。锅内另用清汤烧沸，加胡椒粉、盐、味精、料酒吃味后，灌入汤碗内即成。

这道菜汤色清澈，鱿鱼色白透明如同玻璃，配以碧绿菜心，色清爽，入口滑嫩，汤味清鲜。

烧腩鱿鱼

【原料】水发鱿鱼400克，烧腩100克，水发冬菇4个，生菜300克。

【调料】蒜肉6瓣，姜数片，葱2棵（切丝），黄酒、麻油、生粉、胡椒粉、盐各适量。

【制法】1.冬菇洗净，烧腩切块；蒜肉用将滚之油炸黄捞起；将水发鱿鱼剥净皮膜，切去头尾皮朝下平铺砧板上，剞荔枝花后切成长方形的块待用；生菜洗净，切短段，放在砂锅内。

2.下麻油1汤匙，爆香姜、蒜，下冬菇、黄酒半汤匙，加入盐、胡椒粉适量，煮滚，勾芡，下烧腩、鱿鱼块炒匀，倒入已放有生菜的砂锅内，加盖大火煮滚，下葱加麻油2汤匙即可出锅。

香滑鲈鱼球

【原料】净鲈鱼肉去皮500克，上汤100克。

【调料】白糖1.5克，绍酒10克，湿淀粉7.5克，芝麻油0.5克，熟猪油1000克（约耗100克）。

【制法】1.将鲈鱼肉顺着直纹切成块，每块长6厘米、宽3厘米、厚0.6厘米，用精盐1克拌匀。

2.旺火烧热炒锅，下花生油涮锅后倒回油盆；再下熟猪油烧至五成热，放入鲈鱼肉，过油约30秒钟至八成熟，连油一起倒入笊篱沥干；将炒锅放回炉上，下姜、葱，烹绍酒，加上汤、味精、白糖和精盐，再放入鲈鱼球，用湿淀粉调稀勾芡，最后淋芝麻油和熟猪油（25克）炒匀便成。这道菜滑嫩，味道鲜美。

芫爆鱿鱼卷

【原料】水发鱿鱼400克，香菜梗150克。

【调料】清油1000克（实耗约100克），料酒30克，醋20克，香油10克，味精5克，盐、葱丝、姜丝、蒜片各2克。

【制法】1.将鱿鱼片用开水焯起卷；将鱿鱼去头、去内膜和明刺，剞麦穗花刀，切菱形片；将香菜切断。

2.锅上火放油，烧至六七成热，投入鱿鱼卷稍划油后捞出，控油；锅留底油，放葱、姜、蒜爆香，放入鱿鱼卷、香菜，加料酒、醋、盐、味精略炒；出锅前淋香油即可。这道菜咸鲜微酸，脆嫩利口。

砂锅鱿鱼

【原料】鸡汤、干鱿鱼、熟鸡皮、冬菇、荸荠、火腿、猪蹄各适量。

【调料】精盐、料酒、姜、葱、胡椒面各适量。

【制法】1.盆内放清水2000

克、生石灰50克，加干鱿鱼浸泡12小时，其间搅和2次，使鱿鱼涨发均匀捞出，用清水冲洗干净；将发制好的鱿鱼切成4厘米长、1厘米宽的粗丝，鸡皮、荸荠、冬菇、火腿均切细丝；葱、姜洗净拍松。

2.把铁钎烧红烫掉猪脚尖缝的毛，然后放在温水中泡至半小时刮去烫糊的皮和毛洗净；砂锅中放上汤1000克，加葱、姜、料酒、猪蹄放火上烧开撇去浮沫，移至微火上炖约90分钟成浓汤；锅内放鸡汤250克，将鱿鱼丝汆烫一遍。

3.从砂锅内取出猪蹄，加鸡汤、鱿鱼丝及各种配料再炖半小时，以汤白色浓为佳，加盐和胡椒面调味即成。这道菜色泽鲜艳，汤味香浓，保热时间长，宜冬季食用。

干蒸黄鱼

【原料】黄鱼2条（约1000克），肉丝100克。

【调料】酱油、胡椒粉、料酒、味精、泡辣椒丝、葱丝、姜丝、香菇丝、冬笋丝、榨菜丝各25克。

【制法】1.黄鱼洗净，两侧剞一字花刀，用料酒、盐、葱、姜、胡椒粉腌半小时。

2.起锅下油，煸炒肉丝，下泡辣椒丝、葱丝、姜丝煸炒，再放入香菇丝、冬笋丝、榨菜丝，加酱油、胡椒粉、料酒、味精炒匀，出锅后浇在鱼上。

3.上笼蒸熟，取出后在表面撒葱丝，浇些热油即成。

锅塌银鱼

【原料】银鱼、鸡蛋各250克，鸡汤50克。

【调料】植物油120克，葱末15克，香油、料酒、姜末各10克，米醋、味精各5克，盐3克。

【制法】1.把银鱼洗净，晾干备用，把鸡蛋打入碗内搅匀，加入葱末、姜末、料酒、味精、盐和银鱼拌匀。

2.平锅上火，把裹上鸡蛋液的银鱼放入烧至八成熟的植物油中煎，使两面黄后，移入炒勺加热鸡汤，用微火煨到汤浓干时，淋入米醋、香油即可出锅。这道菜色金黄，味鲜美。

网油鱼包

【原料】鳜鱼1500克，冬笋250克，冬菇25克，韭菜50克，猪肥膘肉150克，鸡蛋2个，生菜叶适量。

【调料】植物油800克（实耗约100克），葱、姜、湿淀粉各75克，网油500克，盐7克，料酒20克，味精5克，胡椒粉、玉米粉、椒盐各适量。

【制法】1.鱼去掉皮、骨、刺，切成粗丝（长5厘米、宽2厘米）；冬菇水发透去腿，洗净，切丝；冬笋去壳和内皮煮熟，切成丝；韭菜留白的部分切断；肥膘肉切丝；生菜叶洗净消毒；葱、姜切片；网油洗净控去水；湿淀粉用蛋清调成稀糊。

2.将鱼丝、冬笋、冬菇、肥膘肉、韭菜用料酒、葱、姜、味精、胡椒粉、盐拌匀。

3.把网油改切成8厘米见方的块，铺平抹上蛋糊，把拌好的鱼丝包成方形，用刀尖扎小眼，滚上玉米粉下入烧开的油锅内炸至皮黄内熟捞出，围上生菜叶即成。这道菜外焦里嫩，香脆适口。

脆皮鳜鱼

【原料】鳜鱼1条，干菱粉75克，番茄沙司60克。

【调料】猪油、湿菱粉20克，味精、黄酒、精盐、葱花、姜各适量，白糖、香醋、胡椒粉各少许。

【制法】1.将鳜鱼去鳞、内脏，洗清，脊背两面开月牙形花刀，在鱼身抹上胡椒粉、盐、酒、湿菱粉，再抹干菱粉，锅置火上，热油，放入鳜鱼炸，约十多分钟可透，起锅。

2.另将葱、姜、番茄沙司、糖、醋、味精、油、盐入滚油锅炒好，装在小碗内，跟鱼同上桌。这道菜色黄中带红，四季皆宜。

清蒸甲鱼

【原料】甲鱼750克，鸡翅30克，清汤500克。

【调料】葱、姜各15克，精盐5克，味精2克，胡椒粉1克。

【制法】1.甲鱼去膛洗净，连同鸡翅一起在开水中汆一下，捞出。放入碗内，再放入精盐、味精、胡椒粉、葱、姜、适量清汤上锅蒸烂。

2.蒸烂后，拣出葱、姜、鸡翅不要，然后即可食用。这道菜营养丰富，有较高的食疗养生价值。

鲜菇鱼片

【原料】鲜菇500克，生鱼肉350克，鸡蛋清1个，清汤50

毫升。

【调料】精盐、淀粉、生抽、姜末各3茶匙，葱5段，味精1.5茶匙，胡椒粉、香油各1茶匙，花生油2汤匙，料酒2茶匙。

【制法】1.姜切末；鲜菇切片焯水；鱼肉切连刀片。

2.锅放花生油，下葱、姜炝锅，放鲜菇、精盐、生抽、味精，煸透出锅，取一个碗放清汤、味精、精盐、生抽、胡椒粉、香油、淀粉兑成汁备用。

3.将鱼片用蛋清、淀粉抓匀，下入热油锅中滑透，倒入漏勺。

4.锅留底油，下鲜菇、鱼片、料酒，倒进已调好的汁，翻匀出锅。这道菜鲜香滑嫩。

熬黄花鱼

【原料】活黄花鱼1000克，猪肥瘦肉、青蒜、青菜各100克。

【调料】花生油250克，绍酒20克，大葱、醋各15克，鲜姜片、酱油、芝麻油各10克，精盐7.5克。

【制法】1.将黄花鱼刮去鳞，掏净内脏及鳃，洗净；在鱼身两面剞上斜直刀，用精盐腌渍；猪肥瘦肉切丝、青菜切段；炒锅内加花生油中火烧至六成热下葱段。

2.姜片煸炒几下，倒入肉丝煸至断血，放入绍酒、醋，加入酱油、清汤、精盐烧至沸，将鱼入锅内小火熬炖20分钟，撒上青菜、青蒜，淋上芝麻油盛汤盘内即成。这道菜烂而不糜，汤汁醇厚。

红烧下巴

【原料】草鱼下巴6片。

【调料】食油、酒、酱油、醋、糖、胡椒粉、香油、湿淀粉适量，清水2杯，葱2棵，大蒜苗1棵。

【制法】1.葱切末；下巴洗净；大蒜苗切片。

2.炒锅烧热，油爆香葱、蒜，加酒、酱油、醋、糖、胡椒粉、清水两杯煮8分钟，再勾芡，淋上香油，上桌前放大蒜苗即成。

上料鱼圆

【原料】草鱼肉去皮骨500克，肥猪肉400克，豆粉125克或蕉芋粉150克，鸡蛋2个。

【调料】麻油、精盐、味精、葱花各适量。

【制法】1.将鱼肉、肥猪肉分别剁成肉茸，加入豆粉、蛋清、盐等拌匀，再加清水1000克，搅和成糊状并打成水状肉浆，舀入蒸锅内，用旺火蒸40分钟，熟后取出备用。

2.食时将鱼圆切成长7厘米、宽4厘米、厚1厘米的块条，用盘盛装成塔形，淋上麻油，撒上葱花或香菜上席。此菜食时只宜蒸热，不宜汤煮。这道菜色泽洁白，晶莹如玉，爽口不腻。

豆豉鱼

【原料】鲜鱼肉450克，鲜汤50克。

【调料】素油500克，潼川豆豉50克，葱、蒜各15克，料酒、酱油、香油、姜各10克，盐5克，胡椒2克。

【制法】1.豆豉剁细粒；葱切成长约3厘米的节；蒜切成圆片；鲜鱼肉洗净，切成长5厘米、宽1.5厘米的条形，用姜片、葱节、盐、料酒、胡椒粉拌匀腌渍码味。

2.锅置火上，下素油烧至约200℃，放入鱼条，炸至呈金黄色时捞起，倒去锅内油，另放少量干净素油烧热，下豆豉炒干水分，下葱节、蒜片稍炒，倒入鱼条，加料酒、盐、酱油、鲜汤、胡椒粉炒匀略烧，改用小火收至汁浓将干时，加入香油，起锅装盘晾凉。食用时，将鱼条摆在盘内，去掉葱、蒜，原汁淋在鱼上即成。这道菜鲜香酥软，豆豉味浓，风味别致。

葱辣鱼

【原料】鲜鱼肉400克，鲜汤50克。

【调料】素油500克，葱段50克，料酒20克，姜片、泡辣椒、白糖各15克，酱油10克，香油、辣椒油、醋、盐各5克，胡椒粉2克。

【制法】1.鲜鱼肉洗净，切成长约6厘米、宽约2厘米的条形，用盐、料酒、姜、葱、胡椒粉拌匀，腌渍码味后，去尽汁水和姜、葱。

2.锅置旺火上，下素油烧热至200℃左右，下鱼条炸至呈黄色时捞起；倒去锅内油，另放素油入锅烧热，下葱段煸炒出香味，再下姜片、辣椒节稍煸，加入鲜汤、盐、酱油、料酒和少许白糖、醋，待沸后下鱼条，用中火烧至汁浓将干时，加入香油、辣椒油，起锅入盘晾凉。

3.食用时以葱垫盘底，放鱼

条，去掉姜片和辣椒节，原汁淋于鱼条上即成。这道菜色润黄亮，质地软酥，咸鲜味美，葱香微辣。

黄焖鲇鱼头

【原料】鸡汤750克，鲇鱼头1个，鸡爪、鸭掌、猪肥膘肉各50克，白菌25克，金钩10克。

【调料】猪油150克，大蒜25克，冰糖20克，料酒、红酱油、葱、姜、酱油各10克。

【制法】1.猪肥膘肉切成约3厘米长、1厘米粗的条；鲇鱼头去鳃和牙板骨，洗净，对准鱼口从鱼顶骨处砍开（不要砍断）；鸡爪、鸭掌洗净，去掉粗皮；白菌洗净，发透（稍大的可剖成两半）。

2.炒锅置旺火上，下猪油烧至约200℃，放入鱼头稍炸，并烹入料酒，至鱼头略呈黄色时捞出；滗去一部分油（锅内留油约75克），将猪肉、鸡爪、鸭掌同料酒、葱姜放入稍煸，加入鸡汤，烧沸去尽浮沫。

3.烧锅底垫上篾箅，再垫上鸡爪、鸭掌，然后将鱼头、猪肉及汤汁全部倒入，加酱油、红酱油、金钩、白菌等，置小火上慢烧约30分钟至熟，待汤汁约剩1/3时，去掉葱姜、猪肉、鸡爪、鸭掌等，然后加入冰糖和蒸好的大蒜，烧至冰糖熔化，汤汁浓稠起锅，盛于大盘内即成。这道菜肉质细嫩，汁稠色亮。

软烧仔鲇

【原料】鲜汤150克，鲜活仔鲇4尾（每尾约150克）。

【调料】菜籽油100克，独蒜50克，白糖20克，水豆粉15克，姜末、郫县豆瓣、酱油、葱花、醋、料酒、辣椒油各10克，盐3克，味精0.5克。

【制法】1.将仔鲇鱼剖腹去内脏洗净，抹上少许盐；豆瓣剁细；炒锅置中火上，下菜籽油烧至约150℃时，将独蒜投入油中炸至皱皮，再下郫县豆瓣烧至红色，放姜末、精盐、酱油、料酒、鲜汤和鲇鱼，移至微火上慢烧，至蒜烂鱼熟入味，将鱼拣入盘中。

2.锅移旺火上，加白糖、味精，用水豆粉勾芡收汁，起锅加醋、葱花、辣椒油推匀，淋于鱼上即成。这道菜色泽红亮，鱼肉鲜嫩，鱼香浓郁。

大蒜鲇鱼

【原料】鲜活鲇鱼1条（约750克），上汤200克。

【调料】大蒜50克，香菜心、泡红辣椒、料酒各15克，郫县豆瓣、姜、酱油、醋、醒糟汁各10克，盐5克，白糖20克，水豆粉30克，素油500克。

【制法】1.鲜活鲇鱼从腹部开口，去掉内脏，用净布擦净血水，剁去嘴尖、尾梢，背部剁成连接段；选大小一致大蒜，修齐，洗净装碗中，加盐适量，加料酒，上汤少量，上笼蒸10分钟取出晾凉；泡红辣椒去籽；葱分别切成节；姜切成小方片；郫县豆瓣剁细；香菜心洗净，掐成短节，沥干。

2.炒锅置旺火上，下素油烧热，下鲇鱼稍炸，捞起，锅内留少量油，下豆瓣煸至红色时，加入上汤，沸后捞去豆瓣渣，下鲇鱼、盐、酱油、白糖、醒糟汁、料酒、醋、泡红辣椒、葱、姜，沸后移至小火，加盖烧至鱼熟入味，放入蒸好的大蒜，烧至汁浓时，将鱼铲入盘中摆好；锅中下水豆粉勾芡成浓汁，烹入适量醋，起锅淋于鱼上；香菜心摆在盘中一端即成。这道菜色泽红亮，鱼肉细嫩，大蒜香糯。

茄汁鱼卷

【原料】鲜鱼肉400克，猪肥瘦肉、慈姑、冬菇、鲜汤各50克。

【调料】菜油500克，豆粉、料酒各30克，蛋清25克，姜、葱、蒜、白糖各10克，醋、盐各5克，胡椒粉适量，番茄酱50克。

【制法】1.猪肉、慈姑、冬菇分别剁成细粒入碗，加盐、胡椒粉、料酒、蛋清、豆粉和匀成馅；鱼肉洗净，揩干水分，横切成连刀片，加盐、料酒、胡椒粉、姜、蒜腌渍码味。

2.将码好味的鱼片铺于案上，裹上适量的馅，卷成大小一致的卷，然后抹上一层蛋清糊，并逐一放入干豆粉内蘸满细干豆粉。

3.炒锅置火上，下菜油烧热，先用温油炸至定型捞出，待油温升高，再放入鱼卷炸呈金黄色捞起，沥干油后倒出锅中余油，另放净菜油烧热，下番茄酱炒至油呈红色时，下葱、蒜炒出香味，加鲜汤、盐、胡椒粉、料酒、白糖和少许醋调味，待出香味，打去料渣，用水豆粉勾成浓汁，下鱼卷翻炒匀，起锅即成。

这道菜皮酥质嫩，甜酸味美。

椰盅海皇

【原料】鲜椰子1个，鲜海虾、生鱼肉、鲜鱿鱼、鲜带子各100克，甘笋50克，洋葱75克。

【调料】盐、味精各适量。

【制法】1.海虾肉、生鱼肉、鲜鱿鱼、鲜带子、洋葱、甘笋均切片，将以上各料焯水；椰子从1/4处锯开洗净。

2.锅中放上汤，把各种料倒入锅中，加盐、味精、椰汁、鲜奶、水淀粉勾芡，倒在椰盅里，然后放炉里焖15分钟即可。

白汁鱼

【原料】高汤250克，鱼1尾（约750克），春笋35克。

【调料】熟猪油75克，绍酒20克，酒酿15克，葱10克，姜7.5克，盐、白胡椒粉各2克。

【制法】1.将鱼段切成块，放入沸水锅中，加酒、精盐烧沸，捞出洗净。

2.锅置旺火上烧热，舀入熟猪油，烧至六成热时，投入葱白、姜片炸香，放入鱼块，加入绍酒、酒酿，盖上锅盖稍焖，加入精盐、春笋块和高汤，待锅烧沸后移至小火，焖烧15分钟，再移大火收汤，使汤汁浓稠，淋入熟猪油，起锅装入盘中，撒上白胡椒粉即成。这道菜肉厚无刺，肥嫩不腻，汤汁似乳，稠浓黏口，微溢酒香。

醋熘鳜鱼

【原料】鲜活鳜鱼750克，韭黄段70克。

【调料】熟花生油750克（实耗油100克），白糖50克，葱、酱油、绍酒、米醋各25克，姜片20克，水淀粉15克，芝麻油5克。

【制法】1.将鳜鱼洗净，在鱼身两面剞上牡丹花刀，用线扎紧鱼嘴，用刀将鱼头、鱼身拍松。

2.炒锅上火、舀入花生油烧至五成热时，将鱼在水淀粉中均匀地涂抹一层糊，一手提鱼尾，一手抓住鱼头，轻轻地将其放入油锅中，待炸至淡黄色时捞起，解去鱼嘴上的扎线，略凉后再将鱼放入七成热的油锅中炸至金黄色时捞出，稍凉后再放入八成热的油锅中炸至焦黄色，鱼身浮在油面时，捞出装盘，用洗净的布将鱼揿松。

3.在第二次重油炸鱼时，另取锅上火，放油烧热，下葱、姜末煸香，加酱油、绍酒、白糖和清水烧沸，用水淀粉勾芡，再淋入芝麻油、醋、熟花生油，投入韭黄段，即成糖醋卤汁。

4.在制卤同时，再取一炒锅上火，烧至锅底灼热时，舀入熟花生油，及时将另一锅的卤汁倒入，将鱼和卤汁快速端至席面，趁热将卤汁浇至鱼身上，便发出“吱吱”响声，再用筷子将鱼拆松，使卤汁充分地渗透到鱼肉内即成。这道菜鱼味香而酥脆，卤汁甜酸适口。

红松鳜鱼

【原料】鲜活鳜鱼1条（约750克），猪腿肉、鸡汤各50克，鸡蛋清25克。

【调料】香菜叶5克，绍酒、水淀粉各25克，精盐2克，味精、番茄酱各1.5克，白糖10克，干淀粉15克，花生油750克（实耗油100克）。

【制法】1.鳜鱼洗净，切下鱼头，然后用刀沿脊骨两侧剖至鱼尾斩去脊骨，剔去胸刺，再在鱼肉面直剞石榴米花刀；将蛋清放碗中，加绍酒、精盐、味精、干淀粉，调成蛋清糊；将猪腿肉斩成米粒大小的肉末。

2.炒锅置火上烧热，放油烧至五成热时，将鱼肉抹匀蛋清糊，鱼皮朝里翻卷，放在漏勺内入油锅，至鱼断生取出，平放在盘中；锅仍置火上，舀入鸡汤，加绍酒、精盐、味精烧沸，用水淀粉勾芡，淋油起锅烧在鱼肉上。

3.再将锅置中火烧热，放油，投入肉末炒散，加绍酒、番茄酱略煸，加入鸡清汤、精盐、白糖，烧沸后勾芡，起锅围放在鱼肉四周，缀以香菜叶即成。

五丁鱼圆

【原料】鲜鱼肉、鸡清汤各500克，熟火腿15克，水发冬菇、黄蛋糕各15克，鲜笋、鸡蛋清各25克，熟青豆10克。

【调料】盐2.5克，味精2克，熟猪油30克，绍酒20克，葱10克，姜7.5克，淀粉25克，熟鸡油15克。

【制法】1.将火腿肉、冬菇、笋、蛋糕各留适量切成片，其余切成细丁，加入去皮青豆、精盐、味精，同熟猪油进行搅拌，然后做成若干个直径约3厘米的丸子。

2.将鱼肉用刀拍松，去除鱼刺，切成块状，用清水漂净，沥干后放在猪皮上面，斩成茸状，将鱼肉放入容器内，加入鸡蛋清、绍酒、葱姜汁、水淀粉，随即顺着一个方向搅拌，边搅边加清水，同时加入精盐搅至上劲。

3.用左手抓鱼茸，使鱼茸从大拇指和食指中间挤出，随即掐入一只五丁小丸，将鱼茸回入手中，再用拇指在上部刮一下，挤出圆子，用右手勾入冷水锅中，做好后，用小火加热，至鱼圆呈白玉色时，捞入汤碗内。

4.将鸡清汤放入锅内烧沸，放入火腿片、笋片、冬菇片和蛋糕片，加入精盐、味精烧沸，舀入盛鱼圆汤碗内，淋熟鸡油即成。这道菜色白如玉，味美爽口。

香炸银鱼

【原料】银鱼350克，面包屑55克，鸡蛋25克。

【调料】花生油750克（实耗油100克），绍酒25克，干淀粉20克，葱姜汁15克，葱10克，麻油5克，精盐2克，胡椒粉1.5克。

【制法】1.将银鱼去头，抽去肠，用清水漂洗干净，沥干，加精盐、绍酒、胡椒粉、葱姜汁略腌后，放入鸡蛋、干淀粉拌匀，再滚上一层面包屑。

2.锅置旺火烧热，放花生油烧至六成热时，将银鱼徐徐下锅炸至金黄色时捞出沥油；原锅仍上火放麻油，投葱末略炸，倒入银鱼翻锅装盘即成。这道菜色泽金黄，外脆里嫩，香味诱人。

鸡火鱼鲞

【原料】狼山鸡750克，火腿、黄鱼鲞各200克。

【调料】花生油1000克（实耗100克），酱油30克，葱、姜各25克，白糖20克，盐10克，绍酒适量。

【制法】1.将狼山鸡斩成5厘米见方的块；黄鱼鲞用水泡软洗净，切成块，加绍酒、葱姜浸渍后洗净。

2.火腿切成长方块放入碗中，加绍酒上笼蒸熟。

3.锅置火上，放入花生油，烧至七成热时，将鸡块用酱油拌和，投入油锅中炸至微黄色，捞出沥油。

4.锅再置火上，投入鸡块，加入绍酒、精盐、白糖、酱油、葱、姜，舀入适量清水烧沸，移小火焖至鸡块六成熟时，再投入黄鱼鲞、火腿，用小火焖30分钟即成。这道菜鸡肉腴鲜，火腿醇厚，鱼干香鲜，汤汁浓郁，营养丰富，老少皆宜。

红烧武昌鱼

【原料】武昌鱼1条（约1000克），清水适量。

【调料】姜、葱、干红辣椒、料酒、酱油、盐、味精、白糖、湿淀粉各适量。

【制法】1.将鱼去鳞、鳃、内脏，洗净；姜切末；葱切段。

2.锅置旺火上，下油烧热，把鱼下锅两面煎黄。

3.加入料酒、姜末、酱油、精盐、葱段、几个干红辣椒、清水，一起用大火烹。

4.烧开后转中火烹10分钟，汤汁收得差不多的时候，再转大火上继续烧3分钟，然后下味精、白糖，用湿淀粉勾芡即可上桌。武昌鱼细嫩，咸鲜适口，略带酸辣，是家庭饭桌上的常用菜之一。

东坡墨鱼

【原料】鲜墨斗鱼1条（重约750克），肉汤适量。

【调料】麻油、香油豆瓣、湿淀粉、熟猪油各50克，葱花、料酒各15克，葱白1根，姜末和蒜末各10克，醋40克，干淀粉7克，精盐1.5克，酱油25克，熟菜油1500克（约耗150克），白糖适量。

【制法】1.墨斗鱼洗净，顺剖为两片，头相连，两边各留尾巴一半，剔去脊骨，在鱼身的两面直刀下、平刀进剞六七刀，纹以深入鱼肉2/3为度，然后用精盐、绍酒抹遍全身。

2.将葱白先切成7厘米长的段，再切成丝，漂入清水中；香油豆瓣切细。

3.炒锅上火，下熟菜油烧至八成热，将鱼全身粘满干淀粉，提起鱼尾，用炒勺舀油淋于刀口处，待刀口翻起定型后，将鱼腹贴锅放入油里，炸至呈金黄色时，捞出装盘。

4.炒锅留油50克，加猪油50克，下葱、姜、蒜、香油豆瓣炒熟后，下肉汤、白糖、酱油，用湿淀粉勾薄芡，撒上葱花，烹醋，放麻油，快速起锅，将卤汁淋在鱼上，撒上葱丝即成。注意鱼必须里外洗净，去除鱼内血筋，成菜后便无腥味；油炸时火要旺，但不能过大，至色呈金黄、鱼身挺起即可。这道菜色泽红亮，皮酥肉嫩，甜酸中略带香辣。

白汁鱼肚

【原料】水发鱼肚、奶汤各250克。

【调料】油100克，鸡油、料酒、湿淀粉各25克，盐8克，味精5克，胡椒粉适量。

【制法】1.将鱼肚整块先用油浸软，捞出切小块再下入油中稍加温继续浸泡，待鱼肚出现气泡，继续提高油温，使鱼肚全部鼓起，为使之充分鼓足，稍加点水则彻底发透。

2.使用时，将油发鱼肚用水泡上，待皮发软时挤去水分，斜切成较大的片，为去鱼肚油腻可用温碱水洗，再用温水洗去碱味，最后用凉水冲洗干净，挤去水分。

3.把炒勺注油烧热，加入奶汤、调料和鱼肚，以中火炖至汁浓时加味精，用湿淀粉勾芡，淋上鸡油即成。

辣椒鱼

【原料】鲜鱼1条。

【调料】珍珠叶300克，葱2根切碎，辣椒粉、姜汁各半汤匙，蛋白1汤匙半，糖1茶匙，盐半茶匙，生抽2汤匙，老抽、生粉、油各1汤匙。

【制法】1.将鱼收拾洗净，加调料腌半小时。

2.下油2汤匙，爆香葱、辣椒粉后下鱼，下酒半汤匙炒匀，勾芡，再炒数下上碟。

3.珍珠叶洗净，把叶择下，抹干，放滚油中炸脆，放入盘中即可。

参麦团鱼

【原料】活团鱼1只（约500～1000克），鸡汤100克。

【调料】人参5克，茯苓10克，浮麦20克，鸡蛋1个，火腿肉50克，姜末、料酒、葱节各15克，食盐3克，味精1克，生板油50克。

【制法】1.将团鱼斩去头颈，沥净血水，放在盆内加沸水烫3分钟后取出，用小刀刮去背部和裙边上的黑膜，再剥去四脚上的白衣，斩去爪、尾及腹壳，取出内脏，洗净。炒锅置火上，放入清水和团鱼，烧沸后用炆火煮约半小时捞出，放入温水中，撕去黄油，剔去背壳、腹甲、甲肢粗骨，洗净切成3厘米见方的块儿放入碗中。

2.将火腿肉切成小片，生板

油切成丁，盖在团鱼上面；将调料的一半（味精暂不用）、姜末、清汤适量一并放入碗中；将浮麦、茯苓用布包好扎口，放入汤中。

3.人参打成细粉撒在上面，用湿棉纸封好碗口，上笼蒸3小时至团鱼酥烂；团鱼出笼后拣去葱节，翻碗，将原汤倒入锅里，用剩下的一半调料及味精适量调味，烧沸后打去浮沫，再打一个鸡蛋在汤内，略煮后浇在团鱼上即成。这道菜鱼肉软烂，汤汁浓厚，蛋味浓郁，并具有滋阴补血、益气健脾之功效。

米熏鱼

【原料】鲜鱼1条（约1000克），鲜汤100克。

【调料】素油1000克，盐5克，料酒30克，酱油、白糖各20克，姜片、葱段各10克。

【制法】1.鲜鱼去鳞、鳃，剖腹洗净，去掉牙骨，斩成斧头块，用盐、料酒、酱油、姜片、葱段腌渍15分钟取出。

2.锅置旺火上，下素油烧热约200℃，下鱼炸至呈金黄色捞起。

3.滗去锅内一部分油，留油约75克，稍热油，下葱、姜，煸至变色出味后，去掉葱、姜，加料酒、白糖、酱油、鲜汤搅匀。

4.将锅移中火上，下鱼块，至滋汁收干起锅，土钵装烧红的木炭，放入大约25克烧至起烟，将鱼盛入特制的熏笼内，烟熏几分钟取出，吃时切成条形装盘即成。这道菜色泽褐红，咸甜酥香，烟香浓郁，别具风味。

蟹黄大生翅

【原料】鸡汤1000克，鲜汤烩好鱼翅400克。

【调料】地栗粉40克，白酱油27克，蟹黄13.5克，黄酒、火腿茸、味精、胡椒粉各适量。

【制法】1.将锅烧热，加猪油，再加黄酒、鸡汤、鱼翅、味精、酱油、胡椒粉，以慢火煮，不可太滚以使之保持嫩滑。

2.用蟹黄、地栗粉勾芡烧在翅上，再在翅面上撒火腿茸。这道菜色黄白，味鲜美、嫩滑，秋冬季最宜。

三丝鱼翅

【原料】鸡汤250克，水发鱼翅300克，鸡脯肉50克，冬笋、冬菇、熟火腿各25克。

【调料】猪油、清油各25

克，料酒、干豆粉各20克，葱、姜、蛋清各15克，鸡油10克，盐3克，胡椒粉2克，味精0.5克。

【制法】1.水发鱼翅用水洗两次，然后用凉水稍泡，捞起沥干，用纱布包好；鸡骨架出水，去净血泡，放于锅中垫底，再放上鱼翅，加葱、姜、料酒、鸡汤，上火烧开出浮沫，转小火煨至鱼翅软烂。

2.鸡脯肉去油筋，切成细丝；冬笋、冬菇、熟火腿分别切成丝，冬菇、冬笋汆过沥干；鸡丝加料酒、胡椒粉、盐拌匀，用蛋清、豆粉上浆。

3.炒锅置火上，下猪油烧热，下鸡丝滑熟，下冬菇、冬笋、熟火腿，稍炒，加入适量鸡汤、精盐、料酒、胡椒粉炒匀上味，捞起，沥去汤汁，盛入盘中作底。捞出已煨软烂的鱼翅包，解开纱布。

4.炒锅烧热下油，放葱、姜炒出香味后，将煨鱼翅原汁沥入锅内，去掉葱、姜，放鱼翅入锅调味，待入味捞起整齐地放在三丝上；锅内原汁用水豆粉勾成二流浓汁，加适量鸡油、味精，起锅浇于鱼翅上即成。这道菜色泽乳白，三丝嫩脆，翅鲜软烂，汁浓味香。

干烧鱼翅

【原料】干鱼翅500克，鸡汤适量。

【调料】猪油125克，湿菱粉32.5克，味精、白糖、葱花、姜、黄酒、鸡油、酱油、精盐、胡椒粉各适量。

【制法】1.将干鱼翅加清水，放在小火上焖4小时捞起，擦去翅面上的沙，再浸入开水，用炆火焖4小时，翅可发透，捞出拆去骨，放入旺火锅内，再加清水没过鱼翅、葱、姜、酒，用炆火焖透，将原汤倒掉，这样连换连焖4~5次，鱼翅腥臭味可以去净，然后用纱布将鱼翅包起，放在鸡汁汤内炖烂，鸡汤要没过鱼翅。

2.取去包，仍将鱼翅放在原鸡汁中，加酱油、味精、酒、糖、盐、葱、姜、猪油、胡椒粉等调味，最后下菱粉，烧到汁干时，再滴适量鸡油即好。

三色虾仁

【原料】青虾仁400克，鸡蛋2个，黄瓜、胡萝卜、冬笋各50克。

【调料】香油25克，精盐5克，味精3克，料酒20克，醋2克，淀粉10克，葱、姜各5克，花生油500克（约耗50克）。

【制法】1.虾仁洗净，放入碗内，加精盐、淀粉、鸡蛋清，拌匀上浆。

2.黄瓜洗净，从中劈开，去籽；冬笋洗净；胡萝卜去皮洗净。

3.将上述三种原料均切成菱形片，并将胡萝卜片放入沸水锅内稍焯一下。

4.炒锅上火，放入花生油，烧至五六成热，下虾仁划透捞出，再下冬笋、胡萝卜片稍炸捞出。

5.炒锅置火上，放香油烧热，下葱、姜末稍炒，倒入虾仁及其他调料，翻炒均匀，盛入盘内即成。此菜清鲜淡雅，味美适口，含有丰富的优质蛋白质、脂肪、碳水化合物、钙、磷和维生素A、维生素E、维生素C、胡萝卜素等营养素。

炸珍珠虾

【原料】大虾370克，生菜叶70克，鸡蛋2个，面粉25克，面包50克。

【调料】植物油500克（实耗约50克），净葱8克，姜5克，盐3克，胡椒粉1克，料酒13克，味精4克。

【制法】1.把葱、姜切片；面包切成似绿豆大小的丁；生菜叶消毒洗净；将大虾洗净后去头、皮壳，去脊缝屎线，由脊背缝下刀切开成为1扇，并在1面浅剞十字花刀，用调料把切好的虾拌匀腌半小时入味。

2.将大虾两面贴上面粉，再滚上打散的鸡蛋浆，之后贴好面包丁于虾的两面，并用手按实不使脱落。

3.炒勺将植物油烧到六成热后，将上述处理好的虾放入，炸成金黄色，至表面黄脆、肉熟时捞出，然后将每只虾改刀切成三块盛盘，围上青菜叶即成。这道菜鲜香脆嫩，色美金黄。

蚕豆炒虾仁

【原料】虾仁500克，嫩蚕豆120克，鸡蛋1个，汤25克。

【调料】大油600克（实耗约50克），盐、味精各4克，料酒15克，胡椒粉1克，姜3克，葱5克，湿淀粉20克。

【制法】1.将虾仁用葱、姜、盐、味精各1克和胡椒粉、料酒5克，拌匀腌一下，烹调时拣出葱、姜，浆上湿淀粉10克和蛋清糊。

2.蚕豆去皮掰成两半，两次用开水氽过后再过冷水；葱、姜均切片；用味精、盐各3克，余下的湿淀粉、料酒和汤兑成汁。

3.炒内留油适量，将蚕豆迅炒后，把虾仁下入，再翻炒几下，将兑好的汁倒入，汁开后翻匀即可。这道菜色美味鲜，清嫩适口。

虾片油菜

【原料】油菜200克，虾肉50克。

【调料】植物油、酱油各10毫升，料酒5毫升，精盐3克，葱花、姜末各2.5克，团粉5克。

【制法】1.先把虾肉切成薄片（虾片），用酱油、团粉裹好；把洗净的油菜切成3厘米段。

2.待油锅烧热后，把裹好的虾片放入锅内先炸一下取出。

3.再炒油菜至菜将熟时，把虾片倒入，加上料酒、盐、葱、姜调料，用旺火翻炒数下，即可装盘上桌。

炊水晶虾

【原料】鲜明虾20只（约300克），白肉200克，虾肉、鸡胸肉各150克，鸡蛋清2个，脯末10克，上汤适量。

【调料】红椒末、芝麻油、精盐、味精、湿淀粉各适量。

【制法】1.将明虾去掉头壳，用刀片开，剔去虾肠洗净，把虾肉（洗净、吸干水分）打成虾胶，鸡肉剁成鸡茸，盛在碗里，加入味精、鸡蛋清、精盐、脯末一起拌匀做馅料。

2.将白肉切成20片薄圆片，然后把馅料放上面，中间放上红椒末。

3.将做好的水晶虾，放进蒸笼用旺火蒸熟，取出，盘里的原汤倒进鼎里，加入上汤、味精、胡椒粉、芝麻油，用淀粉水勾薄芡淋在上面即成。这道菜色泽白中透红，清嫩爽口。

吉利大虾

【原料】大虾600克，面包渣60克，鸡蛋1个。

【调料】植物油800克（实耗约80克），面粉30克，盐、胡椒粉各3克。

【制法】1.将大虾的头、皮、腿、尾去掉，取出脊背黑线，洗干净，用小刀划开脊背至尾，平铺在菜板上，剞斜象眼花刀。

2.将大虾肉放入碗内，加入盐、胡椒粉搅拌均匀，两面蘸一层面粉。这道菜外酥肉嫩色金黄，具有西餐风味。辣椒、酱油佐食，味道更加鲜美。

豆苗炒虾片

【原料】大虾700克，豆苗500克，鸡蛋2个，汤50克。

【调料】大油800克（实耗约100克），料酒、净葱各25克，姜10克，盐7克，胡椒粉2克，湿淀粉40克，味精5克。

【制法】1.将虾剥壳去头，由脊背拉一口，将屎线挑出，清洗干净，把每只虾肉片成片；姜切片；葱剖开切2厘米长的节段；把豆苗洗净，择去尖。

2.用25克湿淀粉和鸡蛋清调成糊；另用盐、味精各3克，料酒10克把虾片拌匀，吃味并浆上蛋糊。

3.再用所余的料酒、味精、盐、湿淀粉和汤50克兑成汁备用；将炒勺烧热后注油，将虾片下进热油勺中划熟后捞出。这道菜色鲜美，虾香嫩，豆苗脆，味可口。

燕巢凤尾虾

【原料】活大虾500克，马铃薯200克，发菜5克，芹菜1棵，水发香菇25克，熟青豆15克。

【制法】1.马铃薯切丝下盐水浸泡后，用干淀粉和面粉拌匀。

2.虾去头、壳洗净，加调料、淀粉拌匀，马铃薯丝摆成燕窝状，下七成热油中炸至浅黄色，芹菜放盘中呈树枝状，“燕窝”放上方，发菜放根部。

3.虾在五成熟热油中划散，青豆、香菇煸炒后加调料和鸡汤烧开勾芡，倒入虾炒匀，出锅装在燕窝内即成。

滑蛋虾仁

【原料】虾仁300克，鸡蛋3个，高汤适量。

【调料】花生油500克，湿团粉30克，料酒3克，精盐2克，葱、姜各适量。

【制法】1.将虾仁洗净，去掉沙线，加入盐、料酒、鸡蛋清1个、淀粉2克抓匀。

2.将鸡蛋打碎，放入碗中加适量盐搅匀，勺内放油，放入油锅中煎，煎至五成熟时，将虾仁下入，翻炒，熟后装盘即可。

清炒虾仁

【原料】虾仁300克，熟胡萝卜丁、豆芽汤各25克，青豆50克。

【调料】花生油500克，干淀粉50克，水淀粉10克，麻油15克,精盐3克，味精1克。

【制法】1.将虾仁洗净，挑去虾线，加料酒、盐、干淀粉拌匀。

2.炒锅上火，舀入花生油，烧至五成热，放入虾仁略炸，用漏勺捞起沥油。炒锅上火，舀入花生油25克，投入胡萝卜丁、青豆略炒，再放入精盐、味精、豆芽汤烧沸，用水淀粉勾芡，倒入虾仁，淋上麻油颠匀，起锅装盘即成。

油焖虾

【原料】高汤150克，大虾750克。

【调料】花生油、白糖各50克，料酒20克，醋10克，盐、葱丝、姜丝各5克，味精2克。

【制法】1.将大虾剪去须、爪，除去头部沙包和脊背沙线，洗净。锅上火加油烧至五成热，下入虾，煎至两面呈金红色，盛出。

2.锅留底油，放葱丝、姜丝、料酒、盐、白糖、醋、高汤，下入煎好的虾煮开后用小火煮约5分钟，加味精炒匀，先将虾出锅码盘，余汁收浓后淋在大虾上即成。这道菜色泽油亮，鲜嫩适口。

软炸虾糕

【原料】鲜虾500克，猪肥膘肉100克，鸡脯肉、生菜各50克。

【调料】豆粉50克，鸡蛋清、椒盐各25克，大葱、面酱各10克，精盐5克，胡椒粉、芝麻油各1克。

【制法】1.鲜虾淘后挤仁洗净，剁成细粒；鸡脯肉、猪肥膘肉分别捶茸，加蛋清、水豆粉、盐、冷汤调拌一下后，再加入料酒、胡椒面，和剁细的虾仁拌匀，装入盘内抹平。

2.上笼用中火蒸至断生（约5分钟），取出晾冷后，用刀切成宽条，裹上一层细干豆粉，锅置火上，下熟猪油烧热（约150℃～180℃），将虾糕条放入，炸至心刚变色即捞起，淋香油装盘，镶上生菜、葱酱，另配椒盐碟即成。这道菜外酥内嫩，味美鲜香。

南卤醉虾

【原料】鲜活虾500克（每只长3~5厘米为佳）。

【调料】葱白、曲酒各100克，豆腐乳汁50克，酱油10克，香油1克，味精0.5克。

【制法】1.鲜活虾用清水洗净泥沙，剪去虾枪、须、脚，放于盘内，淋上曲酒；葱白切成约3.5厘米的段，均匀地摆在虾的上面，扣上碗即是醉虾。

2.豆腐乳汁、酱油、味精、香油调匀，即成南卤，随醉虾同上桌，食时揭开扣碗，将醉虾蘸卤汁就葱白同食。这道菜鲜虾醉态可掬，鲜美醇香。

腐皮虾包

【原料】鲜虾仁400克，干豆油皮250克，鲜豌豆75克，肥膘肉、慈姑各50克，熟火腿、蘑菇、莲白各25克。

【调料】清油500克，豆粉60克，蛋清50克，椒盐、香油20克，料酒、白糖、醋各10克，盐3克，胡椒粉2克，味精1克。

【制法】1.肥膘肉、火腿、去皮；慈姑、蘑菇分别切成细粒；鲜虾仁洗净，沥干，切成细粒；鲜豌豆用开水氽后漂凉，去掉外皮；把切好的肥膘肉、火腿、茨菰、蘑菇、豌豆末、虾仁一并入碗，加盐、料酒、胡椒粉、味精拌匀，再加入蛋清糊搅匀成馅心。

2.干豆油皮用热纱布盖严回软后，切成约8厘米见方的片，共切24片；将每一片豆油皮平铺在案板上，放入馅心包成长方扁形，交口处抹上蛋清糊，再放入干豆粉内粘满细干豆粉。

3.锅置火上下油烧热，下虾包炸呈黄色，捞起整齐地摆于盘内，淋上香油；将莲白切丝，加糖醋汁拌匀；摆于盘的一端，另配椒盐碟上桌即成。这道菜腐皮酥脆，馅鲜滑嫩。

金钱芝麻虾

【原料】鲜虾仁、猪肥膘肉各400克，生菜25克，鸡蛋50克，吐司100克。

【调料】菜油500克，芝麻、豆粉各50克，盐、白糖、香油、醋各5克，味精0.5克，胡椒粉适量。

【制法】1.生菜洗净，用白糖、香油、醋拌好待用；吐司修成直径约3.3厘米、厚0.6厘米的片，共24片；鲜虾仁、猪肥膘肉分别洗净捶茸，加鸡蛋清、盐、味精、胡椒粉、干豆粉混合搅成糁；芝麻洗净晾干；蛋清加干豆粉搅匀成蛋清豆粉。

2.将吐司片平铺在案板上，先抹上蛋清豆粉，再将糁糊抹上，然后撒上芝麻（用手稍拍）；锅置火上，下菜油烧热（约150℃），将粘有芝麻一面向下，投入锅中炸至呈金黄色时捞起装于盘的一端，另一端摆上拌好的生菜即成。这道菜酥脆香嫩，咸鲜适口。

干炸虾枣

【原料】鲜虾肉300克，白肉50克，鸡蛋2个，马蹄肉75克。

【调料】猪油1000克，面粉50克，川椒、精盐、胡椒粉、味精、芝麻油、姜、韭黄、芫荽、香醋各适量。

【制法】1.将虾肉洗净，滗干水分，剁成虾酱；把马蹄肉、白肉、韭黄切成小粒，加入川椒、味精、精盐、胡椒粉；姜研末；鸡蛋清与虾酱一起拌匀，再加入面粉搅成馅料。

2.用中火烧热炒鼎，倒入猪油烧至三四成热，用汤匙把馅料挤成直径3厘米的枣形，逐粒放入油鼎，用热鼎软油炸透，炸至皮呈金黄色熟透，倒入笊篱，沥去猪油。

3.将芝麻油、胡椒粉和虾枣一起炒匀，盛进餐盘，芫荽镶在餐盘四周即成；或用生柑、菠萝做拼盘；食时佐以甜酱、香醋。这道菜味道香爽、松脆、鲜美，因形似枣而得名。

虫草杜仲炖海虾

【原料】新鲜海虾500克，冬虫夏草、生杜仲各40克。

【调料】酒、盐各1小匙。

【制法】1.冬虫夏草、生杜仲以清水洗净杂质；海虾留壳剪去须、脚，挑去腥线，洗净沥干；取5碗水加虫草、生杜仲先熬汤。

2.约熬40分钟后，再放进处理好的虾，并加酒调味去腥，虾熟后，加盐即成。

炊太极虾

【原料】虾肉300克，白肉、马蹄各75克，鸡蛋清2个。

【调料】味精、精盐、火腿末、淀粉水各适量。

【制法】1.将虾肉剔去虾肠洗净，捶成虾胶，白肉、马蹄用刀剁成细泥，一起盛入碗内加味精、精盐、鸡蛋清拌匀待用。

2.将虾胶做成虾状40只放入盘里，把两只拼在一起抹平成圆形，其中1只虾瓤上火腿末做成太极形，抹上鸡蛋清，然后放上蒸笼蒸约8分钟即熟，取出，将原汤下鼎，加入味精，用淀粉水勾薄芡，淋在太极虾上面即成。这道菜造型美观，鲜嫩清馥。

虾仁拉丝蛋

【原料】鸡蛋300克，河虾仁50克。

【调料】熟猪油600克（实耗油50克），绍酒15克，盐3克，味精1.5克。

【制法】1.将鸡蛋打入碗中；虾仁洗净，剁成茸放入蛋中，加绍酒、精盐、味精搅匀。

2.炒锅上火烧热，舀入熟猪油，烧至六成热时，将油向一个方向搅动旋转。

3.再将虾仁蛋液徐徐倒入油锅中，边倒边用竹筷顺原方向搅动，使其成长丝形，待浮至油面，用漏勺捞出，挑松，装入盘中即成。这道菜蛋丝松软细长，腴美鲜香。

海棠冬菇

【原料】鲜虾肉300克，冬菇80克（最好为24个），猪肥膘肉60克，蟹黄40克，鸡蛋2个，南荠50克，油菜心4片，鸡汤适量。

【调料】白糖、味精、盐各10克，胡椒粉各适量，湿淀粉6克。

【制法】1.将蟹黄切成细末；用开水把冬菇浸泡透后除梗，再用鸡汤适量加盐、糖煮熟，去汤后用清洁干布擦净水分；将虾肉、肥膘肉、南荠分别剁成胶，混合一起后加入盐、味精、鸡蛋清及适量水，搅拌均匀成馅。

2.把拌好的馅放于冬菇内，上面点缀蟹黄末，再用油菜心四片衬在四周，即成半加工品，将上述半加工品上笼屉用中蒸10分钟左右，取出后，摆放于盘中，挂适量薄芡即成。这道菜颜色精制，鲜嫩清香，营养丰富，四季咸宜。

龙凤腿

【原料】地栗300克，虾仁250克，鸡蛋2个，鸡肉250克，鸭脚骨12根。

【调料】猪网油12块（每块

2寸见方），面粉45克，菱粉20克，盐适量。

【制法】1.将虾仁和鸡肉一起剁成茸；地栗去皮后剁成细末，挤干水分；用蛋白一个打发，与地栗末、虾仁鸡肉茸放在一起，加适量盐拌和；将剩下的一个蛋白打发，加面料调成薄糊。

2.将网油一块块地摊开，分别撒上一层干菱粉，再抹上鸡蛋面粉糊，糊上放虾仁鸡肉茸，然后分别卷成一只只像鸡腿的样子，每只腿的一端插一根鸭脚骨作为腿骨，放入大热猪油锅内炸酥即可。

02 海参/蟹/贝/其他

家常海参

【原料】水发海参、鲜汤各300克，猪肥瘦肉50克，黄豆芽100克，青蒜苗适量。

【调料】猪油65克，料酒、郫县豆瓣各20克，红酱油、麻油、豆粉各10克，味精0.5克，麻盐适量。

【制法】1.海参片成上厚下薄的斧楞片，用开水氽两分钟捞起；猪肉剁细；青蒜苗切成大粗花；黄豆芽去净根脚；豆瓣剁细。

2.炒锅置火上，下猪油烧至四成热时下猪肉，放料酒、麻盐，炒匀后盛盘。再将锅洗净入猪油烧至六成热时，下豆瓣炒出香味呈红色时，加入鲜汤烧沸，将豆瓣渣捞出，放入海参及猪肉、红酱油、料酒推转，将锅移至小火上煨，待煨至亮油时，勾薄芡，下蒜苗、味精、麻油推转。

3.另用一锅烧猪油，将黄豆芽炒熟，装入盘中垫底，然后将海参连汁淋于豆芽上即成。这道菜汁色棕红，咸鲜微辣，肉馅软酥。

蝴蝶海参

【原料】特级清汤250克，清汤200克，干灰刺参1只（约200克），鲤鱼肉、蛋清、猪肥膘肉、冬笋、火腿各50克，黑芝麻10克。

【调料】豆粉15克，胡椒粉1.5克，盐5克。

【制法】1.刺参用开水泡发洗净，入锅用清水煨约25分钟，捞起用刀片成24张0.3厘米厚的片，用刀修成蝴蝶状。

2.鲤鱼肉剁成细茸，猪肥膘肉也剁成细茸，同入碗中加一个半蛋清、胡椒粉、盐和适量清水搅为鱼糁；半个蛋清加豆粉搅匀成蛋清豆粉。

3.蝴蝶海参片入清汤中加盐约煮10分钟，捞出铺于板上用净布擦干，逐片在白色一面上抹匀蛋清豆粉，鱼糁团成橄榄形放于蝴蝶片中央成“蝴蝶”腹部。

4.冬笋切成48根长丝和若干短丝，火腿切成短丝，然后将长笋丝作触须，火腿丝和短笋丝作足或身纹，黑芝麻作眼。

5.将做好的“蝴蝶”放于盘中，上笼蒸3分钟定型，即取出放入二汤碗内，碗内加特级清汤和盐、胡椒即成。这道菜蝴蝶形状美观，汤鲜味美可口。

一品海参

【原料】整只乌参1只（250克），猪肥瘦肉、清汤、二汤各50克，口蘑5克，火腿、干贝、冬笋各25克。

【调料】酱油、豆粉各10克，料酒30克，盐2克，味精0.5克，猪油50克。

【制法】1.将整只乌参先在微火上燎2分钟，待粗皮烧成小泡后用刀刮尽，然后将海参剖为两片，入开水发泡两天，取出洗净后，放入加料酒的沸水锅中氽一次，再换水氽第2次；氽后用布将参捞干，用刀在参腔内划棋子块花纹，再用清汤煨一下待用。

2.洗净的猪肥瘦肉、冬笋、口蘑、火腿、干贝等切成小方丁，入烧热的猪油锅中炒成馅，炒时先下猪肉丁，次下冬笋等丁、酱油和料酒；将准备好的参腹腔内填上馅料，装入蒸碗，碗内加二汤、盐、味精，然后封上碗口上笼蒸1小时。

3.食时倒出原汁后，翻扣盘中，以原汁加水豆粉调匀，淋于海参上即成。一品海参为川菜，海参软糯，馅味鲜香，多为海参席上的头菜。

酸辣海参

【原料】海参500克，笋、鸡肉、火腿各40克，冬菇、鸡汤各适量。

【调料】猪油、精盐、白糖、香醋、胡椒粉、味精、黄酒、葱、姜、酱油、菱粉各适量。

【制法】1.笋、火腿、鸡肉、冬菇等配料都切成片；将海参发好切成长宽条。

2.将海参用沸水氽一下取出。

3.另起猪油锅，将葱、姜放入锅内炸，至发黄时取出。

4.将海参、笋、鸡肉、火腿、冬菇、酒、酱油、盐、糖、醋、味精和胡椒等倒入锅内，加鸡汤，一起用小火约烤一刻钟，放菱粉勾芡即好。这道菜味酸辣，色金黄，四季皆宜。

豆瓣海参

【原料】水发海参750克，鸡汤200克，芹菜心30克。

【调料】豆瓣酱30克，大油60克，鸡油、酱油、料酒、湿淀粉各15克，白糖2克，味精3克，胡椒粉适量。

【制法】1.用凉水将海参中的泥沙杂质洗掉后泡2小时，再上屉蒸2小时，然后用清水多漂洗几次；用蒸海参的原汤澄去泥沙晾凉后，再将海参漂上；同时，将水发海参剖开，去肠，抠净腹内壁膜，洗净，顺斜片成长片（刺参片3~4片），用开水氽一遍；芹菜心抽筋洗净切成芹菜花。

2.炒勺烧热注入大油，油热后先下豆瓣酱煸炒，待油变红色后倒入鸡汤再煮一会儿，捞去豆瓣酱，进海参、酱油、胡椒粉、糖、料酒，用中火炖入味时加味精，并用湿淀粉勾芡，烧上鸡油，把芹菜花撒上即成。这道菜海参鲜嫩，汁红稍辣。

枸杞海参鸽蛋

【原料】鸡汤、汤各500克，水发海参2只，枸杞15克，鸽蛋12个。

【调料】花生油1500克，食盐3克，料酒、姜、油各10克，味精、葱各1克，胡椒面2克，猪油150克，豆粉30克。

【制法】1.将水发海参内壁洗净，用汤氽两遍，再用刀尖在腔壁切棱形花刀不要切透；鸽蛋下入凉水锅，用炆火煮熟捞出，入凉水浸过，剥去壳；葱切段；姜拍破；把花生油烧沸，将鸽蛋滚上干豆粉，放入油锅内炸呈黄色捞出。

2.锅烧热注入100克猪油，油沸下葱、姜煸炒后，倒入鸡汤，煮3分钟，捞出葱、姜不用；再加入酱油、料酒、胡椒粉、枸杞、海参烧沸撇去浮沫，移炆火炆约10分钟，把海参、枸杞取出入盘，鸽蛋放在海参周围。

3.汁内加味精，用水豆粉勾芡后，再淋50克沸猪油，把汁淋在海参和鸽蛋上即成。这道菜海参肥烂、油润爽滑，鸽蛋酥软、鲜香适口。

响铃海参

【原料】水发海参300克，猪肥瘦肉、荸荠末各50克，冬笋、蘑菇各25克，抄手皮20片，普汤250克。

【调料】盐3克，料酒20克，味精0.5克，白糖60克，醋40克，胡椒粉、姜、葱、蒜各10克，猪油25克，混合油250克，豆粉10克，泡辣椒15克。

【制法】1.猪肥瘦肉剁成细茸，加荸荠末、盐、胡椒粉、料酒、味精搅匀成馅，取抄手皮包馅成戽斗形的抄手待用。

2.水发海参洗净切片，冬笋、蘑菇切片，泡辣椒去籽，切成斜方形；先将海参用普汤氽透后沥干；炒锅中下猪油烧热，下葱、姜、蒜、泡辣椒炒出香味，再下冬笋、蘑菇和海参，用盐、料酒、白糖、醋等兑成荔枝味调汁加适量汤一起入锅，在小火上煨到入味时，勾二流芡。

3.另用一个锅下混合油烧至六成热时，下抄手，炸透呈金黄色，捞起装盘，淋上热油适量，迅速将煨好的海参连汁淋于抄手即响铃上，趁热发出响声即成。这道菜成菜有声，备添食趣，海参软糯，响铃酥脆，味带酸甜。

葱烧乌参

【原料】乌参1只，菜心1颗。

【调料】葱50克，酒、酱油、太白粉各适量。

【制法】1.将乌参洗净，葱切3厘米长的段，炒锅烧热放入葱炒香。

2.接着加酒、酱油、糖、乌参煮透。

3.用太白粉勾芡装盘即成。

金丝海蟹

【原料】海蟹1000克，鸡蛋100克。

【调料】葱丝、姜丝、料酒各10克，姜末5克，干淀粉25克，胡椒粉、香油、盐各4克，醋50克，味精3克，清油1000克（实耗约75克）。

【制法】1.将海蟹去壳，清洗干净，用刀改成一只蟹爪带一块蟹肉的形状，加葱、姜丝、料酒、味精、胡椒粉、盐拌匀稍腌，加入干淀粉抓匀；碗中放姜末、香油、醋兑成姜醋汁；鸡蛋磕入碗内搅匀。

2.锅放油烧五成热，将蛋液呈细线状缓慢倒入油锅内，边倒边用筷子在锅内转动，待锅中蛋丝浮起变色时捞出控油。

3.锅上火放清油烧六成热，将拍上干粉的海蟹块投入锅炸至浅黄色捞出码盘，中间放蛋松，上桌时随带姜醋汁味碟即可。这道菜色泽美观，鲜香适口，风味独特。

赛螃蟹

【原料】黄鱼肉450克，鸭蛋黄100克，清汤150克。

【调料】花生油100克，湿淀粉60克，葱段、姜块、花椒、绍酒各15克，精盐5克。

【制法】1.将黄鱼肉洗净，放入盘内；葱段、姜块洗净拍松，放鱼盘内，放花椒、绍酒、精盐上笼用旺火蒸熟，取出晾凉，去掉鱼皮，取下鱼肉，剔净骨刺。

2.将鸭蛋黄调匀，加精盐、绍酒、清汤、湿淀粉、鱼肉搅匀。炒锅内加花生油，中火烧至五成热时，放入葱末、姜末，炸出香味时，倒入碗内的鸭蛋黄和鱼肉，改用小火推炒熟，淋上芝麻油，盛入盘内，撒上姜末即成。这道菜不是螃蟹但似螃蟹味，口感软嫩滑爽。

香辣炒蟹

【原料】活肉蟹500克，鲜汤适量。

【调料】干辣椒节、花椒油、辣椒油、花椒、姜片、蒜片、葱节、精盐、胡椒粉、料酒、干细淀粉、海鲜酱、水淀粉、鸡精、香油、精炼油各适量。

【制法】1.活肉蟹从腹脐处取壳，去净内脏及鳃叶，宰去腿尖及壳沿，洗净后，将蟹斩成八块，加入适量精盐、料酒拌匀。

2.锅置旺火上，烧精炼油至五成油温，然后将蟹块斩口处粘裹上干细淀粉，入油锅内浸炸至熟（蟹壳同时成熟）。

3.锅内另加油，烧至四成油温，投入干辣椒节、花椒炒香，下入鲜汤，略烧片刻，再下姜、葱、蒜、海蟹，最后放入精盐、料酒、海鲜酱、鸡精烧约2分钟后，用水淀粉勾薄芡，最后加入香油、花椒油、辣椒油、胡椒粉翻匀即可装盘。这道菜色泽红亮，鲜香麻辣，味浓厚。

醉蟹清炖鸡

【原料】活老母鸡1只（约750克），醉蟹150克，熟火腿片、笋片各25克，冬菇片15克。

【调料】绍酒40克，葱、姜各25克，精盐7.5克。

【制法】1.将鸡宰杀洗净，连同肫、肝、心一起放入沸水锅中略烫，捞出洗净，放入垫有竹箅的砂锅内鸡腹朝上，加清水淹没鸡身，加入绍酒、葱、姜，取一平盘压住鸡身，盖上锅盖。

2.将砂锅上火烧沸，撇去浮沫，移微火焖3小时至酥烂，取出平盘和竹箅，拣去葱、姜；将肫、肝、心分别切成片；鸡腹朝上，放入醉蟹和醉蟹卤，砂锅再上火烧沸，撇去浮沫，加入精盐，将火腿片、冬菇片、笋片及肫、肝、心片铺在鸡身上，上中火烧沸即成。这道菜两鲜同烹，鸡酥汤醇，酒香扑鼻，食之鲜咸可口。

干焗蟹塔

【原料】鲜蟹肉250克，白肉50克，鸡蛋清1个，马蹄肉50克，蟹壳6个，韭黄20克。

【调料】淀粉、精盐、芝麻油、味精、胡椒粉、拼盘菜料各适量。

【制法】1.将蟹壳洗净，用开水烫软后，剪成直径3.5厘米宽的圆形壳12个待用。

2.将白肉、韭黄、马蹄肉切成细粒，鲜虾肉打烂加入味精、精盐、胡椒粉、蟹肉和鸡蛋清搅匀，分成12件，砌在蟹壳上面，用手捏成顶尖下大的塔状，蘸上淀粉，放入烤炉焗30分钟，至金黄色时取出，淋上胡椒油，盛入餐盘即成。上席时跟上香醋、蘸汁各两碟。这道菜色泽淡黄，肉质鲜嫩、酥香，因其形状似塔而得名。

蛤蜊鲫鱼

【原料】蛤蜊500克，鲫鱼1条，清汤700克。

【调料】葱1棵，姜片1片，胡椒粉适量，黄酒75克，盐4克。

【制法】1.将蛤蜊在冷水里泡约12小时，这样可以使它吐净污物，再清洗好备用。

2.将鲫鱼剖开，去鳞、内脏，洗清，放入热猪油锅略爆，滗去油，加清汤、酒、葱、姜，先用旺火后用小温火烧，烧至浓白。

3.然后将蛤蜊一只只分别放在鲫鱼旁边，加盐同烧，待蛤蜊壳一张开，立即取去葱、姜，起锅推入盘中，撒上适量胡椒粉即可食用。

蒜蓉粉丝蒸扇贝

【原料】扇贝6只，蒜60

克，粉丝50克。

【调料】油50克，盐、香葱、红椒粒各适量，鸡精少量，料酒2小匙。

【制法】1.将扇贝洗净，用尖刀撬开壳扔掉无肉的半个壳；清洗内脏待用。

2.用料酒和少许盐将收拾好的贝壳肉腌制5分钟；粉丝用温水泡软，捞起沥干待用，葱切葱丝或者葱花待用。

3.大蒜压成蒜泥，炒锅中放入比蒜泥多一些的油，烧至两成热时，将蒜泥放入油中，用小火将蒜泥炒成黄色，和油一起盛出，晾凉，加盐和鸡精调匀。

4.将粉丝在每一个扇贝壳中围成鸟巢状，然后将腌好的扇贝肉放上，再将调好的油蒜茸均匀地抹在扇贝肉上。

5.蒸锅烧热，将扇贝放入，大火蒸5~6分钟（小个的扇贝蒸3分钟即可），取出，将葱丝和红椒粒放在扇贝上。

6.炒锅洗净，置火上，放入1大匙的油，烧至八成热（冒烟），将油均匀地倒在每一个扇贝上即可。

蛏溜奇

【原料】蛏肉300克，面粉150克，熟猪肥膘40克，鸡蛋3个。

【调料】大蒜头5瓣，葱末、盐各适量，麻油12.5克。

【制法】1.将熟猪肥膘切成小粒；将蛏洗清，用开水焯一下，剥去壳，剔去黑的污质；鸡蛋打发；葱切成细末。

2.开热油锅250克，先将蒜头拍碎，下锅炒香，再将打发的鸡蛋、肥膘粒、面粉、盐、葱末、蛏肉放入拌和，倒入锅内，炒至金黄色时，浇上麻油一翻炒即可出锅。

白炒响螺

【原料】响螺肉500克，冬笋片75克，葱段45克，冬菇片4片，清汤适量。

【调料】食油、盐、菱粉、黄酒各适量。

【制法】1.将响螺壳敲开，取出肉，除去尾部，用适量盐搓一搓，去尽响螺肉的黏液，再用清水洗净，然后片成薄片（越薄越好，否则炒不嫩）。

2.开旺火热油30克，将响螺片放下去一拉，倒出，滤去油。在锅内另加适量油烧热，将葱段、冬笋片、冬菇片一起放入略炒，再加盐、酒、菱粉、清汤勾好芡，随即将拉过的响螺片倒入，一起迅速炒几下即可出锅。这道菜鲜而清口，夏季最宜。

海底松银肺

【原料】鸡汤150克，猪肺750克，海蜇头150克，火腿35克。

【调料】绍酒40克，葱、姜各25克，盐12克，味精3克。

【制法】1.海蜇头撕去衣膜，洗净，入沸水中烫泡10分钟，使其酥软，捞出，入清水中漂洗干净；将火腿改刀成马牙块，加入绍酒，上笼蒸酥烂。

2.猪肺用清水灌拍，抽去肺内气管、筋络（应保持完整），入开水锅中汆水洗净，装入砂锅，放葱、姜、绍酒、鸡汤，用小火炖3～4小时，使其酥烂。

3.将海蜇头下沸水中略烫，再用沸鸡汤套过一次，捞出连同火腿一起放入砂锅内，炖至沸，加盐、味精略焖即成。这道菜蜇头形似松枝，猪肺色白如银，酥烂如豆腐，入口即化。

鸡丝海蜇

【原料】海蜇皮100克，熟鸡肉300克。

【调料】酱油、白糖、醋、味精、芝麻油、葱白、味汁、辣椒油各适量。

【制法】1.海蜇皮洗净去血筋，切成粗约0.3厘米、长7～10厘米的丝，用沸水烫一下，再用冷水泡起；熟鸡肉切成与海蜇皮相同的丝。

2.用酱油、白糖、醋、味精、芝麻油调成味汁，将葱白切成细丝，盛盘中垫底，鸡丝、海蜇丝合匀，盖在葱丝上，浇上味汁、辣椒油即成。这道菜脆嫩爽口，咸鲜香辣。

南排杂烩

【原料】干鲍鱼8只，鸽蛋12个，白萝卜、熟火腿、海参、鱿鱼、冬菇、菜心、熟鸡、冬笋、鸡汤各适量。

【调料】食油、白糖、葱、姜、鲜菇、菱粉、胡椒粉、黄酒、硼酸各适量。

【制法】1.鲍鱼用硼酸发酥，两面横刀起花，放开水内烫几次除去硼酸味，然后用鸡汤、葱、姜调味，在小火上烤，至入味为止。

2.将海参发好，也放上姜、

油、酒和鸡汤，在小火上烤入味为止。

3.将鱿鱼发好，用刀横切过油，沥干。

4.将萝卜、冬笋切成各种花样与冬菇、菜心一起放入温油内泡一下。

5.将鸽蛋蒸熟去壳，撒上些干菱粉，放入油锅内炸一下，再用小火约烤十分钟。

6.将以上各种原料与熟火腿、熟鸡放入鸡汤，加上盐、味精、糖、黄酒、胡椒粉等作料烤一下，分类搭色排成圆形，鸽蛋放在中央，再烧些汤汁，加些湿菱粉浇上即好。这道菜色香味俱佳，适宜做宴席大菜的头菜。

牡丹煎酿蛇脯

【原料】水律蛇1条，蟹肉、蟹黄、鸡蛋清各50克，虾胶360克，上汤适量。

【调料】大油600克（实耗约60克），香油、姜各6克，料酒、生粉、湿马蹄粉、盐、葱各10克。

【制法】1.将水律蛇去头，用70%的开水、30%的冷水去鳞，用小刀在蛇背上划两刀，然后在肚上划一刀，捅到尾部，去掉内脏和血污，然后放入开水钵里浸20分钟左右取出。

2.用手撕开蛇脯两条，然后切成长3厘米的蛇块24件，加入适量大油、料酒、葱、姜和上汤，上笼屉蒸15分钟左右；用开水浸熟蟹黄。

3.在蒸好的蛇脯上薄拍生粉，每件酿上虾胶15克左右，炒勺上中火，倒入适量大油，随即捞出。

4.起勺烹料酒，加上汤，放入蟹肉、盐、略炒，用湿马蹄粉勾芡，然后倒入鸡蛋清、蟹黄，包尾油，翻炒几下，香油滴于蛇脯面上即成。

烩乌鱼蛋

【原料】鸡汤260克，乌鱼蛋（墨斗鱼缠卵腺）120克。

【调料】鸡油10克，湿淀粉、姜汁、味精各3克，香菜末、酱油、醋各2克，盐1克，胡椒粉适量。

【制法】1.用温水洗乌鱼蛋，然后把脂皮剥去，放入有凉水的炒勺内，在旺火上烧开后，关火，在水里浸泡5～6小时。此后，把乌鱼钱一片一片地揭开放入有凉水的炒勺中，在旺火上烧到七八成开，换成凉水再烧。这样反复5～6次，除掉咸腥味。

2.在炒勺内倒入鸡汤、乌鱼钱、料酒、姜汁、盐、酱油、味精等，在旺火上烧开；然后撇出浮沫，加入调稀的湿淀粉，搅拌均匀，再加入胡椒粉、醋，翻搅几下，滴入鸡油，盛入碗里，在上面撒上香菜末即成。这道菜乌鱼蛋乳白色，质地柔软鲜嫩，汤色浅黄清淡。

豆制品/蛋

软烧豆腐

【原料】豆腐250克，清汤100克。

【调料】芝麻油100克，花椒3克，白糖20克，葱丝、姜丝、绍酒各15克，酱油、花椒油各10克，味精1克。

【制法】1.豆腐入屉蒸熟透，削去四边黄皮，切成2厘米见方的块，放入温水锅内用小火炖煮，至浮起时捞出沥净水。

2.炒锅放芝麻油中火烧六成热，放入花椒略炸呈黄色时，改用小火炒至红色时捞出不用，放入豆腐炒匀，待其上色后，即将葱丝、姜丝、酱油、绍酒、味精、清汤、白糖放入，用慢火煨，炆至豆腐呈枣红色，汤汁稠浓时，淋上花椒油即成。这道菜软滑香甜，鲜嫩爽口，色泽红亮。

虾仁豆腐

【原料】豆腐300克，虾仁100克，鸡蛋1个，鸡汤或水20克。

【调料】油40克，盐8.5克，料酒4克，淀粉3克，味精2克，香油、葱、姜各1克。

【制法】1.虾仁去掉背部沙线；将豆腐切成方丁，用开水焯一下滤干水分；葱、姜切成片；将葱、姜、盐、味精、料酒、鸡汤、淀粉、香油放入碗中调成汁。

2.将虾仁放入碗中，加盐、料酒、淀粉、鸡蛋半个，搅拌均匀。

3.炒锅内注入油烧热，放入虾仁炒熟后，加入豆腐同炒，受热均匀后加入碗汁，迅速翻炒，使汁完全挂在原料上即可。

恋爱豆腐

【原料】酸汤豆腐500克，折耳根150克。

【调料】麻油、苦蒜、煳辣椒粉、酱油、盐、味精、花椒粉、姜末、葱花、碱水等各适量。

【制法】1.将豆腐切成5厘米宽、7厘米长、3厘米厚的长方块，用碱水浸泡一下，拿出放在竹篮子里，用湿布盖起发酵12小时以上。

2.将折耳根、苦蒜切碎，装入碗中加酱油、味精、麻油、花椒粉、煳辣椒粉、姜末、葱花拌匀成佐料待用；将发酵好的豆腐排放在专制的木炭渣铁灶上烘烤，烤至豆腐两面皮黄内嫩、松泡鼓胀后用竹片划破侧面成口，舀入拌好的佐料即成。这道菜表面微黄，辣香嫩烫。

脆皮炸豆腐

【原料】日本豆腐适量。

【调料】干淀粉、鸡精、炼乳、食用油各适量。

【制法】1.将日本豆腐切成厚片，干淀粉用水调成糊。

2.坐锅点火倒油，油六成热时，把豆腐块先在干淀粉中滚一下，再挂上淀粉糊，放入油中炸，炸至金黄色时捞出即可，食用时蘸炼乳即可。

鸭蛋豆腐

【原料】北豆腐、咸鸭蛋黄、蒜苗各适量。

【调料】水淀粉、白糖、鸡精、料酒、高汤、香油、油、盐、葱、姜各适量。

【制法】1.将咸鸭蛋黄碾成粉末；蒜苗切成末；葱、姜洗净切成末；将豆腐切成小方丁，用开水焯一下。

2.坐锅点火放油，油热煸炒葱、姜放入豆腐、高汤、盐、白糖、料酒，待锅开再放入蛋黄粉炒匀，勾薄芡出锅时撒入蒜苗末，淋入香油即可。

榨菜肉末蒸豆腐

【原料】香菜、肉末、榨菜、海米各适量。

【调料】盐、胡椒粉、葱、姜各适量，香油、鸡精、食用油各少许。

【制法】1.豆腐切成厚片，摆在盘中，加入盐、香油、清水、葱、姜切成丝。

2.将肉末放入榨菜中，加入盐、鸡精、胡椒粉拌匀，放在切好的豆腐上加入海米、葱、姜丝上笼蒸5分钟；蒸好后取出豆腐，再撒上葱、姜丝。

3.坐锅点火倒油，待油热后淋在豆腐上即可。

炒豆腐

【原料】胡萝卜1个，鲜香菇3个，木棉豆腐1.5块，鸡绞肉80克。

【调料】葱2棵，盐1/4小匙，色拉油、酒、酱油、色拉油、料酒各1大匙，砂糖1/2大匙。

【制法】1.去除豆腐的水分，将豆腐剁碎，放入沸水中氽烫后，移至滤网沥干水分，静置冷却。

2.预先调理其他原料，拌炒绞肉；胡萝卜去皮，切成长约3厘米、宽8厘米的薄片；鲜香菇去蒂，纵切对半后再切成薄片；葱切成1厘米的小段。在锅中倒入色拉油，以中火加热，放入绞肉一边拌炒，一边拨散。

3.加入胡萝卜和香菇，将肉末炒至变色后，加入胡萝卜、鲜香菇以中火炒至熟软。

4.加入豆腐，以木勺一边压碎豆腐，一边以中火拌炒。

5.调味后，以小火煎煮，洒上酒，大略搅拌后，加入料酒、砂糖、酱油、盐，以小火慢慢地搅拌煎煮。

6.加入葱即大功告成，煎煮至剩下少量水分时，加入葱，火稍转大，煎煮至水分完全收干后，盛盘即可。

彩塘滑豆腐

【原料】鲜贝4粒，草虾仁4个，香菇2朵，豆腐1盒，高汤1杯，胡萝卜、芦笋各适量。

【调料】食油适量，料酒半大匙，水淀粉2大匙，盐1茶匙，胡椒粉少许。

【制法】1.把香菇、豆腐、胡萝卜、芦笋全部切丁备用；鲜贝、虾仁肉洗净备用。

2.用2大匙油炒香菇，再入鲜贝及虾仁，淋酒，加高汤、盐、胡椒粉与其他原料烧开后，改小火煮至入味，最后用水淀粉勾芡即可。注意鲜贝及虾仁不宜炒太久，以免质地变老，一变色就要加其他原料。

酸奶豆腐

【原料】豆腐、酸奶各适量。

【调料】草莓酱适量。

【制法】1.将豆腐切成均匀的片，放入开水中煮沸后冷却，捞出摆盘。

2.在豆腐上淋上酸奶和草莓酱即可，色泽鲜艳，口味香甜。

翡翠豆腐

【原料】豆腐、黄瓜（或其他蔬菜）各适量。

【调料】盐、芝麻酱、淀粉各适量。

【制法】1.将黄瓜榨汁放入碗里，豆腐碾碎加黄瓜汁、少许淀粉、芝麻酱搅拌。

2.拌好后加入锅蒸，蒸5~10分钟即可。

三鲜豆腐

【原料】豆腐、虾仁、鲜蘑菇、鸡肉泥各适量。

【调料】香油、葱末、盐各适量。

【制法】1.先将鲜蘑菇煮熟，然后把豆腐、虾仁、鲜蘑菇、鸡肉泥切碎，加盐搅拌均匀。

2.入锅蒸10分钟左右，熟后点香油，撒香葱末即可食用。

两色豆腐

【原料】血豆腐300克，豆腐200克。

【调料】鸡汤、淀粉、葱末各适量。

【制法】1.将豆腐切成小块，放入开水中沸煮，捞出入盘。

2.在锅中放肉汤、淀粉、葱末边煮边搅，煮至黏稠状后加盐淋在豆腐上。

太阳豆腐

【原料】豆腐、鹌鹑蛋、胡萝卜泥各适量。

【调料】水淀粉、葱末、油、盐、葱末等各适量。

【制法】1.把豆腐切成圆柱体，在中间挖一个圆洞；鹌鹑蛋打入小圆洞中；再将胡萝卜泥围在豆腐旁。

2.放入蒸锅蒸10分钟取出；油加热后，将葱末炒香，加盐、水淀粉搅成细稠状，淋在盘中即可。这道菜味道鲜美，老少皆宜。

东江豆腐

【原料】去皮猪肉325克，淡二汤750克，浸发海米、清水各50克，左口鱼末10克，豆腐600克。

【调料】花生油500克，味精7.5克，盐12.5克，深色酱油、葱各15克，胡椒粉0.5克，湿淀粉10克，干淀粉20克。

【制法】1.把猪肉、鱼肉分别剁成黄豆粒大小；虾米切成细粒；把豆腐切成长5厘米、宽4厘米、高2.5厘米的小块，共30块。

2.把猪肉、鱼肉放在盆内，下精盐10克、味精0.5克，拌挞至有胶，再下虾米、清水、干淀粉、葱各10克，左口鱼末5克，拌挞约2分钟成肉馅。在每块豆腐中间挖一个长2.5厘米、宽1.5厘米的小洞，然后每块豆腐瓤入肉馅20克。

3.炒锅用中火烧热，下油25克，把瓤豆腐逐块放入，边煎边加油二次（每次约25克），煎至两面金黄色，取出放入砂锅，加入二汤、精盐、味精，加盖，用中火焖2分钟至熟，下酱油调色，用湿淀粉勾芡，淋油25克拌匀上碟，撒上葱、左口鱼末、胡椒粉即成。

卤豆腐

【原料】广东黄豆腐10块，猪排300克，清汤600克。

【调料】白糖40克，酱油75毫升。

【制法】1.将黄豆腐完整地放在冷水锅里，盖好锅盖，用旺火煮到豆腐出现许多小孔，形如蜂巢状时取出。注意必须用冷水煮，并加盖，否则豆腐不会起孔。

2.将猪排用开水焯一下，以拔去血水。

3.起净干锅，将豆腐放入，再将猪排放在豆腐上面，加清汤、酱油、糖用温火烧约20分钟，然后将豆腐取出，切成片即可出锅。

泰安三美豆腐

【原料】鲜汤500克，泰安豆腐150克，白菜心100克。

【调料】熟猪油20克，鸡油5克，精盐4克，味精、葱末、姜末各适量。

【制法】1.将豆腐上笼或放入锅里隔水蒸约10分钟，取出沥水，切成3．5厘米长、2.5厘米宽、1．5厘米厚的片；白菜心用手撕成5厘米长的小条块，分别放入沸水锅中烫过。

2.炒锅放猪油，烧至五成热，下葱、姜末炸出香味，放入鲜汤、盐、豆腐、白菜烧滚，撇去浮沫，加味精，淋鸡油即成。这道菜汤汁乳白而鲜，清淡爽口。

炸豆腐丸子

【原料】豆腐200克，鸡蛋20克，海米末50克。

【调料】花生油750克（实耗油75克），淀粉50克，甜面浆25克，糖醋汁20克，酱姜末、花椒盐、葱末、酱苤蓝末、香菜末各10克，花椒面5克，精盐4克。

【制法】1.将豆腐入笼蒸15分钟取出，沥干水分，用刀面压成泥，放入大碗内，加酱姜芽末、葱末、酱苤蓝末、鸡蛋、海米末、甜面酱、香菜末、精盐、花椒面拌匀成馅，挤成直径3.5厘米的丸子，滚上干淀粉，放入八成热油锅内炸1~2分钟捞出。

2.待油温开至九成热时，再将丸子放入油内，炸至金黄色捞出装盘。外带花椒盐或糖醋汁上席食用。这道菜丸子外焦里嫩，味道鲜美，食之软脆适口。

富贵豆腐

【原料】嫩豆腐、腐竹、香菇、玉米、油菜各适量。

【调料】蚝油、生抽、老抽、糖、盐、淀粉、香油各适量。

【制法】1.腐竹泡软后切段；香菇泡发去蒂切开；油菜开水焯后沥水；豆腐取出并切片。

2.豆腐放入平底锅用油煎，轻轻地用木铲把豆腐沿着锅边上推，然后借助勺子就可以翻过来再煎另一面，最后盛出。

3.放锅倒油，爆香葱花、蒜末，下香菇和腐竹翻炒，倒料酒、生抽、老抽、白糖、盐各适量，加水，大约在材料的1/2处，转大火收汁入味并放入玉米粒、油菜。

4、把锅里的菜弄个坑的造型，把豆腐放入，尽量吸收些汤汁，最后倒入芡汁，汤汁黏稠后，滴几滴香油即可。

镜箱豆腐

【原料】小箱豆腐350克，瘦猪肉150克，大虾仁50克，冬笋25克，水发冬菇15克，猪肉汤100克。

【调料】豆油450克（实耗油75克），绍酒25克，姜、番茄酱各10克，盐7.5克，白糖5克，淀粉、熟猪油、芝麻油、酱油、葱各15克。

【制法】1.将猪肉斩成茸，加绍酒、葱姜汁、精盐拌和、上劲；豆腐切成长5厘米、宽3厘米、厚3厘米的长方块，下八成热的油锅中，炸至豆腐外表起软壳、色呈金黄色时，捞出沥油，待冷却后在每块豆腐中间挖去嫩豆腐，然后装入肉馅，再在肉馅上面横嵌一只大虾仁。

2.炒锅上火烧热，舀入豆油，放入葱末煸香，再放入冬菇、笋片略煸，将小箱豆腐肉面朝下排入锅中，加入绍酒、酱油、白糖、番茄酱、猪肉汤、精盐，烧沸后加盖，移小火上烧6分钟，再置旺火上加味精，用水淀粉勾芡，淋入熟猪油和芝麻油，将虾仁朝上装入盘中即成。

平桥豆腐

【原料】嫩豆腐300克，水发海参、熟鸡脯肉各50克，蘑菇、干贝、虾米各25克，高汤100克。

【调料】鸡汤200克，姜、盐各10克，绍酒20克，味精3克，水淀粉25克，麻油、青蒜、葱各15克。

【制法】1.干贝洗净，去除老筋，入碗内，加葱、姜、绍酒、水，上笼蒸透取出；虾米洗净，用温水泡透。

2.将整块豆腐放入冷水锅中煮至微沸，以去除豆腥黄浆水，捞出后片成雀舌形放入热鸡汤中，反复套过两次；鸡脯肉、蘑菇、海参均切成豆腐大小的片。

3.炒锅上火烧热，放油，投入鸡脯肉、高汤、干贝汁、蘑菇、海参，烧沸后将豆腐捞入锅中，加精盐、绍酒、味精，沸后用水淀粉勾芡，淋入麻油，盛入碗中，撒上青蒜末即成。这道菜豆腐片洁白细嫩，辅以鸡汁海鲜，味美汤浓。

雪花豆腐

【原料】嫩豆腐、鸡清汤各200克，熟鸡脯肉50克，蘑菇25克，水香蕈、熟火腿各15克，松子仁、瓜子仁、虾仁各5克。

【调料】熟猪油75克，绍酒20克，盐10克，味精2克，淀粉15克。

【制法】1.豆腐片去老皮切成薄片，再切碎放入碗中，用热水烫去黄腥味，将水香蕈与蘑菇等配料均切成屑，虾仁用调料拌和上浆。

2.炒锅上火，舀入鸡清汤，投入各种配料屑，再把豆腐沥水后倒入，加入精盐、绍酒、味精，烧沸后用水淀粉勾芡，淋入熟猪油烧沸，起锅盛入碗中。

3.炒锅上火烧热，放油烧至四成热，投入虾仁拉油，至乳白色时倒出，撒入豆腐中即成。这道菜形似雪花，鲜香独特，营养丰富。

烧豆腐

【原料】水豆腐250克，木耳、玉兰片、番茄、高汤（没有高汤用鸡精粉兑水也可）各适量。

【调料】葱姜丝、花生油、盐、味精、料酒各适量。

【制法】1.豆腐切块；番茄切块；锅放火上，下入150克左右的油，再下入葱姜丝爆锅。

2.下入豆腐（豆腐先用热水焯一下，这样可除去豆腐的豆腥气），再下入调料和番茄，添高汤或水，盖上锅盖3分钟即成。

冬菇豆腐

【原料】南豆腐200克，青豆100克，水发冬菇75克。

【调料】酱油、料酒、白糖、味精、鲜汤、盐各适量。

【制法】1.豆腐切方形；青豆煮熟；冬菇洗净。

2.豆腐下六成热油中，煎至两面金黄，加酱油、料酒、白糖、味精、鲜汤，用小火烧入味后，勾芡，装盘。

3.锅留底油，下冬菇、青豆煸炒，加料酒、味精、盐、鲜汤，入味后勾芡，淋适量香油，放到豆腐中央即成。

炒豆腐松

【原料】老豆腐500克，虾米15克，酱瓜40克。

【调料】花生油70克，酱姜35克，葱花10克，酱油、芝麻油各5克，精盐3克，味精2克，白糖1克。

【制法】1.虾米切成细末；酱瓜、酱姜用冷水浸泡，漂去咸味切成细丝；老豆腐切成大块，放入开水锅中，加入1克盐，加盖，在中火上将豆腐烧到起孔捞出，放入盆里，划上几刀，沥干水分，切去表面老皮。

2.炒锅置中火上，放入50克花生油，烧热，下豆腐，用铁勺不断煸炒，到豆腐干燥呈金黄色时，下入酱瓜丝、酱姜丝、虾米末、葱花，煸炒出香味后，再加入花生油、酱油、精盐、白糖、味精煸透入味，淋上芝麻油即可。

番茄豆腐

【原料】番茄500克，豆腐1块。

【调料】葱2根，味精、油、糖、盐、生粉、茄汁各适量。

【制法】1.豆腐切小块，入滚水中略滚后捞起，沥干水分。

2.将葱洗净后切段；番茄去

蒂切件。

3.起油锅，下葱爆香，加入番茄爆炒片刻后放入豆腐煮8分钟，调好味，加入茄汁，勾芡加入葱即可。

虾米拌豆腐

【原料】嫩豆腐500克，虾米50克。

【调料】芝麻油20克，酱油10克，葱末、姜末、红油各5克，精盐2.5克，味精2克。

【制法】1.嫩豆腐切成1.2厘米见方的丁，开水浸烫数次，沥干水分，晾凉装盘。

2.虾米用沸水烫一下，放入碗中，加入酱油、精盐、味精、红油、芝麻油、葱末、姜末拌匀，浇在豆腐丁上即可。

炝豆腐

【原料】嫩豆角50克，西红柿50克，豆腐4块，木耳适量。

【调料】精盐、葱末、姜末、味精、花椒油、香油各适量。

【制法】1.豆腐、嫩豆角、西红柿、木耳切成丁；豆腐和豆角用开水焯透，捞出，沥干水分，装盘备用。

2.将葱、姜末、精盐、味精、西红柿、香油、花椒油、木耳都和在一起，倒在焯好的豆腐、豆角盘里，拌匀即可。

蘑菇炖豆腐

【原料】鲜蘑菇50克，笋片25克，嫩豆腐4块，清汤适量。

【调料】味精、酱油、精盐、料酒、香油各适量。

【制法】1.豆腐切成小块，放入冷水锅内，加适量料酒，用旺火煮至豆腐周围有小洞时，把煮豆腐的水去掉。

2.豆腐内加入笋片、鲜蘑菇、酱油、精盐和清汤，以没过豆腐为准，用小火烧20分钟，撒入味精，淋入香油即可。

麻婆豆腐

【原料】嫩豆腐200克，牛肉末或猪肉末65克，鸡汤130克。

【调料】猪油、葱末、花椒粉、味精、花椒粉、大蒜末、酱油、辣椒粉、精盐、菱粉、黄酒、豆豉各适量。

【制法】1.先将嫩豆腐切成3分斜方块，用滚水煮2分钟，以去除石膏味，沥干水分。

2.另起旺猪油锅，将牛肉末和豆瓣酱一起炒，再放辣椒粉、酱油、豆豉、黄酒、盐、蒜末，炒到入味，再放豆腐和鸡汤，用小火焖成浓汁，再加菱粉收一下，放葱末、花椒粉、味精即好。这道菜味麻辣，四季皆宜。

麻辣豆腐

【原料】南豆腐2块，瘦牛肉100克，青蒜50克，汤15克。

【调料】植物油100克，豆瓣酱50克，辣椒粉、酱油各8克，料酒、四川豆豉、湿淀粉各20克，花椒粉1克，味精8克，葱、姜各10克。

【制法】1.牛肉剁碎；豆豉剁细末；葱、姜切末；青蒜剖开切段；豆腐切1.5厘米见方的丁块，用开水泡上。

2.炒勺注油烧热，先下牛肉，煸炒去水分后，将豆瓣酱、葱、姜末和豆豉下勺炒酥，再下入辣椒粉，炒变色时注汤、酱油和料酒，再下入豆腐，用小火煨入味，再放入味精后，用湿淀粉勾芡，撒上青蒜、花椒粉盛盘即成。

口袋豆腐

【原料】豆腐750克，冬笋50克，菜心50克，肉汤、奶汤各500克。

【调料】食用碱、料酒各10克，熟菜油500克，胡椒粉2克，川盐3克，味精1克。

【制法】1.将豆腐去皮，切成6厘米长、2厘米见方的条，共30条；冬笋切成骨牌片；菜心洗净。

2.用炒锅两口，分置于两个火炉上，其中上锅放入沸水500克，加食用碱保持微沸；另一个锅放熟菜油烧至七成热时，将豆腐条分次放入，炸呈金黄色捞出，放入碱水锅内泡约4分钟，捞起放入清水中退碱，然后再次放入碱水锅中泡约5分钟后，用清水再漂。

3.将炸泡好的豆腐再在沸水中过一次，并用肉汤氽两次；将奶汤入锅中烧沸，加冬笋、胡椒粉、料酒、川盐烧沸后，下豆腐条、菜心、味精，起锅盛入汤碗即成。这道菜汤白菜绿，味咸鲜而醇香。

熊掌豆腐

【原料】豆腐500克，肥瘦猪肉50克，青蒜苗25克，肉汤200克。

【调料】郫县豆瓣、湿淀粉各15克，混合油300克，姜片、蒜片、料酒、酱油、麻油各10

克，味精1克。

【制法】1.将豆腐切成6厘米长、3厘米宽、0.6厘米厚的片；青蒜苗切成马耳朵形；肥瘦猪肉切成5厘米长、3.5厘米宽、2毫米厚的片；郫县豆瓣剁细。

2.炒锅置中火上，下混合油，将豆腐逐片铺于锅内煎烙成浅黄色，再下混合油继续煎制并适时翻面，待豆腐两面成金黄色时铲起。

3.锅内另下混合油烧至七成热，放入肉片炒散，加郫县豆瓣煸香上色，放姜片、蒜片炒香，掺肉汤，下豆腐、酱油炒匀，加料酒烧沸，用小火煨入味，再加蒜苗、味精，以湿淀粉勾二流芡推匀，收汁亮油，淋芝麻油起锅入盘即成。这道菜色泽红亮，麻味浓香，咸鲜微辣，汁稠味浓。

芙蓉煎滑蛋

【原料】鸡蛋200克，叉烧肉60克，水发香菇、姜各10克，玉兰片30克，毛汤适量。

【调料】猪油100克，香油、湿淀粉、胡椒粉适量，盐4克，味精3克。

【制法】1.把鸡蛋打入碗内，用筷子搅打，加入胡椒粉、盐、味精搅拌均匀；将叉烧肉、水发香菇、玉兰片、葱、姜等均切成丝，放盛入鸡蛋内，再搅匀待用。

2.炒勺上火，倒入猪油，烧至七八成热，把鸡蛋倒入，用炆火煎至两面呈金黄色，至熟。

3.在鸡蛋上烹上适量毛汤，用调稀的湿粉勾芡，滴下香油即成。这道菜色泽金黄，鲜嫩醇香，美味可口。

鱼香荷包蛋

【原料】鸡蛋500克。

【调料】大油50克，净葱、湿淀粉、醋各15克，净姜、蒜瓣各5克，泡辣椒10克，酱油35克，白糖20克，料酒25克，味精4克。

【制法】1.姜、蒜均切末，葱切成葱花；然后将其他调料（除泡辣椒和油外）一起放入碗中搅拌；辣椒剁碎。

2.将炒勺烧热注油，待油热后将鸡蛋分次打入，两面煎成黄色，取出放入盘中。勺内留底油适量，把辣椒下入稍炒，倒入好的汁，汁开时把明油浇在鸡蛋上即成。这道菜形似荷包，色泽金黄，味道鲜浓，带有鱼香。

绉纱鸽蛋

【原料】鸽蛋10个，冬笋、冬菇各50克，菜心100克。

【调料】植物油800克（实耗约50克），湿淀粉50克，香油6克，胡椒粉适量，料酒10克，盐3克，酱油10克。

【制法】1.先将鸽蛋洗净，用清水煮熟，捞出后放入凉水中紧一下，剥去壳，沾湿淀粉一薄层。

2.炒勺上火倒入油烧热，将鸽蛋下入炸至起绉纱皮后，捞出沥油，再加入冬笋、冬菇、菜心及香油、胡椒粉、料酒、盐、酱油等，扒上芡汁即成。这道菜色泽黄绿，绉纱艳丽，清淡可口。

金银炒蛋

【原料】鸡蛋（净）200克，皮蛋1个。

【调料】猪油、味精、精盐、胡椒粉各适量。

【制法】1.将皮蛋连皮猛蒸5分钟，去壳切成小片，用适量猪油略炒。

2.在净蛋中加入味精、盐、胡椒粉、猪油搅拌均匀，放入皮蛋片。猛火烧猪油，倒入蛋料，用炆火搪锅，边铲边适当加油，至刚熟为度。

首乌炖蛋

【原料】何首乌15克，鸡肉90克，鸡蛋2个，清水500毫升。

【调料】味精、姜、盐、黄酒各适量。

【制法】1.首乌切丝装入纱布袋封口；鸡肉剁成糜；姜切成细末；鸡蛋打匀。

2.首乌加清水500毫升，炆火煮1小时，弃药留汁，与鸡肉、姜倒入蛋中加盐、黄酒、味精适量，搅匀，上笼蒸熟。

虎皮蛋

【原料】鸡蛋6个，瘦猪肉75克，水发蘑菇、青椒各50克，鲜汤适量。

【调料】白糖、淀粉、芝麻油、绍酒、精盐、味精、酱油、猪油各适量。

【制法】1.蘑菇切成小丁；瘦猪肉、青椒各切成米粒大小；肉末用1个鸡蛋、精盐、干淀粉拌匀；鸡蛋煮熟，去壳，放入酱油中上色。

2.锅中加猪油，烧热后将鸡蛋放入油中炸，炸至虎皮色时捞出，沥净油。

3.原锅净油倒入鸡蛋，加鲜汤、绍酒、酱油、味精，烧滚后改用小火煮5分钟，然后用旺火收浓卤汁。

4.将鸡蛋取出切成两半，蛋皮朝上排在盘里，再把卤汁倒入盘中。

5.锅中留油适量，将肉末下锅，用勺搅散，至熟后沥干油。

6.在锅中放入蘑菇、青椒煸炒一下，加绍酒、味精、精盐、鲜汤，烧沸勾芡后，再放入肉末一起翻炒，淋入麻油，起锅浇在鸡蛋上面即可。这道菜菜式美观，味道鲜美。

蛋松

【原料】鸡蛋5个。

【调料】植物油、精盐、味精各1.5克，黄酒5克。

【制法】1.鸡蛋中加入盐、黄酒、味精，打匀。

2.锅中加植物油烧至四成热（油多些），手握细眼筛子对准油锅，四面均匀地淋入打匀的蛋液，使之逐渐淋入油中受热成丝并浮起时，用筷子把它翻过来，略松一下捞出，放在小箩中尽量压干油分。

3.用干净的包装纸放入压干的蛋丝，卷起，轻轻地推搓，纸潮就换纸，反复3~4次，使蛋丝成为干而蓬松的蛋松即可。

菠菜蛋蓉

【原料】鸡蛋4个，菠菜1000克。

【调料】精致黄油30克，食油1汤匙，薄荷叶若干片，盐、胡椒粉各适量。

【制法】1.菠菜洗净，沥干；平底锅放入食油烧热，再将菠菜逐片放入（动作宜快，前后间隔不超过几秒钟）。

2.取出菠菜，倒入漏勺，沥干余油；鸡蛋敲入容器，用叉轻轻打匀，加进盐、胡椒粉。另取一个平底锅，放入黄油，待熔化后倒入蛋液，开炆火不停翻炒至熟。

3.取小碗或玻璃盆，先以菠菜垫底，再倒入蛋蓉，最后加上薄荷叶作点缀。这道菜色泽宜人，回味微甜。

香葱烘蛋

【原料】鲜鸡蛋2个，乳脂100克。

【调料】新鲜香葱1束，盐、胡椒粉各适量。

【制法】1.把新鲜香葱切成长段；把两个鲜鸡蛋打入烤盆内，倒入乳脂，放上葱段，加上适量的盐、胡椒粉待用。

2.把烤盆放进烤箱内烘烤7分钟取出，趁热食用。这道菜香味浓郁，蛋质酥烂，鲜咸浓醇。

鱼香炒蛋

【原料】鲜鸡蛋5个，小菠菜100克，肉骨汤30克。

【调料】熟清油100克，葱、姜丝各20克，香麻油、豆瓣辣酱、白糖、米醋、绍酒各10克，酱油4克，精制盐、鲜味王各1克。

【制法】1.将小碗放绍酒、酱油、盐、白糖、米醋、鲜味王、肉骨汤调卤汁备用；菠菜切成段备用。

2.锅放旺火上烧热，下熟清油，烧三四成热时，把鸡蛋磕出打烂，倒入油锅内，用勺不断推动，视凝结成小块捞出，然后把菠菜段略煸，鸡蛋回锅，立即倒入小碗内的卤汁翻拌均匀，淋入香麻油盛出。这道菜菜绿蛋黄，鲜嫩爽口，蛋有鱼味。

水炒鸡蛋

【原料】肉清汤150克，鸡蛋5个，韭芽50克。

【调料】熟猪油、绍酒、芝麻油各10克，葱花2.5克，精盐3克，米醋、味精各1.5克。

【制法】1.鸡蛋打散打透；韭芽择洗干净、沥干，切成4厘米长的段，放入蛋液里拌和。

2.炒锅置旺火上，放入熟猪油烧至三四成热，下葱花略煸一下，加肉清汤、绍酒、精盐、米醋、味精烧开后，改用中火，倒入蛋液，见锅边上的蛋液逐渐凝结时，用勺缓慢地将锅边上的蛋液向中间推拉（不能搅拌），至蛋液全部凝结，汤由乳白变清时，淋入芝麻油即可。

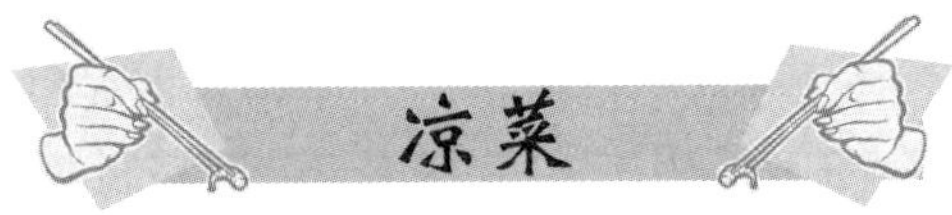

果蔬类

01 白菜/圆白菜/苦苣/泡菜

珊瑚白菜

【原料】大白菜300克，木耳适量。

【调料】干辣椒、香油、白砂糖、米醋、精盐、姜丝各适量。

【制法】1.将大白菜洗净，去老叶，切成丝；木耳用水发好后洗净也切成丝；干辣椒用开水泡透后切成丝。

2.将大白菜丝用精盐腌渍约30分钟，沥净水分，放入木耳丝拌好。

3.锅中加入适量的水，加上白砂糖、醋煮成糖醋汁，倒入刚刚拌好的白菜丝与木耳丝中，腌渍约2~3小时。

4.香油放入锅中，烧热后加入干辣椒、姜丝炝出香味浇入腌好的白菜丝与木耳丝中即可。这道菜甜酸利口，口感脆嫩。

炝辣白菜

【原料】大白菜1000克。

【调料】酱油、香油各25克，精盐8克，姜15克，白砂糖10克，干红辣椒4个，醋适量。

【制法】1.将白菜剥去外帮洗净，直刀切成3厘米厚宽的条片，加精盐拌匀，腌渍后捞出，用凉开水冲去精盐味并控干，放在盆内。

2.再将白砂糖、酱油、醋化开倒在白菜上，把2个辣椒、姜切成丝，撒在白菜上。

3.用香油把另2个干辣椒炸黄色一并倒在盆里，炝后盖10分钟即可。这道菜辣脆爽口，酒饭皆可。

三味白菜

【原料】白菜1000克。

【调料】红辣椒4个，醋、椒油、白砂糖各25克，精盐、姜丝各3克，酱油10克，葱丝5克，味精适量。

【制法】1.将白菜去根洗净，直刀切块，放在开水中焯熟捞出晾冷控干，撒上精盐，把白菜拌匀；辣椒切成细丝待用。

2.起锅把椒油加热，放上辣丝、葱丝、姜丝、白砂糖、醋、酱油、味精等调料炝上即成。这道菜红白相间，香辣多味。

糖醋白菜

【原料】大白菜300克。

【调料】精盐、白糖、白醋、干辣椒、生姜、花椒、花生油各适量。

【制法】1.将大白菜去老叶切丝；生姜切丝；干辣椒切丝。

2.取一个盆子，放入大白菜丝、盐适量，腌约20分钟，挤出水分，白菜丝另放一个净盆中。

3.将锅放置火上，注适量清水，放入白醋、白糖，兑成糖醋汁，倒在白菜丝上，拌匀，上姜丝、干辣椒丝。

4.锅洗净烧热，放花生油，放入花椒炸香，将花椒捞出不用，趁热将花椒油浇在辣椒和姜丝上，随即拌匀，即可装盘上席。

麻酱白菜丝

【原料】大白菜500克，新鲜山楂75克，冷鸡汤25克。

【调料】绵白糖100克，芝麻酱75克，精制盐4茶匙。

【制法】1.取小碗放芝麻酱，加冷鸡汤25克，化开成麻酱汁备用；取用大白菜心洗干净，甩干水分，切成细丝，加适量盐揉一下，腌出水分后挤干，放入大碗里备用。

2.山楂洗干净，先切开剥去核，再切成薄片，放在大白菜丝碗里一边，撒上绵白糖100克左右。

3.把白菜丝装入树叶形盆里，叠上山楂片，淋上麻酱汁。这道菜脆嫩爽口，鲜咸微甜。

凉拌白菜心

【原料】大白菜心1个。

【调料】香菜、葱、干红辣椒各适量。

【制法】1.白菜心切成细丝备用；香菜和葱切成碎末，干红辣椒切成小段备用；切好的白菜心和香菜、葱末混合。

2.起油锅，下入干红辣椒段小火慢炸出香味，直接浇到菜里。

3.辣椒油和菜拌匀后，加适量精盐、糖和味精拌匀即可。

拌圆白菜

【原料】圆白菜250克。

【调料】酱油25克，香油、白砂糖各5克，精盐2克。

【制法】1.将圆白菜剥去外帮洗净，直刀切成3厘米长、1.5厘米宽的碎段，入开水中煮2~3分钟捞起，不可过度，沥去水放在碗中。

2.将酱油、香油、白砂糖、精盐调入搅拌匀即好。除此，还可加入虾米、香干、青红辣椒丝，调以醋做成糖醋味圆白菜。这道菜甜咸香脆，佐酒小菜。

醋熘莲花白

【原料】水发木耳50克，圆白菜150克。

【调料】酱油、米醋各15克，花生油50克，麻油10克，味精2.5克，湿淀粉少许，精盐1克。

【制法】1.木耳洗净，挤干水分；圆白菜洗净去老叶，撕成大片，沥干水分。

2.炒锅置旺火上，放入花生油，烧到七成热，即放入木耳、圆白菜煸炒，加酱油、精盐、味精、白砂糖，烧滚后用湿淀粉勾芡，加米醋，淋上麻油起锅装盘。这道菜菜味清香，酸甜爽口。

百合拌苦苣

【原料】鲜苦苣200克，鲜百合50克。

【调料】蒜泥10克，米醋10毫升，香油3毫升，精盐1克。

【制法】1.苦苣择洗干净，再用精盐水浸泡10分钟。

2.鲜百合掰开洗净，苦苣沥干水分，与百合放入容器中，加入蒜泥、米醋、香油、精盐拌匀即可。

水果泡菜

【原料】圆白菜100克，凤梨60克，橙皮25克，野山椒20克，苹果10克，葡萄干适量。

【调料】韩国米醋100克，白砂糖50克，柠檬汁15克，精盐10克。

【制法】1.将圆白菜切片，放入精盐腌制1小时滤干水分。

2.将凤梨、苹果、橙皮切片，和圆白菜一起拌匀。

3.放入野山椒、韩国米醋、柠檬汁、白砂糖密封浸泡6小时，去除装盘，撒入葡萄干即可。这道菜酸甜微辣，果香浓郁，下酒开胃。

四川泡菜

【原料】圆白菜、芹菜各300克，黄瓜、青笋、盖菜、嫩蒜、辣椒、扁豆、苦瓜、茭白、蒜薹等各适量。

【调料】精盐200克，姜150克，红糖、干辣椒各100克，白酒50克，花椒15克。

【制法】1.准备一个泡菜坛子，将其洗净擦干，倒入清水，放进精盐、白酒、红糖、干辣椒、姜。

2.把原料加工洗净，晾去水分泡入坛内，并要把坛盖好，沿盖边倒入清水，以免空气进入坛内。坛沿内的水每周换1次以保持清洁，以后续泡的也要洗净晾蔫再入坛。

3.泡至入味后即可食用，取菜要用清洁的专筷，不要把带油和不洁的东西带入坛内，要随泡、随取、随续，并注意加精盐，达到既保持有适当咸味又有酸味即可。这道菜色泽艳丽，酸甜爽口。

沙拉川式泡菜

【原料】泡菜400克，生菜100克，油酥花生仁80克，熟芝麻、罐头橘瓣各适量。

【调料】法式沙拉酱50克，红油30克，白砂糖3克，味精2克。

【制法】1.把泡菜切成丁；把生菜洗净切细丝。

2.把泡菜、油酥花生仁装入碗内，再加入法式沙拉酱、红油、白砂糖、味精等拌匀，装入圆盘中间，四周围上生菜丝，再撒上熟芝麻。

3.盘边用罐头橘瓣点缀即成。这道菜色泽浅红，质地脆嫩，咸酸微辣。

韩国泡菜

【原料】新鲜大白菜1颗。

【调料】辣椒面、糖、味精、白醋、海鲜酱、蒜泥、姜末、精盐各适量。

【制法】1.事先准备好一个泡菜坛子，将大白菜对切洗净，放入精盐水中浸泡24小时。

2.将辣椒面、海鲜酱、蒜泥、姜末、精盐、糖、味精用醋搅拌均匀。

3.将拌匀的调料和切成块的白菜一起倒入坛子里，再次搅拌均匀，盖上密封盖等一两天就可以吃了。

02 苦瓜/黄瓜/冬瓜/南瓜/金瓜/银瓜

忆苦思甜

【原料】苦瓜200克，山楂糕1块。

【制法】1.苦瓜中间切断，去瓤；锅里放水，水开后把苦瓜放进去焯水，后用凉水迅速冲凉。

2.把山楂糕切成略大于苦瓜直径的长方形，把四个棱角切下，整理成圆柱形，把圆柱形的山楂填到苦瓜芯里面。

3.把苦瓜切片即可装盘。若能在上面浇点蜂蜜水或是果汁味道更好。

凉拌苦瓜

【原料】苦瓜2根，红彩椒半个。

【调料】葱半根，蒜末、白砂糖、生抽、精盐、醋、香油各适量。

【制法】1.苦瓜洗净后去掉瓜瓤和苦瓜的白色部分，将片好的苦瓜斜刀切成细丝；红彩椒，大葱均切丝；将蒜末、生抽、糖、精盐、醋、香油混合均匀制成碗汁备用。

2.锅内放水，水开后放入一小勺精盐和少许油，下入苦瓜丝焯烫约15秒。

3.盛出苦瓜丝迅速用水冲凉后控干水分，放上红椒丝和葱丝，淋上调好的汁搅拌均匀即可，也可以放些辣椒油搅拌均匀，味道更独特。

甘蓝什锦串

【原料】苦瓜1条，紫甘蓝1个，生菜、番茄各半个，芦笋1根，鲜虾1只。

【调料】蒜适量。

【制法】1.将苦瓜去籽，留皮切成片，在滚水中烫熟；紫甘蓝叶片洗净放在苦瓜皮上。

2.将生菜、番茄、芦笋、蒜串成串在微波炉内烤好后放在甘蓝叶片上。这道菜色泽红绿相衬，鲜咸宜人，回味微甜。

油酥瓜条

【原料】黄瓜若干。

【调料】白砂糖、精盐、白醋、花椒油各少许，干辣椒、姜丝各适量。

【制法】1.黄瓜洗净，切成指形条；干辣椒切成成段。

2.将黄瓜用精盐腌渍约20分钟，用清水洗净。

3.将干辣椒、姜丝放入花椒油中炝出香味浇在切好的黄瓜条上面。

4.加上适量的白砂糖调好口味，装盘前浇上适量的白醋即可。这道菜脆嫩爽口，酸甜辣香。

三味黄瓜

【原料】黄瓜250克，辣椒4个，醋适量。

【调料】精盐、葱各5克，白砂糖15克，椒油25克，酱油10克，葱5克，姜丝10克。

【制法】1.将黄瓜洗净去瓤，直刀切成段，在开水中焯一下捞出控干；辣椒也直刀切成丝，然后将黄瓜段和辣椒丝拌在一起，并撒上精盐拌匀盛盘。

2.起锅把椒油加热，放上葱、姜、辣椒、酱油、醋、白砂糖等调好炝在黄瓜上即成。这道菜色鲜味美，制法方便。

翠玉黄瓜

【原料】小黄瓜800克，虾米50克，大蒜5粒，红辣椒2克。

【调料】A料：盐1小匙，酱油1大匙，糖、白醋各3大匙。B料：香油2小匙，植物油适量。

【制法】1.虾米冲净，沥干水分；大蒜去皮、切末；红辣椒去蒂及籽后切丝；小黄瓜洗净，去头尾，切3厘米长段，分别以刀沿黄瓜表面边削边转，削下一圈外皮，去除中间的瓜籽，放入碗中备用。

2.锅中倒入1大匙油烧热，爆香大蒜、红辣椒及虾米，熄火，放入小黄瓜及A料拌匀，立刻熄火，淋上B料，盛起，放置2小时，待入味即可上桌。这道菜爽滑，造型自然。

辣黄瓜皮

【原料】嫩黄瓜500克，红辣椒25克。

【调料】香油50克，生姜25克，精盐、味精各3克，白砂糖、干辣椒各2克，花椒少许。

【制法】1.将黄瓜洗净切成5厘米长段，顺长剖成4片，抠去黄瓜籽和白色瓜肉，只留下薄薄的瓜皮放在盘中，用少许精盐腌一下，腌好后沥去水分；生姜去皮，清洗干净与辣椒均切成小菱形的片。

2.把炒勺烧热，注入香油，再投入干辣椒、花椒炸出香味。

3.把瓜皮、红辣椒、生姜一起下锅，加入精盐少许、味精和白砂糖稍翻炒几下后盛出。

4.红辣椒、生姜可在黄瓜皮上摆成各种花纹即成。这道菜色翠绿红，鲜脆带辣。

油泼黄瓜

【原料】嫩黄瓜500克，食油适量。

【调料】花椒少许，葱半棵，辣椒2个，姜丝、醋各10克，白砂糖15克，精盐5克。

【制法】1.将黄瓜洗净，在案上切去两头，一剖两瓣，挖去瓤，再切成寸段；辣椒洗净直刀切成细丝。

2.再将炒锅置旺火上，倒入油浇至八成熟，将黄瓜炸成碧绿然后捞出，锅内留少许油，炸入花椒至焦捞出，随之把葱、姜、辣椒丝及各种调料放入，兑成汁，浇在黄瓜上即成。这道菜碧绿鲜脆，别有风味。

炝辣椒黄瓜

【原料】鲜嫩黄瓜1000克。

【调料】红辣椒4个，椒油25克，酱油、葱、精盐各5克，姜3片，白砂糖10克，陈醋15克。

【制法】1.将黄瓜洗净，用刀劈成两瓣去瓤，直刀切成长段，撒上精盐，腌十分钟，控干水分；再把酱油、醋、白砂糖、精盐一起放上拌匀。

2.把葱、姜切丝放上，辣椒也切成丝，椒油加热后炝在辣丝上，用盘扣上一会儿即可。这道菜甜辣酸香，富有营养。

蒜泥黄瓜

【原料】黄瓜2根。

【调料】蒜头若干，精盐、麻油、鸡精适量。

【制法】1.黄瓜洗干净，对半剖开，用刀轻轻地拍一下；黄瓜切菱形，放大碗内加精盐拌匀，腌15分钟后轻轻挤去水分；蒜头切末，待用。

2.把蒜末放入黄瓜中，倒入麻油，加点鸡精拌匀一下，拌好即可。

油激黄瓜

【原料】嫩黄瓜500。

【调料】食油250克（耗油50克），花椒10粒，葱半棵，姜丝、醋各10克，辣椒2个，白糖15克，精盐5克。

【制法】1.将黄瓜洗净，在

案上切去两头，一剖两瓣挖去瓤，切成间距一分的斜纹，刀的深度为黄瓜的一半，不要切透，再切成寸段；辣椒洗净直刀切成细丝。

2.将炒锅置旺火上，倒入油烧至八成熟，将黄瓜炸成碧绿然后捞出，摆在盘里；锅内留少许油，炸入花椒至焦捞出；随之把葱、姜、辣椒丝及各种调料放入，兑成汁，浇在黄瓜上即成。这道菜碧绿鲜脆，别有风味。

拌拉皮

【原料】粉面100克，黄瓜100克。

【调料】精盐、芝麻酱、芥末、酱油、陈醋各15克，蒜泥10克，香油5克。

【制法】1.将粉面用冷水兑成稀汁（要视粉面的质量好坏而定）。每次盛稀汁1两，倒在特制的铜盘（或钢精盘）里，放在开水锅里转成薄厚一致的拉皮，熟时放在凉水中，改刀切成3厘米宽的条盛盘。

2.将黄瓜洗净直刀切丝，撒上精盐拌匀，浇上麻酱、酱油、醋、芥末、蒜泥、香油即成。这道菜筋骨、爽口。

黄瓜粉皮

【原料】面粉250克，清水1500克，黄瓜100克。

【调料】芝麻酱25克，香油10克，调和汤400毫升，芥末、辣椒油各15克。

【制法】1.将面粉加入清水打成浓汁，上火熬成糊状，熬好后摊在案板上，薄厚要均匀，晾冷后卷起，切成宽条盛盘。

2.撒上黄瓜丝，调入芝麻酱、芥末、辣椒油，浇上调和汤，滴入香油即成。这道菜清凉味美，是盛夏佳品。

酸辣瓜片

【原料】冬瓜500克。

【调料】鲜红辣椒、醋、花椒油、盐各适量。

【制法】1.先将鲜红辣椒洗净，去瓤、籽，切成丝。

2.将冬瓜洗净，去皮、瓤，切成片，用开水焯熟装盘，再把鲜红辣椒丝、醋、花椒油、盐加入冬瓜片，拌匀即成。这道菜酸辣爽口。

开胃南瓜片

【原料】南瓜300克，话梅5颗，开水75毫升。

【调料】白醋、白砂糖各150克，精盐1小匙。

【制法】1.南瓜去皮后切薄片，以1小匙的精盐腌10分钟至软，再用冷开水洗去精盐分，沥干水待用。

2.将水和糖倒入锅中，放入话梅，加温至糖溶化立刻关火，加入白醋。注意煮汤汁时一定要小火，否则容器周围容易烧焦。

3.待汤汁冷却后，放入南瓜片浸泡约8个小时即可。

香油金瓜丝

【原料】金瓜1个。

【调料】香葱油50克，精制盐3/4茶匙，味精半茶匙。

【制法】1.金瓜洗干净，劈开成2片，放入水锅煮熟，立即捞出，趁热用汤匙刮下里面的瓜肉，刮下自然即成细丝状备用。

2.金瓜丝里加细盐、味精、香葱油拌匀，分装两盘上桌。这道菜色鲜味浓，口齿留香。

酿银瓜

【原料】银瓜、莲子、红小豆各20克。

【调料】熟猪油、青红丝各15克，白糖50克。

【制法】1.莲子上笼蒸透；红小豆洗净加水蒸烂，去外皮，绞成豆沙。

2.银瓜去皮切去瓜尾，从中间开4厘米的方口挖去瓜瓤用水洗净；将豆沙、莲子、熟猪油放入碗内，加白糖拌匀，填入瓜内盖好盖，上笼蒸烂，取出晾凉，再入冰箱凉透（不要结冰）。

3.炒锅加入白糖、清水，熬成糖汁后晾凉，放入冰箱凉透，上桌时，瓜上面撒青红丝，浇入糖汁即成。这道菜味道清新、绵软、甜香、凉爽，是夏令甜菜佳品。

03 山药/土豆/豆角/豇豆/豆芽

素火腿

【原料】山药400克，鸡蛋清50克，砂仁面25克。

【调料】建曲汁、湿淀粉、白糖各20克，嫩糖色15克，精盐、芝麻油各4克，味精1克。

【制法】1.将山药去皮入笼蒸熟，制成泥与湿淀粉一起放在盘内，加入鸡蛋清、精盐、芝麻油、味精、白糖搅匀，成为山药料。

2.取1/10的山药料，加入嫩糖色，掺匀放入抹油的铁盒，摊平入笼蒸硬后取出，为“肉皮”；将3/10的山药料放在肉皮上，摊平蒸10分钟，出笼为“肉膘”。

3.将剩余山药料加入砂仁面、建曲汁，用麻油搅匀、摊在“肥膘”上，再入笼蒸35分钟，晾凉，刷上芝麻油，切片上席即成。这道菜红白相间，香甜细嫩，色形逼真。

拔丝山药

【原料】山药200克。

【调料】青红丝20克，白糖40克，花生油500克（实耗油75克）。

【制法】1.山药洗净去皮，切滚刀块，用沸水烫后捞出汤水，放入五成热的油锅中，炸熟至金黄色捞出。

2.炒锅内放油烧至四成热，用小火放入白糖熔化，炒至金黄色起泡时，迅速倒入山药，翻匀糖液，端离火眼顶翻，撒上青红丝盛入抹芝麻油的盘中即成。上菜时外带一碗凉开水，用筷子夹住山药蘸水食用。这道菜糖丝甜脆香酥，山药软嫩香甜，并有健脾除湿、益肺固肾、益精补气之功效。

土豆火腿沙拉

【原料】土豆100克，烟熏火腿150克，黄瓜50克，胡萝卜、罐头豌豆各30克，鸡蛋2个。

【调料】沙拉酱、胡椒粉、精盐、鸡精各适量。

【制法】1.火腿切成小丁；黄瓜洗净，切成小片；土豆、胡萝卜洗净，上火蒸至熟，去皮后切成片；鸡蛋洗净，入锅加水上火煮熟，捞出用凉水充分冷却剥皮，切成与土豆片大小相仿的鸡蛋片。

2.将土豆片、鸡蛋片、黄瓜片、胡萝卜片、烟熏火腿丁、豌豆、沙拉酱、精盐、鸡精、胡椒粉混合，拌匀即可。这道菜色彩鲜艳，口感软绵适口，味咸鲜、微辣、酸甜。

酸豆角

【原料】豆角250克，清水500毫升。

【调料】精盐20克。

【制法】1.把豆角去掉两头，注意有虫眼的不能要。

2.把豆角放在瓶子里，倒入加有精盐的水，清水一定要没过豆角，泡一个星期就是酸豆角了。

麻酱拌豆角

【原料】鲜豆角250克。

【调料】精盐、花椒油各25克，芝麻酱100克，味精少许，姜末15克。

【制法】1.把豆角抽筋，折断，洗干净，在开水锅里焯熟，后用凉水浸泡，捞出控去水，放在调盘里。

2.把芝麻酱用冷开水调成糊状，把花椒油烧热，加入精盐、味精、姜末浇在豆角上，拌匀即可装盘。这道菜颜色翠绿，香味可口。

炝拌豇豆

【原料】豇豆若干。

【调料】大蒜、葱、熟白芝麻、干辣椒、精盐、味精各适量。

【制法】1.豇豆择洗干净从中间切一刀；大蒜和葱切末；干辣椒剪成小段备用。

2.锅内烧开水，在水中放入少许的精盐和食用油，这样可以使得豇豆的颜色更鲜艳，放入豇豆焯烫3分钟，捞出立即浸泡在清水中冷却。

3.捞出豇豆切段，用精盐、味精码味后装入盘中，依次放入葱末、蒜末、辣椒段，用滚烫的油浇入盘中，最后撒入熟白芝麻即可。浇入的油一定要热，才能把葱、蒜、辣椒爆香。

拌绿豆芽

【原料】绿豆芽1000克，黄瓜100克。

【调料】精盐、姜丝、醋、葱丝、香油各适量。

【制法】1.将绿豆芽洗净，入开水锅里焯熟，切记不要过火焯软，捞出控水；黄瓜洗净直刀切成片，再切成细丝；将二者拌在一起。

2.撒上精盐，加入葱丝、姜丝拌匀，最后浇上醋、香油盛盘即好。如加入泡软的腐干丝、粉丝即成绿豆芽拌三丝。这道菜新鲜味美，富有营养。

04 芹菜/菠菜/韭菜/油菜

拌芹菜

【原料】鲜嫩芹菜1000克。

【调料】香油、精盐、酱油、醋各5克。

【制法】1.将芹菜择叶洗净，削去毛根，洗净，切成5厘米长节，入开水锅里焯一下，取出盛盘。

2.撒上精盐拌匀，食用时浇上酱油、醋、香油，也可浇入花椒油其味更好。醋不可早放，否则菜会变黄。这道菜翠绿香嫩，富有营养。

茄汁芹菜

【原料】嫩芹菜500克，茄汁100克。

【调料】精盐10克，白砂糖、白醋5克，食油25克。

【制法】1.将鲜嫩芹菜，择去叶、根洗净，用刀把梗部顺直剖开，投入开水锅中焯一下，见水再开时捞出，沥水后切成3厘米长的段，加入味精、精盐放盘内。

2.在锅内放入食油烧热，加入茄汁、醋、白砂糖以及适量的水，烧开后浇在芹菜上即成。这道菜色泽橙红，鲜嫩可口。

三丝芹菜

【原料】嫩芹菜500克，水发冬菇、净笋肉各50克，五香干2块。

【调料】白砂糖、精盐各5克，味精3克，芝麻油15克，姜末2克。

【制法】1.将芹菜去叶削根洗净，放入开水锅中，见水再开时捞起，沥水后切成3厘米长的段，加精盐2克拌匀，装盘中。

2.将冬菇、笋、五香干切成细丝，放开水锅中烫一下捞起，沥水后撒在芹菜上，再加入白砂糖、姜末、精盐拌匀，浇上芝麻油即成。这道菜色泽调和，脆嫩鲜香。

炝芹菜

【原料】鲜嫩芹菜750克。

【调料】姜末、陈醋各10克，椒油、精盐、味精各适量。

【制法】1.将鲜芹菜择去叶和根洗净，直刀切成段，粗的根部可劈成两半方便入味，放进开水锅中焯熟捞出，用凉水冲冷控干。

2.再在芹菜里拌上精盐、味精、陈醋，放上姜末，倒上加热的椒油炝味即可。

花生仁拌芹菜

【原料】芹菜300克，花生米200克。

【调料】植物油250克（实耗15克），酱油、花椒油各15克，精盐5克，味精2克。

【制法】1.将芹菜择去根、叶，洗净，切成3厘米长的段，放入开水中，烫一下，捞出，用凉水过凉，控净水分；把芹菜呈圈状均匀地码放在盘子边上，再把花生仁堆放在芹菜圈中。

2.锅内放入植物油，烧热加花生米，炸酥时捞出，去膜皮。将酱油、精盐、味精、花椒油放在小碗内调好，浇在芹菜上，吃时调拌均匀即成。这道菜清香酥脆、鲜咸爽口。

芹菜拌腐竹

【原料】芹菜300克，水发腐竹200克。

【调料】香油20克，米醋、酱油各10克，精盐5克，味精2克。

【制法】1.将芹菜择洗干净、去掉叶，入开水中烫一下，再用凉水冲凉，切丝，装盘；腐竹切成丝，码在芹菜上。

2.味精事先用开水化开，同酱油、精盐、米醋一起浇在腐竹芹菜上，再加香油拌匀即成。这道菜清香酥脆，鲜咸爽口。

菠菜泥

【原料】菠菜500克，香豆腐干2块，熟咸瘦肉10克。

【调料】芝麻油、虾米各15克，白砂糖3克，精盐8克，姜末10克。

【制法】1.将菠菜择去老叶，削去根尖洗净，下开水锅里烫至水再开时，稍停片刻，捞起挤去水分，剁成碎末，再挤一次水放盆中，加入精盐和白砂糖拌匀。

2.虾米洗去灰尘杂质，放小碗里，加开水刚没平虾米，泡软后切成碎末，或者上笼蒸20分钟效果会更好；将香豆腐干和熟咸瘦肉也都切成碎末。

3.将菠菜、虾米、香豆腐干和熟咸瘦肉同姜末一起倒在菠菜中，淋入芝麻油，拌匀即成。这道菜鲜香味美。

麻酱菠菜

【原料】菠菜500克，麻酱50克。

【调料】香油、味精、精盐、葱末、姜末、蒜泥、醋各适量。

【制法】1.将麻酱、葱末、姜末、蒜泥、精盐、味精、香油、醋一同放碗内搅匀，兑成调味汁；选择小而均匀的菠菜择去老叶，切根洗净。

2.取锅加水烧沸，放入整棵菠菜稍烫片刻，盛出浸入凉开水中过凉，再挤去水分，一棵棵整齐地摆放在盘内，同兑好的调味卤汁一块上桌，吃时蘸取。这道菜碧绿美观，清香利口。

三彩菠菜

【原料】菠菜300克，鸡蛋2个，水发粉丝100克，水发海米20克。

【调料】醋1汤匙，蒜末1茶匙，植物油、味精、盐、香油各适量。

【制法】1.将鸡蛋打入碗中，加适量盐搅匀。炒锅内放入适量油，将油加热，把鸡蛋液倒入锅内，转动炒锅，让鸡蛋液在炒锅内摊开，摊成像煎饼似的蛋皮，摊好后揭下，略煎另一面，取出切成5厘米长的丝；把已用开水泡透的粉丝切成10厘米长的段，放入大碗中待用；将水发海米放入盛粉丝的碗中。

2.将菠菜择洗干净，切成5厘米长的段，在沸水中略烫，捞出马上用凉开水过凉，之后挤干水分，放入盛粉丝的碗里待用。

3.将醋、盐、味精、香油、蒜末、蛋皮丝依次放入碗中，调拌均匀后装盘即可。这道菜色彩鲜艳，清淡可口。

拌韭菜

【原料】鲜韭菜若干。

【调料】精盐、花椒适量。

【制法】1.将韭菜择好洗净，直刀切成寸段。

2.拌上精盐、花椒，放入盆里加盖盖起来，腌两三天即可食用。这道菜经济实惠，佐饭最宜。

韭黄拌干丝

【原料】韭黄200克，香豆腐干100克。

【调料】芝麻油15克，精盐8克，白砂糖5克，味精1克。

【制法】1.将韭黄洗净，下开水锅里略烫一下，迅速翻个身，再烫约3秒钟，捞放在竹篮内，尽量将水甩去，然后切成3厘米长的段，放盘中，趁热拌入精盐和味精。韭黄经沸水的快速浸烫，质地会变得微脆而清香。

2.将香豆腐干切成丝，撒在韭黄上，淋入芝麻油，拌匀即成。这道菜香干柔韧，味爽口。

海米拌油菜

【原料】油菜250克，海米15克。

【调料】盐6克，酱油、醋、葱花各10克，姜末5克，香油1汤匙。

【制法】1.先将油菜择洗干净，直刀切成1.5厘米长段，下开水锅焯熟，捞出控去水分，用盐调拌均匀，装入盘子里。

2.将海米泡开，直刀切成小块，与油菜段拌在一起，最后将酱油、醋、香油、葱花、姜末调成汁，浇在菜里，调拌均匀即可。这道菜色如翡翠，滋味醇厚。

炝油菜

【原料】鲜油菜1000克。

【调料】姜丝3片，精盐、葱末各5克，椒油25克。

【制法】1.将油菜去叶根洗净，直刀切成抹刀片，放在开水中焯熟，捞出控干。

2.在油菜里拌上精盐盛盘，撒上姜末、葱丝，把椒油加热炝入即可。这道菜鲜绿脆嫩，宜佐面饭。

菜心面鱼

【原料】素鲜汤250克，富强粉、菜心各150克，鸡蛋1个，水发木耳25克，笋片50克。

【调料】熟花生油50克，味精5克，精盐10克。

【制法】1.将面粉放在碗里，放入鸡蛋和清水50克，一边放水一边搅动，打出黏性、厚糊状后待用。

2.铁锅放清水烧沸，把碗内厚糊用刀顺着碗边一片片削入锅内如钱形（即面鱼），待浮起水面时，漏勺捞起，放入冰水里浸冷，使其滑爽，捞出沥去水分。

3.炒锅烧热，放熟花生油50克，烧热后投入菜心煸炒，放入笋片、木耳和鲜汤烧滚，加味精、精盐后投入面鱼，一同烧滚，装碗即成。

05 藕/菌/笋/菇类

葡萄藕片

【原料】嫩藕、鲜葡萄各500克，葡萄干100克，蜂蜜200克，红樱桃5粒，黄瓜1小段。

【制法】1.鲜葡萄撕去皮，用牙签剔去籽，用榨汁机榨成汁；葡萄干切碎，纳盆，加入葡萄汁、蜂蜜混合均匀，即成葡萄蜂蜜汁。

2.嫩藕刮皮洗净，切成厚约0.2厘米的圆片，再用清水洗两遍后，放入沸水锅中焯至断生，捞出放入凉水中投凉，控干水分。

3.放入葡萄蜂蜜汁内拌匀，放进冰箱内冰镇约30分钟，取出装盘，点缀上红樱桃和切成佛手花的黄瓜即成。这道菜香甜脆爽，清凉可口。

香麻拌藕片

【原料】白藕400克，红椒丝50克。

【调料】油、花椒、精盐、白砂糖、白醋、鸡精、葱白丝、姜丝各适量。

【制法】1.藕段刮皮切成圆形薄片，再用清水冲洗，浸泡。

2.烧开水，能将全部藕片淹没为宜；迅速将藕片入水烫熟捞出，分数次浸入凉开水中，待变凉后沥干水分装盘。

3.烧热炒锅将油入锅，丢入花椒出香味放入姜丝炒香，同时加精盐和白砂糖，用铲子推动使调料尽量溶化后，改大火倒入白醋炝锅并继续搅动。

4.汤汁滚起后改小火，并加入鸡精、葱丝和红椒丝。

5.将全部调味汤汁淋入盛藕片的盘子即可。这道菜味道纯正、清凉可口。

凉拌莲藕

【原料】莲藕400克，水梨1个，山芹菜少许，红辣椒、青辣椒各1根。

【调料】红枣4个，白芝麻、辣椒粉各1大匙，糯米粉、甘草汁各1杯，精盐适量，醋少许。

【制法】1.糯米粉以少许水调匀并以小火煮成稠状，水梨去皮及核，切丝；红枣去核切丝；山芹菜切小段，烫熟；青、红辣椒洗净，去籽，切丝。

2.莲藕洗净去节，以醋浸泡约3分钟，切成2~3毫米片状。

3.所有食材放入大盆中加入糯米水、甘草水、辣椒粉及精盐拌匀并腌渍至入味即可。

糯米藕

【原料】糯米200克，藕1节，水适量。

【调料】红糖、大枣、蜂蜜、白砂糖各适量。

【制法】1.糯米洗净，加水和白砂糖浸泡一个晚上（至少两小时），沥干备用；莲藕刷净泥，去皮洗净，从粗的一端约5厘米处切开，把糯米填入各个藕孔，不需要太紧（糯米在煮的过程中还会稍涨发的），将切下的莲藕头盖上，用牙签固定住。

2.将藕放入高压锅，加入没过藕体的水，加入三大勺红糖、几颗红枣，20分钟后，出锅放凉后切片。

3.取出少许煮藕的红糖水，放入另一小锅内，加糖，煮糖汁至浓稠；食用时可蘸食，或者直接淋上蜂蜜食用。

蜜汁红枣藕片

【原料】莲藕、去核红枣各适量。

【调料】冰糖约30克，蜂蜜适量。

【制法】1.莲藕洗净去皮，切成薄片，入凉水中浸泡；红枣洗净。

2.煮锅中倒入适量水，大火煮开后放入藕片、红枣和冰糖，小火熬煮至水分几乎全部蒸发；取出藕片和红枣，入冰箱冷藏，食用前淋上蜂蜜。

茶香酸辣藕片

【原料】莲藕1节，青尖椒、红尖椒各半个。

【调料】红茶包、柠檬各1个，冰糖10克，姜3片。

【制法】1.莲藕洗净去皮、切成薄片，把藕片放入汤锅，并加入一个红茶包和适量冰糖，再加清水，没过藕片为宜，大火煮开，转小火煮10分钟左右。

2.姜去皮、切细丝；青、红椒洗净、切片。

3.将煮好的藕片连汤一起倒入盆中，加入姜丝和青红椒。

4.新鲜柠檬取汁1大勺，倒入藕片，搅拌均匀，盖上保鲜膜，放入冰箱冷藏半小时以上即可。

糖拌三鲜

【原料】花下藕500克，鲜核桃仁、鲜莲子各125克，山楂糕丁15克。

【调料】白砂糖175克，灯草、冷水适量。

【制法】1.把藕洗净、削皮、去尖，切成1.5厘米见方的丁；莲子去皮抽心。

2.鲜核桃剥去外皮和硬壳，再去分心木和仁皮，分别淘净，滤干水分；剥核桃仁时，冷水碗内需放入灯草，再放核桃仁，保持核桃仁不变颜色。

3.盘内先放藕丁，再把莲子、核桃仁放在上边，然后用白砂糖加凉开水，搅成浓汁浇在三鲜上边，撒上山楂糕丁即成。这道菜脆嫩利口，时令佳肴。

美味双耳

【原料】水发黑、白木耳各125克。

【调料】精盐2克，味精2.5克，胡椒粉、白砂糖各5克，麻油15克。

【制法】1.白木耳、黑木耳拣去杂质，去除根蒂和渣滓，用清水洗净泥粒，用开水烫一下立即投入凉开水，冷却后捞，控干水分装盘，木耳在水里不宜太久，否则影响木耳脆性。

2.在碗中放入精盐、味精、胡椒粉、白砂糖、麻油，加少量冷开水调匀，吃时将调料调匀浇在盘中即成。这道菜清口爽脆。

凉拌剁椒木耳

【原料】干燥压缩黑木耳1块，干腐皮20克。

【调料】剁椒酱2大勺，醋、黑胡椒粉、糖各1小勺，白芝麻适量，小葱1根，蒜2瓣，姜1小块。

【制法】1.黑木耳提前用冷水泡发，水中加入少许淀粉，浸泡3分钟左右洗净，沥干水分待用；腐皮用清水泡软待用。

2.锅中烧水，水开后放入黑木耳焯烫半分钟左右；捞出沥干水分，放入一只干净的大碗中。

3.关火，放入腐皮，利用余热将腐皮烫熟，过冷水后，捞出沥干水分；葱、姜、蒜均切碎末，倒入盛放木耳和腐皮的碗中。

4.加入剁椒酱、糖和黑胡椒粉搅拌均匀，盖上保鲜膜，放入冰箱冷藏半小时左右。吃之前撒上白芝麻，拌匀即可。

凉拌黑木耳

【原料】干木耳50克，香肠若干。

【调料】精盐、白砂糖、味精、醋、葱花、胡椒粉、麻油、小葱各适量。

【制法】1.将木耳用冷水洗净泡发后，放入锅里煮熟，然后捞出沥干水分。

2.将木耳放入碗中，加精盐、味精、白砂糖、醋、麻油、胡椒粉拌匀装盘，撒上葱花即成。这道菜清香爽口。

凉拌银耳

【原料】水发银耳150克，小黄瓜1条。

【调料】精盐、葱末、姜

汁、红辣椒、白砂糖、醋、麻油各适量。

【制法】1.银耳切成丝，用开水烫一下捞出，沥干水分，加精盐、味精、葱末、姜汁、白砂糖、醋拌好待用。

2.黄瓜洗净，用冷精盐开水消毒后片成长薄片，做成喇叭花形，用红辣椒丝做花心。

3.把拌好的银耳放在盘子中央，周围放黄瓜刻成的喇叭花即成。这道菜色彩鲜艳，清味可口。

炝辣三丝

【原料】莴笋500克，黄瓜250克。

【调料】精盐、葱各5克，红辣椒100克，姜3片，醋10克，椒油25克。

【制法】1.将莴笋剥去皮洗净，直刀切成丝；黄瓜洗净切丝；辣椒也切成丝并把它们都拌在一起。

2.再在上面撒上精盐、醋拌匀，放上葱、姜，炝上椒油即成。这道菜色彩鲜明，五味俱全。

拌莴笋

【原料】莴笋500克。

【调料】酱油25克，香油15克，精盐6克，味精2克。

【制法】1.将莴笋去叶，削去老根和皮，切成旋刀小块待用。

2.将莴笋块放入盒内，加入香油、味精、酱油拌匀即成。这道菜脆嫩、咸香、爽口。

蜜汁鲜果

【原料】苹果、梨、菠萝各100克，橘子150克，红、绿樱桃各15个。

【调料】白糖250克。

【制法】1.将苹果、梨均去皮，去核，切成小块；菠萝切成小块；橘子掰开，放入平盘中，搅拌均匀，用红、绿樱桃点缀上面。

2.将炒锅洗净，加清水150克，放入250克白糖，熬成糖汁浓如蜂蜜时，倒入碗中晾凉。

3.食用时将熬好的糖汁浇在上面即可。

如意笋

【原料】净冬笋400克，鸡胸脯肉100克，鸡蛋清30克，火腿条25克，青椒20克。

【调料】葱姜汁25克，料酒、味精各5克，精盐4克，香油、干淀粉3克。

【制法】1.用开水先把冬笋

煮熟，然后用滚刀切成约20厘米长的薄片；鸡胸脯肉剁成鸡茸，加入味精、精盐、蛋清、料酒和葱姜汁，搅拌均匀；把青椒挖去籽洗净，切成与火腿条一样粗细的长条，大约筷子粗细即可。

2.把笋片摊平，抹上干淀粉和一层鸡茸，然后把两根火腿条放在笋片的一端，把两根青椒条放在另一端，由两端向中间卷起。

3.其他按同法去做，卷好后上笼屉蒸熟取出，淋上香油。

4.冷却后把两头切去，并切成0.5厘米厚的片装盘即成。这道菜色白、脆嫩。

酒醉冬笋

【原料】鲜冬笋1000克，江米酒50克。

【调料】葱、生鸡油各25克，姜15克，精盐、味精各适量。

【制法】1.将冬笋的壳、内皮以及顶部老硬部分均去掉，切成约1厘米薄片；将葱切段、姜切成片备用。

2.将冬笋放在盆中，加入江米酒、味精、姜、精盐、葱搅拌均匀后，再放生鸡油，最好再用张油纸把盆口封严。

3.上屉用旺火蒸30分钟左右，而后取出晾凉，拣去鸡油渣和葱、姜即可盛盘。这道菜笋条鲜嫩，酒香味浓。

糖醋莴笋

【原料】莴笋1000克。

【调料】白糖100克，米醋50克，精盐5克。

【制法】1.将莴笋去皮、去筋，洗净，切成3.5厘米长的条，用盐拌匀腌1小时，控去水，再用洁布搌干水。

2.将白糖倒入小铝盒内，放入适量开水把糖化开，放在火上将糖汁熬后，下入米醋，离火晾凉。

3.用熬好的糖醋汁把莴笋条拌匀，腌2个小时即可。这道菜酸甜，脆嫩，爽口。

香辣鲜笋

【原料】鲜竹笋尖200克。

【调料】精盐、红椒丝各10克，胡椒粉3克，麻油、蒜蓉各5克，辣椒油、味精各8克，姜汁酒10克。

【制法】1.将鲜竹笋尖切成片状，锅里放入精盐、姜汁酒，笋尖下水后沥干水分。

2.放入精盐、味精、胡椒粉、麻油、蒜蓉、红椒丝拌匀，装盘拼摆整齐，淋辣椒油即可。这道菜色泽洁白，香脆爽口。

椒油金菇

【原料】鲜金针菇300克。

【调料】精盐、味精、花椒油、辣椒油、白糖、葱、香菜各适量。

【制法】1.葱香菜洗净，切成葱花和香菜碎备用。

2.金针菇切去根部，掰成小朵洗净。

3.锅里水烧开，放入金针菇焯水大约30秒左右，捞出冷水冲凉，再用凉开水冲一遍，沥干并用手挤干水。

4.放大碗里，放适量的盐、白糖、味精拌匀，再放花椒油、辣椒油、葱花、香菜，拌匀即可。

金针菇拌肚丝

【原料】猪肚半个，鲜金针菇250克，水1200克。

【调料】酒、精盐、味精、麻油、葱节、姜片各少许。

【制法】1.将猪肚翻洗干净，炒锅内加水1200克，放入猪肚，加酒、葱节、姜片，旺火烧开后，炆火焖酥，取出切丝；金针菇去根去叶，洗净，切成3厘米长小段，放入开水中烫至八成熟取出。

2.将金针菇与肚丝拌匀，再加精盐、麻油、味精拌匀即可装盘供餐。这道菜口感筋韧，咸鲜可口。

凉拌金针菇

【原料】金针菇、黄甜椒丝各适量。

【调料】葱丝、蒜蓉、生抽、香醋、香油、蜂蜜（糖）各适量。

【制法】1.水烧开，先放入金针菇、黄甜椒丝烫约30秒，加入葱丝拌匀后捞出，再放入冰水里浸泡半分钟。注意金针菇非常细嫩，在水里汆烫的时间最好不要超过30秒，否则口感太老，咀嚼的时候会塞牙。

2.1.5勺生抽、1勺香醋、小半勺蜂蜜（糖）和蒜蓉充分拌匀成滋味料。把金针菇和黄甜椒捞出，并轻轻挤干水分，把滋味料放到里面拌匀。如果爱吃辣椒，就可以加少许的辣油。上桌前滴几滴香油即可。

菊花酥金菇

【原料】鲜金针菇300克。

【调料】豆油750克（耗50克），精盐、味精、胡椒粉、辣酱油、葱节、姜块各适量。

【制法】1.先将精盐、味精、胡椒粉、辣酱油、葱节、姜块配成调料液。

2.金针菇洗净去杂质投入沸水焯片刻，捞出沥干，在配好的调料液中浸20分钟，拣去葱、姜块，每10根左右金针菇理齐扎好。

3.炒锅放豆油，上火至七成热时投入金针菇束，炸至酥脆即可装盘，其外形如同菊花，故起名菊花酥金菇。这道菜造型美观，色香俱全。

香卤猴头

【原料】干猴头100克，小香菇、笋片各30克，清汤适量。

【调料】植物油、白砂糖、植物油、麻油、料酒、酱油、味精、桂皮、八角、陈皮、姜片、葱段各适量。

【制法】1.先将猴头及小香菇泡发洗净，并将猴头劈成厚片。

2.炒锅放植物油烧热，下姜片、葱段、八角、桂皮、陈皮煸出香味。

3.放入猴头片、笋片、小香菇翻炒。

4.放入清汤，加料酒、精盐、白砂糖、酱油、味精，卤透后起锅，再淋上麻油即成。这道菜香浓可口。

水晶猴头

【原料】鲜猴头菇200克，水发香菇100克，熟火腿50克，鸡汤适量。

【调料】料酒、精盐、味精、醋、葱、姜各适量，琼脂、香菜叶各少许。

【制法】1.将鲜猴头菇洗净切成薄片，放在碗中，加少许鸡汤，再加料酒、味精、精盐、姜片、葱段，上笼蒸烂取出，滗出的汤汁另盛在一个碗内。

2.取小汤碗一只，在碗底抹油，将熟火腿切成菱形片，排放在碗底，呈花朵形，香菜叶用开水烫后放在火腿花朵四周，再将蒸好的猴头菇码入碗中。

3.炒锅上火，在锅内倒入蒸过猴头菇的汤汁，再倒入琼脂，烧透后加精盐、料酒、味精，沸后撇去上面的浮沫，即可出锅；然后将汤浇在猴头碗中，凉后放入冰箱，冻1小时左右取出，反扣入圆盘中央，即成水晶猴头。

4.香菇去蒂洗净，沥干水分，

待炒锅放油烧热，下葱白、姜煸炒出香味后，加入香菇，加酱油、白砂糖卤透，淋上麻油，翻炒一下出锅，凉后围放在水晶猴头四周即成。上桌时需备醋和姜末。这道菜晶莹剔透，咸鲜可口。

田园蘑菇沙拉

【原料】什锦生菜心20克，香菇、草菇各15克，金针菇10克。

【调料】意式香醋20克，橄榄油适量。

【制法】将什锦生菜心、香菇、草菇切片，加入意式香醋和橄榄油调和后摆放盘中即可。

06 萝卜/花椰菜/葱/彩椒

剁椒炝拌三丝

【原料】胡萝卜、青笋各1根，干木耳1小把。

【调料】大蒜2瓣，剁椒、熟白芝麻各30克，精盐、糖各3克，鸡精1克，香油6毫升，青花椒5克。

【制法】1.提前2小时将木耳用冷水泡发，洗净后切丝备用；胡萝卜去皮切丝；青笋去皮切丝；大蒜去皮压成蒜泥。

2.将青笋丝放入大碗中，加少许精盐腌制10分钟；将胡萝卜丝和木耳丝在开水中焯烫20秒钟，捞出后过冷水，沥干后倒入青笋丝中。

3.再在青笋丝中调入剁椒、糖、鸡精和少许精盐，搅拌均匀。注意一定要酌量，因为腌制青笋丝时已加精盐。

4.锅中倒入香油，大火烧四成热后，放入青花椒，看到油冒烟，即可关火，将油的1/3浇到拌好的三丝上，再撒入熟白芝麻，搅拌均匀后即可食用。

开胃酱萝卜

【原料】白萝卜半根。

【调料】精盐、白砂糖各15克，白醋10毫升，生抽60毫升，冷开水200毫升。

【制法】1.将白萝卜切成片，拿一个大碗，在碗底铺上一层萝卜片，撒上几克精盐，撒好精盐后盖上两层萝卜片；再均匀地撒上精盐，再盖上两层萝卜片。将所有的盖好后静置15分钟，然后将腌制出来的水倒掉。

2.在白萝卜上，加上一大勺白砂糖，用手抓匀，再腌制15分钟，然后再次将腌制出来的水倒掉，建议最好反复这样两次糖腌。

3.将腌制好的萝卜片用凉开水清洗一遍，挤去水分；在洗干净的萝卜片中加入60毫升生抽、10毫升白醋、200毫升冷开水、拌匀后盖上保鲜膜，入冰箱冷藏2天即可食用。

京糕萝卜丝

【原料】山楂糕（京糕）100克，白萝300克。

【调料】白砂糖适量。

【制法】1.白萝卜切丝，用糖拌匀腌制10分钟；山楂糕切丝。

2.腌好的萝卜丝沥去水分，倒入山楂糕丝即可。

凉拌西蓝花

【原料】西蓝花300克，胡萝卜100克，鲜蘑150克。

【调料】小葱、大蒜、香油各10克，精盐、醋各5克。

【制法】1.将西蓝花洗净分成小块，用滚水烫一下，摊开，晾凉；将适量胡萝卜切成小丁；蘑菇切成片，过水烫一下；切适量的葱丝和蒜末。

2.将西蓝花、胡萝卜、蘑菇、葱、蒜放一起，加适量精盐、醋、香油，拌匀即可食用。

炝菜花

【原料】菜花1000克。

【调料】椒油、精盐、葱花各5克，姜10克。

【制法】1.将菜花去根洗净，破开花瓣，直刀切成小块。

2.将菜花放在开水中煮沸，然后捞出控干，撒上精盐盛盘，然后放上姜、葱，把椒油加热炝上即成。这道菜形美味鲜，宜佐酒饭。

醒胃腌椰菜花

【原料】花椰菜1个，青瓜、甘笋各1条，萝卜1/2根，红辣椒1个（去籽、切段），月桂树叶片2～3枚。

【调料】腌料：醋2杯，水半杯，砂糖3汤匙，盐1茶匙。香料：胡椒粉、丁香、肉桂各适量。

【制法】1.把腌料与红辣椒同煮滚，候冷后放阔口瓶中，加入月桂树叶及香料做成的料汁。

2.将青瓜洗净，横切5厘米长段；花椰菜去硬的茎端，分小朵切开，置滚水中汆过，捞出沥干；甘笋开边，切5厘米长筷子粗条状。

3.把青瓜、花椰菜、甘笋放入腌料汁中腌2~3小时即可食。

拌葱头

【原料】葱头500克，青红辣椒3个。

【调料】酱油、陈醋各15克，精盐5克，香油3克。

【制法】1.将葱头剥去老皮洗净，直刀切成片，再改刀切成粗丝或小块；辣椒直刀切成丝共装盘内。

2.然后拌上精盐、酱油、陈醋，最后滴上香油，拌匀即好。这道菜新鲜脆嫩，酸辣适口。

糖醋京葱

【原料】京葱500克。

【调料】植物油适量，白砂糖150克，香油100克，白醋50克，味精3克。

【制法】1.把京葱切成6厘米长段。

2.开火把油烧至七八成热时，将京葱下锅至淡黄色时取出，投入砂锅中，同时放清水50克、香油、味精、白砂糖，用小火把卤汁收干加入白醋，冷却装盘即成。这道菜色泽淡黄，味香酸甜。

青椒拌干丝

【原料】青椒250克，豆腐干3块。

【调料】香油、精盐、白砂糖各5克，味精少许。

【制法】1.将青椒去柄洗净，用直刀切成细丝，豆腐干也用直刀切成细丝。

2.将青椒、豆腐干一同放入开水锅里焯一下捞出，沥去水后倒入调盆里，加入香油、白砂糖、精盐、味精拌和均匀即可装盘。这道菜色鲜味香，佐酒最宜。

07 苹果/梨/其他果类

拔丝苹果

【原料】苹果250克。

【调料】青、红丝各15克，熟芝麻10克，熟猪油1000克（过油用），白糖、蛋清、干淀粉、面粉各适量。

【制法】1.将苹果洗净削皮，切四半，去净果核，切成滚刀块，稍粘一层面粉；蛋精加淀粉调成糊，放入苹果块抓匀。

2.锅内放猪油，烧至五六成热时，将抓好的苹果逐块下入油内，炸成浅黄色连油倒出。

3.锅内放少许油和水，加白糖炸成浅黄色冒泡能拔丝时，倒入炸好的苹果，离开火口，边颠边撒青红丝、芝麻，挂匀糖浆出锅，同凉水碗一起上桌，蘸凉水食用。

田园三脆

【原料】梨子1个，青瓜半条，西芹100克。

【调料】白砂糖适量，白醋少许。

【制法】1.先将西芹洗净后削去表皮、撕去筋，切成小条状，放入沸水中烫一分钟后捞出过冷水，沥干待用。

2.梨子去皮及核，青瓜洗净晾干，再将它们切成和西芹同样大小的条状。

3.将切好的梨子、青瓜、西芹放入碗中，依个人口味加入白砂糖、白醋后拌匀，盖上保鲜膜放入冰箱冷藏半小时即可。但要注意这三种食材其性都偏凉，因而脾胃虚寒者不可多食。

蜜汁梨球

【原料】黄梨500克，鸡蛋2个（取蛋清）。

【调料】植物油500克，面粉30克，淀粉10克，蜂蜜100克，白糖200克。

【制法】1.将梨去皮去核切成丝，加鸡蛋清、淀粉、面粉调匀，制成丸子。

2.将梨丸放入五成热油锅中炸至金黄色捞出，沥油，炒糖色，加清水、白糖、梨球慢火收汁，浓稠时放入蜂蜜，浇明油装盘即成。

芒果沙拉

【原料】水500毫升，熟透的芒果3个。

【调料】糖250克，四合一香料（桂皮、丁香花蕾、肉豆蔻、黑胡椒）10克。

【制法】1.芒果去皮，切片待用；将糖、四合一香料和水混合，煮开，加盖，浸泡。

2.将芒果片置于平底锅上，摊开，用糖水浸没，煮沸后冷却，让芒果片浸渍片刻。

3.把芒果片装在汤盆内，用漏勺过滤卤汁，浇淋在芒果片上即成。这道菜色泽宜人，回味微甜。

桃子沙拉

【原料】水750毫升，桃子6个，丁香花蕾6粒，小豆蔻6克。

【调料】糖350克。

【制法】1.用糖、丁香花

蕾、小豆蔻和水制成糖水，煮沸加盖，浸泡十分钟。

2.将桃子去皮，保留圆形，浸渍在热糖水中，然后取出，切片，将核挖去。

3.装在汤盆内，浇上过滤后的糖汁即可。

蜜汁肥桃

【原料】肥桃200克，蜂蜜20克。

【调料】白糖、桂花酱各20克，花生油50克。

【制法】1.肥桃去皮切成滚刀块，粘匀干面粉，放入六成热油锅中炸透，呈金黄色捞出。

2.炒锅加油、白糖，中火炒至呈红色时，加清水、白糖、蜂蜜炆2分钟，然后将桃倒入，再放入桂花酱炆至汁浓时，盛入盘内即成。这道菜色泽金黄油亮，甜香爽口。

拔丝楂糕

【原料】山楂糕350克，面粉30克，鸡蛋25克，芝麻仁10克。

【调料】花生油500克（实耗油75克），白糖75克，桂花酱5克，芝蔴油、水淀粉各15克。

【制法】1.将山楂糕切成4.5厘米长、1.2厘米宽的条；鸡蛋加水淀粉、面粉、清水调成蛋糊。锅置火上，加花生油，烧至六成热时，将楂糕条逐一先滚上水淀粉，再拖满蛋糊放入油中，炸至金黄色时捞出。

2.在炸楂糕条的同时，另取锅上火，放花生油、白糖和清水，用小火熬至糖液出丝时，放入桂花酱和炸好的楂糕条颠翻炒锅，撒上芝麻仁，装盘即成。这道菜植糕外皮甜脆，内软嫩，酸甜爽口。

蜜汁金枣

【原料】枣泥150克，山药100克，青梅条20克。

【调料】花生油50克，白糖、蜂蜜各20克，桂花酱15克。

【制法】1.山药洗净，上笼蒸熟去皮，用力压成细泥，加面粉拌匀，做成直径3厘米的圆饼，包入枣泥馅，做成枣状的丸子，在一端插上一根青梅条为枣蒂，外面滚上干面粉，放入六成热油锅中炸成金黄色捞出沥油。

2.炒锅加油、白糖，中火炒至呈红色，加水、白糖、蜂蜜、桂花酱炆成浓汁，倒入炸好的“金枣”，再炆半分钟，装盘即成。这道菜形似金枣，色泽金黄，甘香浓郁。

蜜三果

【原料】山楂、栗子、白果各100克。

【调料】蜂蜜50克，白糖20克，芝麻油100克，桂花酱15克。

【制法】1.山楂洗净，用水蒸至五成热时取出，用铁钎捅去核，去皮，洗净；栗子用刀划断外壳，略煮，剥去外壳、内皮，洗净。

2.白果剥去外壳，刷去软皮，剔除果芯，淘洗干净；栗子、白果加清水上笼蒸20分钟，熟透取出，滗净水分。

3.炒锅内放入芝麻油，中火烧至浅红色，加水、白糖、蜂蜜、山楂、栗子、白果，煮沸后改用小火炆至糖汁浓稠时放入桂花酱，淋上芝麻油拌匀装盘即成。这道菜色泽红、白、黄三色相间，鲜美雅洁。

拔丝空心小枣

【原料】金丝小枣200克。

【调料】脂油、淀粉各50克，白糖25克，花生油100克。

【制法】1.将脂油剁成细泥，加白糖拌成水晶馅；小枣放入沸水中浸泡，去掉枣核，将水晶馅抹入空心处，放在干淀粉中滚动，使枣均匀粘上一层淀粉。

2.炒锅放花生油，中火烧至五成热，放入小枣，以小火炸至金黄色时捞出。锅内留油，加入白糖炒至深黄色能拔出丝时，倒入炸好的小枣，颠翻炒锅，蘸匀出锅即成。这道菜果肉软密，枣甜内软而香，内外拉丝，绵延不断，别有雅趣。

香橙龙眼

【原料】龙眼肉200克，橙汁80克，鲜橙片适量。

【调料】白砂糖50克，白醋10克，精盐、香精粉各2克。

【制法】1.将新鲜龙眼去壳，冲洗干净。

2.将浓缩橙汁加入白砂糖，放入鲜橙片、白醋、精盐、香精粉调匀，再放入冰开水。

3.将洗好的龙眼肉放入橙汁水中，放入冰箱6小时后取出装盘即可。这道菜橙香酸甜，爽口开胃。

石斛花生米

【原料】花生米250克，石

斛25克。

【调料】盐3克，八角1.5克，山柰1.5克。

【制法】1.将石斛洗净切成约1厘米长的节；花生米除去霉烂颗粒，洗净沥干。

2.锅内注入适量清水，放入盐、八角、山柰，待盐溶化后，倒入花生米，同时将石斛入锅，置武火上烧沸后，移至炆火煮约1小时，待花生米熟透装盘即成。这道菜花生酥烂，咸鲜适口，并具有养阴润肺、清热生津之功效。

禽畜类

01 鸡/鸭/鹅

葱椒鸡

【原料】三黄鸡半只，花椒油10克。

【调料】葱花15克，红椒8克，精盐5克，味精6克，油炸花生米、芝麻、胡椒粉、辣椒油各适量。

【制法】1.将三黄鸡洗净，凉水下锅，锅里放葱、精盐、姜，小火煮10分钟后捞出，改刀装盘。

2.葱花放入锅里炒香，放入花椒油、红椒等调料拌匀，浇在装入盘里的鸡肉上即可。这道菜葱椒浓香，麻辣适口。

手撕白斩鸡

【原料】小香菇干、肥母鸡、香菜各适量。

【调料】姜片、精盐、糖、鸡油各适量。

【制法】1.小香菇干提前泡发好；鸡洗净。

2.将鸡、香菇、少许姜片放入高压锅内，开锅后压15～20分钟；鸡油用小火及姜片慢煎，出油后放入碗中，待冷后加入精盐、少许糖调好后放入冰箱中，冷却备用。

3.鸡做好放冷后，用手将鸡肉撕成小块，再将冷却的鸡油倒入搅拌装盘即可。

白斩河田鸡

【原料】河田鸡1只。

【调料】葱白、嫩姜各2克，香油、精盐、鸡油各适量。

【制法】1.将生鸡宰杀，放血去净毛，冲洗干净，于腹部后端从肛门处起开1小口，取净内脏，彻底洗净血污，取精盐适量擦遍鸡全身表里（护皮勿破），腌1小时使其入味。

2.葱白、嫩姜及精盐适量，共剁为汁（也可熬成油姜葱汁），装碟备用。将整鸡置盆内加盖，上冷水蒸锅密封，从常温蒸到沸点，干蒸约1个小时（以鸡翅紧贴身，筷子能一戳而过，鸡皮尚未破裂为标准），取出风凉，斩成鸡块，整齐装盘。

3.原蒸盘中之鸡原汁（干蒸鸡）10毫升，加入做好的油姜葱汁薄浇在装好的鸡块上，即可上席。这道菜干蒸精制，金黄油亮，肉香扑鼻。

怪味鸡丝

【原料】嫩公鸡1250克，鸡汤适量。

【调料】酱油60克，白砂糖25克，红油辣椒50克，芝麻酱、醋、熟芝麻、香油各20克，姜末、蒜泥、葱花各10克，味精、精盐、花椒面各5克，油酥郫县豆瓣30克。

【制法】1.将鸡去内脏洗净，入锅煮，汤烧开撇尽浮沫，煮至刚熟，捞入凉开水中，漂凉后去骨，切成约9厘米长、3厘米粗的丝，盖在葱丝上。

2.取一个碗，放入酱油、白砂糖、精盐、醋、花椒面、姜末、蒜泥、油酥郫县豆瓣、葱花、芝麻酱、熟芝麻、味精、香油、红油辣椒，加适量鸡汤兑成“怪味汁”，浇在鸡丝上即成。此法也可用于兔肉、猪肚、口条、鸭条等。

椒麻鸡

【原料】公鸡1只（鸡500克左右为好），花椒20粒，汤25克。

【调料】葱、酱油各25克，味精、精盐各5克，香油、白砂糖各10克。

【制法】1.将宰杀去毛的鸡开膛，除去内脏、头、爪、鸡臊，冲洗干净后，把绒毛拔光，下入开水锅煮15分钟，加些凉水再煮15分钟，直到用根竹筷扎入腿内拔出无出血现象则表明鸡已煮熟，而后捞出用凉开水泡上，凉透后取出，晾去皮上水分，抹上点香油。

2.将葱、花椒合在一起剁碎，加葱、酱油、汤、味精、精盐、香油、白砂糖兑成汁。

3.将煮熟抹好香油的鸡去骨剁成块盛盘，浇上兑好的汁，吃时拌匀即可。这道菜有葱椒香味，清淡适口。

芥末鸡

【原料】公鸡（或大笋鸡）肉500克。

【调料】香油、芥末、醋各15克，精盐10克，味精5克。

【制法】1.将鸡肉用凉水下锅白水煮热，捞出，用水泡凉，擦去水分，抹上香油。

2.芥末用水调湿晾凉，加入香油、芥末、醋、精盐、味精兑成汁。

3.将煮熟的鸡肉去骨盛盘，浇上兑好的汁和芥末即成。这道菜通七窍，清淡爽口。

翡翠鸡片

【原料】鸡脯肉150克，嫩黄瓜75克，蛋白浆50克，榨菜25克，鲜尖椒、松花蛋各1个。

【调料】香菜5克，姜汁2克，精盐、味精、料酒、香醋、香油、红油各适量。

【制法】1.将鸡脯肉洗净，用坡刀片成薄片，再把精盐、料酒、味精和蛋白浆搅拌成浆，把鸡胸脯上浆；将嫩黄瓜纵剖成两半，斜刀切片，用少许精盐腌渍一下，沥尽汁水；榨菜剁成细粒；将松花蛋切成小丁；红尖椒、香菜分别剁成细末。

2.将松花蛋丁、榨菜粒、红尖椒末和香菜末共放碗中，加入精盐、香醋、香油、红油、姜汁、味精等，调匀成松花榨菜味汁。

3.在锅内倒入清水，上火烧沸，抖散下入上浆的鸡片，待熟后捞起，放入凉开水中冲凉，与黄瓜片装入圆盘中，浇淋上调好的松花榨菜味汁即成。这道菜鸡片滑嫩、黄瓜脆爽，咸鲜酸辣。

芥酱酸拉皮

【原料】鲜拉皮1张，熟鸡脯肉、熟火腿肉各50克，酸白萝卜、酸花菜各10克，鲜汤适量。

【调料】香醋50克，芝麻酱15克，芥末酱10克，酸梅、香菜、蒜仁各5克，精盐、味精、香油、红油各适量。

【制法】1.将熟鸡脯肉用手撕成丝；熟火腿肉切成细丝；将鲜拉皮切成0.3厘米宽的长条；将酸白萝卜、酸花菜分别切成小丁；将酸梅、香菜分别剁成末；将蒜仁制成泥。

2.在芝麻酱中加入鲜汤，搅成稀糊状，再加入酸白萝卜丁、酸花菜丁、芥末酱、香菜末、蒜泥、酸梅末、味精、香油、香醋、精盐、红油调匀成味汁。

3.在拌好汁里放入拉皮条、鸡丝、火腿丝拌匀，装盘即成。这道菜滑软筋道，酸香微辣，麻酱味浓。

泡椒沙拉鸡

【原料】熟鸡肉450克，嫩芦笋200克，红萝卜小花、香花草各少许，香菜末、熟芝麻各适量。

【调料】油酥泡辣椒末25克，沙拉酱30克，红油20克，生抽15克，沙拉油10克，精盐、味精各2克，鸡精1克。

【制法】1.芦笋切成8厘米长的段，入沸水锅中氽烫至断生后，捞出沥干，让其自然冷却，再用味精、精盐、沙拉油拌匀，然后分两层在圆盘内摆成正方形；熟鸡肉去骨，斩成1.5厘米宽、6厘米长的条，码在盘中正方形芦笋上。

2.将油酥泡辣椒末装入碗内，再加入沙拉酱、味精、鸡精、精盐、生抽、红油、沙拉油，将其搅打均匀，即成泡椒沙拉酱。

3.取油纸一张做成锥形卷，将泡椒沙拉酱装入锥形卷中，然后在鸡肉上挤出各种图案，并用红萝卜小花和香花草装饰盘边，即成。这道菜形色美观，咸鲜微辣、味酸甜。

熏鸡

【原料】制好的卤汤5000克，母鸡1只（约1500克）。

【调料】精盐面15克，葱段、姜块各10克，花椒5克，香油适量。

【制法】1.将母鸡经初步加工后，从鸡膀下开口取出内脏，在脖子后开口，取出鸡嗉，冲洗干净放在盆内。

2.把姜块、葱段拍松，放在鸡身上，然后取一半花椒和精盐面撒在鸡身上，另一半从开口处装入鸡腹内，腌1个小时，放入卤汤锅内，汤浇沸后，移至武火上，盖住锅盖，焖卤25分钟，捞出晾凉，熏制。熏好后晾凉，均匀地抹上香油。这道菜，皮脆、肉嫩、味清香。

五味鸡

【原料】仔鸡1只（约750克）。

【调料】番茄酱、小磨油各25

克，精盐15克，白砂糖、葱段、姜末、蒜蓉、料酒各10克，咖喱粉5克，味精2.5克，大油少许。

【制法】1.把鸡经初步加工后，剁成12块，用精盐、味精、料酒腌2小时，搌干，在热油里炸5分钟捞出。

2.锅放火上，加少许大油，烧热放入葱段，炸出香味，再加咖喱粉、番茄酱，炒1分钟，倒入400克清水，放入姜末，烧沸后下入鸡块，用纹火煨至鸡烂，再换用武火收汁，加蒜蓉、小磨油，捞出即成。这道菜酸、辣、甜、咸、香五味俱全，老少皆宜。

桶子鸡

【原料】肉鸡3只（5000克），荷叶3张。

【调料】葱、精盐各250克，姜、大料各100克，花椒25克，料酒150克。

【制法】1.将鸡经初步加工后洗净，剁去爪，去掉翅膀下半截的大骨节，从右膀下开个5厘米长的月牙口，手指向里推断三根肋骨，食指在五脏周围搅一圈后取出，再从脖子后开口，取出嗉囊，冲洗干净，两只大腿从根部折断，用绳缚住；全大料用稀布包住。

2.先用部分花椒和精盐放在鸡肚内晃一晃，使精盐、花椒均匀浸透；洗净的荷叶叠成7厘米长、5厘米宽的块，从刀口处塞入，把鸡尾部撑起。用秫秸秆一头顶着荷叶，一头顶着鸡脊背处，把鸡撑圆。

3.将白卤汤锅放火上，烧开撇沫，先将桶子鸡下入涮一下，紧住皮后再下入锅内，放入全大料、料酒、葱、姜，汤沸移至小火上焖半小时左右，捞出即成。这道菜鸡皮黄亮，肉嫩鲜香。

香辣雪梨手撕鸡

【原料】雪梨半个，鸡胸1块，小红尖椒、小青尖椒各半根，香辣花生少许。

【调料】姜2片，蒜2瓣，生抽、植物油各1大勺，醋1茶匙，小红米椒1个，香辣酱1茶匙，花椒15粒，小葱1根。

【制法】1.姜切片、1/3的小葱切段；鸡胸洗净，放入汤锅，放入姜片、葱段、一茶匙精盐，加清水没过鸡胸，大火加热，水沸后再煮1分钟，关火后焖15分钟，因为鸡肉三分靠煮，七分靠焖，不要煮太久，否则肉会变老。将浸泡好的鸡胸取出，洗去浮沫，用手撕成细丝。

2.雪梨洗净、去皮，切成细丝，浸泡在冷水中，防止氧化；青、红椒切细丝，与鸡丝和梨丝一起拌匀。

3.剩余的2/3小葱切碎与其他调料混合，做成料汁，植物油烧热，放入花椒爆香，捞去花椒，将料汁和热油一同浇在鸡丝上，撒少许麻辣花生，拌匀即可。

蓝花酥鸡腿

【原料】肉鸡腿1个（重约400克），西蓝花50克，鸡蛋1个，淀粉50克。

【调料】花生油700克，面粉、葱姜汁各20克，料酒15克，精盐4克，味精2克，十三香粉1克，胡椒粉0.5克，排骨精3克。

【制法】1.锅内加水烧开，下入鸡腿焯透，捞出。鸡腿内侧扎些小孔，用料酒、葱姜汁、精盐2克、味精、十三香粉、胡椒粉、排骨精抹匀入味。

2.鸡蛋磕入碗内，打散，加淀粉、面粉调成糊，再加花生油10克调匀。

3.锅内倒入余下的花生油烧至五成热，将鸡腿挂匀糊，下入油中炸至熟透、皮酥时捞出；鸡腿切成条装盘。

4.西蓝花切成块下入沸水锅中，加入余下的精盐焯熟捞出，围在鸡腿条周围即成。这道菜西蓝花清鲜，鸡腿外酥里嫩，咸香味美。

陈皮鸡

【原料】鲜嫩开膛鸡1只（约500克），鲜汤50克。

【调料】菜油500克，糖20克，姜、酱油、料酒、醋、葱各10克，香油5克，干辣椒、陈皮各4克，盐3克。

【制法】1.干辣椒擦净，去蒂、籽，切成短节；陈皮洗净撕成块；嫩鸡开膛洗净后，去掉头、颈、脚爪，剔去骨头，鸡肉切成约2厘米见方的块，盛入碗，加姜、葱、料酒、盐、酱油拌匀码味。

2.锅置旺火上，下菜油烧热约150℃，去掉鸡块中的姜、葱，滗去水后，鸡块下锅炸至呈金黄色约5分钟，捞出，去掉炸油，另下菜油约150克，烧热，放入辣椒节、花椒、陈皮稍炸，随即放入鸡块，加少量鲜汤，烹入糖醋汁。

3.用中火收至汤汁吐油时起锅，淋上适量香油，晾凉装盘即成。这道菜色泽红亮，麻辣香嫩，味浓鲜香。

水八块

【原料】开膛嫩仔公鸡1只（约500克）。

【调料】盐3克，酱油、白糖、熟辣椒油、花椒粉各10克。

【制法】1.开膛仔公鸡清洗干净，入沸水锅中煮至刚熟捞出，晾凉，砍去鸡头、翅、腿作他用，从腹中线剖开，分成背、胸、腹各一块，然后砍成八块，每块都应带骨，且成厚薄均匀的斜片。

2.置入盆中，加盐、酱油、白糖等拌匀，再加入熟辣椒油拌匀，撒上花椒粉即成。这道菜肉质细嫩，麻辣鲜香，咸甜适口。

糊涂鸡

【原料】三黄鸡（1250~1500克）。

【调料】泡辣椒、花椒面、姜、葱、料酒、糖、醋、盐、味精、蒜末、辣椒油、芝麻各适量。

【制法】1.三黄鸡洗净血水，锅内加清水、姜、葱、盐、料酒烧沸后，把鸡出水后放入锅内，用小火浸煮15分钟左右，水不能沸，捞起鸡放入冷鸡汤内浸1小时后取出，切条装盘。

2.泡辣椒去籽剁细，加入糖、醋、味精、蒜末、花椒面、辣椒油等调制成味汁，淋在鸡条上面，撒上芝麻、香葱花即成。这道菜既有家常菜的味道，又有麻辣鸡的口感，兼有泡椒鸡的风格。

山城棒棒鸡

【原料】嫩公鸡1只（约1000克）。

【调料】芝麻油20克，芝麻面、芝麻酱各5克，花椒面2克，口蘑、酱油、葱花、白糖、红油辣椒各10克，味精1克。

【制法】1.将公鸡宰杀去毛，除去内脏洗净，入沸水锅中煮一刻钟；掺入半瓢冷水；待水再次煮开时，将鸡翻面再煮约10分钟，再掺入半瓢冷水；待水烧开之后翻面，用小竹签刺入鸡肉内，无血珠冒出时即可捞起，放入冷开水中浸泡1小时，取出晾干。

2.鸡皮上刷一层芝麻油，再将鸡头、颈、翅、胸脯、背脊分部位宰开，鸡头切成两块，其余用小木棒轻捶，使之柔软，切成筷子粗的条装盘。食用时将红油辣椒、芝麻粉、花椒粉、芝麻油、口蘑、酱油、白糖、葱花、味精等调匀成汁，即可蘸食。这道菜肉质细嫩，麻辣咸鲜，香味浓郁。

鸡丝拉皮

【原料】鸡脯肉200克。

【调料】绿豆芡粉175克，黄瓜100克，醋50克，酱红萝卜30克，小磨油25克，蛋清1个，酱油10克，芝麻酱15克，芥末7.5克，精盐水5克，花生油500克（约耗75克）。

【制法】1.芡粉兑成稀糊，取150克倒入旋子中，放在开水锅里，用手一转，踅成薄皮，在开水中浸熟变青，放在凉水中，将粉皮撕下（拉三张），切成0.7厘米宽的长条，将鸡脯肉切成0.35厘米粗细的细丝，洗净后搌干，加入蛋清、芡粉、精盐水叠匀。

2.锅放火上，热锅凉油将鸡丝下锅，用筷子蹚开，捞入温水内，滤净水分，放在盘内，再将红萝卜、黄瓜丝放在拉皮上边，鸡丝放在最上边。最后将精盐水、醋、酱油、小磨油兑成汁浇在上面。这道菜鸡丝鲜嫩，拉皮滑筋，下酒佳肴。

盐水肫花

【原料】鲜汤50克，鸡肫250克。

【调料】姜、葱、料酒、香油各10克，精盐3克，花椒2克，味精0.5克。

【制法】1.鸡肫去内金洗净，去鸡肫外表皮的白筋膜，改成4瓣再用直刀刻成十字花刀，刀距为2毫米，深度达4/5，然后装入蒸碗，加精盐、姜、葱、料酒、味精、鲜汤、花椒入笼用旺火蒸至熟透，取出晾凉，装盘，原汁加香油淋于肫花上即成。

2.此菜也可用煮的方式，如蒸时加五香粉或装盘后淋上椒盐汁，则为五香肫花或椒盐肫花。这道菜形如花朵，质地脆嫩，清淡爽口。

鸡蹄花

【原料】公鸡脚爪500克。

【调料】红油20克，蒜泥、椒盐各10克。

【制法】1.鸡爪洗净去老皮，置于冷水锅中，用中火煮沸后，改微火浸煮约20分钟，将锅端离火口，待冷后捞出鸡爪。

2.用小刀在主骨及小爪的背面顺开一刀，将鸡爪整骨取出，即成鸡蹄花。剔好的鸡蹄花用干净湿布盖好，以免水分散失。食时，依各人口味可分别配上红油、蒜泥、椒盐味碟蘸食。这道菜清爽脆嫩，形美味佳。

山椒凤爪

【原料】凤爪150克，红尖椒、青尖椒各10克。

【调料】韩国米醋25克，精盐80克，味精30克，花椒粒、大蒜头各10克，四川泡山椒30克。

【制法】1.将青、红尖椒切成圆形圈，用少许精盐腌制，大蒜头一切二。

2.将凤爪去除大骨改刀，放入清水浸泡1小时去除血痕，下水后冲洗冷却。

3.将韩国米醋、四川泡山椒、精盐、味精、花椒调成泡汁，放入凤爪和青红尖椒，封口泡至24小时取出装盘即可。这道菜酸辣咸鲜，口感独特。

沙拉樟茶鸭

【原料】樟茶鸭脯肉350克，苹果肉、哈密瓜肉、火龙果肉、雪梨肉、芒果肉、奇异果肉、虾片各50克，胡萝卜雕的小鸭1对。

【调料】沙拉酱80克，香花草少许，精炼油1000克（约耗50克）。

【制法】1.苹果肉、哈密瓜肉、火龙果肉、雪梨肉、芒果肉、奇异果肉均切丁，装入碗内，用沙拉酱拌匀，再用保鲜膜盖好，然后放入冰箱中冰镇1小时，即成水果沙拉。

2.炒锅置火上，放入精炼油烧热，投入虾片炸泡后捞出，即成虾盏；再投入鸭脯肉，炸至色红酥香时，捞出晾凉，随后片成薄片。

3.先将虾盏装入圆盘内，再取出水果沙拉，逐一装入虾盏内，面上分别放上鸭脯肉片，盘边用胡萝卜雕小鸭及香花草装饰即成。这道菜鸭脯酥嫩，水果多样，酸甜咸香。

冻鸭掌

【原料】净鸭掌500克，原汤适量。

【调料】料酒、植物油各25克，酱油15克，葱、姜各10克，精盐、香油各5克，糖、味精各3

克，大料2个。

【制法】1.先把鸭掌洗净，放入锅内煮至八成熟时捞出，冷却后拆净大小骨头；原汤留用。

2.把炒勺烧热注油，放入大料和葱、姜，用热油煸香，烹入料酒加进原汤、糖、精盐、酱油、味精，把鸭掌下入勺内煮烂，然后转大火把汤收浓，去掉葱、姜和大料，淋入香油，盛入盆中，冷却后改刀盛盘即成。这道菜色泽微黄，鲜香适口。

鸭掌海蜇

【原料】去骨鸭掌120克，海蜇头150克。

【调料】味精150克，精盐、葱油各10克，白砂糖3克。

【制法】1.将去骨鸭掌放入姜汁酒入水煮熟，然后放入冰水中浸泡至脆；将海蜇放入水中冲洗干净，改刀成片，锅里放入水烧至50℃下入海蜇，滤干水分。

2.将处理好的去骨鹅掌和海蜇一同放入精盐、白砂糖、味精、葱油拌匀装盘即可。这道菜质感脆爽，悠香浓郁。

精盐水鸭

【原料】净肥鸭1只（2000克左右）。

【调料】干淀粉、花椒各100克，干淀粉、大曲酒各25克，精盐150克，葱、姜各50克，味精7克。

【制法】1.将鸭子内脏去净，清洗后，在鸭子腹壁里外抹上精盐，腌2小时左右。

2.把锅烧热加入清水、花椒、精盐、葱、姜，将鸭子下锅，烧开后转炆火煮至四成熟时，再加入曲酒、味精，继续煮至鸭子全熟时取出；煮鸭子的卤汁，也同时离锅（下次再用），待鸭子冷却后，再浸入卤内，临吃时取出，切成长方块装盆，浇上少许卤汁即成。这道菜色白微黄，醇香鲜嫩。

红花鸭子

【原料】鸡汤2000克，鸭子1只（重约2500克），藏红花15克。

【调料】植物油3000克（实耗约100克），香油100克，白砂糖、料酒各50克，精盐、葱段各25克，姜块20克，味精10克。

【制法】1.把鸭子开膛取出食管、内脏和气管，将鸭掌剁去，洗净后用料酒5克抹在鸭身上；用清水把红花煮成稠汁，过滤将红汁滤出备用。

2.炒锅上火，把植物油烧至七成热时放入鸭子，炸至金黄色，捞出沥油；另用炒勺上火，放入50克植物油，烧热后投入葱、姜煸出香味，烹入料酒45克，加入鸡汤、精盐、白砂糖和味精。

3.把红花汁和炸好的鸭子也放入汤内，用小火把鸭子煨至酥烂盛出，刷上香油晾凉。食用时把鸭子剁成块或片均可。这道菜红花味浓，鸭肉红亮，营养丰富。

芥末鸭掌

【原料】水发鸭掌350克，红椒5克。

【调料】卡夫酱20克，黄芥末酱7克，葱油3克，日本青芥末酱、美极鲜酱油各2克，精盐、糖、味精各1克。

【制法】1.将红椒烫一下，切成末；将每只鸭掌切成两片，入沸水锅烫一下捞出。

2.把黄芥末、青芥末、卡夫酱、美极鲜、精盐、糖、味精放碗里调匀后，放入鸭掌拌匀，滴入葱油，略拌一下即可装盘，最后上面撒些红椒末。这道菜橙黄亮丽，辛辣香鲜。

02 猪/牛/羊/兔

烤里脊肉

【原料】里脊肉400克。

【调料】料酒、香油各25克，姜15克，精盐7克，味精5克，葱适量。

【制法】1.将肉用竹签扎许多小眼（以便进味和烤时熟得快些），用精盐、味精揉搓，放于容器内，加入料酒、葱、姜，腌2小时左右。

2.将腌好的肉放于烤盘中用烤箱烤，随时注意防止烤焦；如烤时出现色深浅不均时，可用菜叶盖住深色处再烤，待快熟时刷上香油，直烤至颜色一致熟透为止，吃时切片摆入盘中即成。这道菜味鲜香，肉细嫩。

腊肉

【原料】猪肉2500克。

【调料】精盐150克，花椒25克，花生壳1500克。

【制法】1.先把猪肉切成5厘米宽的长条，用竹签扎上许多小眼，再用炒熟的花椒、精盐揉搓进味后，皮向下肉向上逐层摆放于陶瓷或搪瓷容器内（切记不要用金属器具），在最上层的应皮向上肉朝下。夏、秋季节放于凉爽处，春、冬放在不结冻处，这样腌5天，每天倒翻1次。腌好后把肉的一端用绳穿好挂在通风良好的地方晾晒至半干。

2.把晾好的肉置于铁篦子上放在一口铁锅中，锅内底部放上锯末或者花生壳，盖好锅盖。用火烧锅，用花生壳生的烟把肉熏上色。熏好后挂于通风处，待水分全干。

3.将熏好的肉皮在火上烧黄，然后用温水泡软，用刀子刮去沾污的泥土，将皮的黄面用刀刮净，再用温水洗一次，上屉蒸50～60分钟取出，切片盛盘即成。这样处理比较好保存（干腊肉可保持3个月不变质）。这道菜肉色红亮，有烟香味。

五香里脊肉

【原料】汤250克，去骨里脊肉400克。

【调料】植物油800克（实耗约80克），料酒、酱油各30克，净葱、白砂糖各25克，姜、香油各15克，精盐、味精各5克，五香粉2克。

【制法】1.里脊肉去筋切宽为3厘米、长4厘米、厚0.2厘米的片；葱剖开切段；姜切大片。

2.用葱10克、姜5克、精盐、酱油15克、料酒25克，把肉拌匀腌50分钟。

3.把腌好的肉控去汁，倒入烧热的植物油炒勺里，炸成金黄色，捞出。把油倒去，另注入香油和余下的葱、姜煸炒，随即加入汤、白砂糖、五香粉、味精和所余的酱油、料酒，翻炒几下后，再把肉放入，炆火收浓汁即成。这道菜色泽金黄，香而不腻。

蒜泥白肉

【原料】五花肉250克，胡萝卜、黄瓜各半根，青尖椒、红尖椒各半个，香菜2根。

【调料】海鲜酱油、陈醋各1大勺，葱半根，姜3片，蒜4瓣。

【制法】1.五花肉用清水洗净，切薄片。

2.锅中放入葱段和蒜片，加半锅水；水开后，放入五花肉焯烫；五花肉变色后捞出，洗去浮沫。

3.青、红尖椒、葱、姜均切丝；胡萝卜、黄瓜去皮切薄片；香菜去根、洗净；蒜切末。

4.将青红椒丝、姜、蒜混

合，加入酱油和陈醋，调成蘸料汁；五花肉包入胡萝卜和黄瓜片，卷起。吃时蘸料汁即可。

猪肉冷盘

【原料】猪肩胛肉900克。

【调料】大蒜3粒，姜适量，月桂叶1片，洋葱1个，红萝卜1/3个，芫荽2束，胡椒粉1茶匙，酱汁蛋黄酱1杯，白酒3汤匙，辣酱油、柠檬汁各2汤匙，芥籽粉1汤匙，薄洋葱半个，胡椒粉和精盐各少许。

【制法】1.将胡椒粉和精盐加入猪肩胛肉中搓匀；烧热平底锅，加1汤匙植物油，把原条猪肩胛肉煎至金黄色。

2.将猪肩胛肉用绳捆绑好，浸入盛满水的煲中，加入大蒜、姜片、月桂叶和胡椒粉，再用中火煮约40分钟，直至筷子可刺穿肉块，再没有汁液流出后，放一旁冷冻，然后包裹好放在雪柜冷冻。

3.将冷冻猪肩胛肉切片，拌匀酱汁蘸食即可。这道菜风味独特，老少咸宜。

怪味白肉

【原料】猪肥瘦肉1000克。

【调料】芝麻酱、白糖、葱、香菜各25克，甜面酱10克，酱油15克，蒜泥5克，熟芝麻、辣椒油、米醋、麻椒各适量。

【制法】1.把熟芝麻用刀碾碎；葱切葱花；香菜切段；把猪肉煮熟晾凉。

2.将蒜泥、葱花、香菜段放入碗中，加入酱油、甜面酱、米醋、白糖、芝麻酱、辣椒油、熟芝麻和麻椒调拌均匀，并兑成汁待用。

3.把煮好的肉切成长约3厘米、厚0.6厘米的肉条，放入盘内，浇上兑好的汁即可。这道菜肉咸甜麻辣香俱全，味道特别鲜美。

三色板肚

【原料】猪肚、猪瘦肉各1500克，猪肉皮150克，香菜25克。

【调料】料酒、醋各150克，葱花、姜片各75克，精盐、桂皮各50克，花椒、八角各25克，芝麻油10克，食用碱、味精各5克。

【制法】1.将猪肚用温水加适量醋、碱翻过来洗干净，除去黏液及臭味，待用。

2.猪肉皮洗净，刮去油脂，在沸水中汆透，捞出用镊子将猪毛除净，再漂洗干净；猪瘦肉洗净，放在盆中，加入25克精盐、75克料酒、25克桂皮、10克八角及葱花、姜片，腌制4小时，取出葱、姜、桂皮、八角；把瘦肉和肉皮切成0.5厘米见方的丁；香菜洗净加味精，与肉丁、肉皮丁拌在一起，制成填料。

3.将拌好的填料装入猪肚里，用竹签将口别住，再用削尖的竹签在猪肚上扎一些小孔，放进卤锅内，加入25克精盐、75克料酒、25克桂皮、15克八角及花椒；约煮3小时捞出猪肚，放在托盘上，稍晾凉用重物将肚子压成扁形，即三色板肚。食用时，将肚切片装盘，淋芝麻油即成。这道菜醇香、爽口、健胃。

肉丝拌粉皮

【原料】瘦猪肉150克，绿豆粉皮2张。

【调料】麻酱、食油各25克，香油、芥末5克，酱油5克，醋10克，精盐水6克，味精3克。

【制法】1.先将猪肉洗净，切成片再切成细丝；粉皮泡软后也直刀均切成丝，入开水锅里煮一下，捞出放入凉水里，控水分，盛入盘里，用筷子搅散。

2.再将炒锅置旺火上，倒入油烧热，随即将肉丝入锅煸炒，加酱油，待肉色变色盛在粉丝上；浇上醋、香油、芥末、精盐水、味精兑成的汁，最好淋上麻酱即成。这道菜味香爽口，佐酒佳肴。

拌什锦

【原料】粉丝150克，熟火腿、熟猪肉、熟鸡肉各50克，水发海米25克，发冬菇15克，鸡蛋2个，菠菜心3棵。

【调料】酱油40克，醋15克，香油5克，芥末糊10克，味精10粒。

【制法】1.先将炒勺放在火上烧热，把鸡蛋打开倒入摊成1分厚的蛋皮，揭起蛋皮切成6厘米长、0.3厘米宽的丝；猪肉、鸡肉、火腿用直刀均切成3厘米粗、3厘米长的丝。

2.再将粉丝剁成15厘米长段，放入开水中煮至中心无硬度为止，捞出用冷水稍泡一下，滗去水，摆在盘里的周围；菠菜心直刀切成寸段；冬菇片刀片开，用开水烫过备用。

3.把各种原料分别颜色整齐地摆在盘的粉丝中间，把海米撒在粉丝上。最后在碗里把酱油、醋、香油、芥末糊、味精调成汁，食用时浇入即可。这道菜色彩艳丽，风味独特。

麻粉肘子

【原料】猪肘子肉1000克，净核桃仁50克，白豆20克，黄瓜15克。

【调料】葱、料酒各10克，花椒5克，精盐4克，姜、麻酱各2克，醋3克，蒜5克。

【制法】1.将肘子肉刮洗干净，放入锅内煮至九成熟时，捞出切成长4.5厘米、宽2厘米、厚1厘米的块再放入锅内，加上葱、花椒、绍酒、精盐用旺火烧沸，用湿绿豆淀粉、芝麻酱慢慢倒入锅内，随倒随搅，煮沸后倒入碗内，晾凉后放入冰箱内冷却后即成麻粉，切成象眼块。

2.再用炒锅，放入清汤、精盐烧沸勾芡，再放入葱椒、绍酒、姜汁、葱油调匀后即成“白玉卤”，晾凉待用；用芝麻酱、清汤、精盐、醋、蒜末搅匀成糊，均匀地抹在肘子上，再将肘子与制好的麻粉拌匀盛入盘内，核桃仁、毛豆、黄瓜丝摆在上面，鲜花椒用沸水烫一下，拍扁放在中间，浇上“白玉卤”即成。这道菜麻粉软滑，卤汁晶莹，肘肉透烂，肥而不腻，荤素搭配，清爽适口，最宜夏令食用。

拌鸡冠肚皮

【原料】猪肚头2个。

【调料】香油15克，姜汁、味精各3克，料酒、精盐各2克，胡椒粉1克。

【制法】1.把猪肚头去皮，洗净去杂质，在肚肉上竖剞数刀，然后顶头斜着批成鸡冠型，放进清水内反复漂洗几次。

2.将猪肚头下入开水锅内，汆热后捞出，沥去水分，放容器中。

3.在猪肚头内加入姜汁、料酒、味精、精盐、胡椒粉、香油，拌匀装盆即成。这道菜色白嫩脆。

红油耳片

【原料】猪耳适量。

【调料】红辣椒油、葱白、精盐各适量，味精、白砂糖、香油各少许。

【制法】1.取新鲜、体大的猪耳洗净，放入沸水锅中加热，煮至刚熟取出，用一重物压平猪耳，自然晾凉。

2.凉透的猪耳切成薄片，碗

中加入白砂糖、精盐、红辣椒油、味精、香油调成味汁。

3.将耳片与调好的味汁、葱丝拌匀，装盘即成。

面酱拌牛舌

【原料】牛舌1000克，鸡汤250克。

【调料】植物油900克（实耗约100克），香油、面酱各100克，白砂糖、葱段、姜块各25克，味精5克，料酒15克，精盐3克。

【制法】1.把牛舌洗净，用开水稍烫后，刮去外皮，再放入开水锅中煮熟，可以用筷子是否可以扎透测试，捞出后将舌骨剔除，切成3厘米的长条；而后将舌条放入烧至七成热的植物油炒勺中稍炸一下，捞出沥油。

2.炒勺再上火，放入50克植物油烧热，加入葱、姜，煸出香味后，再加入味精、料酒、香油、面酱，继续煸炒，待面酱被炒散后加入鸡汤、精盐，同时牛舌也放入汤内，用小火把汤炖成浓汁，颠翻几下使汁裹住牛舌，拣出葱、姜，盛盘晾凉即可。这道菜色枣红鲜艳，味咸甜爽口。

麻辣牛肉

【原料】瘦牛肉500克，汤150克。

【调料】植物油适量，净葱、料酒各40克，姜、白砂糖、辣椒油各25克，精盐、味精各5克，酱油30克，芝麻10克，干辣椒15克，花椒粒20个。

【制法】1.将芝麻炒酥；姜切片；葱切段；干辣椒切成节备用。

2.把牛肉切成两块，用葱、料酒各25克、姜10克放在一起拌匀腌50分钟，再切成长4厘米、宽1厘米的长方条，然后用旺火上笼屉蒸烂。

3.炒勺将植物油烧把牛肉炸干，捞出，留下约25克底油烧热，把花椒粒炸成紫黑色，再加上葱、姜煸炒一下，然后注入汤、酱油、料酒、白砂糖和牛肉，当汁快浓时放入味精，撒上芝麻浇上辣椒油后翻炒均匀即可。这道菜味鲜麻辣，肉质酥香。

五香清酱牛肉

【原料】鲜牛腱子肉10000克左右。

【调料】酱油2000克，姜1000克，葱、料酒各500克，大茴香75克，砂仁50克，丁香、白砂糖各25克。

【制法】1.把牛肉洗净，切成方块；葱去皮切成段；姜洗净去皮后切碎，在石臼里捣碎，滤成汁。

2.大茴香、砂仁、丁香碾成面，同酱油、料酒一起放在盛牛肉的盆里，浸泡约4小时左右，倒入锅内，盖上锅盖，用武火烧开，换微火焖煮，约八成熟时下入白砂糖，汁收尽即成。这道菜色泽棕红，鲜香味长。

肘花

【原料】猪肘3个（约5000克）。

【调料】精盐250，料酒、花椒、葱、姜各150克，白砂糖100克，生硝5克，八角100克，五香粉15克，砂仁粉10克。

【制法】1.精盐、花椒和硝在锅中炒出香味，晾凉；猪肘洗净；白砂糖和炒好的精盐、花椒和硝撒在猪肘上，在盆中揉匀腌制（夏天两天，冬季六七天），每天揉搓一次，每次约10分钟。腌好的肘子用冷水漂洗净，放在80℃的热水中汆一下，再用凉水洗净。

2.将肘子上的肥瘦肉均切成0.2厘米厚的薄大片（不能伤破肘皮）；将切好的肉片分层排垛在肘皮上，每层撒上五香粉和砂仁粉，最后将肘皮卷起，卷成20厘米长、7.5厘米粗的圆肉卷，用细麻绳缠紧缠匀。

3.锅内清水烧开，放入猪肘，加葱、姜、料酒、八角，煮2小时捞出，晾一下，将麻绳勒紧；晾凉后拆去麻绳，即可切成片，上盘食用。这道菜不碎不散，色质纯正，卤香绵长。

生拌百叶

【原料】牛百叶500克。

【调料】醋、葱各20克，芝麻盐3克，香油、蒜、白糖各10克，辣椒面2克，松子5克。

【制法】1.将牛百叶用粗盐搓洗干净后，放到凉水里去味，将挤净水的牛白叶切成丝，再用醋洗一遍。

2.在牛百叶中放入芝麻、醋、白糖、辣椒面、香油、葱、蒜拌匀，将生拌牛百叶盛到碟子里后用松子浇头，跟辣椒、糖醋酱一起端出，同时，把生拌肝也一起端出。

干拌牛肉

【原料】牛肉150克，炒花生米10克。

【调料】熟辣椒油10克，酱油40克，葱5克，精盐、白砂糖各1克，花椒粉、味精各少许。

【制法】1.牛肉洗净，在开水锅内煮熟，捞起晾凉后切成片；葱切成2.5厘米长的段；花生米碾细。

2.将牛肉片盛入碗内，先下精盐拌匀，使之入味，接着放辣椒油、白砂糖、酱油、味精、花椒粉再拌，最后下入葱及炒花生米细粒（或炒熟的芝麻），拌匀盛入盘内即成。这道菜麻辣鲜香，酒饭均宜。

姜丝拌百叶

【原料】牛百叶500克，清汤适量。

【调料】姜丝15克，蒜泥、酱油、料酒、香油、白砂糖、味精、醋、葱各适量。

【制法】1.将牛百叶放入水中烫一下，捞起放到冷水里，刮净黑膜衣，换清水洗净，牛百叶呈雪白色时，沥水待用。

2.炒锅放到中火上，放入清水，烧开，放入葱、姜、牛百叶、料酒，煮4小时左右，待牛百叶达到八成熟时，捞出沥汤；凉后，切成细丝，越细越好。

3.炒锅放到中火上，放入清汤，烧开，放入牛百叶丝烫一下，捞起沥汤，凉后装盘，放入姜丝，将蒜泥、酱油、白砂糖、醋、味精、香油兑成汁，浇在牛百叶上即可。这道菜香鲜味美，是饮酒佳肴。

白切牛肉

【原料】牛腱子肉600克，红辣椒丝20克，香菜段5克。

【调料】白酱油、香油各25克，味精、精盐各1克，姜块5克，蒜蓉、葱段、黄酒各10克，八角2枚。

【制法】1.将牛腱子肉洗净，漂去血水，用沸水烫一次，放锅中，加清水淹没，置旺火上烧沸，撇去浮沫，加八角、姜块、葱段、黄酒、精盐，盖严盖，移至小火上煮至酥烂，以筷子可以戳穿为好，端下锅晾凉，取出牛肉。

2.将牛肉切成薄片，整齐地排在平盘中，将白酱油、味精、香油同放碗中调匀，浇在牛肉片上，撒上香菜段、红辣椒丝、蒜蓉，即可上桌。这道菜牛肉色泽灰白，原汁原味，酥烂香鲜。

水爆肚仁

【原料】牛肚仁500克，香菜末少许。

【调料】酱油15克，芝麻酱10克，精盐、辣酱油各适量，香油少许。

【制法】1.将牛肚撕去外皮，用刀去油，顶刀切成厚片；锅内放水，水开时放入肚仁，用筷子搅拌一下，见肚片刚刚打卷立即捞出，放在盘内。

2.将芝麻酱、酱油、精盐、辣酱油、香油、香菜末放碗内，兑成汁调入盛肚仁的盘内即成。这道菜，脆嫩、香辣、异香。

热牛肉拌双丝

【原料】熟瘦牛肉、豆腐干、白菜心各100克，香菜少许。

【调料】精盐、酱油、味精、醋、辣酱油、香油各适量。

【制法】1.将熟牛肉、豆腐干切成丝，用开水焯透捞出，用凉水过凉，沥干水分；白菜洗净切丝；香菜洗净，切半厘米长的段待用。

2.用精盐、酱油、味精、醋、辣酱油、香油兑成调味汁备用。

3.把白菜丝放入盘内，再依次放上豆腐干丝、肉丝、香菜，浇上刚刚兑好的调味汁即成。这道菜香鲜适口。

凉拌牛肉片

【原料】熟牛腿肉300克。

【调料】嫩黄瓜200克，白砂糖100克，番茄沙司、香油各50克，蒜头10克，精盐3克，白醋2克。

【制法】1.将熟牛腿肉切成薄片，放大碗中；蒜头剥去皮，洗净，拍碎，剁成细末；嫩黄瓜洗净，切成片，用精盐略腌，挤去水。

2.将熟牛腿肉片、黄瓜片同放大碗中，加蒜末、番茄沙司、白砂糖、白醋、香油拌匀，装盘即成。这道菜酸甜味香，清爽利口，夏令冷菜。

夫妻肺片

【原料】牛肉、牛杂、心舌、千层肚、盐炒花生仁各适量。

【调料】卤水、酱油、芝麻粉、花椒粉、味精、八角、花椒、肉桂、川盐、白酒、辣椒油各适量。

【制法】1.将鲜牛肉、牛杂洗净，牛肉切成500克重的块；将牛肉、牛杂放入沸水锅内煮净血水捞起，置另一个锅内，加入老卤水和香料（内装花椒、肉桂、八角、川盐、白酒），再加清水，用旺火烧沸约30分钟后，改用小火煮90分钟，煮到牛杂熟而不烂，先熟的先捞出，晾凉待用。

2.将卤水用旺火烧沸约10分钟后，将味精、辣椒油、酱油、花椒粉、卤水放入碗中调成汁；将熟花生米拍碎待用，再将晾凉的牛肉、牛杂等切成片约6厘米长、3厘米宽的薄片混合在一起，淋上味汁拌匀，分盛若干盘，分别撒上芝麻粉和花生仁末即成。这道菜色泽美观，质嫩鲜美，麻辣浓香。

麻酱牛腰片

【原料】牛腰子400克。

【调料】葱、酱油各40克，芝麻酱30克，香油25克，黄酒20克，姜块、青蒜丝各5克，味精、胡椒粉各1克。

【制法】1.将牛腰子外部的膜撕去，用刀一剖两片，去掉白色的腰臊，洗净，切成小薄片，放在清水中漂清；姜块洗净，去皮，拍松。

2.炒锅上旺火，倒入开水烧沸，下姜块、葱、黄酒，煮片刻，倒入腰片，迅速搅散，见腰片变色断血，立即倒入漏勺沥去水，去葱、姜，放碗中。

3.在碗中加入芝麻酱、胡椒粉、青蒜丝、味精、酱油、香油拌匀，装盘上桌即成。这道菜软嫩不腻，鲜美爽口。

香卤牛腱

【原料】牛腱适量。

【调料】老卤、花椒、八角、香叶、红辣椒、生抽、老抽、花雕酒、冰糖、葱、姜各适量。

【制法】1.花椒、八角、香叶、辣椒洗净后装入茶包内；姜切片；葱打节。

2.将牛腱加入冷水中，加入葱节和姜片，大火煮开；加入适量花雕酒，继续煮至酒气消散，捞出牛腱用清水冲去浮沫。

3.牛腱放入锅内，加入老卤和香料包；加入适量生抽和冰糖，再加入适量水，没过食材即可。

4.大火煮开，转中小火煮约30～40分钟关火，牛腱继续浸泡在卤汁中，冷却后捞出切片即食。注意卤过牛腱的卤汁，再次煮开后过滤一遍，冷却后密封冷藏，下次可再次使用，卤汁是越陈越香。

拌牛蹄黄

【原料】牛蹄1个。

【调料】花椒粉、辣椒油、净葱、姜、味精、精盐、酒各适量。

【制法】1.将葱一部分切成段，一部分切成马耳形；姜切片。

2.牛蹄洗净，用水煮透，捞出去皮，再把它加葱段、姜片用水煮烂，捞出去骨（保持形状整齐），用水浸泡1小时，捞出，再用少量葱段、姜片、酒和水煮透，用原汤浸泡，凉后捞出晾上。

3.把牛蹄掌切成薄片，用精盐、味精拌匀，精盐化后加入花椒粉、辣椒油和马耳葱，拌匀即可。这道菜口味麻辣鲜香，肉质脆嫩。

牛筋冻

【原料】牛筋适量。

【调料】冰糖、八角、酱油、料酒、葱节、姜片、蒜泥、蒜末、糖、麻辣油、醋各适量。

【制法】1.将牛筋切块，用水焯一遍，洗干净，放到锅里慢慢炖，加料酒、冰糖、酱油、八角、葱节、姜片，再加水没过牛筋，开低火，炖至牛筋软熟，捞出八角、葱、姜，稍微晾凉，置保鲜盒中，放冰箱冷藏。

2.用蒜泥或蒜末、酱油、糖、麻辣油、醋调汁儿，待牛筋和汤凝固后切片，浇上刚刚配成料汁即可。

牛肉冻

【原料】牛肉100克，牛蹄500克。

【调料】香醋10克，葱节20克，姜丝2克，姜块10克，黄酒100克，精盐适量，八角4个。

【制法】1.牛肉洗净，切块；将牛蹄上的毛用火燎去，刮洗干净，用刀沿骨节切成块，放开水锅中略焯，捞起，与牛肉同放汤锅中，加清水，放入葱节、姜块、黄酒、八角煨至牛蹄酥烂脱骨，汤汁浓稠时，加精盐调味，离火，将汤汁倒入长方形的铝盘中，待其冷却结冻。

2.将凝结实的牛肉冻切成块，装盘，放入姜丝，浇上香醋即成。这道菜肉冻软滑色白，滋味咸酸爽口。

板羊肉

【原料】肥嫩羊肉20千克。

【调料】生姜片、精盐各1000克，葱500克，花椒250克，硝75克。

【制法】1.羊肉洗净，放案板上，用花椒、精盐均匀地揉搓一遍，放入缸里，兑入火硝水，腌制7天左右，中间翻3次缸。

2.锅放火上，添水约30千克，下入腌好的羊肉和葱、姜片，烧开，撇净血沫，换用炆火，用锅箅压住，煮熟捞出。

3.将煮熟的羊肉趁热逐层铺放在砧板上，用40根竹筷子立着插入肉内，再用牛肋骨顺长平放在筷子中间，捆扎结实，放在通风处，晾凉即成。食用时片成薄大片。这道菜鲜嫩红亮，烂香。

杞子兔卷

【原料】兔肉200克。

【调料】枸杞子、葱姜汁各20克，鸡蛋3个，淀粉3克，精盐4克，味精2克，胡椒粉1克，料酒、油各10克，香油15克。

【制法】1.枸杞子洗净；兔肉剁成细茸；兔肉内加入枸杞子、葱姜汁、精盐3克、味精、胡椒粉、料酒、香油拌匀，蛋清2个加入兔肉内，顺一个方向搅匀成馅。

2.余下的蛋黄及鸡蛋磕入另一个碗内，加入淀粉和余下的精盐充分搅匀。

3.蛋液倒入划好油的锅内摊成蛋皮；蛋皮一切两半，在一边抹上兔肉馅，卷成卷。

4.兔肉卷放入锅内蒸熟取出；兔肉卷斜切成段，摆入盘内即成。这道菜白里透红，造型美观，软嫩咸香。

芝麻兔

【原料】兔1只（约1000克），黑芝麻30克，卤汁500克。

【调料】生姜、葱各10克，花椒2克，香油15克，盐3克，味精适量。

【制法】1.将黑芝麻淘洗干净，炒香；兔宰杀后去皮、爪，掏去内脏洗净，放入锅内，加水适量，烧沸打去浮沫，放入姜片、葱节、花椒、盐，将兔煮至七成熟，捞出稍凉，再放入卤水锅中，在火上卤四小时左右，捞出晾凉，切片装盘。

2.将味精、香油调匀，淋入盘内，撒上黑芝麻，拌匀即成。这道菜可补血润燥，补中益气。

水产类

01 鱼/虾/蟹柳

陈皮鳝鱼

【原料】活鳝鱼500克，汤250克。

【调料】花椒20粒，植物油800克（实耗约80克），白砂糖10克，姜、陈皮、酱油、料酒、香油、干辣椒各25克，精盐、醋各5克，味精3克，净葱40克。

【制法】1.洗净陈皮掰成块；辣椒切3厘米长的节；葱剖开切长段；姜切成大片。

2.用1根大钉将活鳝鱼由眼部扁钉花木案上，左手揪住尾部拉直，右手用一小刀由背面鳃根直切到骨，再把刀平过来沿鱼体直划到尾部剔去脊骨，去肠后洗净控水，剖成两半，切成3～4厘米长段。

3.用葱25克、姜10克、精盐5克、料酒10克把收拾好的鳝鱼拌匀腌渍1小时左右，控汁，去掉葱、姜。

4.用炒勺烧热植物油，把鳝鱼炸去水分后，捞出；用另锅烧热，倒入植物油400克，待油热将花椒炸煳捞出弃之，再下陈皮、辣椒，待辣椒变黑色，加进余下的葱姜稍煸一下，再加入余下的糖、醋、酱油、味精、料酒、汤和鳝鱼，收汁浇上香油即成。这道菜具有陈皮香味，麻辣可口。

葱辣鱼条

【原料】鲤鱼（草鱼、鳜鱼、鲢鱼均可）600克，汤260克。

【调料】植物油800克（实耗约120克），酱油40克，姜15克，香油12克，料酒30克，味精、精盐各5克，白砂糖少许，净葱50克，干辣椒10个。

【制法】1.葱剖开切6厘米长段；姜切片；干辣椒去籽；鱼去鳞、鳍、鳃和内脏，洗净，再将脊骨去掉，切成宽1.5厘米、长4厘米的条，然后把7克姜、10克葱、5克精盐、15克酱油、20克料酒拌匀，把鱼肉条放进去腌60分钟左右，然后将汁控去。

2.用炒勺将植物油烧到八成热，把鱼条下入，炸至八成熟后捞出控油。

3.炒勺上旺火烧热，注入植物油25克，将葱、姜稍煸后倒入汤，加干辣椒、白砂糖和余下的酱油、料酒，把炸好的鱼条也放进去，用火煸待汁浓浇入香油即成。这道菜色泽红润，味香鲜辣。

五香鱼

【原料】鳜鱼（鲤鱼或草鱼）500克，汤250克。

【调料】植物油800克（实耗约80克），净葱、料酒各50克，酱油30克，姜、香油、白砂糖、醋各25克，精盐、味精各5克，五香粉2克。

【制法】1.鱼去鳞、鳍、鳃和内脏后洗净，用刀由脊背劈成两半，再用斜刀改切成块后，用少量葱（切长段）、姜（切大片）、酱油、精盐腌1小时左右。

2.用炒勺将植物油烧热，把鱼炸熟捞出沥油，再把香油注入，油热后下葱、姜煸一下，即下入汤、酱油、白砂糖、料酒、醋、五香粉和鱼，炆火约15～20分钟，将汁收浓即成。这道菜肉质鲜嫩，香甜味咸。

椒麻沙拉鱼

【原料】净草鱼肉400克，紫甘蓝100克。

【调料】姜葱酒汁、圣女果各80克，椒麻汁50克，马乃司25克，奶油、沙拉油、蛋清豆粉各20克，白醋10克，鱼子酱5克，精盐2克。

【制法】1.净草鱼肉入清水中漂洗一遍，斜刀片成片，纳碗，用精盐、姜葱酒汁码味，再加入蛋清豆粉抓匀上浆，然后抖散入沸水锅中汆熟后捞出，沥干水分，晾凉。

2.紫甘蓝切成丝，取玻璃盘一个，先放入紫甘蓝丝，再放上汆熟的鱼片。

3.椒麻汁装入碗内，再加入马乃司、奶油、精盐、沙拉油，搅打均匀后，即成椒麻沙拉汁，淋在盘中鱼片上，再放上鱼子酱。

4.将圣女果用开水烫后去皮，每个一切为二，点缀在玻璃盘四周即成。这道菜红绿相间，细嫩绵软，香麻味浓。

拌脆鳝

【原料】净鲜鱼丝250克。

【调料】植物油800克（实耗约60克），香油、酱油各15克，味精2克。

【制法】1.将鳝鱼丝放入烧至九成熟的油炒勺内炸半分钟即捞出，之后放入热水中稍泡一下，再放热油勺中炸脆，捞出后沥去油盛盘。

2.用酱油、香油、味精调成调味汁。

3.把调好的汁烧在炸好的鳝鱼丝上即成。这道菜色泽黄黑，鲜香酥脆。

松子鱼米

【原料】鳜鱼、松子、柿子椒、高汤各适量。

【调料】料酒、蛋清、淀粉、味精、胡椒粉、盐、油、糖、姜末、红泡椒各适量。

【制法】1.鱼肉切成绿豆大小的鱼米；松子用温油炸熟。

2.锅上火放油，待油温下入鱼米划开。

3.原锅上火，注入花生油，放姜末煸炒后放鱼米与松子炒均，调味芡汁，熟透装盘即成。这道菜色泽黄白，味香清口。

风活鲤鱼

【原料】活鲤鱼1条（2000克左右）。

【调料】香油、料酒各50克，葱段、姜块、花椒各25克，精盐16克，味精10克。

【制法】1.在鲤鱼两胸鳍间刺一刀放血，去鳃刮鳞，从脊部开膛取出内脏后洗净，然后用花椒、料酒、精盐、味精、姜、葱腌两天。

2.用铁丝串住鱼尾，把腌好的鱼挂在阴凉处风干，约需1个月左右。

3.餐时将风干的鱼放在盘里，加入香油上屉蒸熟后，剁成块，装在盘内晾凉上桌。这道菜味道鲜美，久食不腻。此菜在严冬至春天食用为宜。

油浸咸鱼

【原料】偏口鱼1条2500克。

【调料】姜块、葱段各125克，料酒100克，精盐50克，花椒13克，植物油2500克（实耗约500克）。

【制法】1.将偏口鱼洗净，把鳞刮去，除去鳃和内脏，用料酒、精盐、葱、姜和花椒腌7天左右。

2.将鱼挂在通风阴凉处风干透，剁成方块，浸在植物油盆中1个月左右，并将盆口用油纸封好。

3.将油浸好的鱼块上屉蒸熟，取出晾凉即可。这道菜鱼味咸香，别具一格，不会腐败。

冰镇银鱼

【原料】太湖银鱼150克，冰块100克，柠檬、黄瓜、白萝卜丝等各适量。

【调料】青芥末、鱼生酱油各20克。

【制法】1.银鱼洗净，放入50℃的温水氽一下，然后放入冰块水和柠檬片，将银鱼浸泡一会儿。

2.在盆里放入碎冰块，将银鱼排好，放入白萝卜丝、胡萝卜丝、柠檬片，用花草点缀，调料随桌即可。这道菜清凉鲜美。

酥鱼

【原料】小鲫鱼2500克，莲菜1500克。

【调料】醋500克，酱油200克，白砂糖750克，料酒、小磨油、大葱、大姜各250克，花椒、精盐各50克。

【制法】1.莲菜洗净截成节，去掉皮，切成0.5厘米厚的片；鲫鱼去鳞、去鳃、去内脏，洗净沥去水分。

2.锅垫洗净，放在砂锅内，把切好的莲菜在锅垫上摆一层，鲫鱼头向外，摆在莲菜上；再放一层莲菜和葱段、姜片，这样一层莲菜一层鱼和葱、姜，逐层摆完；把白砂糖撒在摆好的鱼上，将作料加水兑成汁，倒入砂锅内约2/3深。

3.把砂锅放旺火上，沸起后，移至小火上收汁；汁少时，将留下的汁陆续加入，约两小时，把小磨油用花椒炸一下，淋入砂锅内。

4.在砂锅里炖四个小时左右，汁浓、色红、鱼酥、莲菜烂甜时，将锅端离火口，晾凉把汁滗出，拾入扒盘内，把汁浇到鱼上即成。这道菜鱼酥汁甜，枣红发亮。

冰镇醋青鱼

【原料】日本青鱼250克，刨冰块500克，橙子1个。

【调料】日本烧汁15克，豉油10克，玫瑰露油、美极鲜、日本米醋各8克。

【制法】1.将日本青鱼去头、去骨，把肉连皮放入日本烧汁、美极鲜、玫瑰露油、日本米醋、蒜蓉、洋葱蓉腌制2小时入味。

2.把青鱼放入炉烤约20分钟，取出冷却。

3.盘里放入刨冰、荷兰芹等点缀，再把青鱼和橙子分别切片，交叠在一起排入冰盘上，带上豉油上桌即可。这道菜清爽香浓，冰凉鲜美，造型靓丽。

熏黄鱼

【原料】鲜黄花鱼750克。

【调料】葱叶250克，生菜200克，辣酱油25克，小磨油、葱段、姜块各10克，精盐、味精、料酒各5克。

【制法】1.将黄花鱼去鳞挖腮，扩一下，用筷子绞出内脏，洗净；葱段、姜块拍烂，放在盘里，兑入精盐水、味精、料酒，把黄花鱼放入浸1小时，取出搌干，上笼蒸熟，用筷子揭去外皮，抽出脊鳍和鳍骨。

2.锅内撒上一层7毫米厚的香锯末，放上铁箅，把洗净的葱叶均匀地铺在铁箅上，将蒸熟的黄花鱼放在葱叶上，用笼盖盖住，放在火上烧至锅微红、锯末起烟，立即将锅端下，熏制20分钟取出，放在盘里，抽出脊骨，抹上一层小磨油；生菜洗净、掐成块儿围一围。这道菜色泽枣红，清香利口。

瓜环虾仁

【原料】嫩小黄瓜3根，个大的鲜虾仁36粒，鲜汤适量。

【调料】南乳2块，海鲜酱75克，蛋白浆50克，熟白芝麻15克，葱白末5克，精盐、鸡精、胡椒粉、料酒、味精、香油各适量。

【制法】1.鲜虾仁洗净后挤干水分，用精盐、料酒、味精和蛋白浆拌匀，放入冰箱内冰镇约10分钟；嫩黄瓜切去两头，再切成0.5厘米厚的圆片，然后用小刀旋去中间的籽成瓜环；南乳压成泥。

2.海鲜酱纳入小碗，先用鲜汤烧开，再加入南乳泥、精盐、味精、鸡精、胡椒粉、葱末、香油等，调匀成海鲜乳汁。

3.将冰镇好的虾仁一只穿入一个瓜环中，逐一制完后，投入沸水锅中焯至断生，捞出投凉，然后沥干水分，整齐地摆入盘中，浇淋上兑好的味汁，即成。这道菜虾仁鲜美，瓜绿脆爽。

精盐水虾

【原料】新鲜河虾500克。

【调料】精盐15克，花椒4粒，姜2片，葱3段，料酒50克，味精5克。

【制法】1.将虾去须、脚，洗净后下入开水锅内。

2.在烧开之前，锅内先加入

葱、姜、味精、料酒、精盐、花椒等调料，烧开后将浮沫撇去，约3分钟左右虾即可煮熟，而后连汤一起离火装入碗中，冷却后盛入盘内即可。这道菜鲜红美观，鲜嫩清口。

虾仁熘银耳

【原料】水发银耳150克，虾仁150克，蛋4个。

【调料】精盐、味精、酱油各适量，油5汤匙。

【制法】1.将蛋破壳倒入碗打散；将虾仁洗净，擦干，加入少许精盐和味精；将银耳剪蒂，去杂，入水中浸泡，洗净，浸发后切成细片。

2.炒锅下油烧热，投入虾仁与银耳，加入少许精盐、酱油和味精，再倒蛋入锅拌炒，直至蛋熟即可起锅入盘。

黄瓜拌虾片

【原料】虾2对，黄瓜1节。

【调料】青菜叶3棵，青蒜苗2棵，酱油25克，陈醋、水泡木耳各10克，香油5克。

【制法】1.将对虾脱皮，入开水锅里煮熟，捞出晾凉；青蒜苗、青菜叶择洗净，直刀切成段；把黄瓜洗净，直刀切成半圆片；然后把它们全部放在案上待用。

2.将对虾推切成片，再行装盘和调味；摆盘的次序是先用青菜叶铺底，接着将虾片摆成花样（可自选），上层将黄瓜片、青蒜苗摆上，撒上水发木耳，倒入酱油、香油、陈醋即好。这道菜鲜艳美观，清香利口。

西芹虾仁

【原料】西芹、嫩玉米笋、红灯笼椒、虾仁各适量。

【调料】精盐、橄榄油、鸡精各适量。

【制法】1.西芹、红椒切片；玉米笋对切；虾仁去肠泥洗净。将这些材料放入滚水中汆半分钟，迅速捞起放入冰水中冷却。

2.冷却好之后，沥干水分，放入有盖的大号保鲜盒密封，进冰箱冷藏备用。

3.上桌前加入调料，再盖上盖子摇动拌匀，取出装盘即可。

凉拌蟹柳丝

【原料】蟹柳、香菜碎、开洋、芝麻各适量。

【调料】鸡精、植物油、海鲜麻辣酱各适量。

【制法】1.将蟹柳放入热水中煮1~2分钟取出，沥干水分晾凉备用；开洋用热水泡开；小火加热平底锅，放入芝麻仁焙至金黄色、出香气，离火晾凉备用。

2.将放凉的蟹柳撕成细条，滴入植物油，放入开洋、香菜碎，加上自己认为合适的海鲜麻辣酱（也可以是其他辣酱或不放）一起搅拌均匀。

3.将拌好的蟹柳丝放到盘中，撒上芝麻即可食用。

鲜虾蟹柳沙拉

【原料】虾5只，蟹柳2个，黄瓜1个，紫甘蓝叶片适量。

【调料】蛋黄酱适量，沙拉少许。

【制法】1.将虾煮熟，去皮；将蟹柳、黄瓜、紫甘蓝叶片切成丝，用蛋黄酱拌好。

2.将煮熟的虾从中间剥开，放在拌好的沙拉上。这道菜虾蟹肉洁白、嫩滑糯软。

蟹肉黄瓜土豆泥

【原料】人造蟹肉（熟）、嫩黄瓜、土豆、樱桃、小番茄各适量。

【调料】精盐、鸡精、糖、美奶滋酱各适量。

【制法】1.将黄瓜、蟹肉均切丁。

2.土豆连皮煮熟，浸入冷水中冷却，去皮切丁。

3.将黄瓜丁、蟹肉丁、土豆丁放入有盖的大号保鲜盒密封，进冰箱冷藏2小时备用。

4.上桌前加入调料，再盖上盖子摇动拌匀，取出装盘；小番茄对切装饰即可。

02 海蜇/海带/海苔

金丝玉条

【原料】海蜇皮100克，金针菇50克，熟火腿丝25克。

【调料】京葱丝、姜丝、麻油、精盐、味精、植物油各适量。

【制法】1.海蜇皮放冷水中泡发后洗净，切成短丝条，用开水烫一下，再用冷水浸泡数小时后待用；金针菇去根洗净，切成两段待用。

2.将炒锅放油烧热，放入姜丝、京葱丝炒几下，再放入金针菇、精盐、味精翻炒几次，倒入盘内，冷却后和海蜇皮拌匀，淋上麻油，再用熟火腿丝打边即成。这道菜形似金丝拌玉条，脆嫩清香。

凉拌五丝

【原料】紫白菜、黄瓜、胡萝卜、青蒜、鸡蛋、海蜇各适量。

【调料】白砂糖、精盐、醋、香油、酱油、鸡精、料酒各适量。

【制法】1.将青蒜洗净，切成末待用；将紫白菜、黄瓜、胡萝卜、海蜇洗净均切成细丝，用沸水焯一下捞出装入器皿中待用；鸡蛋去清留黄，坐锅点火，将蛋黄倒入锅中摊成薄饼切成细丝倒入器皿中。

2.在装有紫白菜丝、黄瓜丝、胡萝卜丝、海蜇丝、鸡蛋丝的器皿中，加入精盐、醋、香油、白砂糖、酱油、料酒、鸡精、青蒜末拌匀即可。这道菜清脆爽口、色泽艳丽。

佛手海蜇皮

【原料】海蜇皮250克。

【调料】香油25克，酱油10克，香醋5克，味精、精盐各3克。

【制法】1.先用水将海蜇皮浸泡，而后洗净去掉泥沙，用刀切成3厘米宽的长条，然后沿长条纵向每切4刀连刀，切断第5刀，即成五指手掌形状的条，切好后用清水泡上。

2.用香油、酱油、味精、精盐、香醋等调料调成卤汁。

3.吃的时候，把加工好的海蜇皮放入开水锅中烫一下，即成佛手状，迅速去水分装盘，把卤汁浇上即可。这道菜色泽淡黄，鲜脆爽口。

生炝椒圈海蜇

【原料】海蜇150克，青蒜、葱、红椒圈各5克，青椒圈200克。

【调料】水40克，白砂糖20克，生抽15克，花生油10克，味精5克，美极鲜6克，泰国鱼露、龟甲万酱油各3克，调成味汁。

【制法】1.先将青红椒冲洗干净切成圈；海蜇浸泡去除咸味切成片，放入60℃的开水中氽水。

2.把椒圈放入蒜蓉拌匀倒入盘里，上面放入片好的海蜇，淋入烧热的花生油炸香，倒入调味汁拌匀上桌即可。这道菜清脆爽口，鲜美开胃。

陈醋海蜇头

【原料】海蜇头300克，香

菜适量。

【调料】镇江陈醋、蘑菇精、糖、大蒜各适量。

【制法】1.将大蒜切成碎末、香菜切碎；将海蜇头洗净后，切成块和条均可，用凉纯净水净泡2小时以上，然后把海蜇头倒去浸泡过的水，再用纯净水冲洗一次后沥干。

2.碗中放入海蜇头、大蒜碎末、适量的糖和蘑菇精，倒入镇江陈醋后搅拌一下，使糖和蘑菇精化开，最后撒上香菜即可。

炝海带丝

【原料】水海带750克，青菜3棵。

【调料】精盐、椒油各25克，醋15克，葱丝5克，姜3片。

【制法】1.将海带洗净，切成细丝，放在开水中焯一下捞出控干。

2.在海带里撒上精盐、青菜丝拌匀盛盘，最后放上葱、姜，倒上醋、椒油加热炝上即成。这道菜丝味道鲜美，别有风味。

海带拌粉丝

【原料】青菜叶3棵，水粉丝100克，水发海带150克。

【调料】醋15克，酱油25克，精盐5克，葱花10克，姜末、香油各5克，蒜泥、味精各少许。

【制法】1. 将水粉丝切成8厘米段；青菜叶洗净直刀切细丝；海带洗净沙，直刀切成细丝，入开水汆透捞出。

2.把三种菜料和入调盆内，然后将酱油、醋、姜末、葱花、蒜泥、精盐、味精、香油依次调入，搅拌均匀装盘即可。这道菜丝长味香，色彩喜人。

凉拌海带丝

【原料】海带丝250克，红辣椒2个。

【调料】大蒜、生姜、葱、芝麻油、醋、生抽、辣椒油各少许。

【制法】1.将海带丝洗净，放入沸水中煮2分钟左右捞出，过冷水后沥干待用；红辣椒洗净后擦干水分，用小火烤成虎皮状后晾凉，再撕去表皮（可放在流动的水下撕，这样手就不会有火辣辣的感觉了），将处理好的红椒切成丝；蒜、姜均切末；葱切花。

2.将红椒丝、蒜末、姜末、葱花放入海带丝中，再加入适量的精盐、生抽、醋、芝麻油、辣椒油拌匀，放入冰箱中冷藏两小时左右即可。

海苔脆黄瓜

【原料】嫩黄瓜、樱桃萝卜（洋花萝卜）、黄灯笼椒、海苔片各适量。

【调料】白砂糖、麻油、精盐、鸡精各适量。

【制法】1.黄瓜、萝卜、黄灯笼椒均洗净切片；将紫菜洗净后剪细条。

2.黄瓜、萝卜、黄灯笼椒放入有盖的保鲜盒密封，进冰箱冷藏2小时备用。

3.上桌前加入适量的白砂糖、麻油、精盐、鸡精，再盖上盖子摇动拌匀；取出装盘，撒上紫菜条即可。

蛋及豆制品类

凉拌皮蛋

【原料】松花蛋200克。

【调料】醋、酱油各10克，香油、姜粒、辣椒油各5克。

【制法】1.松花蛋去壳，每个切成8瓣放入盆中。

2.加入酱油、醋、香油、姜粒和辣椒油，拌匀装盘即可。要注意的是松花蛋不宜与甲鱼、李子、红糖同食。这道菜软嫩香辣，清凉可口。

蛋黄苦瓜酿

【原料】苦瓜200克，咸蛋黄适量。

【调料】蜂蜜适量。

【制法】1.先把咸蛋上蒸锅蒸熟，蒸熟后，将蛋黄取出，用小勺碾碎。

2.把一根苦瓜切成四段；用小刀取出里面的内心，然后烧一锅热水，水里放一点点精盐和油，水开后放入苦瓜，煮2～3分钟后捞出放入凉水中，以保证苦瓜爽脆的口感。

3.把咸蛋黄塞到苦瓜里。

4.把塞好咸蛋黄的苦瓜段切成厚片，吃的时候在每片上点上一滴蜂蜜。

皮蛋拌豆腐

【原料】皮蛋2个，水豆腐300克。

【调料】精盐、醋、芝麻油、辣椒油、生抽、生姜、大蒜、葱各适量。

【制法】1.先将豆腐切丁；皮蛋去壳后也切成丁；姜蒜切末；葱切花；锅内放入适量的水，煮沸后放入豆腐丁，再加入少许的精盐，煮2分钟后捞出沥干，晾凉待用。

2.将姜蒜末、葱花放入碗中，加入适量的精盐、生抽、醋、芝麻油、辣椒油，拌匀调成酱汁。

3.将皮蛋丁与晾凉的豆腐丁放入碗中，倒入调好的酱汁，腌制10分钟左右即可。

凉拌蛋皮丝

【原料】鸡蛋、香菇、榨菜丝、香菜各适量。

【调料】醋、糖、精盐、淀粉、花雕酒、白胡椒粉、芝麻油各适量。

【制法】1.香菇去蒂切丝；香菜择清洗净后切段；榨菜用饮用水冲洗一下，沥干备用。

2.在淀粉内加入少许花雕酒调匀，加入鸡蛋中，再加入少许白胡椒粉和精盐，打散，打散后的蛋液过筛。

3.锅内抹一层薄油，加入适量蛋液铺满锅底，小火加热至表面凝固变色，小心翻面后，继续加热至凝固后，取出晾凉，凉后的蛋皮切成丝。

4.锅内热少许油，加入香菇丝炒熟（氽烫熟也可）后，晾凉。

5.蛋皮丝、榨菜丝、香菇丝、香菜均放入容器内，加入适量醋、精盐、糖、芝麻油拌匀即可。

五香熏鸡蛋

【原料】鸡蛋12个。

【调料】八角3瓣，白糖25克，湿茶叶、花椒各适量，精盐1.5克，香油5克。

【制法】1.鸡蛋洗净放入冷水锅内（水没过鸡蛋为准），用小火煮至五成熟，捞出剥去蛋壳。

2.鸡蛋放入冷水锅内加盐、2瓣八角、花椒等用小火煮3~4分钟捞出。

3.取铁锅一个，锅底放入白糖、湿茶叶、八角，铁锅口上放1个稀眼铁丝网，将鸡蛋排放在上面，盖严锅盖，用小火烧至白糖熔化冒烟时将锅端下，再焖1~2分钟取出，在每个熏蛋上涂适量香油即可。

香干菠菜塔

【原料】菠菜、香豆腐干各适量。

【调料】熟芝麻、精盐、

芝麻油、辣椒油、白醋、蒜末各适量。

【制法】1.菠菜入沸水焯10秒钟捞出，挤去水分切碎；香豆腐干也入沸水焯后切碎。

2.菠菜、熟芝麻、香豆腐干混合，调入精盐、蒜末、芝麻油、辣椒油、白醋拌匀。

3.将混合调味后的菠菜填入一个杯子里压实，轻轻倒扣在盘中即可。

香菜拌豆腐

【原料】南豆腐（嫩豆腐）、香菜各适量。

【调料】鸡精、香油、大葱、大蒜、精盐各适量。

【制法】1.将大葱和大蒜均切丝；香菜切段备用；将豆腐切小块，倒入加了精盐的开水中汆水，去除豆腥味，捞出沥干水分，装盘晾凉备用。

2.炒锅加热香油，爆香葱丝，淋在豆腐上。

3.撒上蒜丝，加适量的精盐和鸡精调味，撒上香菜段，拌匀即可。

麻酱拌豆腐

【原料】嫩豆腐150克。

【调料】芝麻酱、榨菜末各50克，芝麻油25克，白糖5克，精盐4克，味精3克。

【制法】1.豆腐切成1厘米半见方的丁，投入沸水锅内略烫，捞起，滤去水分。

2.芝麻酱用芝麻油化开，放入精盐、榨菜末、白糖、味精拌匀，浇在豆腐丁上即可。

精盐水毛豆

【原料】毛豆适量。

【调料】精盐、花椒、桂皮、八角各适量。

【制法】1.将毛豆洗净后剪去两头，毛豆内加入精盐，用手抓捏一会儿，加入水浸泡15分钟，这样可以更入味。

2.锅内加入适量水，加入精盐、八角、花椒和桂皮，煮开后再继续煮5分钟。

3.加入毛豆煮至酥软，期间不要盖锅盖，否则颜色会变黄。出锅后冲凉水降温即可，这样可以保持毛豆的色泽。

拌香黄豆

【原料】黄豆若干。

【调料】精盐、酱油、黄酒、五香粉、葱花各适量。

【制法】1.将黄豆拣去洗净，倒入锅里，加水，以浸过豆面为宜。

2.倒入五香粉，上旺火煮一刻钟左右，移至小火焖煮，这时须加入精盐、酱油、黄酒等佐料，紧盖锅盖焖至豆皮发胀，汤成浓汁时起锅，晾冷装盘。吃时可撒些葱花，滴几点香油，其味更香。这道菜味鲜香脆，是佐酒小菜。

主 食

主食

米饭类

肉丁豌豆饭

【原料】优质大米250克，嫩豌豆150克，咸肉丁50克。

【调料】熟猪油25克，精盐适量。

【制法】1.大米淘洗干净，沥水3小时左右；嫩豌豆冲洗干净。

2.锅置旺火上，放入熟猪油，烧至冒烟时，下咸肉丁翻炒几下，倒入豌豆煸炒1分钟，加精盐和水（以漫过大米二指为度），加盖煮开后，倒入淘好的大米，用锅铲沿锅边轻轻搅动。此时锅中的水被大米吸收而逐渐减少，搅动的速度要随之加快，同时火力要适当减小，待米与水融合时将饭摊平，用粗竹筷在饭中扎几个孔，便于蒸汽上升，以防米饭夹生，再盖上锅盖焖煮至锅中蒸汽急速外冒时，转用微火继续焖15分钟左右即成。这道饭软糯滑润，香肥鲜美，并且含有丰富的蛋白质、脂肪、碳水化合物、钙、磷、铁、锌和维生素B_1、维生素B_2、维生素E、维生素C及烟酸等多种营养素。中医认为，豌豆味甘、性平，具有和中下气、通利小便、止泻痢、消痈肿等功效。

鸡肉卤饭

【原料】大米饭250克，净鸡肉、青豌豆角各50克，香菇25克，蛋清、冬笋各半个，肉汤适量。

【调料】熟猪油50克，水淀粉、酱油各10克，精盐、味精各2克，葱6克。

【制法】1.香菇用热水泡发，洗净，切成小丁；葱剥洗干净，切末；冬笋剥去外壳，切成小丁；青豌豆去壳。

2.鸡肉切成小丁放碗内，加水淀粉和鸡蛋清，抓匀上浆。

3.炒锅上火，放入熟猪油烧热，下浆好的鸡丁，炒熟盛出。

4.随即将葱末放入锅内，炒出香味，下冬笋丁、香菇丁、青豌豆和精盐，炒几分钟，倒入大米饭，翻炒几下，再倒入炒好的鸡丁和酱油炒透，盛入盘内。

5.炒锅置火上，放入适量肉汤和精盐，烧开后用水淀粉勾芡，放味精，浇在炒好的饭上即成。这道饭香软油润，鲜香可口，营养丰富，含有丰富的蛋白质、脂肪、碳水化合物及钙、磷、铁、锌等矿物质和多种维生素。

什锦炒饭

【原料】米饭150克。

【调料】虾仁、熟鸡肉、火腿各5克，冬笋、豌豆、水发海参、熟白肉各10克，精盐、花生油各适量。

【制法】1.将虾仁、海参、白肉、鸡肉、火腿、冬笋均切成小丁。

2.炒勺内放入花生油，加入精盐，烧热后将各种配料放入，煸炒片刻，倒入米饭，反复煸炒至米饭松散，有香味时，盛入碗内即成。此饭色泽美观，米饭香醇，含有丰富的蛋白质、碳水化合物、多种维生素和矿物质等营养素。

牛奶大米饭

【原料】大米500克，牛奶500毫升。

【制法】大米淘洗干净，放入锅内，加牛奶和适量清水，盖上锅盖，用小火慢慢焖熟即成。这道饭奶香扑鼻，洁白柔软，色泽油亮，含有丰富的蛋白质、脂肪、碳水化合物和钙、磷、铁、锌、维生素A、维生素B_1、维生素B_2、维生素E、维生素D、烟酸等营养素。

八宝甜饭

【原料】糯米300克，豆沙50克，蜜枣、莲子各15克，桂圆肉、金橘饼各10克，青梅、瓜仁、松子仁各5克。

【调料】绵白糖30克，熟猪油15克，桂花1克。

【制法】1.糯米洗净，浸泡，上笼蒸熟，拌入绵白糖、熟猪油，碗内抹上猪油；将八味果料拼摆成图形，装入拌好的饭，中间留一小坑，填上豆沙，再用饭封平即成。

2.食时将饭蒸熟扣在盘中，上面浇一层用糖、淀粉、桂花勾成的薄芡即可。这道饭甜糯香肥，润口美观。

虾仁饭煲

【原料】大米、虾仁各150克，油菜2棵，火腿适量，酒1汤匙，磨豉半汤匙。

【调料】姜数片，生抽、盐、胡椒粉适量，生粉半茶匙，葱适量。

【制法】1.先用饭煲煲米饭，再下油2汤匙，爆香姜、葱，下虾仁及油菜段、火腿片，加入调味煮滚，铲起放在煲好的米饭上。

2.将虾、蔬菜等与米饭搅拌后，稍煲片刻，煮滚原煲上台即可出锅。

八宝青蟹饭

【原料】青蟹2只（700克），糯米165克，火腿丁、白果各45克，开洋（腌制晒干的虾仁干）20克，花生75克，冬菇丁、冬笋丁各适量，清汤300克。

【调料】葱段、姜片、黄酒、盐各300克。

【制法】1.将糯米淘清，加适量水蒸成米饭；白果和花生去壳去衣，也一起蒸熟；将糯米饭、白果、花生、冬菇丁、冬笋片、火腿丁、开洋、猪油（约45克）、盐、酒各适量拌和，放在碗里。

2.将青蟹去壳，去小腿，每只片成6片，覆在糯米饭上面，加葱、姜，用壳扣盖上面，再上笼将青蟹肉蒸熟后，取去葱、姜，倒上热清汤即可。此饭呈黄白色，适宜于夏季。

豆腐软饭

【原料】豆腐、米饭、胡萝卜各适量。

【调料】肉汤、紫菜、香葱各适量。

【制法】1.把豆腐切块；胡萝卜切碎。

2.将所有材料放入锅中煮熟即可。

扬州蛋炒饭

【原料】白灿米饭300克，鸡蛋50克，冰发海参、水发干贝、熟火腿各25克，熟鸡脯肉、猪肉、熟笋各35克，上浆虾仁、熟鸭肫各20克，水发冬菇、青豆各15克，鸡清汤75克。

【调料】猪油50克，葱末、绍酒各25克，盐10克。

【制法】1.将海参、火腿等配料均切成小方丁；鸡蛋加精盐、葱末搅打均匀；炒锅上火放油，投入虾仁划熟倒出，放入配料丁煸炒，加入绍酒、精盐、鸡清汤烧沸，盛入碗中做什锦浇头。

2.锅置火上烧热，放油烧至五成热时，倒入鸡蛋炒散，加入米饭同炒，倒入一半浇头炒匀，将2/3的饭装入碗内，再将余下的浇头、虾仁、青豆及葱末放入锅内炒匀，盛放在碗内盖面即成。这道饭如碎金闪烁，光润油亮，香味扑鼻。

五谷蛋包饭

【原料】蛋3个，五谷饭1碗。

【调料】毛豆200克，红扁豆10克，冰糖2大勺，苹果醋1大勺，盐、沙拉油各适量，莴苣1片，面粉1大匙，盐、胡椒各适量，番茄2个。

【制法】1.将莴苣切碎备用；以鸡蛋1个、冰糖、苹果醋、盐及沙拉油，放入果汁机或以搅拌器均匀搅拌2分钟，制成沙拉酱备用。

2.以毛豆200克打成泥，加入面粉、清水半碗、盐、胡椒及鸡蛋2个，放入烤箱约烤30分钟，制成蛋包饭表皮。

3.将五谷饭、沙拉酱、莴苣放于表皮上卷成蛋卷。

4.将新鲜番茄削皮取其果肉磨成泥状，加入红扁豆、香菜淋于蛋包饭上即成。这道饭鲜咸适口，好吃好看不油腻。

果汁饭

【原料】标准米、牛奶各250克，白糖200克，苹果丁100克，菠萝丁50克，蜜枣丁、葡萄丁、青梅丁、碎核桃仁各25克。

【调料】番茄沙司、玉米淀粉各15克。

【制法】1.标准米淘洗干净，放入锅内，加入牛奶和适量清水焖成软饭，再加入白糖150克拌匀。

2.将番茄沙司、苹果丁、菠萝丁、青梅丁、蜜枣丁、葡萄干、碎核桃仁放入锅内，加入清水300毫升和白糖50克烧沸，用玉米淀粉勾芡，制成什锦沙司。

3.将米饭盛入小碗，然后扣入盘中，浇上什锦沙司即成。此饭色泽美观，味道香甜，含有丰富的蛋白质、碳水化合物、维生素A、B族维生素、维生素D、维生素C和钙、磷、铁、锌、烟酸等多种营养成分。

面食类

01 面条/面筋/面线/面皮

汀州伊面

【原料】面粉1000克，鸡蛋5个，清水200克，香菇、鸡肉、鱿鱼、冬笋各50克，鸡汤适量。

【调料】生油150克，胡椒粉、精盐各适量。

【制法】1.把香菇、鸡肉、鱿鱼、冬笋炒熟后待用。

2.将鸡蛋打溶，加入清水、面粉搓匀，团成面团，用面棍擀薄，切成面条待用；把面条置植物油锅内炸熟起锅。

3.将炸熟的伊面和鸡汤、精盐一起下锅煮6～7分钟，装入汤盘，撒上配料和胡椒粉即可上席。

担担面

【原料】面条500克，小白菜（或菠菜）净重250克。

【调料】酱油100克，辣椒油75克，芽菜、大油、麻酱各50克，净葱、香油各25克。

【制法】1.用香油将麻酱调稀；葱切成小葱花；芽菜（或用冬菜代替）洗净后用刀剁成细末，将全部调料分成5碗。

2.用开水把面条煮熟，加入小白菜稍烫一下一起捞出，分成5份放入碗中即成。这道饭口味鲜香，稍微咸辣，面条滑软。

麻油素面

【原料】乌冬素面半把，紫菜适量，豌豆粒五六个。

【调料】酱油1汤匙，麻油数滴。

【制法】1.在汤锅内煮水，水沸后将素面放入，煮好后捞起装盘。

2.将120毫升水加酱油煮开，放入豌豆粒，煮熟后熄火，将此汤汁全部淋在素面上。

3.将紫菜切丝点缀在汤面上，滴数滴麻油即成。这道饭碧绿洁白相衬，味道清淡。

辣酱面

【原料】面条250克，猪肉丁150克，黄酱40克，清汤适量。

【调料】辣椒面、葱末、黄酒、麻油、猪油、白糖、酱油、味精各适量。

【制法】1.炒锅烧热，油八成热时，放葱末、辣椒面，炸出香味，再放入猪肉丁煸炒片刻，加黄酱、黄酒煸炒，炒至猪肉熟，待肉与酱分离时，加白糖、清汤适量，再续炒片刻，加味精，淋上麻油即成辣酱。

2.用开水锅下面条，面条熟后盛入大汤碗内，加辣酱即可。

阳春面

【原料】鸡蛋面条100克，鸡蛋1个，高汤适量。

【调料】青蒜苗3棵，香油、精盐各适量，花生油、味精各少许。

【制法】1.将鸡蛋磕入碗内搅匀；炒锅上火烧热，用洁布抹一层花生油，倒入蛋液摊成蛋皮，取出切成细丝；蒜苗洗净，切成2.5厘米长的段。

2.锅置火上，加水烧开，下鸡蛋面条煮熟，捞出盛在碗内，撒上蛋皮丝、青蒜段。

3.将高汤倒入锅中烧开，撇去浮沫，加入精盐、味精调味，再淋点香油，浇在面条上即成。此面汤清味鲜，清淡爽口，含有蛋白质、脂肪、碳水化合物等营养素。

排骨汤面

【原料】面条150克，猪排骨200克。

【调料】植物油50克，精盐30克，葱段、姜片、白糖、料酒各10克，味精5克。

【制法】1.排骨洗净，剁成5厘米长的段。

2.炒锅上火，放入植物油，烧至七成热，下葱段、姜片稍炸，倒入排骨，加料酒、精盐，煸炒至排骨变色，加水1800克烧沸，转中火煨至排骨熟透，加白糖、味精调味，端锅离火，拣去葱、姜。

3.锅内加清水烧沸，下面条，待水再烧沸时，点入凉水将面条煮熟，用筷子挑入碗内，倒入排骨及汤汁即成。此面排骨软烂，汤鲜味美，营养丰富，含有丰富的优质肉类蛋白质、脂肪、碳水化合物、钙、磷、铁、锌等多种营养素。

叉烧炒面

【原料】面条300克，叉烧肉100克，香菜适量。

【调料】葱丝、酱油、盐各适量。

【制法】1.将叉烧肉切成丝

状待用。

2.将面条放入油锅中，当面条有五六成熟时，放入叉烧肉条、葱丝、香菜、盐，稍炒片刻即可。

三鲜酿面筋

【原料】面筋150克，猪肉、清汤各100克，海参、玉兰片各25克。

【调料】葱15克，姜、酱油各10克，绍酒14克，味精1克，熟猪油100克，葱椒油8克，精盐5克。

【制法】1.猪肉、海参洗净，均切成小丁；玉兰片切末，与葱姜末、酱油、绍酒、精盐、味精一起搅匀成三鲜馅。生面筋洗净，每条将片成长薄片，在每片面筋的一面，抹上馅，卷成直径3厘米的圆柱形，放入九成开的清汤锅内，小火煮熟捞出。

2.炒锅置火上，加入熟猪油烧至六成热放入葱段、姜片，炸出香味，加入酱油、清汤烧开，捞出葱姜、倒入面筋，用慢火煨透，待汤汁剩下1/3时，将面筋捞在盘内。

糖醋面筋

【原料】水面筋300克，熟笋肉50克，鲜豌豆25克，大荸荠6个。

【调料】熟菜油500克（约耗50克），湿淀粉、白糖、酱油、醋各25克。

【制法】1.荸荠削皮，笋肉切成指甲大小的丁；将生面筋切成2厘米见方的块。

2.炒锅置中火上烧热，下菜油，至六成热时，倒入面筋，用手勺翻动，炸至略带深黄发松，倒入漏勺。

3.原锅入荸荠丁、笋丁、豌豆，加水100克和白糖、酱油，沸起后用湿淀粉和醋调匀勾芡，倒入面筋，立即颠翻，出锅装盘即可。这道饭酸甜入味，色泽黄亮。

炒面线

【原料】面线（又称线面）500克，鲜虾100克，熟冬笋、精肉各50克，干扁鱼30克，香菇5朵，红萝卜半根，上汤400克。

【调料】花生油500克（约耗150克），葱白2根，精盐、味精、香油各适量。

【制法】1.精肉、冬笋、香

菇、红萝卜、干扁鱼、葱白均切丝；鲜虾洗净剥壳另用，虾肉也切成丝；壳洗净加上汤100克烧成虾壳汤，过滤待用。

2.锅置旺火上，下花生油烧六成热时，将面线投入炸成金黄色时捞起，放入沸水锅回软，去盐味和油渍，捞起待用。

3.锅置旺火上，放入适量花生油，烧热后入肉丝、冬笋、香菇、红萝卜丝稍炒后加入虾壳汤、上汤，投入过油的线面，炒几下，加葱白，煸鱼丝，淋上香油、胡椒粉即成。

烤奶酪水饺皮

【原料】水饺皮10张，奶酪酥片3片，葡萄干2大匙。

【调料】奶酪粉适量。

【制法】1.将奶酪酥片切丝后，再对切一半成为短丝备用；将水饺皮铺平在烤盘上，均匀撒上葡萄干、奶酪丝。

2.烤箱先预热至180℃，再将烤盘放入，约烤12分钟后取出，食用前再撒上适量奶酪粉即可。

凉拌馄饨皮

【原料】馄饨皮20张，西红柿、柠檬各1个，小黄瓜1条。

【调料】白醋2大匙，糖、橄榄油各1大匙。

【制法】1.将小黄瓜、西红柿洗净，切片备用，将柠檬皮磨出1大匙柠檬皮末，然后柠檬榨汁备用；将馄饨皮切成宽约1厘米的长条状，煮熟捞起后冲冷水，沥干水分备用；把调味料及柠檬汁拌匀，作为酱料。

2.将馄饨皮、小黄瓜、西红柿片及酱料轻轻拌匀，最后撒上柠檬末，即可食用。

02 饼/糕点

鸡蛋家常饼

【原料】面粉500克，鸡蛋250克。

【调料】植物油、葱花各100克，精盐10克。

【制法】1.鸡蛋磕入小盆内，加入葱花、精盐搅匀。

2.面粉放入盆内，加温水300克和成较软的面团，稍饧，上案搓成条，揪成5个剂子，用擀面杖擀开，刷上植物油，撒少许精盐，卷成长条卷，盘成圆形，擀成直径12厘米的圆饼。

3.平底锅置火上烧热，把饼

放入锅内，定皮后抹油（只抹一面），再烙黄至熟取出。

4.将鸡蛋液分成5份，把1/5鸡蛋液倒在平底锅上摊开（大小与饼一致），将饼无油的一面贴在蛋上，烙熟即成，食时切成小块。这道饭外酥里软，鸡蛋香嫩，富含蛋白质、脂肪、碳水化合物和钙、磷、铁、锌、维生素A、维生素B_1、维生素B_2、维生素D、维生素E、烟酸等营养素。

香椿饼

【原料】面粉500克，猪五花肉200克，腌香椿芽150克。

【调料】花生油适量。

【制法】1.将猪五花肉切成黄豆大小的丁，再将腌香椿芽用水浸泡清洗干净，切成碎末，与肉丁一起放在盆内，加入花生油，拌匀成馅心。

2.将面粉加入清水250毫升和成面团，揉匀揉透后，搓成长条，揪成每个重45克的面剂，擀成直径约15厘米的圆形面皮，包入馅心1份，收口捏紧，轻轻按成圆饼，即成饼坯。

3.将平锅置于炉上加油烧热，放入饼坯干烙，烙好一面再翻个烙另一面，待两面均烙至金黄色饼已熟时，即可出锅食用。此饼金黄酥脆，清香鲜美，含有动物性和植物性两种蛋白质及碳水化合物，还含有多种维生素和矿物质。

水饺豆沙煎饼

【原料】水饺皮20张，豆沙1杯。

【调料】柠檬皮末、水各1大匙。

【制法】1.将豆沙及柠檬皮末搅拌均匀，分成10等份，每份揉成小圆球备用。

2.取1张水饺皮，将1份豆沙放在中间，水饺皮周围涂上适量水，上面再盖上1张水饺皮，将豆沙馅稍微压平，水饺子皮四周捏紧，折出花边，依序做好10份。

3.平底锅预热，加入适量色拉油，再将水饺豆沙饼放入，煎至两面呈金黄色即可盛入盘中食用。

水晶虾饼

【原料】净白虾400克，生菜200克，猪肥膘肉100克，去皮荸荠50克，鸡蛋3个。

【调料】熟大油60克，料酒、湿淀粉、盐各30克，白糖、醋各50克，味精10克，葱25克，姜20克。

【制法】1.先将净白虾彻底洗干净，加入肥膘肉剁碎，砸成细泥状。

2.把去皮荸荠洗干净，用刀拍成碎末，合入虾仁细泥，加入料酒、盐、味精，用葱、姜泡的冷汤蛋清一同搅拌成虾泥，用手把虾泥挤成丸子，再压成小圆饼形。

3.炒勺内倒入熟大油，放炆火上烧到三四成热，把虾圆饼放入，使它煎透，不要上色，注意勤翻，使其不老。

4.煎好后放在盘中，镶生菜边，吃时另带姜丝、白糖、醋一小盘。

葱油饼

【原料】面粉500克。

【调料】葱花100克，盐、油、花椒粉各适量。

【制法】1.将面粉、水拌和均匀，揉成面团，搓成长条。

2.摘下生坯，擀成围片，刷上油；将葱花、盐、油、花椒粉拌和，均匀地撒在圆片上，卷好擀圆，上平底锅烙至金黄色出锅。

金钱饼

【原料】大豆斋饼400克，猪腿肉100克，虾仁、熟冬笋各25克，鸡蛋清15克。

【调料】花生油750克（实耗油100克），绍酒、芝麻油、葱、淀粉15克，姜、酱油各10克，盐5克，白糖3克，味精2克，花椒盐5克。

【制法】1.将猪腿肉、虾仁分别剁成茸，同笋末一起放入碗内，加绍酒、葱姜汁水、精盐、白糖、酱油、味精调和成馅。

2.大豆斋饼用刀从饼边居中间片成两片，然后分别镶入肉馅，用手轻压，使馅心延伸至饼的边沿口；蛋清打成发蛋，加入干淀粉，调成发蛋糊。

3.炒锅上火烧热后舀入花生油，烧至六成热时，将金钱饼生坯的边沿口挂上发蛋糊，放入油锅炸至金黄色捞出；另取锅上火，放入芝麻油，投入葱末，放入金钱饼，撒入花椒盐，起锅装盘即成。此金钱饼外香脆，饼内馅心鲜嫩，佐以花椒盐或甜酱，味道更好。

茄汁牛肉饼

【原料】腌牛肉400克，葱头、去壳净鸡蛋液各50克。

【调料】精盐、味精、胡

椒粉各1茶匙，白糖、喼汁、绍酒、湿淀粉各0.5汤匙，茄汁1汤匙，二汤1杯，干淀粉2.5汤匙，花生油750克。

【制法】1.将腌好的牛肉剁烂，放入钵中，加入搅匀的全鸡蛋液和干淀粉拌匀，团成四个圆饼，底面拍上干淀粉。

2.炒锅内放花生油烧至七成热时下肉饼炸熟，倒入漏勺中，沥去油。

3.随即将炒锅置炉上，下葱头切成的粒，烹绍酒，加入二汤、牛肉饼，下精盐、味精、白糖、喼汁、茄汁、胡椒粉煨透，再加入湿淀粉少许推匀，加芝麻油和熟花生油炒匀装盘便成。这道饭酥烂软滑，味鲜香醇，茄汁味浓。

红薯饼

【原料】红薯、鸡蛋各2个，面粉3汤匙。

【调料】白糖、油各适量。

【制法】1.将红薯洗净，根据大小切成两三块，然后高压锅蒸熟，一般需要10～15分钟，然后趁热将红薯去皮放在瓷盆里，用木铲搅烂，边搅边加入白糖、面粉，最后加入鸡蛋。

2.搅均匀后，揉成小剂子，再在切板轻轻压平，放在油锅里，注意油不用很多，红薯不吃油，两面各煎一次即熟。

芝麻南瓜饼

【原料】南瓜、面粉、糯米粉各适量。

【调料】蜂蜜、面包糠、食用油各适量。

【制法】1.将南瓜切块去瓤，蒸熟后去皮捣成泥，加蜂蜜、面粉、糯米粉和成软软的南瓜面团，先做成小剂子，再压成小圆饼，粘匀面包糠。

2.锅内加油，南瓜饼下油炸至金黄色即可。

土豆肉饼

【原料】土豆、鸡蛋各1个，牛肉末50克。

【调料】植物油、酱油、葱末、盐各适量，淀粉3勺。

【制法】1.将牛肉末、酱油、葱末、鸡蛋、淀粉搅拌均匀，将土豆削皮，煮熟研成泥，将土豆泥和适量的盐加入刚刚拌好的牛肉末中，做成饼胚。

2.在平锅中加油加热，将饼胚逐个放入锅中煎熟即可。

土豆丝煎饼

【原料】土豆2个，鸡蛋4个（打散）。

【调料】油、盐、葱、食用油各适量。

【制法】1.大土豆两个削皮切丝；葱切末。

2.将打散的鸡蛋液放入盆内，加土豆丝搅匀（放入适量盐）。

3.平锅烧热加油，摊上准备好的土豆丝（火不要太大），待饼成形后翻面，土豆熟后即可盛盘。

韭菜馅饼

【原料】面粉、猪肉各500克，冷水300克，韭菜250克。

【调料】香油、花生油、葱花、姜末、精盐、味精各适量。

【制法】1.把猪肉剁成茸；韭菜切碎，加葱花、姜末、精盐、味精、香油等，拌匀成馅；面粉用冷水（加少许精盐）和好，揉匀稍饧一会儿，然后把面团揉一揉搓成长条，下成每两个的小剂子，将剂按扁，抹上肉馅，收严剂口，用手按成圆形小饼。

2.平锅烧热，淋花生油，把小饼摆在锅内，用慢火将两面反复煎，待饼鼓起时即熟。

萝卜饼

【原料】面粉1500克，白萝卜1000克，老面、熟肥瘦火腿各500克。

【调料】熟猪油1000克，味精、白糖、碱各20克，精盐50克，胡椒面、芝麻油各10克。

【制法】1.用500克面粉，加入200克猪油，混合调制成稀酥面；用1000克面粉，加入老面揉匀发酵。

2.削去萝卜皮，洗净，切成细丝，用20克盐腌一下，挤出水分。肥瘦火腿切成细丝，与白萝卜丝拌和，加入盐30克、味精、糖、胡椒粉、麻油拌匀成馅。

3.将酵面加碱中和揉匀后，放在面板上摊开擀平，抹上稀酥面卷起，下60克一个剂子，每个剂子手拿两头扭两转，竖直按平成圆形，包入萝卜丝馅，按成平圆形，下入平底锅两面煎黄成熟即可。

香蕉玉米饼

【原料】香蕉、面粉、苹果、小黄瓜适量。

【调料】玉米粉、山楂糕各适量。

【制法】1.先取两根香蕉捣

成泥，然后加入玉米粉（不可加水），再加入一点儿面粉（加入面粉只是为了口味好些，所以要少加）到可以揉成面团为止，把揉好的面团搓成条，揪成一个个的小面团，然后把小面团擀成薄饼（因为饼要薄所以小面团不能揪得太大）。

2.把平底锅放在火上不要加油，直接把饼放在锅里，因为没有加油所以要勤翻饼，等到饼的颜色变成金黄色拿出，再把苹果、山楂糕、小黄瓜切成丝卷在香蕉饼里，再把香蕉饼斜刀切成两半即可。

西红柿饼

【原料】面包粉10克，西红柿25克。

【调料】熟芹菜末适量，花生油8毫升。

【制法】1.将西红柿用开水烫一下，剥去皮，切成薄片；将面包粉放入平底锅内，烤成焦黄色备用。

2.将花生油放入平底锅内烧热，放入西红柿煎至两面熟透，盛入小盘内，裹匀面包粉，撒上熟芹菜末即成。

白菜饼

【原料】面粉、白菜、洋葱各适量。

【调料】盐、鸡精、植物油各适量。

【制法】1.面粉中加少许盐，用冷水和成面团后摔打片刻，加盖饧发8分钟。

2.案板上撒一层薄面，将饧好的面团擀开，刷一层油，放入白菜、洋葱，撒上盐、鸡精包起，压成饼，放入平底锅中，待一面煎定型后，翻面刷油，两面煎熟即可。

洋葱饼

【原料】洋葱300克，鸡蛋、香菜各适量。

【调料】吉士粉、面包糠、生粉、油、盐、味精各适量。

【制法】1.将洋葱去两头，切成圆片；鸡蛋液加吉士粉、生粉、盐、味精，调成糊状，将洋葱片裹上调好的糊，拍上面包糠。

2.起油锅，放入洋葱饼，炸至呈金黄色，排在盘中，两边放些香菜点缀。

南瓜豆腐饼

【原料】锅豆腐1盒，南瓜

1/4个，面粉1大匙。

【调料】糖2大匙，太白粉1大匙。

【制法】1.南瓜削皮，去籽蒸熟后，将南瓜、豆腐与调味料拌匀，做成饼状，入蒸笼以中火蒸5分钟即可。

2.平底锅注入油，将豆腐饼以中火煎至两面，金黄色即可。

菠菜饼

【原料】面粉100克，菠菜50克，鸡蛋2个，虾仁10克。

【调料】精盐、味精、色拉油各适量。

【制法】1.菠菜洗净，切末；鸡蛋打散，放入菠菜，加入面粉、虾仁、精盐、味精和水，拌匀成厚面糊。

2.将油烧至七成热放入面糊，揉成约15厘米的圆饼，用小火煎至一面呈淡黄色，淋上熟油，再煎另一面至淡黄色即成。

豆腐饼

【原料】柠檬100克，萝卜（装饰用）适量，豆腐半块，猪肉、白菜各30克，胡萝卜20克。

【调料】葱丝10克，蒜末5克，柿子椒、植物油各20克，酱油3克，精盐2克。

【制法】1.把豆腐切成长4厘米、宽4厘米、厚1.8厘米的方块，用植物油炸出后，在一边用刀切出口子，做成口袋模样；把胡萝卜、柿子椒、白菜、猪肉各切成细丝。

2.在炒锅里倒入植物油，将猪肉、胡萝卜、白菜、葱、蒜、柿子椒、辣椒面、粉条炒成熟馅；在豆腐口袋里放入馅以后，整齐地摆在小锅里，用酱油、精盐入味以后，倒入水稍微煮开，然后盛到碟子里。

咸蛋蒸肉饼

【原料】猪肉300克，胡椒面3克，咸蛋2个。

【调料】干淀粉、浅色酱油、花生油各25克，味精2克。

【制法】1.将猪肉剁烂，加盐、味精、咸蛋清、干淀粉搅至起胶，再加适量花生油拌匀，然后放盘中压扁。

2.把咸蛋黄压扁，放肉饼上，用中火蒸熟，取出。

3.用适量汤水、浅色酱油调匀，浇在肉饼上便成。

小米面蜂糕

【原料】小米面500克，面

粉50克，红小豆100克。

【调料】鲜酵母10克。

【制法】1.红小豆淘洗干净，煮熟备用。

2.面粉加鲜酵母和较多的温水和成稀面糊，静置发酵。待发酵后，加入小米面和成软面团发好。

3.将蒸锅内的水烧开，铺上屉布，把和好的面团先放入1/3，用手蘸清水轻轻拍平，将煮熟的小豆撒上一半铺平，再放入剩余面团的一半拍平，将余下的熟小豆放上铺平，最后将面团全部放入，用手拍平，盖严锅盖，用旺火蒸15分钟即成。这小米面蜂糕面细味香，松软适口。

玉米面发糕

【原料】玉米面500克，红糖100克，小红枣150克，面肥75克，水适量。

【调料】碱面5克。

【制法】1.小枣洗净，放入碗内，加水适量，上屉蒸熟，取出晾凉。

2.面肥放入盆内，加水解开，倒入玉米面，和成较软的面团发酵，待面团发起，加碱和红糖搅匀。

3.将屉布浸湿铺好，把面团倒在屉布上，用手蘸水抹平，约2厘米厚，将小枣均匀地摆在上面，用手轻按一下，上笼用旺火蒸30分钟即熟，取出扣在案板上，切成菱形小块即可。此糕是粗粮细做，松软香甜，含有丰富的碳水化合物、蛋白质、脂肪及钙、磷、铁、锌等营养素。

小窝头

【原料】细玉米面330克，黄豆粉75克。

【调料】白糖200克，小苏打少许。

【制法】1.将玉米面、黄豆粉、白糖放入盆内，掺和均匀，逐次加入温水适量及苏打水，边加水边揉合，揉匀后，用手蘸凉水，将面团搓条，分成若干小剂，并把每个小剂捏成小窝头，使其内外光滑，似宝塔形。

2.将做好的窝头摆在笼屉上，放进烧开的锅内，盖严锅盖，用旺火蒸15分钟即熟。窝头色泽金黄，松软香甜，含有丰富的碳水化合物、蛋白质、钙、磷、铁、烟酸等多种营养素。

3.锅内原汤烧开，撇去浮沫，加入味精、绍酒，淋上花椒油，浇在面筋上即成。这道饭面筋软嫩而有韧性，酿馅清爽鲜美，食后齿颊留香。

炸馓子

【原料】面粉500克。

【调料】植物油1500克（实耗约150克），精盐7克，凉水250克。

【制法】1.用盐、200克水和适量的面拌匀后，反复揉搓，随揉随加余下的水直至面团细密无粒。放入盆中，盖上湿布稍饧片刻，将饧好的面压成扁状厚1.5厘米，再切为1.5厘米长条，揉成与筷子粗细后，将其放在抹好的油的盆中，每盘一层，刷一层油，以防粘连，待全部盘完后，用布盖上饧50～60分钟。

2.将植物油烧热，将盘好的条取出，条头放在左手食指根处用拇指压住，由里向外绕在其他四个手指上，随绕随将条拉细；约绕30圈左右，将条揪断；断头压在圈内，再用两手食指伸入圈内拉长2/3，再用两根筷子代替两个食指把两条绷直，下入油内炸至半熟时斜折过来，定型后抽出筷子，炸至深黄时捞出即成。这道饭色黄，酥脆味香可口。

馅类

01 包子/饺子

猪肉酸菜包

【原料】精面粉400克，猪肉、面肥各150克，酸菜丝700克。

【调料】猪油、香油各50克，酱油、葱花各15克，精盐5克，花椒面2克，碱面适量，姜末7.5克，味精少许。

【制法】1.猪肉剁成末，用猪油煸炒断生，加入酱油、精盐、味精炒匀，出锅晾凉，再加入葱花、姜末、花椒面、香油及酸菜丝，拌匀成馅。

2.面粉放入盆内，加入面肥和250克温水和成面团，放在温暖处发酵。视面发起，上案兑好碱，揉匀稍饧。

3.将面闭搓成条，揪成20个剂子，用手揉圆压扁成包子皮。

4.一手托皮，皮中心放入适量肉馅，一手提边，每个小包捏约20个褶收口。全部包完后放入笼屉内蒸15分钟即熟。这猪肉酸菜包面皮松软，馅心软嫩鲜香，富含蛋白质、脂肪、碳水化合物、钙、磷、铁、锌和维生素E、维生素C及烟酸等营养素。

三丁大包

【原料】白面粉500克，猪肋条肉、熟冬笋肉各150克，鲜酵母半块，熟鸡肉100克，干虾子15克，鸡汤、水各适量。

【调料】酱油、淀粉各30克，绍酒15克，白糖10克。

【制法】1.鲜酵母入适量温水捏散成糊状，与白面粉一起放盆内，加温水（24克左右）拌匀，捣光滑，盖上盖（冬天要保温），静置待发足备用。

2.把猪肋条肉铲去猪皮，放入汤锅内煮至七成酥（用筷子能插入即可），取出待凉后，剔去肉骨，与熟冬笋肉、熟鸡肉一样分别切成0.7厘米大的小丁。

3.炒锅放旺火上，下鸡汤、酱油、绍酒、白糖、虾子、熟肉丁、熟鸡丁、熟笋丁烧沸，下水淀粉上下翻动，使汤汁稠黏推匀，盛出摊盘内待凉，放入冰箱里备用。

4.将发酵面放面板上（面板上要撒干面粉，以防酵面粘面板）揉匀搓成条，切成10个小面团，揿扁放上三丁馅心，捏拢收口，包好后放面板上稍停片刻。

5.将饧发三丁包放入蒸格内，置沸水蒸锅上，盖上盖，用旺火急蒸12分钟左右至熟，端离锅取出。这道饭包皮蓬松柔软，馅心松散爽滑，鲜咸味浓。

烤麸大包

【原料】白面粉500克。

【调料】烤麸300克，鲜酵母半块，食用碱面适量，花生油75克，水发黑木耳50克，水淀粉40克，姜末5克，酱油适量，精制盐6克，白糖20克，鲜味王2克，香麻油25克。

【制法】1.将烤麸与水发黑木耳分别剁成碎末，放在一起加酱油、盐、白糖、鲜味王、姜末、香麻油、花生油拌匀后，再放入水淀粉拌匀，呈烤麸馅心备用。

2.白面粉加水和鲜酵母发酵后，加适量食用碱面揉透，搓成条，切10个小面团，逐个揿扁放上烤麸馅，拉捏成褶纹口捏紧。

3.把包子排放在蒸格内稍停片刻，饧发后放蒸锅上，盖严盖，用旺火急蒸12分钟左右，蒸熟后端离锅取出。这道饭皮质松软，蓬松饱满。

洋白菜鲜虾包

【原料】洋白菜叶片1片，鲜虾3只，胡萝卜、芹菜各1根，心里美萝卜、白萝卜各1个。

【调料】蛋黄酱适量。

【制法】1.将鲜虾煮熟，去皮切丁；洋白菜叶用热水烫3分钟；胡萝卜、芹菜、心里美萝卜、白萝卜分别煮熟切丁。

2.将上述食物用蛋黄酱调好味道，放置洋白菜叶片上包好。这道饭菜色乳白，色泽映衬漂亮，软烂入味。

麻蓉包

【原料】面粉300克，发粉2茶匙，清水半杯。

【调料】凝固的熟猪油半汤匙，糖1/3杯，芝麻酱、熟糯米粉各1/4杯。

【制法】1.面粉、发粉、糖拌匀，筛一下，让质地细一些，加入猪油搓揉，分多次加入清水，随加随搓至柔软，用湿布盖好，候发酵约20分钟。

2.将糖、芝麻酱、熟糯米粉调匀成馅，分成16份。

3.将粉团搓匀，分成16份，逐件放在案板上擀扁成四周薄中间稍厚，将麻蓉馅放在包皮中央，右手执起包皮捏成密褶收口，包底垫以白纸，放入蒸笼中隔沸水猛火蒸15分钟至熟（家庭火炉蒸的时间需较长），即可趁热供食。

小笼汤包

【原料】精白面粉400克（按160个计算），净猪夹心肉250克，冻皮汤400克，虾子3克，鸡汤适量。

【调料】葱、姜汁水各120克，熟大油25克，白糖、盐各10克，酱油12克，味精5克，胡椒粉1克，香油3克。

【制法】1.制馅心。将肉去皮、骨、洗净，剁成肉末，加入味精、酱油、糖、盐、胡椒粉、葱、姜汁，一起搅和，随之慢慢加入清水，不断地搅动起劲，最后放入香油、熟大油拌透即成馅心。

2.将洗净、刮净毛污的肉皮，放入开水炒勺中过水后捞出，再放入勺内，加入鸡汤烧至汁浓后，筛滤去渣，随之加入盐、胡椒粉和虾子，熬煮一会儿后，撇去浮沫，将皮汤倒入钵内。

3.冷却后即成冻皮汤，取其400克，切成黄豆粒大小的肉末拌和。

4.制包皮。将面粉加入凉水拌和后，稍饧一下，然后再揉成面团，搓成细长条，揪成160个剂子，用擀面杖擀成圆形皮子。

5.包入馅心。将馅包入皮内后，捏成鲫鱼口形的包子，上屉蒸5分钟左右见包子鼓汽，汤满口湿润时，取出即成。

蟹黄灌汤包

【原料】面粉1000克，猪五花肉700克，温水600克，肉皮冻280克，蟹肉160克，蟹黄40克。

【调料】猪油100克，酱油40克，精盐15克，香油8克，料酒6克，白糖、葱花、姜末各5克，胡椒粉、味精各1克。

【制法】1.猪肉剁成肉蓉，蟹肉剁碎，锅内加猪油烧热，放入蟹肉、蟹黄、姜末煸出蟹油，与肉茸、皮冻、酱油、料酒等调拌成馅。

2.将面粉加水和匀揉透，放置片刻。

3.将面团搓成长条，揪成每50克4个的面坯，擀成圆皮，加馅捏成提褶包，上蒸笼用旺火蒸10分钟即可。

广式叉烧包

【原料】叉烧肉300克，面粉适量。

【调料】盐、花椒、葱、姜、酱油各适量。

【制法】1.叉烧肉切小块，葱姜切末，加酱油、盐拌成馅。

2.面粉中加糖、温水、发酵粉，饧2小时，至面团发起时，加香油、白糖。

3.将面分成若干等份，擀成中间厚、两边薄的皮，将叉烧肉块及葱姜末包成包子，上屉蒸15分钟即可。

菜包

【原料】青菜1250克，面粉1000克，金针菜、笋各25克，鲜酵母半块。

【调料】精盐、白糖、姜末、生油、味精、麻油各适量。

【制法】1.把金针菜、笋、冬菇用温水浸发洗净，亦剁成细末待用；把青菜洗净，用开水烫后捞出，放冷水浸冷后挤去水分，剁成细末待用。

2.将鲜酵母加温水拌，调成糊状，倒入面粉，再加湿水拌和揉透，静置2小时左右；炒锅上火，放油烧至七成热时，放金针菜、笋、冬菇，加精盐、白糖、味精和少量鲜汤，炒透后出锅，加青菜末、姜末拌和，浇麻油适量，即成素菜馅。

3.面发好后，将面团搓条，摘8克左右的坯子，再揿成中间厚、周转薄的圆形皮子，将素菜馅心包在皮子内。

4.包子上笼后搁置2～3分钟，用旺火沸水蒸一刻钟左右即可出锅。

红豆沙包

【原料】面粉1000克，红豆沙馅心600克，鲜酵母半块。

【调料】糖板油丁100克。

【制法】1.将鲜酵母加温水搅，调成糊状，倒入面粉，再加水拌和揉透，静置2小时，之后再将面团搓条，摘成坯子，再揿成中间厚、周转薄的圆形皮子，将红豆沙馅心包在皮子内，同时放一小块糖板油丁。

2.沙包上笼后搁置2～3分钟，用旺火沸水蒸一刻钟左右即可出锅。

玉米面蒸饺

【原料】玉米面1000克，韭菜500克，虾皮50克，泡好的粉丝400克。

【调料】花生油、香油、精盐、面酱、味精各适量。

【制法】1.将韭菜择洗干净，切成碎末；虾皮用清水洗净，控去水；粉丝用刀剁碎，将粉丝、虾皮放在小盆中，加入精盐、面酱、味精，拌匀，把韭菜放在上面，浇上花生油、香油，调拌均匀。

2.锅置火上，加入清水750毫升烧开，把玉米面向水中徐徐撒入，用铲子搅拌均匀，然后倒在案板上稍凉，用手和好，搓成长条，揪成40个剂子，按扁，包入馅心，呈大饺子状，入笼用旺火蒸15分钟即可。吃时可蘸醋、酱油等作料。这饺子外皮筋道，馅散味美，不仅含有丰富的蛋白质、碳水化合物，而且还含有多种矿物质、维生素及纤维素。

灌汤蒸饺

【原料】净猪夹心肉、汤冻各500克，精白面粉250克，糯米粉、淀粉各70克。

【调料】葱、姜汁各100克，熟大油50克，香油、味精各10克，白糖、酱油、盐各8克。

【制法】1.将猪肉剁成末，取一半放于锅中，加入汤冻、盐、味精、酱油、白糖搅和，再加入葱、姜汁，拌匀上劲，再用熟大油、香油拌好，然后将汤冻捏碎，掺入肉内拌和即成馅心。

2.将精白面粉、淀粉、糯米粉和白糖放在一起，混合均匀，中间扒出个凹窝，先加入九成热水，拌成似片状雪花，待稍凉后加凉水拌和揉润，搓成长条，用手揪成40个剂子，再用饺擀杖擀成薄圆形皮子。

3.托饺皮，放入馅心，捏成蒸饺形状，上屉，盖严笼盖，火要旺，气要足，蒸熟取出即成。这灌汤蒸饺皮薄软润，鲜嫩可口。

锅贴饺

【原料】面粉275克，肥瘦牛肉125克，韭菜250克。

【调料】黄酱、酱油、精盐、葱末、姜末各适量，香油25毫升，花生油13毫升，花椒水少许。

【制法】1.牛肉洗净，剁成末，加酱油、黄酱、精盐、花椒水搅匀，再放入葱、姜末和香油拌匀；韭菜择洗干净，切成碎末，掺入肉馅中拌匀。

2.将面粉250克放入盆内，加温水125毫升和成面团，盖上盖，饧20分钟。

3.案板上铺撒面粉25克，将饧好的面团放在案板上，搓成圆条，揪成15克1个的剂子，逐个擀成直径5厘米的圆皮。在每张圆皮上放15克肉馅，把圆皮的边缘相对合成捏严，即成为半月形的锅贴坯子。

4.平锅置火上烧热，淋上一些花生油，逐个码入锅贴坯子，待平锅再烧热后，立即淋入一些凉水，盖上盖焖5分钟，再淋上一次水，焖5分钟，见锅贴底层呈微黄色、酥硬、熟透时，用锅铲铲起，底朝上放在盘内即成。饺子色泽黄亮油润，底面酥脆，肉馅鲜香，含有丰富的碳水化合物、蛋白质、脂肪和钙、磷、铁、锌等矿物质和多种维生素。

广东虾饺

【原料】澄粉450克，生、熟虾肉、干笋丝各125克，淀粉50克。

【调料】猪油90克，盐、味精、白糖、麻油、胡椒粉各适量。

【制法】1.干笋丝发好，用水漂清，加些猪油、胡椒粉拌匀；熟虾肉切小粒；生虾肉洗净吸干水分，用刀背剁成细茸，放入盆内；猪肥肉用开水稍烫，冷水浸透切成小粒。

2.将澄粉、淀粉加盐拌匀，用开水冲搅，加盖焖5分钟，取出搓擦匀透，再加猪油揉匀成团。

3.在虾茸中加点盐，用力搅拌，放入熟虾肉粒、肥肉粒、葱丝、味精、白糖、麻油等拌匀，放入冰箱内冷冻。

4.将澄面团摘胚、制皮，包入虾馅，捏成水饺形，上旺火笼内蒸熟或下油锅煎熟即可。

煸馅水饺

【原料】白面粉500克，猪肉肥、瘦各半共400克，蒜苗200克。

【调料】酱油30克，熟猪油25克，甜面酱、姜末各15克，鲜味王1克，花椒粉2克，八角2粒，桂皮1小块，盐适量。

【制法】1.蒜苗洗干净，横切成2毫米长的末，加适量盐拌匀；猪肉肥、瘦分开，分别切成黄豆大的粒备用。

2.炒锅放旺火上，下熟猪油烧热，先下肥肉粒炒至略有变色，加甜面酱炒匀，再下瘦肉粒、姜末、酱油、盐、花椒粉、八角、桂皮炒匀，最后加适量肉汤烧几分钟，至卤汁稠浓，倒出装盘内（拣去八角、桂皮），待冷却至10℃左右，加入蒜苗末拌匀成馅心备用。

3.和面、揉面、搓条、切块、擀皮、包馅成形、煮熟。制作关键：肉粒不宜切大，大小必须均匀，煸馅时烧煮时间不宜久，以防肥肉粒化油，卤汁稠干。这道饭皮硬爽滑，鲜香有嚼劲，肥而不腻。

三鲜水饺

【原料】白面粉500克，猪肉馅300克，上浆虾仁、上浆鸡肉粒、韭芽各100克，虾子15克。

【调料】熟清油400克（耗50克左右），绍酒15克，精制盐2克，鲜味王1克，花椒粉适量，香麻油15克。

【制法】1.炒锅放旺火上，下熟清油烧二三成热时，投入鸡肉粒、虾仁划散，约10秒钟立即倒出沥干油，待冷却后，放入猪肉馅内拌和。

2.将韭菜芽洗净切1厘米长的段，与虾子、花椒粉一起拌入肉馅内，即成三鲜馅。

3.最后，和面、揉面、搓条、切块、擀皮、包馅、下水煮熟即可。

大白菜水饺

【原料】大白菜800克，猪绞肉300克，虾米20克。

【调料】葱2克，姜3片，麻油1大匙，胡椒1小匙，盐适量，油2大匙。

【制法】1.猪绞肉放入葱、姜末、虾米及盐、胡椒粉，倒入油及麻油，以同一方向搅拌均匀，再加入2/3杯白菜汁以同一方向搅拌至黏稠状，最后拌入白菜末，整个搅拌均匀就成了正宗的大白菜馅料。

2.锅中倒入八分满的水，煮开大滚后，放入饺子，立刻用漏勺由上往锅底推动；待水再度煮开后，加入1杯冷水改中火煮流通，再重复加水步骤一两次。

3.至水饺浮起，颜色变白即熟，捞起后沥干水分，盛盘即可蘸酱料（酱油1小匙，麻油1/4小匙、米醋半小匙调匀即成）食用。大白菜水饺吃起来会感到齿颊留香。

咖喱饺

【原料】澄粉450克，淀粉50克，虾肉200克，干笋丝、咖喱粉各100克，猪肉500克。

【调料】盐、味精、白糖、麻油、胡椒粉各适量。

【制法】1.将澄粉、咖喱粉、淀粉加盐搅匀，用开水冲搅，加盖焖5分钟，取出搓揉匀透；将虾肉、鲜肉切成细茸；干笋丝发好，用水漂清，加些麻油、胡椒粉拌匀。

2.将面团摘坯，制皮，包入饺馅，捏成饺形，上锅煎至金黄即可。

02 馄饨/烧麦/汤圆

荠菜肉馄饨

【原料】大馄饨皮20张，荠菜鲜肉馅250克，上浆虾仁16只，鸡蛋皮丝15克，鸡汤600克。

【调料】熟猪油10克，精制盐适量，味精半茶匙。

【制法】1.把馄饨皮逐张摊开在左手掌，抹上荠菜鲜肉馅，包成馄饨生胚备用。

2.汤锅上火，下鸡汤600克左右，加盐、味精，烧滚撇去浮沫，分装10个碗中，锅下清水烧滚，投入生馄饨烧至浮上水面，再煮1分钟左右，即可捞出，甩干水，分装在汤碗里，淋几滴熟猪油，撒上鸡蛋皮丝即可上桌。这道饭肉质鲜嫩，滋味鲜香清口，咸味适中。

炸馄饨

【原料】馄饨1盒，香菜末1/3小匙。

【调料】糖、香油、蒜末各2小匙，酱油、花椒粉、辣油各半大匙，葱末1/3小匙。

【制法】1.将糖、香油、蒜末、酱油、花椒粉、辣油、香菜末、葱末拌匀备用。

2.馄饨不用退水，直接由包装中取出备用；热油锅，放入馄饨以170℃～180℃的油温炸至金黄色（约需6～8分钟），捞起将油沥干，装入盘中。

3.将搅拌均匀的调味料淋在炸好的馄饨上，即完成此道炸馄饨。这道饭外焦里嫩，风味独特，鲜咸适宜。

串煎馄饨

【原料】馄饨1盒，法国香菜末适量。

【调料】食用油、沙拉油、辣椒粉各2小匙。

【制法】1.将平底锅预热放入适量油，转动油锅，让锅底平均布满沙拉油，再改小火。

2.将馄饨平放入平底锅中，摆放整齐，将底部煎成金黄色，改大火，加入水煮沸后，盖上锅盖继续煮，听到油爆声后改小火，再将锅盖打开，慢慢煮至水分完全收干即可熄火，并用小铲将馄饨铲起。

3.用竹签将馄饨串起，每串3个，上面撒上法国香菜末，再依个人口味，酌量撒上辣椒粉，串好后摆盘即可。

糯米烧麦

【原料】精白面粉250克（按20个计算），糯米500克，熟猪肥瘦肉100克。

【调料】熟大油300克，白糖50克，味精5克，酱油150克，虾子3克。

【制法】1.将糯米淘洗干净，放入盆内，以50℃水浸泡2小时，待米粒泡涨后取出，将水分沥干，再放入笼屉内铺平，用大火蒸成熟饭。

2.将猪肉切成0.3厘米见方的小丁，将小肉丁同酱油、白糖、虾子煮熟，再将热糯米饭下入勺中，用铲子拌炒至卤完全被米吸收，再放入熟大油拌和即成馅心。

3.将面粉置于案板上，中间扒一个小窝，加入凉水120克揉和，搓成长条后揪成20个剂子。

4.将剂子逐个用手揿扁，用饺擀杖擀成直径约8厘米的圆形荷叶状皮子。左手托住皮子，用右手拿刮子把馅心刮入皮子中心，随即以左手五指轻轻攥起捏拢，恰好捏合烧麦皮的颈口，馅心微露口外，皮子边沿交错反褶均匀呈荷叶状，随即将烧麦在手心转动几下，用拇指和食指再捏捏即上笼屉，用旺火蒸至皮子油润不粘手时即可取下。

鸡头粉馄饨

【原料】羊肉250克，草果2个，豌豆100克。

【调料】陈皮末、生姜末、生姜汁、木瓜汁、鸡头粉、豆粉各适量，葱、食盐少许。

【制法】1.将草果、豌豆捣碎去皮，与羊肉同熬汤备用。

2.熟羊肉切碎做馅，加入陈皮、生姜末少许，五味调和。

3.用鸡头粉、豆粉各适量和匀做馄饨皮，常法包制馄饨，加羊肉汤煮熟后，再加熟豌豆、生姜汁、木瓜汁、葱、食盐少许调匀即可。

芝麻元宵

【原料】黑芝麻粉500克，板油丁750克。

【调料】白糖、水磨粉各1000克。

【制法】1.将白糖、芝麻粉与板油丁拌匀揉透，再搓成10克左右的小圆团，即成馅。

2.将水磨粉加水揉透摘成小粉团，搓圆捏成锅子形，包入馅心，捏拢收成生坯。

3.将生坯放入沸水锅内煮熟，配以各色水果食用。

藕粉圆子

【原料】藕粉400克，蜜枣15克，红绿丝、金橘、松子仁各5克，桃仁10克，麻粉7.5克。

【调料】糖油丁50克，绵白糖75克，桂花1克。

【制法】1.将红绿丝、金橘、蜜枣、桃仁、松子仁碾碎，加上芝麻粉、绵白糖和糖油丁和成馅心，搓成弹子大的馅心待用。

2.藕粉碾碎过筛放入小筐内，再放入馅心滚上一层藕粉，取出装入笊篱中，入沸水锅中烫过，再放入小筐滚一层藕粉，依次反复多次，使之成为大的圆子。

3.锅里加清水，下入圆子，煮熟捞入放有糖桂花的原汁汤中即成。这道饭形似鸽蛋，色泽棕红，质地软糯。

小吃类

冰糖莲子

【原料】干莲子300克，猪网油1块（约20平方厘米）。

【调料】碱7.5克，冰糖150克，蜂蜜50克。

【制法】1.锅内注入清水以淹没莲子为度，加碱，置武火上，下入莲子，用锅刷反复搓刷锅中水微开，视莲衣脱尽即离火，用温水冲洗干净，切去两头，抽去莲心；莲子放入盅内，注入水，上笼用武火蒸熟取出。

2.另用一个碗铺上网油，将蒸熟的莲子码在碗里；冰糖捣碎撒在上面，用棉纸封口再上笼蒸烂，出笼，去棉纸，倒出汁，加蜂蜜收浓，浇在莲子上即成。这道饭软糯蜜甜，清香滑爽并具有养心安神、补脾止泻、益肾固精之功效。

桂花核桃冻

【原料】糖桂花5克，核桃仁250克，石花菜15克，奶油100克。

【调料】白糖50克，菠萝蜜10克。

【制法】1.先将核桃仁加水磨成浆；炒锅置火上，加清水250克和石花菜烧至熔化，加入白糖拌匀；将核桃仁浆和石花菜、白糖汁混合拌匀，放入奶油和匀后置火上加热至沸出锅，倒入铝盒内，待冷后放入冰箱冷冻。

2.冻好后，用刀划成菱形块入盘，浇上桂花、菠萝蜜，再浇上冷甜汁或汤水即成。这道饭软嫩爽滑，甜香清凉，奶香、桂香融一盘，并具有养血明目、生津止渴之功效。

蛋酥花生仁

【原料】花生仁500克，鸡蛋100克，豆粉50克。

【调料】精盐5克，菜油500毫升。

【制法】1.先用少量蛋清将豆粉调散，再将鸡蛋全部加入调成蛋豆粉糊；花生仁用沸水泡一下捞起，加盐拌匀，放入蛋豆粉糊中穿衣。

2.炒锅置火上，放菜油烧热

约120℃，下花生仁炸至呈金黄色时捞起，晾凉装盘即成。这道饭色泽金黄，酥香可口。

酱酥桃仁

【原料】干核桃仁500克，猪化油500克。

【调料】白糖100克，甜酱50克。

【制法】1.桃仁置容器中，加开水稍焖约2～3分钟，待桃仁皮起皱，捞出撕去皮衣，炒锅置中火上，下猪化油烧热约120℃，下桃仁炸至金黄色时捞出。

2.锅洗净置火上，加清水、白糖不断搅动，至糖化、糖汁翻起小泡时，加入甜酱，搅拌均匀，待再翻大泡时，将锅端离火口，把炸好的桃仁倒入，轻轻搅匀，使糖汁均匀粘裹在桃仁上，冷却后装盘即成。这道饭香酥化渣，酱香味浓，甜味突出，回味带咸。

马蹄糕

【原料】荸荠粉400克，红曲米粉适量。

【调料】白砂糖200克，猪油、草莓粉、草莓片各适量。

【制法】1.将白糖放入草幕粉内，加清水拌匀，分成若干碗，再将其中1半加入适量红曲米粉推揉均匀待用。

2.取方盘1只洗净，抹去水分涂上猪油即倒入一碗无色素的草莓粉，铺平放上适量草莓片。按此方法逐盘铺好后上笼蒸7～8分钟即可。

响铃球

【原料】猪板油150克，核桃仁100克，鸡蛋清、菱粉各25克，红绿丝5克。

【调料】熟猪油450克（实耗油50克），白糖50克。

【制法】1.将猪板油撕去膜，剁成蓉，加入白糖拌匀。

2.锅置火上，舀入熟猪油，烧至六成热时，投入核桃仁炸至酥脆取出，去掉外衣，将核桃仁包入板油中，逐一搓成圆形，再滚上菱粉。

3.鸡蛋清打成发蛋，加入菱粉调成发蛋糊，放入油锅炸至起壳发亮，用牙签在两端穿一个小孔，让壳内溶油排出，炸至摇动发出响声时，捞出装盘，撒上白糖和红绿丝即成。这道饭形似圆球，光滑洁白，香酥松脆可口。

琥珀莲子

【原料】干莲子、桂圆各100克。

【调料】猪板油50克，冰糖40克，食用碱7.5克，桂花卤2克。

【制法】1.将干莲子倒入沸水中，加食碱，用竹帚搅打去皮。

2.沥去碱水，再换沸水，加食用碱，继续搅打，后取出洗净，削去两头，捅出莲心，再漂洗干净；砂锅中放清水，倒入莲子，上中火烧沸，放入猪板油，加盖，移小火焖30分钟，捞出莲子。

3.桂圆剥壳去核，用一颗桂圆肉包一粒莲子，放入原汤锅内，加入冰糖烧沸，再移小火焖一小时，至酥烂，锅离火，拣去猪板油，倒入桂花卤即成。这道饭桂圆肉软滑，莲子酥烂，汤汁香甜。

豆蓉酿枇杷

【原料】枇杷300克，甜豆沙150克，松子仁10克，红樱桃7.5克。

【调料】糖猪板油30克，白糖75克，淀粉15克，糖桂花5克。

【制法】1.削去枇杷顶端，剥去皮，挖去核及内膜，口朝上放入盘中。

2.将糖猪板油丁掺入豆沙中拌和，分别酿入枇杷内，再在每只枇杷口的周围插上松子仁5粒，中间缀以红樱桃末，上笼旺火蒸15分钟，取出整齐排入另一个盘中。

3.锅上火放清水，加白糖、糖桂花烧沸，用水淀粉勾芡，浇在枇杷上即成。这道饭枇杷汁多细腻，豆沙油润味美。

八宝酿香瓜

【原料】黄皮香瓜1个，糯米50克，去核蜜枣35克，核桃仁30克，糖莲子、熟白果肉各25克，青梅、金橘饼、香橼条各15克。

【调料】白糖75克，生猪板油40克，淀粉10克。

【制法】1.香瓜削去皮，在瓜蒂处开7厘米见方的口，取下做盖，掏出瓜瓤子，放在清水中洗净，在瓜的正面剞菱形花刀，刀深约0.4厘米。

2.糯米淘洗干净，放入盘中，上笼蒸后取出，用白糖拌和，并其他原料适量从方口处填入瓜中，盖上方盖，放在碗中，上笼蒸20分钟取出，将瓜方口向上放入汤盘中，四周围糯米饭。

3.炒锅上火，舀入清水，放

入白糖烧沸，用水淀粉勾芡，浇在香瓜上即成。这道饭糯软香甜，味美可口。

香蕉果炸

【原料】面粉200克，鸡蛋50克，蜜冬瓜丁、葡萄干各25克。

【调料】花生油750克（实耗油150克），白糖75克，芝麻油5克，干淀粉20克，香蕉精0.5克。

【制法】1.鸡蛋加入白糖、面粉、干淀粉调和均匀，再加清水调成稀面糊。

2.锅置火上，舀入清水，将稀面糊徐徐倒入，边倒边用铁勺搅动，打熟呈厚糊状，见锅内四面发出气泡时离火，加香蕉精搅和，放入葡萄干。

3.蜜冬瓜丁搅搓匀，然后倒入用芝麻油抹过的盘中，冷却后撒上干淀粉，切成长5厘米、宽3厘米、厚1厘米的长方块，再用干淀粉拌和。

4.锅上旺火烧热，放入花生油，烧至七成时，放入果块炸，炸至浮于油面、色呈淡黄时，捞出装盘，撒上白糖即成。这道饭色呈淡黄，香蕉味浓、外脆里嫩、软润香甜。

桂花糖大栗

【原料】净栗子肉200克，糖桂花、红绿丝各5克，清汤适量。

【调料】白糖50克，熟猪油30克，淀粉15克，清汤适量。

【制法】1.将栗子肉上笼蒸30分钟，取出切成筷头大小的丁状。

2.炒锅上火烧沸，舀入清汤，放入栗丁，加入白糖、熟猪油烧沸，1分钟后加入糖桂花，用水淀粉勾芡，起锅盛入碗中，撒上红绿丝即成。这道饭栗肉细腻，酥糯香甜。

涟水鸡糕

【原料】净鸡脯肉300克，猪肥膘、鳜鱼肉各50克，水发香菇、蛋黄、蛋清、菜心各25克，海米、红樱桃5克，冬菇10克，鸡汤适量。

【调料】豌豆粉30克，绍酒25克，葱姜汁15克，水淀粉、精盐8克，味精2克。

【制法】1.将鸡脯肉、肥膘、鳜鱼肉均洗净，分别剁成细蓉，同放盆内，加豌豆粉、蛋清、葱姜汁、精盐、绍酒、味精搅拌成糊。

2.取凹瓷盆一个，内抹熟猪油，将4/5的糊倒入盆中抹平，然后再在剩余的糊中加入蛋黄，搅匀后取一半轻轻覆盖在盆内的鸡糊上，入笼蒸15分钟至熟取出，将鸡糕从盆中倒出冷透，把另一半蛋黄鸡糊放入油锅中炸成小圆子待用。

3.将鸡糕改刀成长方形薄片，摆在盆中呈花盆状；菜心做成万年青的茎叶，再镶上油炸的黄圆子和樱桃，放上海米及水发香菇，上笼蒸5分钟取出，锅上火舀入鸡汤，加精盐、味精，勾芡，浇在“万年青”上即成。这道涟水鸡糕口感细嫩、造型雅致，营养丰富。

灯影苕片

【原料】红心苕（红薯）800克。

【调料】生油、精盐、白糖、明矾、红油各适量。

【制法】1.将红心苕洗净，切成长方片，再顶刀切成0.1厘米厚的片，放入明矾3克、清水90克的水中浸渍30分钟捞出，再放入盐3克、清水225克，在盐水中浸渍半小时捞出晾干水分；炒锅置火上放油烧至六成熟，将红苕片下油锅炸至棕黄色水分干时捞出，控干油盛入盘中。

2.取碗一个，放入红油、精盐、味精、白糖兑成汁，浇在盘内的红苕片上，即可供食。这道小吃色泽金红，酥脆爽口，咸鲜微辣。

芝麻球

【原料】糯米粉700克，粳米粉300克，清水适量。

【调料】白糖200克，油150克，熟芝麻适量。

【制法】1.白糖入锅内，加适量冷水煮成糖汁待用；把糯米粉和粳米粉拌和，加适量清水搓揉成粉团，分成若干份坯子待用。

2.把油放入净锅内至见烟时，将油锅端离火，兑入煮好的糖汁，再端回火口，然后将生坯逐个入油锅，至粉生坯在油内粘满糖汁，浮出油面，呈金黄色时，捞出，滤尽油；另取一个盛器，倒入炒熟的芝麻，将炸好的麻团放入粘满芝麻即可。这道小吃色泽金黄，香甜适口。

炒米粉

【原料】米粉70克，南瓜20克，肉丝20克，虾米10克，香菜适量。

【调料】油葱酥适量，咖喱

粉1勺，细糖1/3勺，酱油3/2勺，胡椒粉、水各适量。

【制法】1.南瓜去皮去籽洗净后，切成细丝备用；起油锅，将肉丝过油，炒熟后捞起沥干；米粉用热水浸泡至软后捞起，沥干水分备用。

2.锅内留下适量油，烧热后，将咖喱粉放入炒香，再倒入其他调味料炒匀，依序放入米粉、南瓜、油葱酥、虾米、肉丝，用小火拌炒均匀，等南瓜熟后，即可装盘，上桌前撒适量香菜即可。

油煎糖年糕

【原料】白糖年糕500克。

【调料】白糖粉、熟猪油各100克。

【制法】1.取用糖年糕，横切成0.5厘米厚的薄片备用。

2.取用平锅上火烧热，下熟猪油布满锅底，放糖年糕片摊平，用中小火煎到里面柔软外面呈金黄色，倒出沥干油，装盘洒上白糖粉即可上桌。

炒山药泥

【原料】山药500克，金糕50克。

【调料】熟花生油60克，白糖150克。

【制法】1.将山药刷干净，放在笼屉内，用旺火蒸熟（约20分钟），取出晾凉后剥去外皮，用刀碾成细泥；金糕切成菱形小片或其他花样。

2.把炒勺放在旺火上，放入花生油、山药泥稍炒，加白糖炒透装盘，码上金糕片即成。这道小吃质地细腻，味道香甜，美观大方。

果酱三明治

【原料】咸方包（或土司面包）250克。

【调料】什锦果酱100克。

【制法】1.将咸方包切成1厘米左右厚的片，共20片，排放于烤盘上，入烤炉，在180℃下烤3分钟左右，取出，在面包片未烤黄的一个面上涂匀一层果酱，合上另一片烘黄的面包，轻轻按压一下，切去边上硬皮，对角切开，成两个三角形后装盒。

2.或者置炉，可将果酱先涂于面包片上，合上另一片，放入炉内槽中，合上炉盖，通电至规定时间，取出即成两块三明治。左右槽使用，一次可得四块三明治。

蜜汁红芋

【原料】红芋1000克，蜂蜜200克。

【调料】冰糖125克。

【制法】1.选出橘黄色的红芋后洗净，去皮，削成两头尖的块状。

2.砂锅底部放竹箅加水，放冰糖上火熬化，再放入红芋、蜂蜜，烧开后移小火焖1小时。

3.汤汁浓缩后，将红芋装盘，浇上原汁即成。这道小吃颜色金黄，口感香甜。

西湖桂花藕粉

【原料】白糖50克，西湖藕粉250克。

【调料】玫瑰花瓣20瓣，糖桂花5克。

【制法】1.将藕粉分为10份，分别放入10只小碗内，每碗先用25克凉开水化开，然后冲入225克沸水，边冲边搅，搅至粉呈玉色并且没有粉粒时，加入白糖。

2.再将糖桂花均匀地撒在藕粉上，最后将玫瑰花瓣捏碎后均匀地撒在藕粉上即成。这道饭滑嫩清香，汤汁清鲜。

拔丝蜜橘

【原料】黄岩无核蜜橘3个（约重300克），糖桂花1.5克。

【调料】熟猪油炸1000克（实耗油100克），白糖150克，上白面粉60克，湿淀粉25克，芝麻10克，鸡蛋2个。

【制法】1.将橘子剥去皮，逐瓣分开，拍上白面粉；鸡蛋打散，放入上白面粉、湿淀粉及清水25克搅成鸡蛋糊；芝麻炒熟；将橘子逐个挂糊，投入六成热的熟猪油里，至结壳时捞出。

2.取炒锅置微火上，下10克熟猪油，加入白糖熬化，见糖汁稠黏起丝将橘子倒入锅中，颠翻几下，然后撒上芝麻和糖桂花，带凉沸水碗立即上席。这道饭色泽黄亮，甜中带酸。

一品薯包

【原料】红薯400克，白莲子75克，百合、白果肉、水发香菇各50克，豆腐皮3张，金针菜3根。

【调料】花生油30克，水淀粉10克，精盐6克，味精2克。

【制法】1.莲子用热碱水搅打褪皮，用水煨至酥烂；白果去皮，与香菇、红薯分别切成小粒。

2.炒锅上火，放适量油，油

热时放白果、百合、香菇、薯粒，炒匀后加适量汤烧熟，放入莲肉、精盐、味精，用水淀粉勾芡后出锅晾凉。

3.用湿布将豆腐皮弄软，用刀修成圆形，包入炒好的馅心，收口处用金针菜扎住，如此共包3个豆腐包。

4.将豆腐皮包放入碗中，加素汤，隔水炖20分钟取出，调好味后把豆腐皮放入碗中，摆成“品”字形即成。

馄饨香蕉卷

【原料】馄饨皮12张，水2大匙，香蕉1根，面粉1大匙。

【调料】沙拉酱2大匙，番茄酱0.5大匙。

【制法】1.将面粉和水调成面糊；将香蕉去皮，先切一半，每段再横切6份，共12条备用。

2.取1张馄饨皮铺平，将香蕉段放在对角线上面，卷起后，再涂上面糊固定封口，两边涂上适量面糊，将开口处压紧备用，调味料混合均匀备用。

3.将烤箱预热至180℃～200℃，将馄饨香蕉卷放入，烤约15分钟，取出即可装盘，蘸调味料食用。

地栗糕

【原料】地栗50克，琼脂30克，玫瑰花2瓣，糖桂花2克，薄荷叶适量。

【调料】白糖150克。

【制法】1.将琼脂洗净，放入大碗加清水浸涨后，上笼用旺水蒸融，取出倒入洁净的铝锅内（铁锅不能用），放入适量水和白糖煎煮，至起黏性时，起锅用消毒过的纱布滤去沉淀物，倒入深底大瓷盆内，晾至半凝固状。

2.将净地栗切成丝，用沸水氽后捞出沥干水分，撒在半凝聚的琼脂冰糕上，待完全冷却后，将盆盖好，放入冰箱冷藏，吃时切成小方块，抹上薄荷汁，装盘，撒上玫瑰花、糖桂花即可。这道小吃清爽、松脆、甘甜。

炒三泥

【原料】红枣350克，净山药、新鲜蚕豆各250克，玫瑰花、糖桂花各2瓣。

【调料】白糖350克，青菜叶适量，熟猪油75克，青梅1/4颗。

【制法】1.将青梅切末；将山药、蚕豆洗净上笼蒸酥，山药去皮，分别放在砧板上用刀塌成泥；红枣煮熟，去皮捣糊，青菜叶捣糊，用纱布包好，挤出菜汁待用。

2.炒锅置中火上烧热，用油划锅后下猪油25克，放白糖150克炒熔，下山药泥充分推透搅匀出锅盛在盘子中间；原锅再下猪油25克，放白糖150克炒熔，下蚕豆泥充分搅匀，加入青菜泥混炒透，起锅盛在盘子左边。

3.再下猪油25克，放白糖50克炒熔，将枣泥入锅炒匀，起锅盛在盘子右边。将玫瑰花瓣放在山药上，青梅和糖桂花均匀撒在三泥上即成。这道饭“泥”呈三色，鲜艳美观，油润滑糯。

玫瑰果炸

【原料】鸡蛋2个（重约110克），面粉50克。

【调料】熟猪油1000克（实耗油75克），白糖100克，干淀粉、绵白糖各50克，芝麻油适量，玫瑰花1朵，玫瑰香精1滴。

【制法】1.鸡蛋磕在碗内打散；干淀粉50克、面粉25克加水适量搅匀。

2.炒锅置火上加水250克，加白糖煮沸后，将粉糊倒入盆内打上劲，倒入蛋液，滴入玫瑰香精，再打上劲成蛋糊，取平盘一只，盘底抹上芝麻油，将锅内蛋糊倒在盘内，塌平凉透、凝固结壳后，切成条。

3.另取盘，撒入面粉，放上蛋糊条，再将余下的面粉撒在蛋糊条上。

4.锅置火上，下猪油至六成热时，用筷子拨动蛋糊条，沾上面粉，逐个入油锅轻轻推动，炸至金黄色捞出沥油，然后堆叠装盘，撒上玫瑰花瓣和绵白糖即成。这道饭色泽黄亮，玫瑰沁香，松脆甜香。

鸡丝米粉

【原料】籼米（无黏性的大米）500克，鸡丝150克，小白菜100克。

【调料】植物油40克，鸡油25克，盐12克，味精8克，胡椒粉1克，鸡汤适量。

【制法】1.鸡肉切丝；小白菜抽出筋洗净备用。

2.制出米油浆即将米反复换水揉搓洗净，用凉水泡胀再冲洗两次，去水后另加凉水600克，磨成细浆，再放入植物油搅动，使油浆混为一体。

3.将细浆舀一勺放在抹好油的瓷盘内晃平上屉，用旺火烧开水蒸熟成薄片，揭下晾凉再切成韭菜叶宽的条形。

4.烧开鸡汤下入味精、盐、胡椒粉调好味，与此同时，烧开一锅水下入白菜和米粉条；小白菜烫熟后，把菜和米粉条挑入5个碗中，撒上鸡丝，注入汤便成。

核桃仁酪

【原料】牛奶250克，核桃仁50克。

【调料】糯米200克，红枣数枚，白糖适量。

【制法】1.将核桃仁用开水泡一会儿，取出剥去仁皮，洗净，捣碎成末；糯米用水淘洗干净捣碎；红枣泡好，剥去外皮，去核，捣碎。

2.锅上火，加水约250克，放入核桃仁、糯米、枣末，烧开煮粥，加入牛奶，将熟时再加入白糖，煮至完全熟时，装入碗中食用。这道饭甜香且含有较多的水分，此外，还含有较多的铁、钙、磷和维生素等营养素。

小米面茶

【原料】小米面100克。

【调料】芝麻酱25克，芝麻仁10克，香油、精盐各适量，姜粉少许。

【制法】1.将芝麻仁去杂，用水冲洗净，沥干水分，入锅炒成焦黄色，擀碎，与精盐搅拌在一起。

2.锅置火上，加水适量，放入姜粉，烧开后，将小米面和成稀糊倒入锅内，略加搅拌，开锅后盛入碗中。

3.将芝麻酱和香油调匀，用小勺淋入碗里，再撒入芝麻盐，即可食用。此面茶咸香适口，含有较多蛋白质、脂肪、钙、铁、磷、维生素B_1、维生素E等营养素，具有补中益气的功效。

蜜饯萝卜

【原料】鲜白萝卜500克。

【调料】蜂蜜150克。

【制法】1.白萝卜洗净，削去头、尾，切丁，放入沸水锅内煮沸即捞出，沥干水分，晾晒半日。

2.将白萝卜丁放入锅内，加入蜂蜜，用小火煮沸，调匀后离火，晾凉装瓶。随意服食，饭后食用，效果尤佳。这道小吃香甜适口，含葡萄糖、蔗糖、果糖、多种氨基酸、钙、磷、维生素C等多种营养素。

花生奶酪

【原料】花生米150克，鲜牛奶250克，清水适量。

【调料】白糖50克，玉米粉适量。

【制法】1.花生米用沸水烫后去皮，用温油炸至酥脆，捣成碎末，盛入碗内，用清水少许调成糊状。

2.锅置火上，倒入牛奶烧开；玉米粉放碗内，加入适量清水，调成稀糊。

3.另起锅上火，先倒入牛奶，再倒入花生糊，用微火烧开，加白糖，用玉米糊勾芡，烧开后盛入汤碗内即成。这道饭，奶酪色泽洁白，味道甜香，含有丰富的维生素A、蛋白质、脂肪、碳水化合物、核黄素、钙、磷、卵磷脂、胆碱、不饱和脂肪酸、蛋氨酸等多种营养素。

粥类

黑米粥

【原料】黑米150克。

【调料】赤砂糖15克。

【制法】1.先把黑米淘洗干净，在冷水里浸泡3小时，泡好后，捞起，沥干水分。在这里要说明的是，浸泡为了使黑米较快地变软，夏季要用水浸泡一昼夜，冬季浸泡两昼夜。为了避免黑米中所含的色素在浸泡中溶于水，泡之前可用冷水轻轻淘洗，不要揉搓；泡米用的水要与米同煮，不能丢弃，以保存其中的营养成分。值得一提的是，很多人不知道如何判断黑米的真假，在这里教大家一种方法，很简单，就是拿一米粒，用嘴咬开后，看米粒截面是不是全黑，如果均匀全黑则无问题。还有当我们看到泡出来的米水颜色是红色，便是假的，颜色是黑色和紫色的才是真的。

2.锅中加入约1500毫升冷水，将黑米放入，先用旺火烧沸，再改用小火熬煮1小时，待粥浓稠时，放入红糖调味，再稍煮片刻，即可盛起食用。

翡翠鱼粥

【原料】鳜鱼1条（约500克重），荠菜150克，蛋清1个，二汤适量。

【调料】油、生粉、酒、胡椒粉、盐、味精、葱油各适量。

【制法】1.鳜鱼洗净，出骨，

将肉切成小粒，然后用蛋清、味精、盐、胡椒粉、酒上浆待用；荠菜亦洗净，斩成细末，在油锅中略煸并略加入二汤烧开。

2.划油锅，当油温至三四成热时，倒入上过浆的鱼米划油，并少许注入二汤烧开，在净锅内，注入二汤，加盐、味精，倒入荠菜及鱼米，待烧沸后用生粉勾薄芡，淋上葱油即可。

木耳粥

【原料】黑木耳5克，大枣5枚，粳米100克。

【调料】冰糖适量。

【制法】1.将黑木耳（或银耳）放入温水中泡发，去蒂，除去杂质，撕成瓣状；将粳米淘洗干净；大枣洗净；将以上材料一同放锅内，加水适量。

2.将锅置武火上烧开，移炆火上炖熟，至黑木耳（或银耳）烂、粳米成粥后，加入冰糖汁即成。这道粥滋阴润肺，对于肺阴、虚劳咳嗽、咯血、气喘等症有辅助疗效。

枸杞豉汁粥

【原料】枸杞、豉汁各50克，糯米100克。

【制法】1.先将枸杞水煎，去渣取汁。

2.将粳米洗净下入汁内煮粥，候熟，下豉汁，搅拌后再煮沸即成。

核桃仁粥

【原料】核桃仁50克，大米60克。

【制法】将大米和核桃仁洗净，同放锅内煮熟即成。

菠菜粥

【原料】菠菜300克，粳米250克。

【调料】食盐适量，味精、香油各少许。

【制法】1.将菠菜洗净，在沸水中烫一下，切段备用。

2.粳米淘净置铝锅内，加水适量，煎熬至粳米熟时，将菠菜放入粥中，煎熬直至粥熟时停火；再放入食盐、味精、香油即成。

豌豆粥

【原料】豌豆、粳米各100克，清水1000克。

【制法】1.将豌豆与粳米分别淘洗干净。

2.将豌豆与粳米放入锅内，

加清水，上火烧开后用小火慢慢熬煮，待米粒熟烂成粥时即可。这道粥口感舒适。

芹菜粥

【原料】旱芹菜、籼米各100克，熟牛肉各50克，清水1000克。

【调料】猪油10克，味精2克，精盐5克。

【制法】1.熟牛肉切成粗粒状；芹菜择洗净，切成粗粒状。

2.籼米淘洗干净，放入锅内加清水上火烧开，待米粒煮开花时，加入其他原料继续熬煮成粥。这道粥对平肝清热、止咳健胃、降压降脂有辅助的疗效。

胡萝卜粥

【原料】胡萝卜、糯米各100克，清水1000克，香菜10克。

【调料】猪油15克，味精2克，精盐5克。

【制法】1.把香菜剁成细末；将胡萝卜削洗干净，切成细丝。

2.糯米淘洗干净，入锅加清水、胡萝卜丝上火烧开，转用小火慢熬成粥，加入精盐、味精、猪油、香菜末拌和即可。这道粥补脾健胃，宽中下气。

牛乳粥

【原料】鲜牛奶200克（或脱脂奶粉25克），粳米50克，清水1000克。

【调料】蜂蜜100克。

【制法】1.将粳米用清水淘洗干净。

2.下锅加清水上火烧开，熬煮成粥，冲入新鲜牛奶（或干奶粉水调冲入），再煮，并调入蜂蜜。这道粥有补虚损、益肺胃、润肌肤的功效。

香蕉粥

【原料】香蕉3根，糯米100克，清水1000克。

【调料】冰糖100克。

【制法】1.将糯米淘洗干净；将香蕉去皮切成小丁块。

2.下锅加清水上火烧开，加入香蕉、冰糖熬煮成粥。

牛奶麦片粥

【原料】牛奶50克，麦片150克。

【调料】白糖适量。

【制法】1.干麦片用冷水450克泡软。

2.将泡好的麦片连水放入锅内，置火上烧开，煮两三滚后，加入牛奶，再煮5～6分钟，视麦片酥烂、稀稠适度，盛入碗内，加入白糖，搅匀即成。此粥软烂适口，清香扑鼻，含有丰富的蛋白质、脂肪、碳水化合物、钙、磷、铁、维生素A、维生素B_1、维生素B_2及烟酸等多种营养素，具有健脾益气、养血生津、除烦止渴、益肾养心、下气利肠、生精催乳等功效。

黑芝麻粥

【原料】粳米250克，黑芝麻75克。

【调料】白糖适量。

【制法】1.黑芝麻拣去杂质，淘洗干净，晒干，入锅炒熟，压成碎末。

2.粳米淘洗干净，放入锅内，加入适量清水，用大火烧开后，转微火熬至米烂粥稠时，加入黑芝麻末，待粥微滚时加入白糖，盛入碗内即成。这道粥黏糯香甜，含有丰富的碳水化合物、蛋白质、脂肪、钙、磷、铁、锌等多种营养素。

小米红糖粥

【原料】小米100克。

【调料】红糖适量。

【制法】1.小米淘洗干净，放入锅内，一次加足水，上旺火烧开后，转小火煮至粥黏。

2.食用时，加入适量红糖搅匀，再煮开，盛入碗内即成。此粥黏糯香甜，营养丰富。

绿豆银耳粥

【原料】粳米200克，绿豆100克，银耳30克。

【调料】白糖适量，山楂糕50克。

【制法】1.绿豆入清水中泡4小时；银耳用凉水泡2小时，择去硬蒂，掰成小瓣；山楂糕切成小丁。

2.粳米淘洗干净，放入锅内，加适量清水，倒入绿豆、银耳，用旺火煮沸后，转微火煮至豆、米开花，汤水黏稠。

3.食用时将粥盛入碗内，加白糖、山楂糕丁即成。此粥色泽美观，香甜适口，含有丰富的蛋白质、脂肪、碳水化合物、钙、磷、铁、锌等多种营养素。

皮蛋粥

【原料】松花蛋2个，粳米100克，淡菜50克，清水1000克。

【调料】麻油15克，精盐、

料酒各5克。

【制法】1.将松花蛋去壳，切成碎米粒状；淡菜用热水浸泡发软，择洗干净，放入碗内，加料酒，上笼蒸至烂熟为度。

2.粳米淘洗干净，入锅加清水上火烧开，再入淡菜、松花蛋、精盐，熬煮成粥后，加入麻油即可。这道粥，鲜咸适口。

山药大米粥

【原料】淮山药100克，大米200克。

【制法】将山药洗净切片，大米淘洗干净，下入锅内，加水如常煮粥法，煮至米烂粥稠即可出锅食用。这道粥健脾开胃，对固肠止泻有辅助的作用。

薏仁白米粥

【原料】薏仁米150克，白米250克（糯米更佳）。

【制法】将薏仁米、白米淘洗干净，如常煮粥法煮粥，食用时加入少许红糖即可。这道粥有健脾、益气的作用。

麦枣糯米粥

【原料】小麦60克，大枣15克，糯米30克。

【制法】用砂锅加水烧开，放入小麦、糯米、大枣（去核）用常法煮粥，麦、米熟烂为宜。食用时加红糖，分数次服完。这道粥健脾益气，敛汗安神。

荷叶粥

【原料】大米500克，鲜荷叶2张。

【调料】白矾少许（加水溶化），白糖适量。

【制法】1.将大米淘洗干净，放锅中加水烧开，再用小火熬煮成粥。

2.另用一盆，在盆底垫上一张荷叶，洒上一些白矾水，把刚煮好的大米粥倒入，然后在上面盖一张洗净的荷叶，盆上加盖稍焖片刻。

3.食用时盛入碗中，撒上白糖即可。如在夏季，放进冰箱里冰凉再吃味道更佳。这道粥色泽淡绿，有荷叶清香，糖分大，能清热去暑。

红小豆粥

【原料】红小豆500克。

【调料】淀粉15克，红糖、桂花酱各适量。

【制法】1.将红小豆洗净，放入锅内，加水烧开后，改用小火焖煮，煮至豆熟还未开花时，加入红糖，再用小火煮至红小豆开花。

2.放入桂花酱，用水淀粉勾芡，搅匀即可食用。这道粥香甜适口，含有蛋白质、碳水化合物、多种维生素和矿物质。红小豆本身有利尿消肿的功效。

什锦甜粥

【原料】小米200克，大米100克。

【调料】绿豆、花生米、红枣、核桃仁、葡萄干各50克，红糖适量。

【制法】1.将小米、大米、绿豆、花生米、红枣、核桃仁、葡萄干均用水淘洗干净。

2.先将绿豆放入锅里，加少量水，用火煮至七成熟时，向锅内加入开水，将小米、大米、花生米、红枣、核桃仁、葡萄干放入，再加红糖，用勺搅匀，盖上锅盖，开锅后，改用小火，煮至熟烂即可。这道粥香甜利口，营养丰富，含碳水化合物、蛋白质、B族维生素、钙、铁等多种营养素。

鸡粥菜心

【原料】生鸡脯肉200克，青菜心、熟猪肥膘肉各50克，鸡蛋清30克，熟火腿25克，鸡清汤150克。

【调料】熟猪油35克，淀粉25克，绍酒20克，葱、姜各15克，盐5克，味精2克。

【制法】1.将鸡脯肉、肥膘分别斩成茸，同放碗内，加入冷鸡汤、葱姜汁、绍酒、精盐、干淀粉调匀，鸡蛋清打成发蛋，掺入鸡茸中拌和。

2.炒锅上火烧热，放入熟猪油，烧至六成热时，将青菜心倒入略煸，加入鸡清汤、精盐、味精烧沸，倒入漏勺。

3.炒锅再置火上烧热，放入熟猪油，舀入鸡清汤，加入精盐、味精烧沸，用水淀粉勾芡，然后将鸡茸倒入锅中翻炒，待鸡粥大沸时，淋入熟猪油，投入菜心翻炒，起锅装盘，撒上火腿末即成。这道菜鸡粥洁白如雪，菜心碧绿，似玉中藏翠，清鲜爽口。

汤类

01 蔬菜类汤

云耳番茄汤

【原料】云耳2朵，金针约20克，番茄两三个，清鸡汤、清水各1罐，鸡蛋2个，油半汤匙。

【调料】盐3/4茶匙，糖1/3茶匙，胡椒粉适量。

【制法】1.番茄洗净，切件去籽；云耳、金针用清水浸约1小时，洗净；云耳剪成小块，金针切去硬端，再用热水浸5分钟，沥干水分。

2.烧热油，略爆番茄，注入清鸡汤和水，加调味料、云耳、金针同煮滚片刻，下鸡蛋拌匀，即可供食。这道汤清淡可口，适合任何人口味。

家常豆腐汤

【原料】豆腐500克，熟笋片75克，水发香菇适量，鲜汤1100克。

【调料】菜油250克，酱油100克，味精4克，姜末1.5克，豆腐酱、猪油、青蒜、绍酒各适量。

【制法】1.将豆腐切成0.5厘米厚、3.5厘米长的片，用沸水焯去生味。

2.炒锅放旺火上，加入菜油，放入豆腐、笋片、香菇和味精，煮5分钟，加鲜汤，煮沸后，加入青蒜、味精，淋入猪油，装盘上桌即可。

紫菜豆腐汤

【原料】豆腐200克，紫菜干15克。

【调料】植物油20克，盐3克，味精2克，料酒5克。

【制法】1.将豆腐切成4.5厘米长、1.5厘米宽、0.7厘米厚的片，放入开水锅内烫一下，捞出。

2.炒锅内放油，烧热，加水，下入豆腐，锅开加精盐、味精、料酒，盛入大汤碗内，撒上紫菜即成。

冬菇笋炖老豆腐

【原料】豆腐200克，生鸡肉50克，冬笋20克，水发冬菇、熟火腿各15克，鸡骨、猪骨、肉清汤适量。

【调料】熟猪油20克，酱油15克，绍酒10克，盐7克。

【制法】1.将生鸡肉、鸡

骨、猪骨入沸水锅中氽水，捞出洗净；豆腐放冷水锅中，加精盐烧沸，移中火煮至豆腐起孔，浮在水面上时捞入清水中，泡去豆腥味，捞出沥水，片去老皮，切成块放入盘中。

2.取砂锅一个，放入鸡肉、熟火腿、鸡骨、猪骨垫底，将老豆腐铺在上面，舀入肉清汤，加入绍酒、精盐、酱油，上旺火烧沸后移至微火上，加入熟猪油，烧至汤汁浓稠时离火。

3.离火后捞出鸡肉、火腿和骨头，将豆腐连同卤汁倒入另一个砂锅内，放冬笋片、冬菇，再置旺火上烧沸，淋入熟猪油，稍炖即成。这道汤色泽金红，食之豆腐味浓含卤，质韧而嫩。

鲜花豆腐

【原料】嫩豆腐500克，肥膘肉、鸡脯肉、豌豆苗各50克，鸡蛋清25克，香菌15克，清汤500克。

【调料】胡萝卜、猪化油各30克，大甜椒、葱姜水各20克，盐3克，胡椒粉2克。

【制法】1.豆腐揭去表皮后用箩筛制蓉，用纱布搌干水分后置盆中；猪肥膘肉和鸡脯肉去筋膜捶蓉，与豆腐同置一个盆中，加葱、姜水搅散后，再加盐和鸡蛋清制成糁。

2.在扇形与蝶形模具上抹一层猪化油，分别制出10个扇形、2个蝴蝶形的豆腐糁，将胡萝卜、大甜椒、香菌等片刻成不同花卉图案，分别嵌于豆腐糁上，上笼蒸熟备用。

3.炒锅置旺火上，加清汤烧沸，加胡椒粉，放入豌豆苗烫熟，舀入汤盆内，将蒸好的豆腐糁划入汤内即成。这道菜造型美观，色彩协调，汤清味美，口感细嫩。

南瓜汤

【原料】南瓜350克，洋葱1个，黄油50克，肉汤4杯，牛奶2杯，面粉200克，鲜乳酪半杯，荷兰芹少许。

【调料】盐、胡椒、豆蔻各适量。

【制法】1.将南瓜去皮去瓤，切成薄片，洋葱切成碎片，用黄油炒好；炒锅上火，放入洋葱末、南瓜片、肉汤，直至煮烂即可。

2.然后将锅内汤汁滤入另一锅内，把锅重新置火上，加入牛奶煮开，将黄油和面粉搅拌均匀后，一点一点均匀放入，加入适量肉豆蔻、盐、胡椒，起锅盛入碗内，放上荷兰芹末和鲜乳酪的泡沫，使其漂浮汤上即可。这道汤香醇浓郁，味美色雅。

绿豆冬瓜汤

【原料】冬瓜、清汤各500克，绿豆300克。

【调料】葱30克，姜10克，盐适量。

【制法】1.将绿豆淘洗干净，去掉浮于水面的豆皮，放入汤锅炖烂；姜洗净拍破，葱洗净切段投入汤锅；锅洗净置旺火上，倒入鲜汤烧沸，捞尽浮沫。

2.将冬瓜去外皮，去瓤、籽，洗净后先切块，烧至软而不烂，加入食盐调味即可。这道汤瓜嫩爽滑，鲜咸适口。

南瓜泥子汤

【原料】南瓜250克，牛肉清汤1000克，油炒面粉25克，香菜15克。

【调料】精盐、胡椒粉、香油各适量。

【制法】1.将香菜洗净切末；将南瓜洗净去皮切片，加入牛肉汤煮至酥软，过筛制泥。

2.将南瓜泥放入牛肉汤内搅拌均匀后煮沸，放入油炒面粉调匀呈稠薄状，加入精盐、胡椒粉、香油调好口味，撒上香菜末即可食用。这道汤清香汤浓，别具一格。

绿豆海带汤

【原料】鲜海带200克，绿豆110克，稻米110克，清水1000毫升。

【调料】陈皮6克，赤砂糖60克。

【制法】1.大米、绿豆、陈皮分别洗净；把海带洗净切成细丝，用开水烫一下，捞出，控净水。

2.砂锅内倒入清水1000克，加入大米、绿豆、海带、陈皮，用旺火烧开，改用慢火煮至绿豆开花，放红糖可食。

海米冬瓜汤

【原料】冬瓜250克，海米15克，高汤或清水250克。

【调料】熟猪油10克，精盐4克，味精、葱花各2克。

【制法】1.海米用温水洗去泥沙待用；将冬瓜去皮去瓤、洗净，切成长4.5厘米、厚2厘米的片。

2.将锅放在旺火上，加入高汤烧开，再投入冬瓜、海米和精盐，烧10分钟左右，待冬瓜煮熟，加入葱花、味精和熟猪油即成。这道汤汤鲜味美，清淡爽口。

海米白菜汤

【原料】白菜心250克，海米50克，火腿10克，水发香菇4个，高汤500克。

【调料】鸡油2.5克，精盐4克，味精2克。

【制法】1.将白菜心切成3厘米长、1厘米宽的条，用沸水稍烫，捞出控净水；海米用温水泡好，火腿切成1.5厘米长的条片；把香菇择洗干净，挤干水分，一切两半。

2.锅内加入高汤、火腿、香菇、海米、白菜条、精盐，烧开，撇去浮沫，待白菜软料时加入味精，淋上鸡油，盛入汤碗。这道汤汤清味鲜。

冬瓜连锅汤

【原料】猪肉250克，冬瓜1500克。

【调料】生姜1小块，花椒10粒。

【制法】1.猪肉洗净后放入冷水锅中急火煮开，撇去浮沫，投入生姜、花椒，改用中火煮至肉皮可以用筷子戳透时捞出晾凉，切成0.5厘米厚的薄片（注意使肥瘦肉相连）。

2.冬瓜去皮去瓤，切成片，投入肉汤中煮开，放入肉片，小火煮至冬瓜绵软时连锅一起上桌即可。食时可以随个人喜好，蘸调料（用红油、酱油、蒜泥、豆瓣辣酱、小葱、酱油、香油、味精调制）食用。这道汤汤鲜味浓，吃法新颖。

奶汤白菜

【原料】奶汤500克，白菜心400克，火腿、水发香菇、鲜冬笋各25克。

【调料】熟油50克，鸡油2.5克，味精5克，葱1.5克，姜1克。

【制法】1.将白菜心洗净，切成4.5厘米长的段；嫩菜帮洗净，用刀拍一下，撕成1厘米宽的劈柴块；葱、姜切成细末。

2.炒锅内放入猪肉，烧至五成熟，放入葱末、姜末，炸出香味时，倒入白菜煸炒1分钟，再加入精盐搅匀，然后加入奶汤煮3分钟，撒上味精盛入汤碗内。

3.把冬笋、火腿均匀地切成4片（每片约为6厘米长、1.5厘米宽、0.3厘米厚），每个香菇斜刀片成3片，与冬笋一起在沸水中烫一下，最后将火腿、香菇、冬笋逐片相间地摆在碗内的白菜上面淋上鸡油即成。这道汤汤汁色白香醇，白菜鲜嫩，清口不腻，用料多样，各种营养素含量非常丰富。

奶汤鲜核桃仁

【原料】鲜核桃仁150克，火腿、冬笋、口蘑各15克，苔菜花6克，奶汤100克。

【调料】熟猪油20克，姜汁10克，精盐、鸡油各5克，绍酒15克，味精0.6克。

【制法】1.鲜核桃仁去膜皮，洗净，放入沸水中一焯，沥净水分；火腿、冬笋均切成片；口蘑从中间片开，将口蘑、冬笋、苔菜花放入沸水中焯过。

2.炒锅内放熟猪油，烧至六成热时，加奶汤烧沸，然后用小火炆至浓稠程度，放入核桃仁、苔菜花、冬笋，旺火烧沸，撇去浮沫，加入姜汁、精盐、绍酒、味精，淋鸡油，盛入汤盘内，撒上火腿片即成。这道汤核桃仁洁白脆嫩，奶汤醇厚味美。

海米萝卜汤

【原料】白萝卜100克，海米适量，清汤500克。

【调料】盐、味精、绍酒、葱末各适量。

【制法】1.将海米洗净；将萝卜洗净，去皮，切成细丝待用。

2.炒锅中倒入1汤匙油，用葱末炝锅，随即加入绍酒、清汤，把萝卜丝、海米同时下锅，待汤烧开，萝卜丝熟后，加入味精、盐调味，撇去浮沫即成。这道汤味道香甜，营养丰富。

萝卜连锅汤

【原料】带皮肥瘦相连猪五花肉300克，白萝卜500克，香菜末适量。

【调料】豆瓣酱、味精、姜片、酱油、葱花、葱段、花椒粒各适量。

【制法】1.将豆瓣酱剁细，用小火放油将其炒香，待油呈红色时盛出，成为油酥豆瓣。

2.将猪肉刮洗干净，烧一小锅清水，下猪肉，煮开后撇去浮沫，下姜片、葱段、花椒粒，将肉煮熟捞出，切成连皮的薄片。

3.将萝卜去皮切成厚片，放在肉汤中，用中火煮到快熟时，放入切好的肉片再煮2~3分钟即可盛出。

4.用油酥豆瓣加酱油、葱末、香菜末、味精拌成味碟，蘸萝卜和肉片食用。这道汤味道香甜，内含丰富营养。

三鲜苦瓜汤

【原料】苦瓜500克，水发香菇、冬笋各100克，鲜汤1000克。

【调料】盐适量。

【制法】1.冬笋切薄片；香菇去蒂，切薄片。

2.将苦瓜去瓜蒂、瓤，切成厚片，锅中加清水适量，烧开，下苦瓜片氽一下，沥干水分。

3.汤锅洗净置旺火上，放油烧至七成热，放苦瓜微炒，倒入鲜汤，烧开后下冬笋片、香菇片，煮至熟软，加盐调味即可。这道汤鲜咸适口，味道独特。

粟米菜花汤

【原料】新鲜菜花400克，罐头玉米粒100克。

【调料】水淀粉1茶匙，盐、鸡粉、香油各适量。

【制法】1.把菜花洗净，掰成小朵，放入开水锅中烫透，捞出用凉水过凉沥干水分待用。

2.炒锅置火上，加入油1汤匙，烧至六成热，下菜花煸炒，放入盐、玉米粒、鸡粉和适量水，烧开后用水淀粉勾汁，淋上香油，出锅即成。这道汤味道鲜美，口感鲜美。

西湖莼菜汤

【原料】西湖莼菜175克，熟鸡脯肉50克，熟火腿25克，水500克。

【调料】熟鸡油10克，精盐、味精各2.5克。

【制法】1.将鸡脯肉、火腿切成6.5厘米长的丝，锅内放水500克。

2.置旺火上烧沸，放入莼菜，沸后立即用漏勺捞出，沥去水，盛入汤盘中。

3.把原汁清汤放入锅内加盐烧沸后加味精，浇在莼菜上，再摆上鸡丝、火腿丝，淋上鸡油即成。这道汤色彩鲜艳，滑嫩清香。

金钱口蘑汤

【原料】发好的口蘑片20片（每只金钱大小），鸡脯肉125克，火腿80片，鸡蛋白30克，鸡汤1碗。

【调料】菱粉、绿叶菜、精

盐、味精、胡椒粉各适量。

【制法】1.将口蘑洗净，片成片；再将鸡脯斩成茸，与菱粉、鸡蛋白、胡椒粉一起调匀。

2.将鸡茸贴在各个金钱口蘑片上，再放上四小片火腿，中间放绿叶菜，上笼约蒸5分钟。

3.将鸡汤烧开，稍加一些味精和盐，汤沸后，将蒸好的口蘑倒入汤内即好。这道汤味鲜美，色红青带白黑。

青菜汤

【原料】好鸡汤1000克，嫩白菜心250克，胡萝卜丝100克。

【调料】味精2克，葱、姜、盐、料酒各5克。

【制法】1.将葱切段；姜切块用刀略拍；将菜心洗净并从中间剖开，把它切成长短一样的原料。

2.锅中加入鸡、清水，再下葱、姜，烧开后将白菜心放入，烧至八成熟取出，再将汤去掉放入鸡汤、盐、味精、料酒，烧开后将菜心、胡萝卜丝放入，再开锅即离火。

藕片汤

【原料】嫩藕300克，猪肉100克，水发冬菇适量。

【调料】绍酒、葱末、盐、味精、姜丝各适量，糖1茶匙。

【制法】1.把猪肉洗净切成薄片，用适量盐、绍酒、葱末、姜丝略腌待用；藕去节，削皮，洗净，切成菱形片待用。

2.炒锅置旺火上，放油1汤匙烧热，先下腌好的肉片，煸炒片刻后下藕片同炒，加入适量清水，同时下冬菇、绍酒、糖，烧开后加入盐和味精调味，出锅即可。这道汤味道鲜美，酸甜适口。

甜椒南瓜汤

【原料】南瓜500克，甜椒100克。

【调料】盐适量。

【制法】1.甜椒洗净，去蒂、籽，切成粗丝；将南瓜洗净削去外皮，去除瓜瓤后切成粗丝；将南瓜用少量盐腌2分钟，用水漂一下，沥干水，待用。

2.炒锅洗净，置旺火上，放油烧至七成热，下甜椒丝、盐微炒，下南瓜丝炒几下，加入适量清水烧开，至南瓜断生，打去浮沫即可。这道汤味道鲜美，口感润滑。

荔枝红枣汤

【原料】荔枝（丹荔）干、

红枣各7枚。

【调料】红糖适量。

【制法】荔枝去壳，与红枣一起放入小锅内，加水上火，焖煮成汤，再加红糖稍煮即成，饮汤食果。

大枣冬菇汤

【原料】红枣15枚，干冬菇15个。

【调料】生姜、熟花生油、料酒、食盐、味精各适量。

【制法】1.红枣洗净，去核；干冬菇洗净泥沙。

2.将清水、冬菇、红枣、食盐、味精、料酒、姜片、熟花生油少许，一起放入蒸碗内，盖严，上笼蒸60～90分钟，出笼即成。

大枣百合汤

【原料】大枣（去核）10枚，百合60克。

【调料】冰糖适量。

【制法】1.将百合洗净，撕散碎片。

2.将大枣、百合一起放入砂锅煮烂，加水冰糖适量调匀即可。

02 畜禽蛋汤

肉丝榨菜汤

【原料】瘦猪肉100克，榨菜50克，香菜少许，清汤适量。

【调料】香油5克，精盐2克，味精1克，料酒适量。

【制法】1.瘦猪肉洗净切成细丝；榨菜洗去辣椒糊，也切成细丝；香菜择洗干净，切段。

2.将汤锅置火上，加入汤（或清水）烧开，下肉丝、榨菜烧沸，加精盐、味精、料酒、香菜，淋香油，盛入汤碗内即成。这道汤肉嫩味美，清香利口，含有优质动物蛋白质、多种矿物质和维生素，并能补充人体需要的水分。

椰菜腌肉汤

【原料】椰菜、洋葱各1个，腌肉6片，甘笋1条，西芹连叶1根，水或上汤3杯。

【调料】蒜1瓣，月桂树叶1片，香草适量。

【制法】1.将西芹、月桂树叶、香草扎成束，或盛于纱布袋中扎好，制成香料；将甘笋削皮，切圆片；椰菜逐块剥出洗净，用滚水焯软，取出；洋葱去衣，切丝。

2.将香料、甘笋、椰菜、洋葱加入3杯水，大火煮滚，改中火煮至材料下腌肉软时，下腌肉，候滚即成。这道汤汤色碧清，清香诱人。

连锅汤

【原料】猪后腿肉500克，白萝卜200克。

【调料】菜油25克，豆瓣20克，香油、葱各15克，酱油、姜、干辣椒各10克，花椒3克，味精2克。

【制法】1.猪肉刮洗干净，入沸水煮沸，撇去浮沫，加入花椒、葱（挽节）、姜（拍松），煮至肉刚熟捞出，晾凉后用快刀片成长约10厘米的薄片；萝卜去皮洗净，切成长约7厘米、宽约3厘米、厚约0.3厘米的片，放入煮过肉的汤锅内，旺火煮至萝卜软熟时放入肉片，同煮几分钟，放入味精起锅。

2.炒锅置火上，下菜油烧热，放入干辣椒、花椒炒呈棕红色铲出，用刀剁成细末，豆瓣剁细，入锅炒香至油呈红色时放入干辣椒；花椒末炒匀起锅装碗，加酱油、味精、香油调匀成香油豆瓣味碟上桌即成。这道汤汤色乳白香甜，肉片肥瘦适宜，萝卜鲜香。

山东丸子

【原料】鸡汤500克，猪肥瘦肉、鹿角菜各350克，海米25克，鸡蛋50克。

【调料】香油50克，料酒、米醋、酱油各15克，香菜段、葱、姜末各10克，盐7克，味精5克。

【制法】1.将海米泡软，剁成末，用温水将鹿角菜泡开去根洗净。

2.猪肉剁成放入盆内，加进盐、味精、酱油各3克，再加入鹿角菜末、香菜末、海米末和适量的水；并将鸡蛋打入盆内，搅拌成馅，将馅挤成直径3厘米的丸子，放入盆中上屉蒸15分钟左右取出放入碗内。

3.炒勺放入鸡汤，加入盐、味精、酱油、米醋、料酒等，汤开后将浮沫撇去，淋入香油，将汤浇在丸子上，把香菜段撇上即可出锅。这道菜汤清淡鲜香，味美可口。

火腿冬瓜汤

【原料】火腿肉50克，冬瓜250克，火腿皮100克。

【调料】植物油、精盐、味精、葱各适量。

【制法】1.冬瓜去皮、去瓤洗净，切成0.5厘米厚的片。

2.炒锅置火上，放油烧热，下葱花炸香，放入火腿皮及适量清水，沸后撇去浮沫，焖煮30分钟后下冬瓜片，煮至酥软，加火腿片、精盐，继续煮3～5分钟，放味精，盛入汤碗内即成。这道汤汤鲜味美，清淡爽口，含有优质蛋白质、脂肪、维生素C和钙、磷、钾、锌等各种营养素。

火腿萝卜丝汤

【原料】火腿75克，白萝卜400克。

【调料】生油10克，精盐、葱、姜各少许。

【制法】1.白萝卜洗净，去皮切成细丝；火腿洗净，切成细丝；姜切细丝；葱切末。

2.锅内放生油，热后投入葱末、姜丝、萝卜丝煸炒片刻，盛出；火腿丝放入原锅后，加清水适量，烧沸后放入萝卜丝，略煮片刻，即可盛出食用。这道汤汤清色白，鲜美味浓。

韭菜肉片汤

【原料】韭菜200克，瘦猪肉150克，豆腐2块，植物油250克（实耗10克）。

【调料】水淀粉10克，精盐5克，味精3克。

【制法】1.瘦猪肉洗净，切成柳叶片，用水淀粉拌匀，用温油划散待用；韭菜择洗干净，切成长段；豆腐切成长条片。

2.将炒锅放在旺火上，加入清水，烧开后，先将豆腐片和肉片下入锅内，汤开后放入韭菜、精盐、味精，稍煮盛入碗内即成。这道汤汤鲜味美，营养丰富。

海带肉丝汤

【原料】干海带丝、瘦肉各适量。

【调料】香菜碎、葱花、姜丝、盐、鸡精、料酒、生抽、淀粉、香油各适量。

【制法】1.将干海带丝用水泡发，洗净备用；瘦肉切成丝，用料酒、生抽、淀粉，腌渍10分钟。

2.汤锅内加水，放入葱花、姜丝，开锅后放入海带丝，煮几分钟后放入肉丝，切记不要一起放进去，要一条或两条依次往里放。

3.烧开后，勾芡，加盐、鸡精、香油。

4.装入汤碗后，在上面撒入香菜碎即可。

土豆排骨汤

【原料】排骨1000克，土豆500克。

【调料】姜5片，大葱1根，绍酒、盐、味精各适量。

【制法】1.大葱切段；土豆去皮适当切块；把排骨斩成小块，洗净沥干水分；

2.将排骨放在开水锅中烫5分钟，捞出用清水洗净。

3.将葱、姜、排骨、绍酒和适量清水，上旺火烧沸，再改用小火炖至半熟时，放入土豆炖至熟烂，再加盐、味精起锅即可。

萝卜排骨汤

【原料】白萝卜、猪小排（猪肋排）各500克。

【调料】大葱15克，姜、盐各10克，料酒20克。

【制法】1.将姜洗净后切片；葱洗净后切成葱花；白萝卜洗净后去皮切块；排骨洗净后切块备用。

2.锅内加入800毫升清水，放入白萝卜块，煮沸；倒去汤水，盛出白萝卜备用；在锅内加入1000毫升清水，放入排骨，用中火炖半小时（炖之前可以把排骨先在沸水中过一下，去掉血水，另外，排骨最好用生粉或者豆粉搅拌一下再放锅里煮比较好，肉会比较嫩）。

3.放入白萝卜、姜片，继续用中火炖15分钟后放入盐和料酒调好味，最后装盘撒上葱花即可。

豆腐排骨豆芽汤

【原料】排骨250克，豆芽200克，冻豆腐1块，番茄1个。

【调料】盐2小匙。

【制法】1.将番茄、冻豆腐切块备用；将豆芽洗净。

2.将所有材料放入电锅内加入五杯水，按下按钮煮至熟软。

3.食用前加入调味料即可。这道汤色泽红亮，营养丰富。

猪尾浓汤

【原料】猪尾2根，胡萝卜1根，马铃薯、番茄各1个，西蓝花1/4株。

【调料】盐2小匙。

【制法】1.番茄、西蓝花分

别切块、切段备用；猪尾切段，用热水汆烫去血水；胡萝卜、马铃薯削皮切大块。

2.将所有准备好的食材加6碗水放入电锅中，按下按钮煮至熟软，食用前加入调味料即可。这道汤色泽红亮，营养丰富。

沙参心肺汤

【原料】猪心肺1个，沙参、玉竹各15克。

【调料】盐3克，味精1克，葱25克。

【制法】1.将沙参、玉竹择净后用清水漂洗，再用纱布包好备用；心肺用清水冲洗干净，挤尽血水，同沙参、玉竹一起下入砂锅，葱洗净入锅，加清水适量，先用武火烧沸，移炆火炖一个半小时。

2.待心肺熟透，加味精、盐调味即成。这道汤心肺软烂，咸鲜适口，汤汁味美。

杏仁猪肺汤

【原料】新鲜猪肺1个。

【调料】生姜汁60毫升，甜杏仁60枚，蜂蜜250克。

【制法】1.猪肺洗净；甜杏仁用温水浸泡2小时，去皮捣烂，取出与生姜汁、蜂蜜拌匀，塞入猪肺管内，扎好管口备用。

2.将猪肺放入砂锅，加水适量，先用武火烧沸，后改用文火炖150分钟即可。

花生当归猪蹄汤

【原料】猪蹄1只，生花生仁250克，当归头50克。

【调料】盐、葱末、姜末各适量。

【制法】将猪蹄收拾干净，当归头洗净，然后将它们和花生仁一同放入锅内，加水共炖，肉烂后即可食用。此汤可适当加些盐、葱末、姜末等调味。

猪蹄汤

【原料】猪蹄、猪排骨、鸡骨架共1500克，白菜适量，海米少许。

【调料】精盐、味精、料酒、葱、姜、花椒各少许。

【制法】1.猪蹄、猪排骨、鸡骨架用温水洗净，放入锅内，加水烧开，撇去浮沫，放入葱、姜、花椒、料酒，用急火连续煮2～3小时，直至汤汁呈乳白色、浓香扑鼻时捞出骨头。

2.将浸泡好的海米放入汤锅

内，把白菜切成小块，也放入锅内，用旺火翻煮，加精盐、味精搅匀即成。这道汤色泽明亮，鲜味诱人，含有丰富的优质蛋白质、脂肪、钙、磷、铁、锌等矿物质和多种维生素。

肉片粉丝汤

【原料】牛肉100克，粉丝80克，虾米25克。

【调料】精盐、黄酒、淀粉、味精、麻油各适量。

【制法】1.牛肉切薄片，加淀粉、黄酒、精盐和味精拌匀。

2.锅里水滚后，先放牛肉片，盖上锅盖略滚即加入用开水发好的粉丝，盖上锅盖煮5分钟左右，开盖加精盐、味精后再烧沸，盛入汤碗，淋上麻油即可。

茄汁牛肉汤

【原料】牛腱400克，胡萝卜300克，番茄1个。

【调料】葱末1勺，姜3片，盐、味精、料酒各适量。

【制法】1.牛腱入滚水中烫后切成大块，番茄入滚水中川烫过取出剥去外皮切块。

2.在锅中注入水5碗及牛腱块、番茄块、葱段、姜片，大火煮滚后改小火焖煮约1小时后，加胡萝卜、盐、味精、料酒继续焖煮约半个钟头，撒上葱末即可。

牛肉汤

【原料】牛肉1000克，香菜末适量。

【调料】葱段、姜块各25克，精盐、味精、麻油、黄酒各适量，花椒、大料各5克，制成调味袋。

【制法】1.牛肉洗净，切成方块。锅内倒入开水，把牛肉整块入锅，烧开撇去浮沫，加入花椒、大料袋、葱姜、黄酒，盖上锅盖，慢火加盐炖1小时。

2.一小时之后再放其他调味炖2.5小时即酥烂，拣出葱、姜、花椒、大料袋，加味精、麻油，出锅，撒上香菜末即可。

枸杞牛鞭汤

【原料】牛鞭、鸡肉适量。

【调料】鸡油、生姜、花椒、料酒、枸杞子、盐、味精各适量。

【制法】1.取雄性壮龄黄牛牛鞭重约1000克，去尽表皮，用锐利尖刀插入孔内部剖开洗净，入沸水氽后漂凉，撕去浮皮，刮净杂质，再氽数次，直到没有气味为止。

2.铝锅盛清水1000克，下牛鞭、鸡油、鸡肉置旺火烧沸，撇尽浮沫，加拍松的生姜、花椒、料酒移至小火上炖，至八成熟，取出牛鞭切成条，将原汤用纱布滤去杂质后倒入锅内，放入枸杞及切好的牛鞭条，继续炖烂为止，上菜时在汤碗中加适量盐和味精。这道汤汤味醇浓，营养丰富，滋补性强。

单县羊肉汤

【原料】羊肉500克，香菜50克。

【调料】花椒、桂皮、陈皮、草果、白芷、丁香面、桂子面、酱油各5克，葱、良姜各10克，精盐、花椒水各15克，红油、芝麻油各25克。

【制法】1.将羊肉洗净后切成长10厘米、宽3.3厘米、厚3.3厘米的块，羊骨砸断，铺在锅底，上面放上羊肉，加水至过肉，旺火烧沸，撇净血沫，将汤滗出不用。

2.另加清水，用旺火烧沸，撇去浮沫，再加上适量清水，沸后再撇去浮沫，随后把羊油放入稍煮片刻，再撇去一次浮沫。将花椒、桂皮、陈皮、草果、良姜、白芷等用纱布包起成香料包，一同与姜片、葱段、精盐放入锅内，继续用旺火煮至羊肉八成熟时，加入红油、花椒水，煮约2小时左右即成。

3.此时汤锅要始终保持滚沸状态，然后捞出煮熟的羊肉，顶刀切成薄片，放入碗内，撒上香菜末即成肉汤。可将辣椒油、大葱段装味碟，荷叶饼装大盘一并随羊肉汤上桌。食用时放入少许辣椒油，荷叶饼夹大葱段，可与羊肉汤同食。这道汤用料考究，制作精细，调味丰富，汤汁乳白，不腥不膻，香醇不腻，味道鲜美，并具有补虚壮阳、温中暖下之功效。

仲景羊肉汤

【原料】羊肉500克。

【调料】生姜250克，当归150克，胡椒面2克，葱50克，料酒20克，盐3克。

【制法】1.当归、生姜用清水洗净，切成大片；羊肉去骨，剔去筋膜，入沸水氽去血水，捞出晾凉，切成5厘米长、2厘米宽、1厘米厚的条。

2.砂锅中掺入清水适量，将切好的羊肉、当归、生姜放入锅内，旺火烧沸后，撇去浮沫，改用炆火炖1小时，羊肉熟透即成。这道汤羊肉烂，汤汁清鲜，并对病后虚寒、面黄憔悴有调节作用。

清炖姜归羊肉汤

【原料】羊瘦肉500克。

【调料】当归15克，酒（或米醋）、盐各2小匙，姜1块。

【制法】1.姜切片，取10片，备用。

2.羊肉洗净剁块，以滚水加酒或米醋氽烫去腥，捞起。

3.把羊肉、当归、姜片加8碗水同炖，约炖2小时，待羊肉熟透，加盐调味即成。

老姜肉片汤

【原料】猪瘦肉100克，肉清汤400克。

【调料】老姜20克，葱5克，熟猪油、精盐、酱油、味精各适量。

【制法】1.瘦肉洗净切成3厘米长、2.5厘米宽的薄片；老姜洗净切成1厘米长、0.3厘米厚的片；葱切成1.5厘米长的小段。

2.锅置旺火上，放熟猪油烧至五成热，将瘦肉片、老姜下锅炒熟，放肉清汤400克烧开，改小火煨5分钟，放精盐、酱油、味精、葱花出锅即可。这道汤汤清见底，滑嫩鲜香。

羊肉冬瓜汤

【原料】瘦羊肉50克，冬瓜250克。

【调料】香油6克，酱油、精盐各3克，味精2克，葱、姜各2.5克，植物油15克。

【制法】1.羊肉切成薄片，用酱油、香油、精盐、味精、葱、姜拌好；冬瓜去皮洗净，切成片。

2.炒锅上火，放入植物油烧热，下冬瓜片略炒，加少量清水，加盖烧开，再放入拌好的羊肉片，煮熟即成。此汤汁清淡，口味鲜美，富含蛋白质、脂肪、钙、磷、铁、锌、维生素C等营养素。

人参山药乌鸡汤

【原料】人参（红参）10克或用党参30克，山药100克，乌鸡1只。

【调料】赤砂糖10克，精盐

少许。

【制法】1.将人参打粉或切片；山药洗净切块；乌鸡去毛和内脏收拾干净。

2.将以上三料放入砂锅内，用中火炖至药、肉烂熟，临食时加适量赤砂糖或少许食盐即可。分3～4天服完。产后3天内只宜饮汤，3天以后可汤肉同食。这道汤益气、健脾开胃。

茄子炖鸡汤

【原料】带骨鸡肉250克，茄子150克，清汤500克。

【调料】酱油、绍酒、葱姜末、盐、醋各适量。

【制法】1.茄子去皮切成滚刀块待用；把鸡肉洗净，剁成小块待用。

2.炒锅上火烧热，放油烧至六成热，下葱姜末炒香，再下鸡块煸炒透，烹入酱油、绍酒炒片刻，加入清汤烧开，放入茄子，改用小火炖至鸡块、茄子熟烂时，用盐调味，洒醋即可出锅。这道汤口味独特，鲜咸适宜。

鸡丁米汤

【原料】鸡1只（约1250克），土豆250克，胡萝卜、大米各150克，葱头125克，新鲜豌豆100克。

【调料】精盐、味精、胡椒粉各适量。

【制法】1.土豆、胡萝卜、葱头洗净切丁；将鸡除毛、内脏，洗净去头、脚，用冷水煮沸，除去浮沫再煮至熟透时，捞出冷却后剔去骨，肉切小丁；大米、豌豆洗净控干。

2.将鸡汤过箩，放入鸡丁、土豆、胡萝卜、大米、葱头用旼火熬至粥状，放入豌豆，加入精盐、味精、胡椒粉调好口味微沸即可食用。这道汤咸鲜味美。

枸杞莲子鸡汤

【原料】鸡肉210克，干莲子60克，枸杞30克，红枣12枚，水800毫升。

【调料】盐适量。

【制法】1.枸杞、红枣洗净；鸡肉洗净切块；莲子洗净备用。

2.把食材放入水中，以大火煮滚后，捞除浮沫，改小火焖煮至食材软烂，加盐调味。这道汤爽口开胃，养心益肾，可安神。

酒蒸全鸡汤

【原料】活母鸡1只（约1.8

千克左右）。

【调料】花雕酒150克，葱、姜各15克，味精5克，盐适量。

【制法】1.将活母鸡宰后褪毛，开膛取出内脏，剁去鸡翅，再从背部剖开，用开水汆烫将血污除净。

2.使鸡双腿朝天、腹部向上，放入汤斗内，加入花雕酒、葱、姜、味精、盐和适量清水，上屉蒸烂后取出，去掉葱、姜即成。这道汤色泽银白，味香汤清。

黄瓜鸡杂汤

【原料】鸡杂汤、鸡杂各100克，黄瓜、牛奶各50克，鸡蛋黄1个，鸡汤4杯。

【调料】精盐、味精、胡椒粉各1茶匙。

【制法】1.将牛奶倒入鸡蛋黄里搅开；将鸡杂切成片，黄瓜洗净一剖为二，切成半月片；将鸡杂、黄瓜分别放入开水锅中汆熟捞出，装在汤碗内，撒上胡椒粉。

2.将汤锅置火上，放入鸡汤、精盐、料酒、味精，汤开后把搅好的牛奶蛋黄倒入汤锅内，用手勺扒开，起锅盛入装有鸡杂和黄瓜的汤碗中即成。

酸辣汤

【原料】香菜5克，清汤800毫升，笋丝、鸡丝、火腿各25克，水发海参50克，鸡血、豆腐各45克。

【调料】酱油、醋各10毫升，绍酒、姜汁各5毫升，味精、精盐各6克，胡椒面8克，淀粉汁15毫升。

【制法】1.取洗净的水发海参、鸡血、豆腐、火腿，均切成丝放在碗中，将香菜择去黄叶，切成末放在盘里待用。

2.汤勺放在火上放入清汤，随即下入海参丝、火腿丝、笋丝、鸡丝、鸡血丝、豆腐丝，并调入酱油、醋、绍酒、姜汁、味精、精盐，烧开后，撇去浮沫，淋入水淀粉，勾成汁芡，入碗即可。

清汤燕菜

【原料】燕窝25克，清汤500毫升。

【调料】胡椒粉适量，料酒25克，盐10克，味精5克。

【制法】1.将燕窝放在没有油腻、干净的瓷器中用温水泡透发胀后捞在干净盘内，最好用镊子钳净燕毛和腐烂变色部分，用凉水清洗两遍后，用开水冲泡。

2.用开水将燕窝过一遍后再用开汤过一遍，分装在小碗内，将盐、胡椒粉、味精、料酒加进清汤中，把味调好冲进小碗即成。这道菜营养丰富，是珍贵佳肴，汤清菜白。

平菇蛋汤

【原料】鸡蛋3个，鲜平菇250克，青菜心50克。

【调料】盐、酱油、鸡粉各适量，绍酒1茶匙。

【制法】1.将鲜平菇洗净，撕成薄片，在沸水中略烫一下，捞出待用；将鸡蛋磕入碗中，加绍酒、适量盐搅匀；青菜心洗净切成段。

2.炒锅置旺火上，倒约2汤匙油烧热，下青菜心煸炒，放入平菇，倒入适量水、鸡粉烧开，调入盐、酱油、鸡蛋，再烧开即成。这道汤味道香美，内含丰富营养。

成都蛋汤

【原料】鸡蛋4个，水发木耳50克，浓白汤1000克。

【调料】菜心100克，猪油75克，精盐4克，味精2克。

【制法】1.将鸡蛋去壳，放入碗内用力调匀；木耳洗净。

2.汤锅置火上，放入猪油烧热，鸡蛋入锅，煎至两面微黄，当蛋质松软时，用手勺将鸡蛋捣散，加入汤，再下精盐、木耳、菜心、味精烧开，入味后淋上猪油即成。这道汤汁色奶白，味浓鲜香，蛋质酥软，木耳脆嫩。

海米紫菜蛋汤

【原料】紫菜、海米、香菜各10克，鸡蛋1个。

【调料】植物油、精盐、葱各少许。

【制法】1.海米用开水泡软；鸡蛋磕入碗内搅匀；香菜洗干净，切成小段；葱切成葱花；紫菜撕碎，放入汤碗内。

2.炒锅上火，放油烧热，下葱花炝锅，加入适量清水和海米，用小火煮片刻，放精盐，淋入鸡蛋液，放香菜，冲入汤碗内即成。此汤色泽美观，汤味清鲜，味美可口，含丰富的碘、钾、钙、磷、铁和蛋白质、维生素A、维生素C等多种营养素。

03 水产类汤

三色鱼丸汤

【原料】黄鲇鱼（或白鱼、鳜鱼）500克，菠菜叶200克，鸡蛋3个，清汤、清水各适量。

【调料】大油80克，葱30克，姜、料酒各20克，盐8克，味精5克，胡椒粉适量，番茄酱100克。

【制法】1.将鱼去皮、骨、刺，砸成细鱼泥，去筋后，加入少量葱、姜水，再加水调成稀粥状，加盐、料酒，用劲搅动至发亮，再加适量味精、胡椒粉、大油、蛋清搅匀分成三份。

2.一份原色，一份加已捣碎后挤出的菠菜汁搅成绿色，一份加番茄酱搅成红色，即成为绿、红、白三色的泥子。

3.把三色泥子分别挤成丸子，入炒勺内凉水中，然后上火逐渐加热，水开（勿大开）后，用手勺背面轻轻按压，使鱼丸慢慢熟透，捞出泡于汤中。

4.烧开清汤吃好味，将鱼丸放入汤内再烧开即成。这道汤鱼丸绵软鲜嫩，汤清香爽口。

菠菜鱼片汤

【原料】净鱼肉100克，菠菜50克，火腿15克。

【调料】熟猪油30克，精盐、料酒各3克，味精2克，葱、姜各适量。

【制法】1.净鱼肉切成0.5厘米厚的薄片，加精盐、料酒腌30分钟；菠菜洗干净，切成2.5厘米长的段；火腿切末；葱切段；姜切片。

2.炒锅上火，放入熟猪油，烧至五成热，下葱段、姜片爆香，放鱼片略煎，加水煮沸，用小火焖20分钟，投入菠菜段，调好味，撒入火腿末。放味精，盛入汤碗内即成。此汤色泽美观，清淡爽口，含有丰富的蛋白质、脂肪、钙、磷、铁、锌、维生素等多种营养素。

龙凤鲜汤

【原料】鲢鱼1条（约1000克），鸡肉400克，鸡蛋100克。

【调料】猪油、青葱各50克，胡椒粉2克，精盐适量。

【制法】1.青葱洗净切丝；鸡蛋打散调匀成鸡蛋液。

2.将鱼除肠杂洗净，去头尾，切成约2.5厘米的见方块；鸡肉洗净切成约2.5厘米的见方块。

3.把鸡块放入焖锅内，倒入适量水煮至八成熟，放入鱼块用炆火焖至酥软时，加精盐、胡椒粉、猪油、葱丝调好口味至微沸，盛入汤盘加盖，保持温度，食用前浇上鸡蛋液即可。

豆腐海鲜汤

【原料】鱼肉、菜心各200克，虾仁150克（约120克），豆腐、清鸡汤、水各适量。

【调料】盐、胡椒粉各适量，糖1/4茶匙，姜1片。

【制法】1.豆腐洗净，抹干水，切厚片；鱼肉洗净切片，与虾仁加调味料拌匀。

2.清鸡汤、水同煮滚，加入菜心煮片刻至脱生，下姜片、豆腐、虾仁、鱼片煮10分钟，以盐调味即成。这道汤汤清味鲜，海鲜滑嫩飘浮在汤面上，别具一格。

鲜鱼生菜汤

【原料】草鱼尾部肉、生菜各100克，高汤适量。

【调料】鸡粉、盐各5克。

【制法】1.将草鱼肉顶刀切夹刀片，轻轻拍松。

2.生菜平垫在汤碗底，将鱼片码在生菜上面。

3.起锅下入高汤烧开，加鸡粉、盐随即倒入汤碗即可。这道汤鲜味突出，下饭尤佳。

鱼头木耳汤

【原料】草鱼头1个（约350克），水发木耳、油菜各50克，冬瓜100克，清水适量。

【调料】熟猪油100克，精盐、白糖、葱段、姜片各10克，胡椒粉1克，料酒25克，花生油少许，味精2克。

【制法】1.将鱼头刮净鳞、去鳃片，洗净，在颈肉两面各划两刀，放入盆内，抹上精盐；冬瓜切片；油菜片成薄片；木耳择洗干净。

2.炒锅上火，倒油少许划锅，放入猪油100克，把鱼头沿锅边放入，煎至两面呈黄色时，烹入料酒，加盖略焖，加白糖、精盐、葱段、姜片、清水，用旺火烧沸，盖上锅盖，用小火焖煮20分钟，待鱼眼凸起、鱼皮起皱纹、汤汁呈乳白色而浓稠时，放入冬瓜、木耳、油菜，加味精、胡椒粉，烧沸后出锅装盆即可。这道汤鲜嫩肥香，清淡味美。

胡椒海参汤

【原料】水发海参、鸡汤各750克。

【调料】熟大油、葱各25克，料酒15克，毛姜水10克，味精5克，盐4克，香油、酱油各适量，胡椒粉3克。

【制法】1.把香菜择好洗净，切成3厘米长的段，把发好的海参放于清水中，逐个细心抠去腹内黑膜，洗净泥沙，片成大片，在开水中汆透控出水分。

2.炒勺上旺火，将熟大油烧热放入葱丝稍炒，烹入料酒加入鸡汤、味精、毛姜水、酱油、盐和胡椒粉，将海参片也放入汤内，汤开后将浮沫撇去调好味，淋入香油盛入大汤碗中，撒上葱丝和香菜段即可出锅。这道菜清淡爽口，味道鲜美。

扣环球上汤

【原料】鸡汤1250克，海参200克，鱼肉175克，鸡肉、水发鱿鱼、猪肉各125克，鸡肫2个，小冬菇或鲜蘑菇10个。

【调料】猪油、精盐、胡椒粉、麻油、黄酒、味精、白糖各适量。

【制法】1.把鸡肉剁成茸，加湿菱粉和盐，做成10个圆球，把鱼肉、猪肉也分别剁成茸，加盐、胡椒粉、麻油、干菱粉，各做成圆球10个；把鸡肫、海参、鱿鱼都各开成10块，把小冬菇洗清，择去老蒂。

2.将这些原料一起下开水锅，下酒、猪油汆熟，捞出装在小碗中，再加味精、盐、胡椒粉扣好，上笼蒸熟取出，倒入大汤碗内，加鸡汤烧开，就原汤锅上桌。这道汤菜花色多，色调美观，味鲜嫩。

干贝萝卜汤

【原料】白萝卜1根（约400克），干贝2～4个，高汤5碗。

【调料】陈酒、盐、白糖各适量，有条件的话准备一些山慈姑粉。

【制法】1.白萝卜洗净、去皮，切成块或做成萝卜球；前一天晚上将干贝泡入水中，第二天早上洗净后用手撕开。

2.锅里放入高汤、白萝卜、干贝，用旺火煮开后改用炆火煮20分钟，用陈酒、糖调味再煮20分钟，待白萝卜变软后撒入山慈姑粉，搅均匀后即成。这道汤汤色乳白，海鲜味浓。

奶油瓜菇汤

【原料】冬瓜300克，牛奶150克，凤尾菇100克，鲜虾仁90克，奶油30克，高汤1000克。

【调料】花生油40克，盐、湿淀粉各少许。

【制法】1.将冬瓜去皮，洗净，切成薄片；凤尾菇洗净，捏碎；虾仁洗净，挑去黑线拌入湿淀粉抓匀。

2.炒锅置旺火上，加花生油烧热，倒入冬瓜；稍过油后，投入凤尾菇、牛奶、高汤、盐烧开，再投入虾仁，加盖烧煮至熟透即成。这道汤汤汁鲜醇、清香。

荪角四宝汤

【原料】水发刺参、珍珠鲍贝、鲜鱿各25克，虾胶、水发竹荪各50克，火腿片20克，紫角叶、上汤各适量。

【调料】盐、味精各适量。

【制法】1.紫角叶洗净后镶入虾胶，上笼蒸熟待用。

2.鲍贝、鲜鱿也洗净后分别切片和片片，然后与火腿片一起入火锅焯水。

3.锅内放入上汤、盐、味精调味，随后放进水发刺参、珍珠鲍贝、鲜鱿、水发竹荪、火腿片，煮沸后装入器皿内，放上紫角叶即成。

鸡火甲鱼汤

【原料】甲鱼1只（约750克重），鸡片、火腿各10克，清汤1500克。

【调料】盐、味精、黄酒、葱节、姜片各适量。

【制法】1.甲鱼宰杀后去内脏洗净，斩块，入开水锅焯净血水，除净黄油，洗去血沫，放入品锅内，倒入清汤，放入鸡片、火腿，加盐、黄酒、葱节、姜片等调料。

2.将调好味的甲鱼，加盖上笼蒸半小时左右，离火，取出葱节、姜片即可上席。

竹笋芋艿鲫鱼汤

【原料】竹笋300克，芋艿250克，鲫鱼1条（约400克），瘦肉600克，蜜枣6枚。

【调料】葱、姜片、盐、味精、黄酒、油各适量。

【制法】1.将瘦肉放入沸水中煮5分钟，捞起洗净；将竹笋、芋艿去皮洗净切厚片；将蜜枣洗净；将鲫鱼洗净，抹干水，下油，放入姜片，将鲫鱼煎黄盛起。

2.在煲内放入适量的水煲滚，再放入全部用料煲滚，改慢火煲3小时，加入调料调味后上席。

荷花干贝汤

【原料】鸡蛋6个，干贝50克，鸡球400克，虾胶500克，上汤适量。

【调料】盐、料酒、味精、食用色素各适量。

【制法】1.鸡球、干贝分别焯水待用；鸡蛋放在锅中用冷水煮熟，去蛋黄留蛋白。

2.取盆一个，用虾胶、蛋白和适量的食用色素做成荷花形，上笼蒸熟。

3.在汤锅内倒入上汤，焯水过的鸡球、干贝，加盐、味精、料酒，烧开，然后放上蒸熟的荷茶即成。

八卦汤

【原料】活乌龟1只，清鸡汤500克。

【调料】葱节5克，姜块3克，虫草10克。

【制法】1.活乌龟洗净，去头脚切块，虫草用温水洗净。

2.炒锅烧热，用葱节、姜块炝锅，下入龟肉、龟珍肝，盐爆炒5分钟，盛入砂罐，加虫草、鸡清汤，旺火煨2小时后，加龟蛋煨至汤浓，再盛入汽锅蒸半小时上桌即成。

冬笋雪菜黄鱼汤

【原料】冬笋、雪菜、肥肉各30克，黄鱼1条（约500克），清汤适量。

【调料】葱、姜、花生油、香油、料酒、胡椒面、食盐、味精各适量。

【制法】1.先将黄鱼去鳞，除内脏，洗净待用；冬笋发好，切片待用；雪菜洗净，切碎待用；猪肉洗净，切片待用。

2.将花生油下锅烧热，放入鱼两面各煎片刻。

3.锅中加入清汤，放入冬笋、雪菜、肉片、黄鱼和佐料，先用武火烧开，后改用炆火烧15分钟，再改用武火烧开，拣去葱、姜，撒上味精、胡椒面，淋上香油即成。

八鲜八补汤

【原料】人参3克，干贝、熟火腿各20克，冬笋50克，水发海参、猪肉、鸡肉各100克，海米15克。

【调料】葱、姜、精盐、味精、料酒、猪油各适量。

【制法】1.将人参用温水泡过切成薄片，用白酒浸泡5～7日（每日晃动1～2次），纱布滤取药液，取药液约25毫升，人参片留用。

2.干贝、海米用温水浸泡；火腿、冬笋切片；鸡肉、猪肉切成小块；海参切小丁，控去水分备用。

3.于锅中放入猪油，投入葱、姜、料酒烹炒，加水适量，再加入精盐、干贝、海米、火腿、冬笋、猪肉、鸡肉，武火煮开后打净浮沫，用炆火炖至肉烂，加入海参丁、人参药酒再煮10分钟左右，最后加入人参片焖片刻，味精调味即成。

黄鱼鱼肚汤

【原料】黄鱼肉250克，干黄鱼肚150克，熟火腿末25克，熟猪肥膘30克，肉汤适量。

【调料】葱末、花生油、料酒各适量，精盐、味精、胡椒粉各少许。

【制法】1.将黄鱼肉洗净，斜刀切片；猪肥膘切片备用。

2.锅中下花生油烧热，放入干黄鱼肚，约2分钟捞起（能折断即可），入冷水中浸至回软，再入沸水锅略煮片刻，捞出，洗净，切块备用。

3.锅内下猪油，放入鱼片略爆片刻，加葱、料酒、肉汤和盐少许，再把鱼肚、肥膘倒入，煮沸，加入味精，淋上香油，盛入汤盆，撒上火腿末、葱末和胡椒粉即成。

虾仁冬瓜汤

【原料】净虾100克，冬瓜300克。

【调料】芝麻油少许，精盐适量。

【制法】1.将虾去壳，挤出虾洗净，沥干水分放入碗内。

2.冬瓜洗净去皮去心，切成小骨牌块；虾仁随冷水入锅煮至酥烂，再加冬瓜同煮至冬瓜熟，加盐调味后盛入汤碗，淋上香油即可。

箩粉鱼头豆腐汤

【原料】鱼头2个，香菇、冬笋各50克，豆腐100克。

【调料】酱油、盐、味精、胡椒粉、料酒、葱、姜、蒜末各适量。

【制法】1.先将鱼头炸一

下，再加适量豆瓣、葱、姜、蒜末，加汤烧开后捞去渣。

2.放香菇、冬笋片、豆腐、酱油、盐、味精、胡椒、料酒，鱼头熟后放粉皮，汤开后勾芡撒蒜末即成。

鲤鱼苦瓜汤

【原料】净鲤鱼肉400克，苦瓜250克。

【调料】糖、醋、盐、味精各适量。

【制法】1.将净鲤鱼肉用餐巾纸搌干水分，切成片；苦瓜洗净，一切两半，去瓤、籽，用开水烫一下，捞出切片待用。

2.汤锅放清水用旺火烧开后，放入鱼片及苦瓜片，加醋、糖、盐调味后，用炆火煮5分钟，加味精即可起锅。这道汤鲜咸适口，味道独特。

还丝汤

【原料】活鳝鱼350克，虾仁、猪腰片各50克，熟笋片30克，熟火腿、水发冬菇各20克，水发虾米10克，虾子5克，猪肉汤750克。

【调料】绍酒、葱各15克，姜7.5克，盐5克，味精3克，白胡椒粉1.5克，豆油适量。

【制法】1.将鳝鱼洗净，去头、尾和脊骨，洗净切成7厘米的段。

2.锅置旺火上烧热，舀入豆油，烧至八成热，投入鳝段，炸2分钟捞出。原锅上火，倒入鳝段，舀入猪肉汤，放入其他配料，加入绍酒、葱节、姜片烧沸，撇去浮沫。

3.移小火炖10分钟，至汤呈乳白色时，再移旺火上拣去葱、姜，加入精盐、味精，起锅装入大汤碗中，撒上白胡椒粉即成。这道汤清香味浓，口味鲜咸，鲜肉酥软。

鱼酸汤

【原料】菠萝、番茄各100克，草鱼鱼头半个，九层塔（又名罗勒）、豆芽菜20克，水（或高汤）4杯。

【调料】色拉油适量，酸子1小勺，辣椒、葱各1根，糖、鱼露各2/3小勺。

【制法】1.将菠萝、番茄均切片；豆芽菜洗净；酸子用开水浸泡，等酸味溶入水中，即可将酸子汁滤出备用；九层塔切末；辣椒切片、葱切段备用。

2.准备一锅水，烧开后再放入调味料即菠萝、番茄片、酸子汁，一起煮开后熄火备用。

3.热油锅，倒入色拉油，将草鱼鱼头炸至金黄色，再放入汤锅中，煮开后，再放入豆芽菜即可熄火，盛入大碗中，最后撒上九层塔末、辣椒片、葱段后即可上桌。这道汤色泽鲜艳，味鲜咸带辣，汤浓汁厚。

鲍鱼肚片汤

【原料】鲍鱼5只，猪肚1个，猪肉150克，熟竹笋1个，香菇1朵，

【调料】A料：盐半小匙，米酒、淀粉各1小匙。B料：盐1大匙。C料：盐半大匙，米酒1小匙，清水4杯。

【制法】1.香菇泡软；熟竹笋冲净、切片；鲍鱼切片；猪肉洗净、切片，放入碗中加入A料拌匀并腌15分钟，放入滚水中烫熟后捞出；猪肚涂抹B料，搓去黏膜，冲净，放入滚水中煮熟后捞出，待凉，切片备用。

2.取一个碗，中间放入香菇，排入鲍鱼，依序加入猪肚、猪肉及笋片，移入蒸锅15分钟，取出，沥干汤汁，倒扣入大碗中，冲入煮滚的C料即可端出。这道汤汤清味鲜，是夏令清口鲜汤之一。

绣球鱼翅

【原料】水发鱼翅、清汤各250克，鸡脯肉、肥膘肉各50克，火腿、丝瓜各25克，上汤500克。

【调料】蛋皮、蛋清各25克，料酒30克，盐3克，胡椒1克。

【制法】1.鱼翅先入沸水中氽几次，然后装入蒸碗，加煮沸的清汤或沸水上笼蒸半小时取出，再放入料酒、盐、好汤末一次后，捞起晾干水气。

2.火腿、丝瓜皮、蛋皮等均切成约3厘米长的细丝与鱼翅搅匀待用。

3.鸡脯、肥膘、蛋清打成鸡糁，挤成直径约1.5厘米的圆丸，盘中铺上鱼翅等丝，放上圆丸，再覆上鱼翅等丝，然后将圆丸和鱼翅等丝逐个团成绣球形，放入方盘中，上笼蒸5分钟取出，放入碗内，加入清汤、胡椒、料酒，待上菜前泡热，沥去蒸汤，绣球丸入碗，另加入烧好的特级清汤即成。这道菜形色美观，汤清味鲜。

清汤鳗鱼丸

【原料】香菇末10克，熟火腿末、净豆苗各25克，鳗鱼肉、清水各100克。

【调料】精盐3克，料酒10克，味精、淀粉各适量，熟猪油少许。

【制法】1.将鱼肉洗净，放在砧板上，用刀背将鱼肉敲烂，再用刀剁成细蓉，然后放入容器中，先加100克清水，向一个方向搅拌，搅成糊状，再用右手将盐抓在掌心里，插入鱼糊里顺序搅拌，边搅边松开掌心，将盐均匀地加入鱼肉糊中，再加入清水150克，继续搅拌后，加入淀粉，再用力搅打，加入料酒，放入少许猪油、味精拌和均匀，即成鱼肉丸料。

2.炒锅放入清水，用左手将鱼肉丸料抓在掌心里握紧，将大拇指和食指松开，挤出似桂圆大小圆球，用右手拿汤匙，将圆球刮在汤水锅里，一个个将鱼肉丸料挤完后，将炒锅上旺火烧开后，再改用小火煮，并用锅铲推动鱼丸翻身，见水烧开时，随即加入冷水，见丸子余熟时即捞出。

3.炒锅内的原汤置旺火上烧滚，撇去浮沫，投入豆苗、香菇末余熟，再投入鱼丸，撒上火腿末后加入精盐、味精，滴入几滴猪油，出锅装入汤盆即成。这道汤鱼丸软嫩，汤味清香，含有丰富的蛋白质、脂肪、钙、磷、铁等营养素。

羹类

01 肉类羹

肉茸玉米羹

【原料】牛肉、鲜牛奶各100克，玉米1根。

【调料】水淀粉30克，熟猪油20克，精制盐、鲜味王酱油、鸡蛋各适量。

【制法】1.鸡蛋磕在小碗内打散备用；牛肉理去筋洗干净，剁成细末。

2.炒锅放旺火上，下熟猪油烧热，放牛肉末炒散，加水（500克）、盐、鲜味王、鲜牛奶、玉米，烧沸时，即下水淀粉推匀，再将鸡蛋液徐徐淋入，边淋边用勺推动，淋完推匀盛大碗内。这道羹羹汁粉浆稀薄均匀，稠而不黏，肉末鲜嫩，乳香浓郁，略有甜味，清淡爽口。

当归羊肉羹

【原料】当归、黄芪、党参各25克，羊肉500克。

【调料】葱、姜、料酒、味精、食盐各适量。

【制法】1.将羊肉洗净，将当归、黄芪、党参装入纱布袋内，扎好口，一同放入铝锅内，再加葱、生姜、食盐、料酒和适量的水。

2.将铝锅置武火上烧沸，再用炆火煨炖，直到羊肉烂即成。

米苋黄鱼羹

【原料】黄鱼肉、白汤各200克，米苋100克，熟火腿10克，蛋清1个。

【调料】熟猪油250克（约耗50克），湿淀粉25克，鸡油、绍酒各15克，精盐3克，味精2.5克。

【制法】1.米苋洗净；熟火腿切成小指甲片；将黄鱼肉洗净取皮，切成2厘米宽的长条，斜刀批成0.3厘米厚的片，再切成1厘米见方的丁，用精盐1.5克、蛋清、绍酒5克，充分搅匀，加湿淀粉10克拌匀上浆。

2.用油划锅后，下猪油至四成热时，将鱼丁入锅划散，约10秒钟后倒入漏勺沥去油。

3.锅内留油25克，放入葱段略炒，烹入绍酒10克，加白汤烧沸后取出葱段，加精盐1.5克、味精2克，用湿淀粉15克调稀勾薄芡，放入鱼丁及米苋，边转炒锅，用勺推动均匀，起锅盛入碗内，撒上火腿丝，淋上熟鸡油即成。这道羹，鱼羹鲜嫩，色泽悦目，筋软清香。

之江鲈莼羹

【原料】莼菜、清汤各200克，鲈鱼肉150克，熟鸡丝25克，熟火腿丝10克，鸡蛋清1个。

【调料】熟猪油250克，湿淀粉25克，绍酒15克，熟鸡油10克，姜汁水、葱丝、陈皮丝各5克，精盐4克，胡椒粉3克，味精2.5克。

【制法】1.净鱼肉去皮和血筋，切成6厘米长的丝，加精盐1.5克、蛋清、绍酒5克、味精0.5克，捏上劲，放入湿淀粉10克拌匀上浆；莼菜用沸水焯一下，即倒入漏勺沥干水，盛入碗中待用。

2.炒锅置水上烧热，划锅后下熟猪油，至四五成热时，把浆好的鱼丝倒入锅内，用筷轻轻滑散，呈玉白色时，倒入漏勺沥油。

3.锅留油适量放入葱段略

煸，加绍酒10克、精盐2.5克、清汤及水250克，沸起取出葱段，放入味精及姜汁水，用湿淀粉勾薄芡，再放入鱼丝及莼菜，转动炒锅，加入火腿丝、鸡丝、葱丝推匀，淋上鸡油，起锅盛入汤碗、撒上陈皮丝、胡椒粉即成。这道羹鱼丝鲜嫩，色泽悦目。

黄鱼羹

【原料】净黄鱼肉200克，嫩笋、熟猪肥膘各25克，熟火腿10克，鸡蛋1个（重约50克）。

【调料】精盐4克，味精、姜末各3克，姜汁水10克，绍酒15克，葱段5克，湿淀粉60克，熟猪油75克。

【制法】1.鸡蛋磕在碗里打散待用；将黄鱼肉片成4厘米长、2厘米宽、1厘米的厚片；猪肥膘切指甲片；嫩笋、熟火腿均切成末。

2.将炒锅置中火上，下入熟猪油，投入葱段、姜末煸出香味即将鱼片落锅，放入绍酒、姜汁水、清汤、笋末、精盐、猪肥膘肉片，烧沸后撇去浮沫，加入味精，用湿淀粉勾芡，淋入鸡蛋液和熟猪油，用手勺推匀，盛在汤盘中，撒上葱末、熟火腿末即成。这道羹软滑而透明，味道香醇而莹润。

浦江蟹羹

【原料】石蟹300克，鸡蛋白2个，熟火腿末12.5克，鲜牛奶20克，鸡汤250克。

【调料】葱末、姜米各12.5克，黄酒、盐、味精、水淀粉各适量。

【制法】1.将石蟹用清水漂洗干净，再换清水养半小时，使它吐净腹内的污泥。

2.将虱蟹放在圆底锅里，加上葱末、姜米后用木铲将蟹捣烂，再用洁净布包起绞出汁，倒入干锅，加上鸡汤、盐、味精、酒，上炉烧开，撇去上面的泡沫，下水淀粉调成浆，再将蛋白、鲜牛奶打和后倒入一滚，浇上猪油，随即盛入汤碗，撒上些火腿末即好。

雪梗珍珠羹

【原料】虾400克，咸菜梗、火腿末、香菜末、高汤各适量。

【调料】盐、味精、胡椒粉、料酒、淀粉、香油各适量。

【制法】1.虾仁、咸菜梗洗净后分别切成丁待用。

2.锅中倒入高汤，投入虾

仁、咸菜梗、盐、味精、胡椒粉，烹酒，浇沸，用水淀粉勾芡，撒上火腿末、香菜末，淋上香油即成。

翡翠瑶柱羹

【原料】瑶柱150克，火腿末、菜蓉、蛋清、高汤各适量。

【调料】料酒、盐、味精、胡椒粉、水淀粉、香油各适量。

【制法】1.干瑶柱加料酒、高汤，置火上蒸透后取出，碾碎待用。

2.锅内注入高汤，放进碾碎的瑶柱，加入盐、味精、胡椒粉等调料，烧开，用水淀粉勾芡后再加菜蓉、蛋清，撒上熟火腿末，淋上香油起锅装盆即成。

黄鱼豆腐羹

【原料】黄鱼1条（约500克重），豆腐250克，蛋清1个，熟火腿末、上汤各适量。

【调料】盐、味精、酒、生粉、葱花、麻油、胡椒粉各适量。

【制法】1.把黄鱼刮鳞去鳃、内脏，洗净，上笼蒸熟后取出，拆除鱼骨，将鱼肉切成小丁，然后倒在盛有蛋清碗内，加盐、酒、生粉上浆，起油锅，待油温至六成热时，将鱼丁放入炒至呈白色倒入漏勺，沥干油。

2.将豆腐切小丁，并用开水烫一下，去除豆腥味。

3.在锅中放入鱼丁、豆腐丁，注入上汤，加盐、胡椒粉、酒等调料，烧滚，随后用生粉勾薄芡，淋上麻油，撒上火腿末即可。

海参羹

【原料】水发海参700克，猪肉末160克，冬菇、冬笋、鸡蛋各2个，清汤600克。

【调料】葱、油、盐、醋、姜片、黄酒、酱油、菱粉、麻油、胡椒粉各适量。

【制法】1.冬菇、冬笋都切成丁；鸡蛋打发；将海参切成小方丁，投入放有葱、姜的开水锅内焯一下，以拔去海腥味。

2.将猪肉切成末，放入热猪油锅内炒熟，加适量清汤、酱油使呈红色，再将冬菇丁、冬笋丁与海参丁一起放入肉锅，并加上剩下的清汤和酒，用旺火烧熟，下菱粉勾好薄芡，然后将打发的鸡蛋倒入锅中，再撒上胡椒粉，浇上适量醋和麻油即可。

02 蔬果羹

山药豆腐羹

【原料】豆腐1盒，山药、鲜汤、香菇、香菜、鸡蛋液各适量。

【调料】盐、味精、鸡精、胡椒粉、水淀粉各适量。

【制法】1.香菜洗净切末；香菇洗净切丁；山药去皮切小丁并焯水，豆腐切成与山药等大的丁。

2.锅中加鲜汤，把香菜、香菇、山药、豆腐放入锅里，然后加盐、味精、鸡精、胡椒粉调味，汤沸腾时用水淀粉勾芡至浓稠状，淋入蛋液并撒香菜末即可。

酸辣豆腐羹

【原料】豆腐、香菇、里脊肉、冬笋、香菜、高汤各适量。

【调料】葱、姜、盐、醋、鸡精、香油、鸡精、胡椒粉、水淀粉、食用油各适量。

【制法】1.将豆腐切成丝；里脊肉切成丝；香菇、冬笋、葱、姜洗净切成丝；香菜洗净切成末；坐锅点火放入清水，水开后分别放入豆腐丝、香菇丝、冬笋丝、肉丝焯一下捞出放入盘中。

2.坐锅点火放入高汤、盐、鸡精、适量醋、胡椒面、鸡精，待锅开后倒入豆腐丝、冬笋丝、肉丝，勾薄芡，撒上葱、姜丝、香菜末即可出锅。

海鲜豆腐羹

【原料】牛肉汤500克，豆腐150克，牛肉、西红柿各50克，香菇、木耳、笋丝各适量。

【调料】葱15克，盐、味精各3克，料酒2克。

【制法】1.将豆腐去掉外部表皮，切成长4厘米、宽0.5厘米、厚0.5厘米的条，用开水焯过备用；牛肉切成丝。

2.将牛肉汤注入炒锅中，开锅后去掉泡沫，加入料酒、盐、味精，然后将豆腐放入，开锅后加入牛肉丝、西红柿、香菇、木耳、笋丝，拌匀后，盛入汤碗中，撒上葱丝即可出锅。

雪花豆腐羹

【原料】嫩豆腐500克，水发香菇、蘑菇、松子、熟火腿、熟鸡脯肉各10克，虾40克，高汤适量。

【调料】盐、酒、高汤、生粉、油各适量。

【制法】1.将香菇、蘑菇、松子仁、熟火腿都切成小粒状；豆腐去皮修净，片成薄片，切碎后放入碗中，用热水烫一下，去除豆腥味。

2.将锅置火上，倒入高汤，放入上述原料，用勺不断搅动，并加入调料，待烧滚时用生粉勾芡，淋油，再滚透后起锅。

3.起油锅，虾仁过油，烹酒，调好味后放入豆腐之中即可。

荠菜干贝羹

【原料】荠菜200克，干贝100克，高汤适量。

【调料】盐、味精、水淀粉、黄酒、葱各适量。

【制法】1.先把干贝放入小碗中，用黄酒浸没，放葱，然后上笼蒸透后取出，碾碎成丝状。

2.锅内注入高汤，加盐、味精，烧沸后放入干贝丝，撇去浮沫，再用水淀粉勾流芡。

3.荠菜洗净后斩碎，放入油锅中煸至去菜腥味，然后盛入勾过流芡的干贝中（可盛成各种图形），淋油上席。

玉米羹

【原料】玉米1罐，鸡蛋2个，牛肉120克。

【调料】盐适量。

【制法】1.鸡蛋去壳，打散成蛋糊状，备用；牛肉洗净，切成小粒状，备用。

2.锅内加入适量清水，先用猛火烧至水滚，然后放入玉米，继续烧至水滚起，再放入牛肉粒和鸡蛋浆，并不停搅动，使蛋米呈蛋花状，加入适量盐调味，即可饮用。

糖红果

【原料】红果（山楂）400克。

【调料】白糖20克，桂花酱15克。

【制法】1.红果洗净，用直径0.5厘米的铁管捅去核，然后放入锅内加清水，用微火煮至五成熟捞出，剥去皮。

2.汤锅内放清水，加入白糖，用中火烧沸，待糖熔化后撇去浮沫，倒入山楂，移至小火上炆至汁浓时，放入桂花酱轻轻搅匀，盛入盘内即成。这道菜色泽红润，甜酸适中，味美可口。

鲜果明珠羹

【原料】时鲜水果150克，干明珠50克，玫瑰花3瓣，糖桂花2克。

【调料】白糖175克，淀粉15克。

【制法】1.明珠洗净盛入大碗中，加热水，入笼屉蒸至外层呈玉白色、内心仅剩小白点时，捞出用冷水过凉待用。

2.时鲜水果（香蕉、橘子、蜜桃等）取其净肉，切成指甲大小的片盛入碗待用。

3.炒锅加适量水煮沸，放入明珠，沸起撇去泡沫，加白糖、淀粉调糊，淋入锅勾薄芡，加水果搅匀起锅盛入汤碗，撒上玫瑰花瓣和糖桂花即成。这道羹明珠滑韧，配以鲜果，色形鲜艳。

香蕉西米羹

【原料】香蕉5瓣，西谷米75克，玫瑰花瓣3瓣，糖桂花2克。

【调料】白糖175克，干淀粉15克。

【制法】1.西谷米盛入碗用冷水浸泡；香蕉去皮，切成指甲大小的片待用。

2.炒锅洗净加水煮沸，倒入西谷米，小火煮至无白心时加白糖，沸起撇去泡沫。

3.淀粉用水调糊，入锅勾薄芡，下香蕉，搅匀起锅盛入汤碗，撒上玫瑰花瓣和糖桂花即成。这道羹色彩典雅，香甜可口。

太极山楂奶露

【原料】山楂100克，鲜奶500克。

【调料】开水1000克，湿淀粉75克，白糖450克。

【制法】1.将山楂用瓦钵加少量开水，放入笼内，蒸至熔化。

2.将开水放入锅内，加白糖，煮至白糖熔解，加入鲜奶，煮至微沸，加湿淀粉推拌至匀，成为白色的奶露，取出2/3置汤盆内，取蒸熔的山楂加入奶露中，搅拌至匀，直至成为红色的山楂奶露。

3.将山楂奶露从旁注入白色的奶露的另侧，把白色的奶露挤在盆边，各占汤盆面积的一半，并呈太极形。这道饮品味道鲜美，有较高的营养价值。

其他类

牛筋煲

【原料】牛筋100克，红枣6枚（去核），火腿片、甘笋、上汤各适量。

【调料】姜、糖、盐、酒、蚝油、生粉、生抽、老抽、麻油、胡椒粉各适量。

【制法】1.牛筋用慢火炸透捞出，浸入清水中，然后用滚水煮透待用。

2.下油3汤匙，爆香姜，放调味品、牛筋、红枣、甘笋煮开，再加入火腿慢火煮10分钟，勾薄芡，即可原煲上桌。

狗肉煲

【原料】狗肉、生菜各适量，茼蒿、蒜苗、二汤各适量。

【调料】蒜泥、豆酱、芝麻酱、腐乳、姜块、料酒、盐、黄糖、酱油、陈皮、花生油各适量。

【制法】1.狗肉连骨斩成小块，入热锅炒至不见水溢，炒锅烧热下油，放入蒜泥、豆酱、芝麻酱、腐乳、去皮姜块、蒜苗段和狗肉，边炒边下花生油，炒5分钟后加料酒、二汤、盐、黄糖、酱油、陈皮烧沸。

2.再倒入砂锅焖90分钟至软烂，食时加茼蒿、生菜、花生油并另以小碟分盛辣椒丝、柠檬叶丝、熟花生油供佐食。这道羹肉质软烂，异香极浓。

白果鸭煲

【原料】光鸭1只，白果200克，黄芽400克，香菜碎2克，胡萝卜适量。

【调料】磨豉鼓、蚝油、糖、鸡粉、生粉、酒、盐、老抽、果皮各适量。

【制法】1.白果去壳，放滚水中煮5分钟，洗净沥干水；鸭洗净，下滚水中煮熟，取出沥干水，切块；下油2汤匙，爆透白果，然后下鸭爆片刻，加调味，白果焖约20分钟至熟，然后勾芡，熄火。

2.芽白洗净，切短段，煮熟放在煲仔内，把鸭放在黄芽白上煲滚，放上香菜碎，原煲上桌即可。

菠菜鸡煲

【原料】鸡半只，冬菇25克，菠菜250克。

【调料】干葱300克，姜、甘笋各数片，蚝油1汤匙半，生抽、油各1汤匙，糖半茶匙，生粉半汤匙，盐适量。

【制法】1.菠菜洗净，切短段放在煲仔内；干葱撕去红衣，洗净沥干水；冬菇浸软去脚，抹干水；鸡洗净抹干水，斩块，加腌料腌10分钟，泡油。

2.下油2汤匙，爆香干葱、姜，加入鸡、冬菇及蚝油再爆片刻，下料酒、调味及甘笋，不停炒动，煮至鸡熟，铲起放在菠菜上，煲滚即可。

番茄鸡煲

【原料】鸡半只，笋虾150克，番茄1个。

【调料】蒜蓉2茶匙，姜数片，葱3条切段，水1杯，酒、生抽、鸡粉、糖、八角、生粉、盐各适量。

【制法】1.鸡洗净，抹干水，斩块，加老抽1茶匙捞起、泡油；笋虾用清水洗数次，抹干水，放入滚水中煮10分钟后捞起，再用清水洗一洗，擦干水，切成适当的长短或大小。

2.下油4汤匙，爆葱、蒜、番茄，下笋虾炒片刻，加入调味煮滚，慢火焖20分钟，加入鸡拌匀，再焖15分钟，试味勾芡，铲起放入煲内煮滚，放上葱，原煲上桌即可食用。

海南椰子盅

【原料】大椰子1个，水发银耳100克。

【调料】冰糖100克。

【制法】1.椰子去皮，洗净，穿透椰眼，控出椰汁后从蹄部锯开做成椰盅。

2.冰糖置碗内稍蒸后倒入椰盅，上笼蒸1小时后再倒入发好的银耳和椰奶，蒸熟即成。

牛腩煲

【原料】牛腩300克，生菜250克，红枣10枚，腐竹25克。

【调料】食油适量，姜数片，蒜末1茶匙，桂皮1块，蚝油、生抽、糖、酒、盐、葱各适量。

【制法】1.牛腩切片，用开水煮5分钟捞起沥干水分；生菜洗净，切块。

2.锅内放油2勺，爆姜、蒜末，加入牛腩及生菜、腐竹搅匀，铲起放入煲内加水4杯，煲滚后，慢火烧至牛腩熟，约30分钟放调味料，再放上葱段即可。

砂锅三味

【原料】猪肘肉、带骨雏鸡肉、清汤各100克，鸡蛋60克，火腿、青菜心各25克。

【调料】菜油100克，酱油20克，葱段15克，姜片10克，精盐5克，味精1克。

【制法】1.猪肘肉、带骨雏鸡

肉均剁成3.3厘米见方的块，放入开水锅中氽过，取出放入砂锅内；鸡蛋煮熟剥去壳，蘸匀酱油。

2.放入油锅中炸成金黄色捞出，摆入砂锅的四周，火腿、青菜心均切成小象眼片。

3.砂锅内放入清汤、绍酒、葱段、姜片、精盐，旺火烧开后，移至小火炖至酥烂，取出葱段、姜片，放入火腿片、青菜心略炖，撇去浮油，放入味精，淋上鸡油即成。这道菜肉酥烂酥香，肥而不腻，鸡肉滑嫩味美，鸡蛋呈琥珀色，别具一格。

什锦一品锅

【原料】鸡200克，海参、荷包鸡蛋、豌豆苗、猪黄管、鱿鱼卷各20克，鱼肚、玉兰片各15克，龙须粉、白煮肘子、白煮鸭各25克，白菜墩、山药、三套汤各20克。

【调料】绍酒6克，精盐、味精各5克。

【制法】1.海参片成刀片形状；鱼肚、玉兰片均片成长条块；豌豆苗略烫水过凉；猪黄管、鱿鱼卷用毛汤氽过。

2.取“一品锅”一个，龙须粉、白菜墩、白煮山药放入锅内垫底，将白煮肘子、白煮鸭分摆在上面，再将海参、鱼肚、鱿鱼卷、玉兰片、荷包鸡蛋在间隔处摆成一定的图案，再把猪黄管放在顶端，加入三套汤、绍酒、精盐、味精，用旺火入笼蒸2小时左右取出，放上豌豆苗上席即成。这道菜原料多样，风味清鲜，品味浓郁，营养丰富。

三鲜砂锅

【原料】大白菜250克，发肉皮、水发粉丝各100克，猪肚、熟鸡肉、鲜河虾各50克，熟笋肉25克，熟火腿15克，肉丸、鱼丸各6个，清汤750克。

【调料】熟猪油50克，精盐7克，味精5克，绍酒适量。

【制法】1.将河虾剪须洗净；鸡肉、冬笋均切成长条，分别排齐；大白菜切成6.5厘米长、2厘米宽的段，用沸水氽熟，沥干水分；粉丝切成长段；肉皮切成与大白菜相同大小的块，净水漂过待用。

2.取砂锅一个，放入大白菜，铺上粉丝、肉皮，把猪肚、鸡肉、笋肉、肉丸、河虾分别按色、形不同，整齐地放在肉皮上面，鱼丸居中结顶，盖上火腿片，加绍酒、精盐、味精、清汤、猪油，置小火上炖酥烂，离火,用盘衬托上桌即成。这道菜用料多样，原汁原味，香醇味浓。

鲜鱿鲛鱼茄汁煲

【原料】鲛鱼600克，鲜番茄2个，鲜鱿鱼1个，大头菜、洋葱（小）各1个，上汤（或清水）半杯。

【调料】沙律油3汤匙，茄汁2汤匙，姜丝1汤匙，盐1/4茶匙，蒜1瓣（切蓉），胡椒粉适量。

【制法】1.鲛鱼洗净，横切大件，下调味料腌片刻；鲜鱿鱼去头、内脏、紫膜，洗净，横切2厘米段成环状；洋葱去衣切片；大头菜切片；番茄切件。

2.中火烧热沙律油，炒香蒜蓉，加入洋葱炒匀，下鲛鱼、鱿鱼炒匀，最后加入大头菜、番茄、茄汁和上汤，拌匀上盖煮至熟透，以盐、胡椒粉调味即成。上桌前撒上姜丝，拌匀供食。

海陆煲

【原料】甘草、炒扁豆、白术、黄芪、茯苓各10克，红枣6枚，鸡胸肉250克，蛤蜊500克。

【调料】嫩姜6片，料酒1大匙，盐、糖各1小匙，麻油2小匙。

【制法】1.将药材用清水冲洗净后沥开，放入汤锅中用8杯水熬成4杯汤汁备用。

2.鸡胸肉切丁；蛤蜊先泡水吐沙；嫩姜切丝，将鸡丁、嫩姜丝放入熬好的汤锅中略煮，待鸡肉熟软，再放入蛤蜊及调味料调味，煮到蛤蜊全部张开，即可食用。这道菜味道鲜美，本色本味。

砂锅鱼

【原料】鱼1条，猪肥瘦肉、香菇、冬笋各50克，鸡汤500克。

【调料】植物油800克（实耗约100克），熟大油50克，料酒、葱、姜、蒜、豆瓣酱各25克，米醋15克，盐10克，酱油5克，白糖3克，味精6克。

【制法】1.猪肉、冬笋、香菇切成豌豆大小的丁；把鱼开膛去内脏，将两鳃掏净，清洗干净后，用刀切成4厘米长、2厘米宽的块，用酱油略拌一下，倒入热植物油炒勺中，炸至金黄色，取出控油；葱、姜、蒜分别切成小片。

2.砂锅上火，将熟大油烧热，下入葱、姜、蒜片煸出香味后再下肉丁、冬笋、香菇丁，再加入豆瓣酱煸一下，烹入鸡汤，加料酒、糖、盐、味精、米醋，待汤煮开后下入鱼块，用小火煮烂后即成。这道菜色泽光亮，鱼肉肥嫩，咸甜微辣，汤鲜适口。

蒜蓉辣椒鲜鱿煲

【原料】鲜鱿鱼400克，洋葱1个（切丝），西芹1根（切丝），甘笋60克（切丝），新鲜冬菇4个（切丝）。

【调料】白酒4汤匙（可以上汤替代），李锦记蒜蓉辣椒酱2汤匙，盐半茶匙，胡椒粉适量。

【制法】1.鱿鱼洗净横切成圈状，用沸水过灼1分钟后以冷水冲至冷却，沥干。

2.于瓦煲内烧热2汤匙油，爆香调味料，放入洋葱及甘笋炒1分钟。

3.再加西芹、冬菇丝、鱿鱼拌匀，浇酒，加盖煮3分钟至熟。这道菜口感润滑，麻辣鲜香。

砂锅瓣胃

【原料】羊散丹（即瓣胃）、鸡汤各2500克。

【调料】葱段、姜块各15克，葱丝、鸡油、卤虾油、料酒各10克，盐、味精、姜丝各5克，花椒10粒。

【制法】1.先用80℃热水把羊散丹烫一下捞出，用手将散丹的黑膜搓去，洗净后放入开水锅中，加入葱段、姜块、花椒，用微火煮约3小时左右，煮烂捞出，将散丹上的油脂、杂物择去，再用温水洗干净，然后切成三角块，放入开水中煮1分钟，捞出控水。

2.把散丹块放入砂锅里，加入鸡汤，用旺火烧开，把浮沫撇去，再加入葱丝、味精、料酒、盐，汤滚开后，再用微火5分钟，随后淋入鸡油，撒上葱丝、香菜段即成。卤虾油盛在碗中，随砂锅散丹一起上桌。这道菜鲜嫩清香，清淡爽口。

人参全鸡煲

【原料】嫩鸡1只，人参50克，香菜2棵。

【调料】姜数片，磨豉半汤匙，盐、麻油、枸杞各适量。

【制法】1.下油2汤匙，炒透姜，下鸡、磨豉爆片刻，铲起放入煲内煮滚。

2.放入人参、枸杞慢火焖煮，需40分钟至鸡熟透，勾芡，放上香菜、麻油，原煲上桌即可。

砂锅鸭块

【原料】鸭肉、肥瘦猪肉100克，水发香菇50克，高汤适量。

【调料】醋、油、盐、酱油、蒜片、味精、料酒、葱段、姜片、辣酱各适量。

【制法】1.将鸭肉切成小块；将猪肉切成片；将香菇撕成大小适宜的块。

2.炒锅上火，油至五成热，下入猪肉片和香菇煸炒，放入葱、姜、蒜炒出味，然后放鸭块，加高汤、盐、酱油、醋、料酒、味精，开锅后一起倒入砂锅，用微火炖30分钟左右。

3.另起锅放底油，下辣酱和蒜片煸炒出味，倒入砂锅加盖上桌即可。

冬瓜薏米煲鸭

【原料】光鸭750克，连皮冬瓜1500克，薏米75克，清水3000克。

【调料】植物油25克，姜蓉、广东米酒各10克，精盐6克，味精5克，陈皮1克。

【制法】1.将姜蓉浸泡入米酒中，制成姜汁酒；中火烧热炒锅，下入鸭略煎，烹姜汁酒后把鸭盛起。

2.取大瓦煲一个，放入冬瓜、薏米、陈皮，加清水先用旺火烧沸再放鸭，改用慢火煲至汤浓缩约1500克便成。上菜时，把冬瓜盛在碟底，将鸭切件排在瓜面上，汤调入精盐、味精上桌即可。

雪里红炖豆腐

【原料】豆腐400克，腌雪里红150克，高汤适量。

【调料】花生油、精盐、味精、葱、姜各适量。

【制法】1.将豆腐用清水冲洗一下，切成3厘米长、2厘米宽、1厘米厚的块，放入开水中烫透，捞出，控净水分；将雪里红洗净，沥干水，切成末；将姜洗净，用刀拍散，切成末；将葱切末。

2.锅置于火上，烧热，倒入花生油，待油热冒烟时，下葱末、姜末炝锅，随后放入雪里红炒出香味，放入豆腐，添汤（汤没过豆腐），待开锅后放精盐，再用小火煨炖10分钟，用味精调好味，翻匀即可。这道菜滋味鲜美，滑嫩爽口。

熬白菜

【原料】白菜250克，豆腐

150克，干粉丝25克。

【调料】油、盐、葱、姜、味精各少许。

【制法】1.白菜洗净，切成3厘米的长方块，用开水烫一下；把豆腐切成长方形块；干粉丝烫发好；葱、姜切丝备用。

2.锅里加底油，用旺火烧至油热，放入葱、姜丝炝锅，炸出香味，放入白菜，稍炒拌，加汤或水约250毫升，再放入豆腐、粉丝及其他调料烧开，用炆火将白菜熬烂，加味精即可盛入碗中上桌。

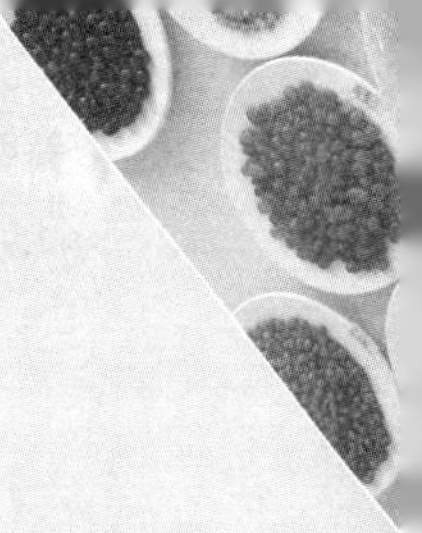

特色菜

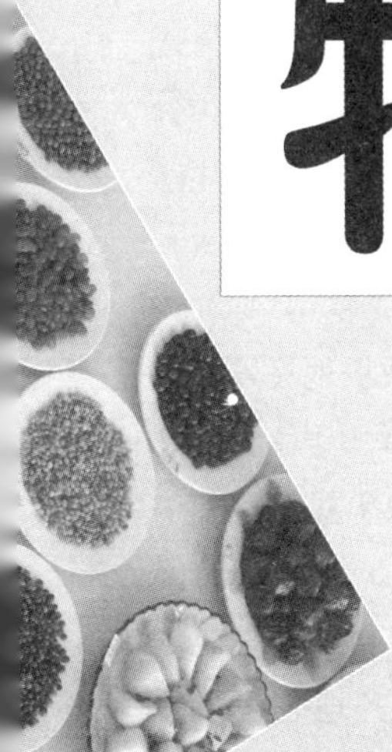

闽菜

肉松

【原料】瘦猪腿肉300克，红糟75克，清汤700克。

【调料】黄酒75克，白砂糖45克。

【制法】1.将猪腿肉去皮、筋，切成小块，放入开水里过一下，拔去血水后取出放好。

2.将红糟、黄酒、白砂糖放入热猪油锅略炒，然后将肉块放下一同炒透后，加上清汤，用温火慢慢地烧，待肉烧成浆糊状后（越烂越好），再用极小的炆火边烧边炒，直至汤汁完全收干，肉料泡起发松，取出，冷却即可。值得一提的是，炒时不能过久，以免肉被炒焦而发苦。

金钱肉

【原料】猪腿肉700克，猪肥膘165克。

【调料】酱油40克，黄酒45克，白糖85克，五香粉、菱粉各适量。

【制法】1.将猪肥膘切成两块像银圆大小的圆块，一起放入用酱油、糖、五香粉、酒调成的卤内滚一滚，再放着腌约20分钟备用，再将猪腿肉片成24片薄片，每两片要留一边不要片断，使两片能连在一起，备用。

2.将猪肥膘一块块地夹入没有片断的腿肉片中，并用银签将夹好的肉穿成一串再抹上干菱粉。

3.开热猪油锅，将穿好的肉片放入锅内炸熟，再一片片地从银签上取下来，整齐地装在盘中即可。

葱爆肉丝

【原料】瘦肉200克，红椒半个，清水适量。

【调料】生抽、酒、生粉、食用油、精盐、白糖、麻油、葱各适量。

【制法】1.先将1茶匙的生抽、酒以及半茶匙的生粉、油勾兑成汁料；把瘦肉切丝，加入调味料拌匀，待用；把葱洗净，切斜段；红椒洗净，去籽切丝待用。

2.烧热锅，下油2汤匙爆香葱白，放入肉丝、酒，加入余下葱段、芡汁料及红椒丝，搅匀即可。

爆糟排骨

【原料】猪大排骨500克，红糟75克，鸡蛋白2个。

【调料】菱粉45克，白糖30克，麻油20克，大蒜5瓣，葱末、盐各适量。

【制法】1.将糖、盐和红糟调在小碗里，再将排骨切成条形块，放入之前调好的糖、盐和红糟里搅拌一下，再放在用蛋白、菱粉调和糊内搅拌均匀。

2.开温火热猪油锅，油大约500克即可，将排骨放入炸约3分钟，倒出滤去油。

3.将大蒜头用刀拍碎，放在油锅里炒出香味后，加麻油和葱，再将排骨放入，一起翻炒几下即可。

酸菜牛肉

【原料】腌牛肉片250克，酸菜茎薄片200克。

【调料】清汤、糖、醋、湿淀粉、绍酒、葱白、辣椒、蒜蓉、油各适量。

【制法】1.用清汤、糖、醋与湿淀粉调为芡；烧锅入油、牛肉，炒至仅熟放入漏勺里。

2.锅中留油，将配料、酸菜片放入锅中炒香，放入牛肉炒匀，淋入绍酒随即把碗芡倒入炒匀，淋入麻油即可出锅。

咖喱牛肉

【原料】鸡汤100克，牛腿肉500克，葱头、胡萝卜、芹菜各50克。

【调料】咖喱粉15克，盐3克，干红葡萄酒、酱油各5克，面粉25克，油50克，辣椒面、味精、香叶、蒜泥、胡椒粒各适量。

【制法】1.将牛肉切成方块撒上盐，用油炸成黄色，放入焖锅里，加水、干红葡萄酒、酱油、葱头丝、胡萝卜片、香叶、胡椒粒、盐用小火焖2~3小时至牛肉酥烂。

2.用煎锅将油烧热放葱头丁、芹菜段、香叶、蒜泥略炒，加面粉炒出香味，再加咖喱粉炒香，放适量辣椒面做成咖喱酱盛出。

3.煎锅里放鸡汤烧开，放入咖喱酱、盐、味精调匀，再把熟牛肉倒入，稍焖，出锅装盘即成。

红糟羊肉

【原料】羊肉、清汤各700克，红糟75克。

【调料】葱1根，姜片1片，黄酒165克，白糖45克，盐、菱粉各适量。

【制法】1.将羊肉切成长4.5厘米、宽3厘米的块，放入开水锅内，再放入葱、姜，以拔除膻味，取出再洗净。

2.在锅内倒入猪油300克，油一热，就将羊肉放入锅内氽一下，即倒入漏勺，滤去油，放好。

3.另开热猪油锅，将红糟、糖、酒放入锅内略炒，再将羊肉放入略炒，然后加清汤，盐烧酥，即下湿菱粉勾薄芡，起锅装盘即可。

豉椒鸡丁

【原料】鸡脯肉150克，鸡蛋1个。

【调料】干淀粉6克，葱段、辣油、猪油、白糖、酱油、湿淀粉、味精、精盐、黄酒、干辣椒、豆豉、香醋各适量。

【制法】1.鸡脯肉开花刀，切成块形小丁，加鸡蛋白、干淀粉、精盐调拌均匀，放入旺猪油锅稍煎一下，将油沥干。

2.将干椒切成小丁形和豆豉放入旺油锅煎，煎至呈金黄色，将鸡丁放入一起炒10分钟。

3.将葱段、黄酒、酱油、糖、醋、湿淀粉调和，倒入锅内炒拌，最后加些辣油起锅即可。

莲子鸡丁

【原料】鸡脯肉250克，油50克，鸡蛋2个，白莲子、胡萝卜、四季豆各适量。

【调料】白糖、料酒、盐、味精、葱、姜、淀粉各适量。

【制法】1.把鸡脯肉切成斜丁，把鸡丁放入碗中，加入盐、料酒、味精、蛋清、淀粉搅匀上浆；莲子用热水氽熟待用；将葱、姜均切片放入另一碗中，加料酒、盐、味精、水淀粉调成汁，待用。

2.炒勺上火，入油放鸡丁煸炒，八成熟后，放入胡萝卜丁、四季豆小段及莲子，翻炒均匀至鸡丁成熟，将碗汁迅速倒入锅中翻炒，使汁均匀挂在原料上即可出锅。

干贝水晶鸡

【原料】鸡脯500克，干贝75克，鸡蛋白3个。

【调料】黄酒20克，盐6.5克，菱粉65克。

【制法】1.将鸡脯开花刀，再切成方块，先用盐抓一抓，再用打散调匀的蛋白抓一抓。

2.将鸡块一块块地放入开水锅内焯，使鸡块稍微结实一些，再将鸡块放入大碗，加清水（也可用清汤，但蒸好后较混浊）及干贝、酒、盐，上笼蒸熟（约50分钟）即可。这道菜汤明如水晶，味极清口。

马蹄鸡丁

【原料】鸡肉250克，马蹄75克，油1500克，鸡蛋25克，小黄瓜1根。

【调料】水淀粉50克，白糖40克，料酒、酱油各15克，香油、面酱各10克，盐2克，味精5克，红辣椒2个，面粉适量。

【制法】1.鸡肉切丁放碗里加鸡蛋、淀粉、面粉，抓匀。

2.勺坐油，炸马蹄捞出，下鸡丁划开片刻倒出；原勺放油、面酱、白糖、油、料酒、盐、味精，炒匀，倒入鸡丁、果仁、黄瓜片、红辣椒段，勾点芡，淋香油即可出锅。

炸鸡排

【原料】鸡大腿4只，鸡蛋1个，面包屑50克，干面粉20克。

【调料】精盐3克，胡椒粉2克，熟猪油500克。

【制法】1.在鸡腿肉上直划一刀，除去腿骨使腿肉分开，平摊在案板上，去鸡皮两面用刀背轻轻拍几下，用胡椒粉、精盐拌和一下，两面再拍上面粉；鸡蛋磕在碗里，用竹筷搅拌后，均匀地涂抹在鸡肉上再拍上面包屑。

2.炒锅上火烧热油烧至六成热，将鸡排放入炸至酥脆，用漏勺捞起，改成菱形块装盘即可。

台式三杯鸡

【原料】鸡腿肉250克，清汤适量。

【调料】鸡蛋液50克，盐、味精、生粉、石粉、白糖、生抽、食油、红葡萄酒、蒜头、干辣椒、红椒丝、葱丝各适量。

【制法】1.鸡腿肉去骨，斩

成块，加盐、味精、蛋液、生粉、石粉腌40分钟，起油锅至温油状态，先把蒜瓣炸成金黄色，再把鸡腿肉放入油锅中炸成金黄色，断生即可出锅。

2.锅中留适量油，放干辣椒3根，煸出香味，放清汤，加鸡肉、蒜、白糖、适量生抽、红葡萄酒，出锅前放红椒丝、葱丝点缀即可。这道菜口味甜咸、微辣，酒香味浓，菜品呈深红色。

咖喱鸡

【原料】公鸡1只。

【调料】盐、胡椒粉、洋葱、大蒜头、咖喱酱、月桂树叶、白糖、水果各适量。

【制法】1.将公鸡斩成块，用胡椒、盐入味放入油锅煎至金黄后，移入另一锅中。

2.将碎洋葱、碎大蒜、咖喱酱炒至棕黄，加水、月桂树叶、糖搅匀，随即倒入鸡块于锅内，调好口味，去皮水果切成细末投入锅内，烧沸出锅即可。

香露全鸡

【原料】肥嫩母鸡1只，水发香菇2个，火腿肉2片，鸡汤750克。

【调料】高粱酒50克，丁香5粒。

【制法】1.将鸡洗净，从背部剖开，再横切3刀，鸡腹向上放入炖钵，铺上火腿片、香菇，加入调料和鸡汤。

2.钵内放入盛有高粱酒、丁香的小杯，加盖封严，蒸2小时后取出钵内小杯即成。

豌豆鸡丝

【原料】鸡脯肉200克，豌豆50克，蛋清30克，汤500克。

【调料】油1500克，水淀粉60克，白糖30克，料酒25克，盐2克，味精5克。

【制法】1.鸡肉切丝放碗里，加蛋清、淀粉，抓匀；豌豆焯一下。

2.勺坐油，等油三四成热下鸡丝，滑开后倒出备用。

3.坐勺放料酒、汤、盐、糖、鸡、豌豆、味精，开后除沫，勾芡，盛在汤碗里即可。

扛糟鸡

【原料】嫩母鸡1只（约700克），红糟75克，清汤600克。

【调料】猪油500克，葱1根、姜片1片，黄酒165克，白糖

65克，盐、菱粉各适量。

【制法】1.将鸡从背部剖开，去头、脚，去内脏，洗清，再切成4.5厘米的见方块。

2.开热猪油锅，将鸡块放入锅内拉一下，约2分钟后倒出，滤去油。

3.将红糟、糖放入油锅内略炒，再将鸡块放入炒一下，随即将葱、姜片放入略炒，加上清汤、黄酒、盐，将鸡块烧熟，取去葱、姜，再下菱粉勾芡即可。

茄子炖鸡汤

【原料】带骨鸡肉250克，茄子150克，清汤500克。

【调料】酱油、绍酒、葱、姜末、盐、醋各适量。

【制法】1.把鸡肉洗净，剁成小块；茄子去皮切成滚刀块待用。

2.炒锅上火烧热，放油烧至六成热，下葱、姜末炒香，再下鸡块煸炒透，烹入酱油、绍酒炒片刻，加入清汤烧开，放入茄子，改用小火炖茄子鸡块，茄子熟烂时，用盐调味，洒醋，即可出锅。

鸿图鸭

【原料】光鸭1只（1400克左右），火腿片、冬笋片、鲜菇片各75克，干贝、鸡蛋白各6克，清汤300克。

【调料】葱、姜片、黄酒、盐、菱粉各适量。

【制法】1.将鸭从尾部剖开，去脚、头、内脏，洗清，然后加酒、葱、姜上笼蒸约一个半小时后，取出，拆去骨头后切成小片，放在碗里，加火腿片、冬笋片、鲜菇片、盐、酒、清汤，上笼将鸭片等蒸熟约10分钟。

2.将鸡蛋白加清汤和盐打发，上笼蒸约3分钟后取出，放在盘中。

3.将蒸熟的鸭片、火腿片等倒入锅内，加上清汤，下湿菱粉勾薄芡后起锅，推在蛋白上面即可。

罗汉鸭

【原料】鸭子1只（约1400克左右），冬笋片165克，水发冬菇片、扁尖笋段、栗子片、腐竹、白果肉、菜心、清汤各适量。

【调料】食油1000克，酱油、菱粉、麻油、葱段、姜片、黄酒、白糖、盐各适量。

【制法】1.将鸭子从背部剖

开，去内脏，去脚爪，洗净，放入温火热油锅一拉，倒去油，加酱油、盐、葱、姜、糖、清汤，盖好锅盖，烧约10分钟，取出鸭，放在盘中，再上笼蒸约50分钟，取出，拆去大、小骨头，放好。

2.将冬菇片、菜心、栗子片、白果肉、冬笋片、扁尖笋段、腐竹放入锅内，加适量盐烧约5分钟，取出，塞在鸭肚里。

3.将鸭仰放在盘中，再蒸约15分钟，取出，覆在另一只盘中，背部朝上，用适量原鸭汤、菱粉下锅勾好芡，倒在鸭的上面，再浇上一些麻油即可。

银耳川鸭

【原料】鸭300克，银耳25克，红萝卜花数片，上汤适量。

【调料】姜、葱、盐、糖、老抽、生抽、生粉、麻油各适量。

【制法】1.银耳用水浸1小时，去蒂，剪成小朵，烧滚水，放入姜、葱及银耳煮5分钟盛起，沥干水分放于深碟中。

2.鸭洗净，放入姜、葱水内煮2分钟，除去浮末，以1汤匙酒拌匀腌片刻，焯水盛起，沥干水分放于银耳上，加入上汤，隔水蒸30分钟，倾出汤不要；将适量盐、糖、老抽、生抽、生粉、上汤、麻油勾芡成汁。

3.下适量油烧热，放入红萝卜花炒匀，加入芡汁料煮滚，淋在鸭及银耳上即成。这道菜美观精巧，味道清鲜。

油条西舌

【原料】西舌肉700克，油条2条。

【调料】猪油适量，葱段20克，黄酒75克，盐、菱粉、清汤各适量。

【制法】1.将西舌肉一个一个地片成2片；油条切成小斜块。

2.开温火热油，将油条放下炸酥，捞出，放在盘中打底；将西舌片投入旺火大猪油锅一拉，滗去油，随即将酒冲入，并用勺轻轻压干西舌的水分。

3.接着将葱放入，略炒，加适量清汤、盐、酒，再加菱粉勾好薄芡，起锅倒在油条上面即可。

干烧鱼

【原料】鲤鱼1条，猪肥、瘦肉末各适量。

【调料】川盐、料酒、姜、蒜、泡辣椒、酱油、白糖、胡椒面、葱各适量。

【制法】1.将鲤鱼两面各剞数刀，以川盐、料酒腌入味，锅内油烧至八成热，将鱼炸至金黄色。

2.锅内留油，下猪肉末、白糖、川盐、料酒、胡椒面、鲜汤、姜、蒜、辣椒、酱油，烧至汁干，起锅装盘。

菊花鲈鱼

【原料】鲈鱼1尾，芥蓝菜叶2片。

【调料】干淀粉100克，湿淀粉10克，番茄酱50克。

【制法】1.鲈鱼洗净，剖成2片去骨，剞花刀，再用斜刀横剞，切成10块。

2.芥蓝叶剪菊花状，焯水；肉清汤加调料调成卤汁。

3.将鲈鱼块炸至菊花形装盘，配芥蓝叶，卤汁勾芡，淋于菊花鲈鱼上即成。

淡糟香螺片

【原料】香螺肉400克，水发花菇10克，冬笋75克，香糟20克，清汤适量。

【调料】葱白2根，蒜末15克，姜末1克，白酱油15克，味精3克，湿淀粉10克，红糟20克，芝麻油5克，绍酒10克，花生油250克，食油适量。

【制法】1.香螺肉片成薄片，焯水后用绍酒抓匀；冬笋、花菇均切片；葱白切片与清汤、其他调料调成卤汁；将冬笋片过油。

2.把蒜姜末炝锅后放入香糟、花菇、笋片，倒入卤汁，再放螺片，翻炒后装盘即成。

龙身凤尾虾

【原料】鲜海虾30只，熟火腿肉75克，水发香菇15克，冬笋50克。

【调料】葱白10克，油、料酒、盐各适量。

【制法】1.将海虾洗净留尾，壳备用；香菇、冬笋、葱白切片；火腿切条备用。

2.用刀面拍平，将火腿肉条横放于近虾尾的肉面上，然后将虾尾卷起，即龙身凤尾虾，下锅过油，呈龙身凤尾形即可出锅。

3.再油锅烧热，放入调料，再倒入过油虾，翻炒几下装盘即成。

生炒海蚌

【原料】净海蚌肉400克，熟冬笋75克，水发香菇10克，西红柿2个。

【调料】鲜汤、盐、味精、

白糖、酱油、湿淀粉各适量，香油少许。

【制法】1.海蚌洗净片成两片，下60℃温水中汆至五成熟捞出，剔膜用料酒抓匀；香菇、冬笋切片，与鲜汤、盐、味精、白糖、酱油、香油、湿淀粉调成卤汁待用。

2.蒜末下油锅稍煸，下冬笋、香菇翻炒，然后下卤汁烧开勾芡，下蚌肉翻炒几下出锅即可。

白蜜黄螺

【原料】鲜活黄螺1000克。

【调料】蒜米、生抽、白糖、味精、香油各适量。

【制法】1.黄螺洗净，在80℃热水锅中汆一下，取出用竹签挑出螺肉，洗净污渍，特别是螺头部泥渍。

2.清水烧沸，将洗净的螺肉下锅汆一下放碗中，加蒜米及各种调料拌匀，装盘即成。这道菜原汁原味，鲜美可口。

拉糟鱼块

【原料】鲜黄鱼1000克（其他肉嫩少骨带鳞鲜鱼亦可），红糟25克，蛋清1个。

【调料】干淀粉100克，花椒盐10克，白糖20克，味精、料酒、香油、五香粉、葱姜末各适量，花生油1000克（约耗120克）。

【制法】1.将鲜鱼洗净，切下头尾，用平刀从鱼背脊进刀片切取鱼肉2片，去脊骨，切6厘米×3厘米×2厘米的鱼块。

2.红糟在砧板上用刀剁细放在大碗里，加料酒、白糖、葱、姜末、五香粉调匀；把切好的鱼块和调好的调汁拌匀腌渍15分钟后，再用蛋清和干淀粉制成蛋清浆，将腌渍的鱼块上浆。

3.油锅置旺火上烧热，划油后加入花生油，五成熟时将上浆的鱼块逐块下油锅，炸熟后起锅，沥干油，装盘。鱼头尾下油锅炸熟置鱼盘两头，呈整鱼形，淋上香油即成。这道菜外红里白，肉嫩可口，老少皆宜。

七星丸

【原料】海鳗鱼肉200克，猪腿肉75克，虾仁40克，芹菜末适量，鸡清汤700克，清水30克。

【调料】胡椒粉、盐、菱粉各75克，麻油20克。

【制法】1.将鱼肉用刀背剁成泥，越细越好（注意：夏天的时候要剁快点，因为如果慢了，刀与砧板会摩擦生热，易使鱼肉变质），剁好后加上约30克清水用力搅匀，搅匀后再加入30克的盐继续搅至鱼肉泡胀起。

2.将猪腿肉去皮、筋，同虾仁混合一起，剁成细末，加盐适量拌和。

3.用左手将鱼肉泥从拇指与食指之间捏挤出一个个的小丸子，右手随即用极少的猪肉、虾仁末塞入鱼丸里。这样一个个边裹边放入清水锅内烧熟，大约10分钟就可以烧熟。

4.另用净干锅，倒入鸡清汤（加盐适量），再从清水锅中将鱼丸捞出，放入鸡汤锅内烧开后连汤带鱼丸舀入汤碗，撒上芹菜末、胡椒粉，浇上麻油即成。这道菜味鲜嫩清口，常吃重油后食用，以调剂口味。

罗汉鱼首

【原料】花鲢鱼头1000克，豆腐1块，扁尖笋、冬笋、水发冬菇、鲜莲子、川冬菜、清汤各适量。

【调料】葱段、姜片、黄酒、菱粉、麻油、酱油、白糖、盐各适量。

【制法】1.将鱼头去鳃，洗净切开，但不要切断，再把豆腐、扁尖笋、冬笋、水发冬菇、鲜莲子、川冬菜都切成小粒，加盐拌和，塞入鱼头内部。

2.锅内放入适量的油，开火，油热以后，将鱼头放入，炸至五成熟时取出。另将葱、姜、酱油、盐、酒、糖放入锅内爆一下，再将鱼头放入，加清汤，盖好锅盖，然后先起旺火，再转温火烧熟，去葱、姜，再下湿菱粉勾薄芡，在上面浇上几滴麻油即可。

白烧鱼翅

【原料】水发整鱼翅500克（有条件的话，最好用吕宋黄翅），母鸡、猪蹄髈各1只，清汤适量。

【调料】姜片、葱、盐、黄酒、菱粉、鸡油各适量。

【制法】1.将鱼翅整只放入清汤锅里，加葱、姜、酒煮三次，取出鱼翅，挤干水分，以拔除海腥味。

2.将母鸡剖开，去内脏，洗净；将蹄髈也洗净理清，一起放入开水锅内焯一下，以拔除血水。

3.用砂锅，锅底放竹垫，竹垫上放鱼翅，鱼翅上覆鸡和蹄髈，再加清汤，然后用温火焖酥（约3小时），去蹄髈、鸡不要，将鱼翅连同汤汁倒入另一锅内将汤收浓，再用盐、湿菱粉调和，下锅勾薄芡，浇上适量鸡油即可。

醉排骨

【原料】猪大排骨500克，鸡蛋白2个。

【调料】猪油500克，咖喱粉、大蒜头、胡椒粉、辣酱油、芥末、黄酒、白糖、酱油、盐、芝麻酱、番茄酱、醋、菱粉、麻油各适量。

【制法】1.将菱粉、酒、盐、蛋白各适量调和在一只小碗里；将排骨切成20多块长方块；将芝麻酱、番茄酱、辣酱油、咖喱粉、芥末、糖、酒、盐、胡椒粉、麻油、酱油、醋调和成调味汁。

2.将排骨放入菱粉、蛋白糊里抓一抓，让蛋白均匀地裹在排骨上。在锅内倒入猪油，温火热油，将排骨放入油锅里氽熟，然后将排骨取出，滤去油，盛在盘中，锅里的油也同时倒出。

3.将大蒜头拍碎，下原热锅炒香，倒入刚刚调和成的调味汁中，浇在排骨上即可。这道菜醉排骨，色金黄，味道香。

雪山潭虾

【原料】虾仁250克，鸡蛋白10个，香菜、熟火腿各适量。

【调料】猪油300克，盐、菱粉各适量。

【制法】1.用少量蛋白和菱粉放在一起搅匀，放虾仁下去搅拌均匀，火腿和香菜都切成末。

2.在锅内倒入300克猪油，温火热一下，将虾仁放下去爆熟，取出，冷却。

3.将剩下的全部蛋白打发，要打得立而不塌，然后加适量菱粉调和，一半倒在盘子里，上面再放爆熟了的虾仁，虾仁上面再放剩余的蛋白，堆成雪山模样，上面另撒一些火腿末和香菜末作为装饰，然后放入猪油锅起温火炸，边炸边用勺子将猪油往上浇，直至蛋白呈微黄色即可。

焗烧鳗

【原料】海鳗鱼肉500克，猪肥膘、面粉各75克，鸡蛋白4个。

【调料】红糟、麻油各45克，黄酒、白糖各20克，盐适量。

【制法】1.猪肥膘切成长4.5厘米、宽1.8厘米的长方片12片；剖开鳗鱼肚皮去肠洗清，取其当中的一段，约500克，再一剖为二，片成长4.5厘米、宽2厘米的长方片12片，每片再片成2片，但要留一边不能片断。

2.将红糟、糖、酒、盐调和在小碗里。

3.将鳗鱼片放入用盐和酒调和料内浸一下；肥膘片放在装有调料的小碗里抓一抓，一片一片地夹在鳗鱼片的当中，鱼片四周抹上蛋白与面粉调和的糊，封住隙缝。

4.开温火热油（700克）锅，将鳗鱼片放下去炸酥，约5分钟，滗去油，加麻油略炒即可。

白拌黄螺

【原料】黄螺肉500克。

【调料】白酱油40克，麻油2.5克，黄酒8.5克，葱段6.5克，白糖适量。

【制法】1.先将黄螺的肉取出，方法有两种：一种是先将黄螺外壳敲开，将肉取出；另一种是先将带壳的黄螺用水煮约10分钟，取出，将黄螺的盖子一只一只地揭开，顺着壳的螺旋纹将肉慢慢转出。为了保持螺肉的完整，用第一种方法为好。黄螺肉取出后，将肉洗清，去污质（不要剪去尾部），再放入开水里焯一下，以拔除腥味和黏液，然后取出，揩干水分。

2.将酒、白酱油、糖、葱放在碗里调和，放黄螺肉下去浸约20分钟，再与作料一起倒入盘中，浇上麻油即可。这道白拌黄螺能保持黄螺肉的本色，鲜嫩清口，是夏季的好菜。

龙须燕丸

【原料】燕皮（福建的特产）、虾仁、猪腿肉各175克，地栗275克，开洋20克，芹菜末适量，清汤750克。

【调料】盐7克。

【制法】1.将虾仁、腿肉、开洋一起剁成细末；地栗也剁成细末，挤掉水分，与虾仁、腿肉、开洋末放在一起，加盐和少许清汤拌匀，做成40个丸子。

2.将燕皮用适量清水洒一洒，再用手将它卷软，切成细丝，分别粘在丸子外面。

3.用盘子一个，盘底抹上一层薄油，以防粘底，然后将做好的丸子排在盘中，上笼用旺火蒸熟（约5分钟），取出，用适量热汤冲一冲，使丸子不致过于干燥。

4.用大碗盛好热清汤，将丸子推入碗内，撒上芹菜末即可。

这道菜鲜嫩清口，洁白透明。

煎明虾段

【原料】明虾6只，鸡蛋白2个，清汤适量。

【调料】葱白20克，白酱油、菱粉各12克，白糖、麻油各6.5克，姜米、黄酒各20克。

【制法】1.将适量白酱油、酒、蛋白、菱粉调和成薄糊备用，再将每只明虾切成3段，去黑线，放入刚刚调好的薄糊里拌一下。

2.开温火热猪油锅，将明虾放入锅内煎透后，加白酱油、糖、酒、葱、姜，再下适量清汤、菱粉勾成薄芡，浇上麻油翻转一下即可。

炒蜇血

【原料】海蜇血700克。

【调料】白糖125克，葱段、菱粉各45克，酱油25克，醋40克，麻油、黄酒各6.5克。

【制法】1.将海蜇血切成块子，放入冷水内浸约一天，以拔去咸味，取出后切记压干水分，再将黄酒、糖、醋、酱调和成汁备用。

2.开旺火大热猪油锅，将蜇血放入锅内拉一下，倒出，滤去油。

3.把刚刚调好的汁倒入热锅内，再将拉过的蜇血倒入略炒，立即加湿菱粉和葱段略炒，浇上麻油，翻一下即可起锅。

清炒海蚌

【原料】海蚌肉6只（700克左右），青菜心125克，水发香菇30克，胡萝卜2个，清汤适量。

【调料】猪油500克，黄酒65克，菱粉、盐各适量。

【制法】1.将海蚌壳挖开，取出蚌肉，一切两片，去掉污质；将香菇切成叶子形的块子；胡萝卜雕成蝙蝠形，再切成片子。

2.用旺火热猪油锅，将蚌肉放入爆至八成熟，倒出，滤去油，再将青菜心、香菇放回原油锅，加上盐、酒迅速一炒，再加上清汤、菱粉勾芡，随即放进蚌肉，起大火再炒约1～2分钟，起锅推在盘中即可。注意不要炒过头，否则蚌肉一出水，就会发韧而嚼不烂。这道菜有红、绿、黑、白四色，味极鲜嫩松脆，是夏天的当令菜之一。

熘鸽松

【原料】鸽肉250克，地栗

160克，冬笋75克，水发冬菇2个，鸡蛋白1个，清汤适量。

【调料】葱末85克，黄酒20克，猪油500克，盐少许，菱粉适量。

【制法】1.将鸽肉切成小丁，放入用盐、酒调和卤内拌一下，再放入打散调匀的蛋白中，搅拌，然后再放入菱粉中搅拌。

2.开温火热猪油锅，将鸽肉放入锅内拉一拉，倒入漏勺，滤去油。

3.将冬笋、冬菇、地栗都分别切成小丁，与葱一起下原油锅略炒，随即将清汤、盐和菱粉调薄下锅勾芡，再将鸽肉小丁放入，迅速翻炒几下即可。

清蒸鳜鱼

【原料】鳜鱼1条（500克左右），开洋6只，水发冬菇片2片，冬笋片45克，清汤165克。

【调料】黄酒、白砂糖各12.5克，葱段、姜片、酱油、盐各适量。

【制法】1.将鳜鱼去浮皮、内脏，洗清，放入开水锅内焯一下，取出，刮干净，鱼身两面开花刀，放在盘中。

2.将冬菇片、冬笋片、开洋、葱段、姜片、猪油45克倒在鱼上面，再加盐、白砂糖、黄酒、酱油、清汤，上笼蒸熟，取去葱、姜即可。

炒海蜇

【原料】海蜇600克，红萝卜半个。

【调料】葱2棵，麻油半茶匙，芫荽、生抽、浙醋、酒、生粉、白醋、糖、盐各适量。

【制法】1.海蜇洗净，浸两天经常换水，切丝，沥干水分，泡嫩油盛起，滴去油分。

2.红萝卜去皮切幼丝；芫荽洗净；葱切段；白醋200克、适量的糖、盐勾芡成汁料备用。

3.慢火煮滚煮料，然后放入红萝卜丝焯熟，沥干围放碟边。

4.烧热锅，改慢火，下油半汤匙，煮滚芡汁料，放入海蜇、葱段、芫荽及麻油搅匀，盛于红萝卜丝上即成。

荤罗汉

【原料】水发板鱼翅300克，水发鲍鱼片、水发海参块各160克，天胎（猪口内的上颚肉）10条，鸡肉块、猪蹄子块、干贝、水发冬菇、菜心各适量。

【调料】黄酒、姜片、白酱油各适量。

【制法】1.将鱼翅、鲍鱼片、海参块、蹄子块、鸡块洗干净，放入开水锅，加姜片焯一下，拔去腥味。

2.用酒坛一只，将鱼翅、鲍鱼片、海参块、鸡块、蹄子块、天胎、干贝、冬菇放入，加酒、白酱油，将坛口密封，用小温火慢慢烧烂，烧好后，盛在大碗里。

3.把菜心焯熟，放在大碗上面即可。

芙蓉海蚌

【原料】海蚌肉600克，鸡蛋白4个，清汤300克。

【调料】葱5根，姜片2片，黄酒75克。

【制法】1.将蛋白打在碗中，加清汤约150克和盐后打和，上笼蒸约7～8分钟即成芙蓉蛋白。

2.将每只蚌肉都切成两片，放入净锅，加葱、姜、酒和适量的水煮至八成熟时，取出蚌肉，放在芙蓉蛋白上面，再将剩下的清汤烧滚冲入即可食用。

肉米鱼唇

【原料】水发鱼唇600克，清汤500毫升，猪腿肉160克，猪排300克。

【调料】葱1根，菱粉45克，姜片、胡椒粉、黄酒、酱油、盐、醋、麻油各适量。

【制法】1.将鱼唇切成长4.5厘米、宽3厘米块，放入开水锅内，加葱、姜、酒焯一下，以拔除腥味；将猪腿肉去皮，切块，剁成肉末；猪排也切成块，放入开水锅内焯一下，以拔除血水。

2.将鱼唇放在碗中，上面放猪排，上笼蒸约一小时后取下，猪排取去不要。

3.开热猪油锅，将肉末放入锅内炒一下，随即将鱼唇、酱油、清汤、盐放入，再下湿菱粉勾薄芡，撒上胡椒粉，浇上适量的麻油和醋即可。

鱼腩煲

【原料】鱼腩、萝卜各500克，豆腐适量，香菜2棵。

【调料】酒2汤匙，蒜蓉、磨豉各1汤匙，南乳半汤匙，葱3棵，姜、盐、糖、生抽、老抽、八角、生粉各适量。

【制法】1.南乳磨豉加水2汤

匙搅匀；鱼脯放入滚水中煲滚，慢火煲，约需1～2小时后取起待完全冷后切块煲鱼脯汤待用。

2.下油3汤匙，爆香姜、蒜、南乳、磨豉加入鱼脯，再爆片刻，下酒加调味慢火焖至入味勾芡，下葱段、香菜原煲上桌即可。

西瓜盅

【原料】西瓜1个（3500克左右）。

【调料】糖莲子、糖荸荠、罐头荔枝、菠萝各150克，苹果、雪梨各250克，冰糖750克。

【制法】1.冰糖入炖盅，加白开水2000克，入蒸笼上火蒸约15分钟，取出用洁布过滤，晾凉后加盖入冰箱备用。

2.把西瓜洗净，在蒂部横切去约1/6作瓜盅盖用，用大汤匙挖出瓜瓤盛起，将瓜子拣出，放到水里浸泡（大约需要1000克水）；另用水将瓜盅冲洗一下后，倒入冰冻糖水1500克，加瓜盖入冰箱冷藏。

3.把苹果、雪梨用凉开水洗过后，削皮，切去两端，取出果核，用水1000克浸泡，泡一段时间后取出，将荔枝、菠萝、苹果、雪梨均切成4厘米见方的粒，莲子割成两半，放入汤盅，淋下其余的冰糖水浸30分钟，倒入漏勺沥去糖水（另作别用）。

4.将冻瓜盅取出，倒入全部果料，加瓜盅盖，再入冰箱冰半小时取出，便可食用。这道西瓜盅清凉甜蜜，沁人心脾，果味浓香，能解油腻。

虾仁汤河粉

【原料】河粉500克，虾仁、韭菜（切成短段）各150克，银芽100克，鸭蛋2个打匀。

【调料】食用油3汤匙，盐适量。

【制法】1.把银芽洗净，沥干水分；把河粉发松。

2.下油，放入银芽炒两下，加入河粉炒匀下鸭蛋炒熟，加入调味炒匀，最后加入虾仁、韭菜、盐炒匀即可出锅。

香油石鳞

【原料】石鳞20只，干淀粉10克，青椒、红樱桃、绿樱桃各2个。

【调料】香油、味糟、葱、姜各适量。

【制法】1.石鳞洗净，留腿取出骨，加味精、葱、姜腌制，再挂上干淀粉待用。

2.锅烧热加入香油，待油热后放入石鳞腿炸熟，取出装盘，青椒切叶形，与红绿樱桃一起做点缀。

蛋拌豆腐

【原料】熟鸡蛋2个，嫩豆腐1盒。

【调料】精盐、酱油、味精、蒜泥、葱花、麻油各适量。

【制法】1.将熟鸡蛋剥去外壳用冷水洗净。

2.熟鸡蛋和嫩豆腐一起放到碗内，加精盐、酱油、味精、蒜泥、菊花和麻油调好口味，用竹筷将鸡蛋和豆腐拌匀即可出锅。

芝麻豆腐

【原料】黄豆嫩豆腐300克，黄牛肉、菜油、蒜苗各100克，鲜汤200克。

【调料】芝麻、花椒面各15克，酱油、湿淀粉各20克，精盐10克。

【制法】1.牛肉剁成末；蒜苗切成1厘米长的小段；将豆腐切成1厘米见方的小丁，用温开水略焯。

2.炒锅加油烧热，下牛肉末炒散，至颜色发黄时，加精盐、酱油同炒，再放鲜汤，下豆腐块，最后放入蒜苗，用湿淀粉勾芡，浇适量熟油，出锅装盘，撒上芝麻即成。

炒海瓜子

【原料】海瓜子300克。

【调料】青辣椒、味精、油、葱花、花椒油、香油各适量。

【制法】1.海瓜子洗净。

2.锅内放油，烧热放入葱花、海瓜子，海瓜子八成熟时，放入青辣椒翻炒，开口即熟，放入味精、花椒油和香油出锅即可出锅。

闽生果

【原料】花生米300克，冻猪油60克。

【调料】白糖40克，椒盐、五香粉各适量。

【制法】1.将花生米放在开水里泡一泡后取出，剥去皮，再放入热猪油锅内炸酥，然后取出冷却。要注意的是不要炸得过久，否则花生会过老发苦。

2.将五香粉、糖、椒盐调匀，冻猪油与花生米拌和，最后再将这些材料拌匀即可。

鲁菜

砂锅牛尾

【原料】净母鸡半只，牛尾（带皮）2000克，熟火腿100克，干贝50克，鸡汤3000克。

【调料】熟大油、葱段、料酒各100克，味精10克，盐14克，姜块50克，花椒5克。

【制法】1.先用开水将母鸡浸透，捞出，去血沫洗净；火腿切成片；干贝去筋，用清水洗净；用小火燎去牛尾小毛，然后刷洗干净，去掉尾根大骨后剁成段，待用。

2.铁锅将熟大油烧热，放入5克花椒、50克葱、25克姜煸出香味，然后下入牛尾段，用旺火把牛尾煸出血水，烹入50克料酒后直炒至牛尾断生，取出牛尾洗净，把水分控干。

3.把鸡汤放入砂锅内，同时加入50克的葱和25克的姜块（把葱和姜块都拍松），再放入料酒、盐，同时把牛尾段、干贝、火腿片和母鸡块都放入砂锅中，用小火煨4小时，中间可加汤一次，待牛尾炖烂时，拣出葱、姜和母鸡块（可以另做它用），加入适量味精搅拌，撇去浮抹即可出锅。这道菜营养丰富，牛尾软烂，汤味醇厚。

山东包子

【原料】发面500克，猪肉、香菜各300克，嫩白菜帮100克，鹿角菜50克。

【调料】碎葱50克，黄酱35克，香油25克，姜末15克，味精3克，盐2克。

【制法】1.把鹿角菜洗净后，切成小段；把白菜、猪肉都切成小丁，放入盆中，加入鹿角菜、碎葱、姜末、香菜末、盐、香油、味精和黄酱拌匀，把味调好制成馅。

2.把发面兑好碱分成30个剂子，用面杖擀成皮，把馅放在皮中捏20余个褶包好，把包好的包子先放10分钟饧一下，然后上屉用旺火蒸10分钟即可出锅。这包子鲜美适口，别有风味。

山东菜丸

【原料】猪肥、瘦肉各250克，鹿角菜、淳米各50克，鸡蛋2个（重约100克），白菜适量，香菜100克。

【调料】葱末、姜末各10克，精盐4克，味精0.5克，食醋、芝麻油各适量。

【制法】1.将淳米洗尽泥沙；将鹿角菜、白菜、香菜择洗干净，均切成细末；将猪瘦肉洗净，剁成蓉状，放入碗内，加鸡蛋搅匀；把猪肥肉切成厚0.6厘米的片，肉片两面交叉打直刀，再改切成0.6厘米的见方丁。

2.取一个盛器，放入瘦肉蓉、葱末、姜末、海米末、鹿角菜末、大白菜末、香菜末，加入胡椒粉、味精、精盐，搅拌均匀，制成直径3厘米的丸子，平摆在盘内，入笼用旺火蒸约8分钟，至熟取出，放在大碗内。

3.在锅内放入清汤、精盐，蒸沸，放香菜段旺火烧开后加入味精，倒入盛有丸子的大碗中，淋上芝麻油、食醋，撒上胡椒面即成。这道菜用料多样，营养丰富，肥而不腻，汤浓味鲜。

德州扒鸡

【原料】当年雏鸡100克。

【调料】五香药料20克，姜、酱油各10克，精盐5克。

【制法】1.将宰杀洗净的鸡两腿向后交叉盘入肛门刀口处，双翅由颈部刀口处伸进，在嘴内交叉盘出，口衔双翅，体呈卧姿，晾干；饴糖加清水解匀，均匀地抹在鸡身上，炒锅烧热加油至八成热，将鸡入油炸至金黄色捞出沥油。

2.将炸好的鸡放入锅中，放入老汤、清水（以淹没鸡为度），加五香药料、姜、精盐、酱油，旺火烧沸后撇去浮沫，移微火上焖煮至鸡酥烂时即可出锅。捞鸡时注意保持鸡皮不破，整鸡不碎。这道菜香味入骨，五味俱全，鸡肉柔而不韧，食之肉骨分离。

纸包鸡

【原料】鸡脯肉1000克，玻璃纸适量。

【调料】葱末、姜末各10克，味精1克，精盐4克，绍酒20克，芝麻油100克，花生油1000毫升。

【制法】1.将鸡脯肉去筋膜洗净，片成长4厘米、宽0.5厘米、厚0.1厘米的片，加入葱末、姜末、味精、精盐、绍酒、芝麻油腌渍入味，分别用玻璃纸包成长5厘米、宽3厘米的长方形，每一块露一点纸角，用香菜梗把口扎紧。

2.在炒锅放花生油烧至四成热时，将纸包鸡逐个放入炸至杏黄色熟透时，捞出沥油，整齐地摆入盘中，食时提纸包的露角，将玻璃纸去掉即可食用。这道菜鸡肉脆嫩爽口，鲜香味浓。

龙凤双腿

【原料】鸡脯肉、净大虾肉各300克，鸡蛋1个（约50克）。

【调料】辣椒油100克，湿淀粉15克，猪网油25克，花生油1500克（实耗油100克）。

【制法】1.将鸡脯肉去筋膜，洗净，片成长2厘米、宽1厘米、厚0.1厘米的薄片，净大虾肉顶刀片成厚0.3厘米的片，放碗内磕入鸡蛋、湿淀粉搅匀成馅，再取一空碗，磕入鸡蛋，加剩余湿淀粉调成蛋糊；猪网油洗净，切成长14厘米、宽10厘米的长方形片10张。

2.取1张猪油网铺平，取1/10馅放在油片角上，将网油片四周抹上蛋糊，取熟鸡腿骨1根，放在网油片的一边，使馅包住鸡腿骨，然后用网油把馅和鸡腿骨包好（鸡腿骨露出一半），像鸡腿形状，摆在盘子里，入笼旺火蒸透取出，稍晾，蘸匀鸡蛋糊，逐个放入六成热油锅内（手提鸡腿骨），炸至金黄色捞出沥油，整齐地摆入盘内，带辣酱油佐食。这道菜色泽金黄，外焦里嫩，口味鲜美，状如鸡腿，系高档宴会中的一款名菜。

炒鸡丝蜇头

【原料】净鸡脯肉350克，海蜇头150克，鸡蛋1个（重约50克），香菜5克。

【调料】鸡油、花生油各100克，绍酒25克，湿淀粉15克，葱、姜丝各10克，精盐4克，醋、胡椒粉各3克，味精1克。

【制法】1.净鸡脯肉去净筋膜，片成0.2厘米厚的片，再切成0.15厘米宽的丝放碗中，加鸡蛋清、精盐、湿淀粉拌匀上浆；海蜇头片成厚0.3厘米的片，再切成丝，用清水反复调洗后，入80℃的热水中一汆捞出；碗内放鸡汤、精盐、味精、绍酒、醋、胡椒面、湿淀粉兑成汁。

2.炒锅放花生油，烧至四成热，放鸡油滑油，捞出，锅内留少许油烧至五成热时，放葱丝、姜丝炸出香味，立即放入鸡丝、蜇头丝、香菜段及碗内芡汁，急速颠翻，淋鸡油即成。这道菜色白如雪，蜇头清脆，鸡丝滑嫩，酸、辣、咸鲜俱备。

炸鸡椒

【原料】鸡脯肉750克，鸡蛋清25克，面粉、猪肉各50克。

【调料】精盐4克，葱末、姜末各10克，绍酒30克，芝麻油100克，花生油1500克（实耗100克）。

【制法】1.取带翅骨雏鸡脯肉8片，剔去鸡翅骨节上的肉，从鸡翅大转弯处剁去骨节，切去根骨环（但鸡脯肉与翅骨仍连接），鸡脯肉剔净脂皮和白筋，用刀尖戳些小眼，再用刀背砸松成薄片状，放绍酒、精盐略腌。

2.把猪肥瘦肉剁成泥放碗内，加鸡蛋清、清水搅匀，加入葱、姜、精盐，剁碎；海米、芝麻油搅匀成馅，将砸松的鸡脯肉平铺石砧板上，顺长切两半（骨与肉相连），抹上肉馅于鸡肉上，卷成辣椒形的卷，先沾一层面粉，后拖一层鸡蛋液，四周沾匀面包屑，做成鸡椒坯，放入三成热的油锅，炸成翅骨与鸡肉卷成直角形，并角形呈金黄色熟透时捞出。每一翅骨连一对“鸡椒”，改刀后按原形摆入盘中即成。这道菜色泽金黄，外酥脆，里鲜嫩。

烧鸡酥

【原料】雏鸡脯肉750克，海参25克，冬笋15克，熟黄秧菜心、蒲菜头各10克，鸡蛋1个。

【调料】花生油、熟鸡油各100克，花生油1000克，花椒油25克，甜面酱15克，绍酒、葱末、姜末、酱油各10克，精盐4克，味精1克。

【制法】1.将雏鸡脯肉切成0.2厘米见方的丁放入碗内，加葱末、姜末、酱油、甜面酱、绍酒、味精、精盐，调拌浸养；海参、冬笋切成0.2厘米见方的丁；熟黄秧菜心、蒲菜头挤去水分切成丁，将以上材料一起放入鸡肉碗内，加红色硬蛋糊，搅匀做成纺锤形丸子，放入盘内，逐个蘸匀蛋黄糊下三成热油锅，用小铲拨动，呈枣瓤色时捞出沥油，即成鸡酥。

2.锅上中火，放花生油、葱末、姜末爆锅，放酱油、鸡汤、精盐，开后下入鸡酥，再开时，移微火加盖煨烧，至汤剩一半时离火，捞出鸡酥放在碗内，入笼蒸15分钟取出，扣在大汤盘内，滗出汤，用湿淀粉勾薄芡，加入绍酒、味精、酱油、花椒油，淋上熟鸡油，浇在鸡酥上即成。这道菜色呈酱红，鲜咸香醇，疏松软嫩。

炒鸡米

【原料】鸡脯肉750克，蛋清25克，冬笋、荸荠、菠菜梗各20克。

【调料】猪油150克，绍酒20克，湿淀粉15克，葱、姜各10克，精盐4克，味精1克。

【制法】1.鸡脯肉剔去筋膜，切成0.4厘米见方的肉米，加蛋清、绍酒、精盐、味精、湿淀粉拌匀入味；冬笋、荸荠、菠菜梗切成0.4厘米见方的丁，放开水焯过，捞出。

2.将绍酒、精盐、味精、湿淀粉放入碗内，勾成芡汁，在炒锅内放入油中划出备用；锅内留少许油，烧热后放入葱、姜末、烹出香味，迅速放入鸡肉末及配料，倒入芡汁颠翻，淋鸡油出锅即成。这道菜白、黄、绿三色相间，颜色非常好看。

清汤鸡蒙冬菇

【原料】鸡脯肉300克，鸡蛋清、冬笋、冬菇各30克，火腿20克，清汤适量。

【调料】湿淀粉15克，姜10克，味精1克，精盐4克，绍酒20克。

【制法】1.将鸡脯肉剔净筋膜，剁成细茸，放在碗内，加湿淀粉、姜汁、味精、鸡蛋清、精盐、清汤搅匀成鸡料；冬笋、火腿、蛋糕切成细末，混放在一起，做成色料备用。

2.水发冬菇去蒂，开水冲洗，搌净水分，与鸡料一起放碗内，搅匀后拨入色料盘内，沾满色料；汤锅放清水，烧至八成热，将冬菇逐个下入锅内，料熟捞出沥水，放入大汤碗内。

3.炒锅放火上，加清汤，煮后离火，去浮沫，加入口蘑汤、绍酒、精盐，烧开后倒在冬菇碗内即成。这道菜鲜嫩滑润，汤味醇正。

福山烧小鸡

【原料】鸡750克。

【调料】花生油300克，饴糖30克，姜、葱10克，八角、五香粉各5克，精盐4克。

【制法】1.将鸡洗净，剁去小腿，把姜片、八角、葱段、精盐均匀地撒在鸡身上，腌制大约3小时左右，再把鸡的大腿骨砸断，在鸡肚下割5厘米长的小口，把鸡的两条大腿叉起来插入腹内，然后在鸡身上均匀地抹上一层薄薄的饴糖。

2.在炒锅内倒入花生油，旺火烧至八成热时，把鸡放进去，炸至呈紫红色捞出；另取葱、姜切成细末，与五香粉拌匀填入鸡腹，放入盘里，在鸡身上浇上酱油，撒上精盐，上笼旺火蒸15分钟取出即成。这道菜红润光亮，形态美观，浓郁醇厚。

烤小鸡

【原料】雏鸡1000克，生菜30克。

【调料】菜子油1500克（实耗油100克），精盐5克，酱油、葱油、姜片、葱段各10克。

【制法】1.将雏鸡从脊背中间劈开，注意腹部要相互连接，再将鸡的大腿处割开一刀，翅膀用刀背拍断，去掉爪尖洗净，然后将鸡身蘸匀酱油。

2.锅内放入油，烧到九成热的时候，将鸡放入油锅中一触即出，再放入烤盘内，加葱段、姜片，再倒入清汤、酱油、葱油等，入烤炉内烤10分钟左右至熟，呈金黄色时取出，剁成条状，按原鸡形状摆入盘内，浇入原汤。

3.把生菜洗净，切段，放在鸡的两边佐食配色即成。这道菜颜色金黄，肉嫩淡香。

吉祥干贝

【原料】水发干贝100克，鸡里脊50克，鸡蛋清4个，三套汤100克。

【调料】眉毛蒜1克、料酒适量。

【制法】1.水发干贝用毛汤氽后撕成丝，鸡里脊去筋制蓉，加蛋清、三套汤，湿淀粉、精盐、料酒调成鸡汁。

2.猪大油在炒勺内烧至四成热时，慢慢倒入鸡汁，边倒边搅，用慢火炒熟一半盛入汤盘，一半在勺内与干贝搅匀后盛入汤盘，撒上眉毛蒜即成。

扒原壳鲍鱼

【原料】带壳大鲍鱼100克，火腿、笋片、菜心、冬菇、高汤各适量。

【调料】盐、味精、油、

葱、姜各适量。

【制法】1.先火腿、笋、菜心、冬菇改刀成小象眼片，焯水备用；再将大鲍鱼洗净，去原壳焯水，在肉身正面剞花刀，放汤碗内加清汤、葱、姜上笼蒸烂，鲍鱼壳摆入盘中。

2.起锅入汤，下鲍鱼、调味料煨透，勾芡使汤汁稠浓，淋入明油，将鲍鱼摆在原壳中，浇上芡汁即成。这道菜口味鲜醇，鲍鱼软糯。

油爆鲜贝

【原料】扇贝200克，蒜瓣15克，青蒜25克，清汤100克。

【调料】植物油500克（实耗约50克），湿淀粉40克，葱25克，料酒10克，姜5克，味精3克，盐2克。

【制法】1.先将贝壳表面黏液洗掉，撬开贝壳取出贝肉，洗去污物去掉筋，将每个贝肉切成段，放入碗内，加入清汤、料酒、味精、盐、湿淀粉兑成汁。

2.炒勺上旺火，将植物油烧开后，将贝肉放入爆炒几分钟，即倒入漏勺内沥油。

3.将原勺留底油烧热，再将贝肉倒入，立即烹入兑好的汁，颠翻几次，淋上香油即成。这道菜味鲜美，肉嫩脆。

蟹黄鱼翅

【原料】鱼翅、鸡汤、油菜心、笋片各适量。

【调料】葱段、姜片、白糖、味精、绍酒、酱油、精盐、湿淀粉、猪油各适量。

【制法】1.将水发鱼翅洗净放入碗内，加鸡汤、葱、姜片、绍酒，上笼蒸软取出，再入沸水锅焯过。

2. 油菜心洗净切成3厘米的段；蟹黄切成片，经热油煸炒至熟，炒锅烧热，放油、葱段、姜片，煸出香味捞出不用，加鸡汤、笋片、油菜心、酱油、精盐，白糖、绍酒烧沸，撇去浮沫后，用漏勺捞出，笋片和油菜心放入汤盘内，再将鱼翅、蟹黄入锅在原汤锅内烧沸，加味精少许，稠浓卤汁，下湿淀勾芡，淋上猪油推匀，倒在笋片和菜心上即成。这道菜甘香软滑，鲜嫩可口，营养丰富，是宴客雅肴。

红扒鱼唇

【原料】水发鱼唇、鸡汤各1000克。

【调料】葱姜油75克，湿淀粉50克，料酒、酱油、毛姜水各20克，鸡油15克，味精8克，盐、鸡精各3克。

【制法】1.把鱼唇切成长4.5厘米，宽2厘米的条，在开水锅中氽透，捞出控去水分后放入炒勺内，勺中放500克鸡汤，加入2克盐、7克酱和味精、料酒各5克，用微火煨至汤汁剩1/3时，倒入漏勺里滤去汤汁。

2.另起勺放入50克葱姜油，烧热后加入料酒、毛姜水各15克、13克酱油、1克盐、3克味精、3克鸡精和500克鸡汤，同时把鱼唇条放入汤内，用微火煨10分钟左右，再用湿淀粉勾成稠芡，淋入25克葱姜油，再淋入适量的鸡油，拖入盘中即可食用。这道菜色泽红亮，味香鲜美。

油泼青鱼

【原料】活青鱼1条（约1500克），香菜段50克，鲜豌豆25克，用水发好的香菇10克。

【调料】植物油100克，料酒、红根、豆瓣葱各15克，酱油50克，味精8克，葱段、姜块各10克，姜末、盐各5克，胡椒粉少许，鸡蛋适量。

【制法】1.把香菇和红根切成小丁，在炒勺的开水中稍烫控去水分，和豌豆放在一起，注入鸡汤煨，煨透后捞出，把汤控净。

2.将活青鱼宰杀放血，刮鳞去鳃和内脏，洗净后放入鱼盘，加入盐、料酒、姜块（注意要把姜块拍松）、葱段，上屉蒸20分钟，取出将汤沥去，另把酱油、味精、胡椒粉放入碗内随鱼上屉。蒸好后把酱油浇在鱼上，撒上豌豆、香菇丁、红根丁，再撒上豆瓣葱和姜末。

3.用炒勺将植物油烧开后浇在鱼身上，撒上香菜段即可食用。

糖炒虾瓣

【原料】鲜大虾750克，罐头豌豆15克，鸡汤500克。

【调料】植物油900克（实用约100克），料酒、白糖各50克，米醋25克，香油、葱丝、姜丝、蒜片各10克，盐、干淀粉各3克。

【制法】1.香菇切成丝；将虾须、虾枪、虾爪剪去，挑出沙包除沙肠，从脊部片开成1大片，虾皮朝下，把筋扦断后，将每只虾剁成3段，用1克盐、10克料酒腌上，并撒上干淀粉。

2.将虾段下到烧至8成熟的植物油中，炸至金黄色，倒入漏勺中将油滤去。

3.另用炒勺放入100克植物油，烧热，加入葱、姜丝和蒜片煸出味，烹入25克料酒，加入白糖、米醋、鸡汤和2克盐，再把豌豆和香菇丝放入，把炸好的虾段也放入，待把汤炒干，淋入香油即成。

凤尾金鱼

【原料】黄鱼750克，冬菇、冬笋各20克，火腿15克。

【调料】味精4克，精盐5克，花椒10克，绍酒、葱各15克，湿淀粉50克。

【制法】1.将黄鱼刮去鱼鳞，除去鱼鳃、内脏，洗净剁下头尾，将鱼身片成两片，剥去鱼皮，再劈成24片长5厘米、宽3.3厘米、厚0.33厘米的鱼片，平铺在盘内；将鱼头剁断下，从里面砍1刀（不要砍断）用刀拍扁，使之呈跃状，将鱼头、尾分别摆在鱼盘前后两端。

2.用精盐、味精、绍酒、葱椒水撒在鱼片、鱼头、鱼尾上稍腌；冬菇丝、冬笋丝、火腿丝掺在一起，加精盐、味精、绍酒拌匀入味，分别卷入鱼片内，三丝要露出1/3做成“凤尾”，然后把“凤尾”向着鱼尾部整齐地摆在鱼首、尾间，上笼旺火蒸30分钟至熟取出。

3.炒锅内加清汤，放入精盐、味精、绍酒烧开撇去浮沫，放入湿淀粉勾稀芡浇在盘内的“凤尾金鱼”上，淋上鸡油即成。这道菜造型新颖，制作精细，口味鲜咸，质地软嫩。

红烧甲鱼

【原料】甲鱼750克，肥嫩鸡腿肉50克，猪腱子肉、黄面酱各25克，清汤100克。

【调料】熟猪油100克，葱15克，姜片、酱油各10克，花椒、八角各5克，绍酒13克。

【制法】1.活甲鱼宰杀洗净，放在沸水中烫过，刮去黑皮，斩去爪尖，洗净，再放入开水锅内稍煮，能揭开盖时捞出放在凉水盆中，将盖和裙边一起撕下，去肠，留肝和胆，然后将头、脖、四肢拆开，鸡腿肉、猪腱子肉切成2.5厘米见方块，一同放在盆内，葱白切段；姜切片，待用。

2.炒锅内加入熟猪油，中火烧至五成热，下入葱、姜炸至黄色时加入黄面酱炸透，下入花椒、八角、鸡肉和猪肉略炒，放入酱油、绍酒、清汤，沸后中火烧10分钟撇去浮沫，倒入砂锅内，然后放入甲鱼及头、脖、四肢摆成整形。

3.放上甲鱼肝、胆，盖上砂锅盖，放入小火上烧至酥烂时，剔去葱、姜、花椒、八角即可出锅。这道菜汤鲜味醇，肉细质嫩，营养丰富。

清炖甲鱼

【原料】活甲鱼750克，鸡肉50克。

【调料】清汤100克，葱、绍酒各15克，姜、葱椒、酱油各10克，精盐、蒜末各5克。

【制法】1.将鸡肉切成2厘米见方的块，放入沸水中一汆；将活甲鱼去头，宰杀放净血后，放入锅内，加清水烧沸捞出，刮去黑皮，撕下硬盖，取出内脏（留苦胆），去爪，改剁成2厘米见方的块。

2.炒锅内放熟猪油，中火烧至七成热，加葱、姜、蒜末，炸出香味，放入甲鱼、鸡肉、酱油，煸炒2分钟，随即加入清汤，用小火炖至酥烂，然后用小火烧沸打去浮沫，放上精盐、葱椒、绍酒即成。这道菜肉滑嫩不腻，汤汁新鲜香醇，为上乘滋补佳肴。

汆虾蘑海

【原料】水发海参250克，大虾50克，水发口蘑120克，清汤500克，香菜15克。

【调料】味精12克，绍酒30克，酱油20克，精盐各15克，葱丝10克，胡椒面5克，鸡油25克。

【制法】1.将虾去肠，洗净，劈成片；口蘑、海参均劈成小片；香菜切成长0.7厘米的段待用。

2.炒锅内加水置旺火烧开后投入虾片，汆熟捞出；海参亦汆透放在汤盆内，撒上香菜、葱丝。

3.在炒锅内加上清汤、酱油、精盐、虾片、味精、绍酒、口蘑，旺火烧沸，撇去浮沫，浇在汤盘内入淋上鸡油，撒上胡椒面即成。这道菜汤清澈见底，味鲜香微辣。

原壳鲍鱼

【原料】带壳鲜鲍鱼200克，净冬笋35克，偏口鱼肉、火腿肉各30克，熟青豆20克，清汤250克。

【调料】绍酒25克，葱、蒜、精盐、姜各10克，鸡蛋清、湿淀粉各20克，鸡油5克，味精15克，5%的碱液500克。

【制法】1.将火腿、冬菇切成长3.3厘米、宽1.3厘米、厚0.16厘米的片备用；将带壳鲍鱼洗净，入沸水稍煮，挖出肉，劈成大约0.16厘米的片备用。

2.将鱼肉制成泥，再加湿淀粉、精盐、鸡蛋清、绍酒、葱姜末搅匀，倒入大盘摊平（留出盘边）；鲍鱼壳用5%的碱液刷洗干净，再放入沸水煮一下，捞出控水，鲍鱼壳朝上，整齐地按在鱼泥上，把它们放入笼蒸，蒸上5分钟后再取出。

3.炒锅内放清汤、鲍鱼片、冬笋、精盐、绍酒、火腿、青豆，烧沸撇去浮沫，用漏勺捞出，平放在鲍鱼壳内，锅内的汤用湿淀粉勾芡，放入味精，淋上鸡油，完成后把浇汤在鲍鱼上即成。这道菜肉质细嫩，味道鲜美。

荷花金鱼虾

【原料】鲜对虾250克，净鱼肉200克，猪肥肉100克，火腿50克，紫菜、西红柿、青菜各25克，黄蛋糕、豌豆、红辣椒皮各15克。

【调料】绍酒30克，精盐3克，葱姜汁15克。

【制法】1.将虾尾剥净壳，留尾，去尽泥肠洗净，从脊背处劈成合页形，在肉上剞十字花刀，用绍酒、精盐腌渍入味，把鱼肉、猪肥肉一起剁成细泥，加精盐、绍酒、葱姜汁、清汤及鸡蛋清搅匀成馅，分别抹在虾肉面上。

2.火腿、黄蛋糕、青菜、紫菜均切成鱼鳞状，连同豌豆在虾肉上点缀成金鱼形，西红柿割成荷花瓣形去掉瓤，将余下的鱼肉馅堆放在盘中呈小扁圆形，顶部点缀上豌豆，成为荷花心，将西红柿瓣插在鱼泥上呈荷花状，连同金鱼虾上笼旺火蒸熟，取出，滗净汁，金鱼虾整齐地围摆在荷花四周。

3.锅内放入清汤、精盐、绍酒烧沸，撇净浮沫，用湿淀粉勾芡，淋上芝麻油，浇在荷花及金鱼上即成。这道菜造型生动，色盛形美，口味鲜嫩。

软炸鲜贝

【原料】鲜贝150克，鸡蛋1

个（打散）。

【调料】花生油750克（耗油75克），面粉50克，绍酒25克，花椒盐20克，精盐12克，味精7.5克。

【制法】1.将鲜贝放入碗内，加入味精、精盐、绍酒腌渍入味；把打散的鸡蛋液中再加入面粉、清汤搅匀成糊，最后将鲜贝放入，抓匀待用。

2.在炒锅内加入花生油，用中火烧至六成热时，将鲜贝分散下入锅，用小铲拨动，炸至外层糊凝固，色泽一致时捞出拨散。

3.等油温升到九成热时，再将鲜贝放入炸熟，外层呈金黄时捞出，控净油，装盘即成，上席时外带花椒盐佐食。这道菜色泽金黄，质地软嫩清爽，鲜香味美。

芙蓉干贝

【原料】水发干贝150克，鸡蛋清、青豆各50克。

【调料】湿淀粉50克，绍酒30克，葱、姜末各15克，精盐13克，麻油10克，味精7.5克。

【制法】1.将鸡蛋清加入清汤，与精盐、味精、绍酒、湿淀粉搅匀备用；将水发干贝、青豆分别入清汤内烧沸煮透，捞出沥净水分备用。

2.在炒锅内加入花生油用中火烧至六成热，放入葱、姜末略煸，倒入搅好的鸡蛋清液推炒至熟时，加入干贝、青豆炒至嫩熟呈芙蓉状时，淋上芝麻油，盛入盘里即成。这道菜状似“芙蓉花”，清淡嫩爽。

糟煨冬笋

【原料】鲜冬笋、香糟酒各400克，奶汤500克。

【调料】鸡油少许，味精5克，盐3克，白糖15克。

【制法】1.先将冬笋的外皮剥去，然后一破两半，再将笋里边的细皮撕去，切掉笋根，清洗干净，放入开水锅中氽透，捞出放于凉水中，再将笋块切成两瓣，撕成小条。

2.炒勺上火，将奶汤烧热，加入白糖、香糟酒、盐和味精，随后将冬笋也放入汤内用旺火烧开，再移至微火上煨2分钟左右，再转旺火，用湿淀粉勾芡，淋入适量的鸡油即可出锅。

铁素四色球

【原料】罐头鲜蘑20克，干发菜15克，青笋、红根、罐头南荠各200克，鸡汤750克。

【调料】鸡油15克，葱姜油150克，味精少许，料酒10克，盐7克。

【制法】1.将发菜用水泡发，洗去泥沙，连同盐2克放入100克鸡汤中，烧开煨透；把青笋、红根均去皮洗净，削荸荠球状，用开水分别煮透，捞出后放于凉水中；鲜蘑码入碗内，放鸡汤适量和味精、料酒各5克，上屉蒸透。

2.炒勺上火，把葱姜油烧热后，烹入料酒、味精、盐各5克，鸡汤650克，把红根球、青笋球和南荠也放入汤内，煨5分钟后捞出，将汤控去。

3.将蒸好的鲜蘑扣入盘中，外周围上发菜，并把红根球、青笋球、南荠码入盘中。将勺中原汤烧开，用调稀的湿淀粉勾成流芡，淋入鸡油浇在盘内四色球上即可出锅。这道菜色彩艳，造型美，味道鲜。

奶油扒菜心

【原料】鸡汤600克，青口白菜心3棵，牛奶100克。

【调料】湿淀粉、葱姜油各25克，鸡油、料酒各15克，味精、盐各4克。

【制法】1.先把白菜心洗净，顺刀叶连着切成6瓣备用；炒勺上火，放入鸡汤500克，加入盐、味精各2克，同时把白菜心也放入汤内炖烂捞出，控去汤，顺着菜心撕开，摆入盘中。

2.汤勺上火，将葱姜油烧热，烹入100克鸡汤和料酒，加入盐、味精各2克，烧开后下入菜心，小火煨5分钟后，再加入牛奶，汤开后用调好的稀淀粉勾芡，淋入少量葱姜油，大翻勺，再淋入鸡油即可出锅。这道菜汤乳白鲜美，菜嫩烂可口。

川菜

鱼香肉丝

【原料】猪肉350克，水发兰片100克，水发木耳25克，泡辣椒15克。

【调料】素油50克，水豆粉25克，糖15克，蒜、葱、酱油各10克，姜、醋各5克，盐3克，味精1克。

【制法】1.兰片、木耳均洗净，切成丝；泡辣椒剁细；猪肉切成长约7厘米、0.3厘米粗的丝，加盐、水豆粉拌匀；姜、蒜切细末；葱切成花；用酱油、醋、白糖、味精、水豆粉、鲜汤、盐兑成芡汁。

2.炒锅置旺火上，放油烧热约180℃，下肉丝炒散，加泡辣椒、姜、蒜末炒出香味，再放木耳、兰片丝、葱花炒匀，烹入芡汁，迅速翻簸起锅装盘即成。这道菜颜色红艳，肉质细嫩，咸、甜、酸、辣四味兼备。

回锅肉

【原料】猪肉500克，蒜苗100克。

【调料】素油50克，红酱油10克，料酒、白糖各15克，甜酱、郫县豆瓣各20克。

【制法】1.郫县豆瓣剁细；蒜苗切成长约3厘米的节；猪肉洗净，入汤锅煮至断生捞出（约煮1刻钟），晾凉后切成长约5厘米、宽4厘米、厚0.3厘米的片。

2.炒锅置火上，下油烧热（约80至100℃），放肉炒至呈“灯盏窝”形，烹入料酒。

3.下豆瓣炒香上色，再放甜酱炒出香味，然后放白糖和红酱油炒匀，下蒜苗迅速炒至断生起锅，装盘即成。这道菜形如灯盏，香气浓郁，微辣回甜。

盐煎肉

【原料】猪腿肉400克，蒜苗50克。

【调料】素油50克，白糖25克，豆豉15克，酱油10克，盐2克，郫县豆瓣20克。

【制法】1.郫县豆瓣剁细；蒜苗切成长约2.5厘米的节；猪肉切成长约5厘米、宽3厘米、厚0.3厘米的片。

2.炒锅置旺火上，下油烧热（约120℃），放肉片略炒，加盐炒至肉吐油，下豆瓣、豆豉炒至香味上色，再放酱油、白糖炒匀，下蒜苗炒至断生，出香味，起锅装盘即可。这道菜色泽棕红，香气浓郁。

合川肉片

【原料】猪腿肉400克，水发玉兰片100克，鲜菜心50克，水发木耳30克，鲜汤40克，鸡蛋25克。

【调料】素油150克，豆粉25克，糖15克，泡辣椒、料酒、姜、蒜、葱、酱油、醋各10克，盐3克，味精1克。

【制法】1.水发玉兰片切成薄片；泡辣椒去籽切成菱形；姜、蒜均切片；葱切成马耳朵形；猪肉切成长约4厘米、宽4厘米、厚0.3厘米的片，加盐、料酒、鸡蛋、豆粉拌匀，用酱油、糖、醋、味精、水豆粉、鲜汤兑成芡汁。

2.炒锅置旺火上，放油烧热（约120℃），将肉片理平入锅，煎至呈金黄色时翻面，待两面都呈金黄色后，将肉片拨至一边，下泡辣椒、姜、蒜、木耳、兰片、菜心、葱迅速炒几下，然后与肉片炒匀，烹入芡汁，迅速翻簸起锅，装盘即成。这道菜颜色金黄，外酥内嫩。

锅巴肉片

【原料】猪里脊肉300克，大米锅巴100克，玉兰片、水发冬菇、豌豆苗、鲜汤各50克。

【调料】葱100克，姜5克，蒜、泡辣椒、酱油各10克，胡椒粉2克，料酒20克，味精1克，白糖、蛋清各25克，醋15克，盐3克，豆粉30克，素油250克，猪化油100克。

【制法】1.锅巴掰成5厘米见方（或圆形）的块；猪里脊肉去尽白筋，横切成薄片，用盐、胡椒粉、料酒、味精拌匀，并用蛋清豆粉挂好浆；冬菇去蒂片成片；玉兰片片成片；葱切成节；姜、蒜均切片；泡辣椒去籽，切成斜刀片；用酱油胡椒粉、料酒、味精、白糖、醋、盐、水豆粉加鲜汤兑成芡汁待用。

2.炒锅置火上，下猪化油烧热（约180℃），将肉片入锅炒散，滑熟，倒入漏勺，锅内留底油，下冬菇、玉兰片、泡辣椒、姜、蒜、葱，稍炒，下肉片炒匀，烹入芡汁，下豌豆苗，稍收，起锅装碗，锅巴入烧沸的素油锅中，炸至黄色、浮起时即捞起，装入窝盘，并浇上少量沸油，将锅巴和炒好的肉片同时上桌，趁油烫迅即将肉片淋于锅巴上即成。这道菜糖醋香味浓郁，肉片滑嫩。

甜椒肉丝

【原料】猪肥瘦肉350克，甜椒100克，青蒜苗50克，鲜汤25克。

【调料】嫩姜、甜酱、料酒各20克，水豆粉、素油各50克，盐3克，酱油10克，味精1克。

【制法】1.猪肉切成丝（长约5厘米、粗0.3厘米），入碗加水豆粉、盐、料酒拌匀；甜椒去蒂、籽，切成丝；嫩姜切细丝；蒜苗切3厘米的节；酱油、料酒、水豆粉、味精、鲜汤装碗内调匀成芡汁；炒锅置火上，下油少许烧热，放入甜椒炒断生起锅。

2.炒锅洗净置旺火上，下油烧热（约150℃），放肉丝炒散，加甜酱炒香，下甜椒、姜丝、青蒜苗合炒，烹入芡汁，炒匀起锅装盘即成。这道菜红、黄、白、绿相互映衬，脆嫩鲜香，咸鲜微辣。

鱼香碎滑肉

【原料】猪肉350克，水发木耳、水发兰笋各50克，汤30克。

【调料】清油50克，豆粉、白糖各30克，酱油、料酒各20克，泡辣椒、葱、醋各15克，姜、蒜各10克，盐3克，味精1克。

【制法】1.猪肉切成指甲大小的薄片，加盐、酱油、料酒、水豆粉拌匀码味；木耳、兰笋均洗净切小片，并入开水中汆透，沥干；泡辣椒去籽，剁细；姜、蒜切细；葱切花；盐、酱油、料酒、味精、白糖、醋、水豆粉、汤合并入碗兑成芡汁。

2.锅置火上，下油烧热，放入肉片炒散，下泡辣椒、姜、蒜稍炒几下，再下木耳、兰笋、葱花炒匀，烹入芡汁，推匀起锅，装盘即成。这道菜色润红亮，质鲜滑嫩，鱼香味浓。

坛子肉

【原料】猪带皮五花肉500克，鸡蛋200克，油炸猪肉丸子75克，墨鱼、鸡肉各50克，火腿、冬笋、蘑菇各25克，金钩10克。

【调料】鲜汤500克，猪油250克，细干豆粉、冰糖汁各25克，醪糟汁20克，葱、酱油各15克，姜10克，精盐3克，胡椒2克。

【制法】1.冬笋切成滚刀块；火腿切粗条；金钩、墨鱼经水涨发后，洗净；猪肉、鸡肉、猪骨入沸水锅中煮几分钟捞出；猪肉切成7厘米见方的块；鸡肉切块；鸡蛋煮熟，去壳，裹上细干豆粉，入猪油锅炸成黄色捞出。

2.在陶质小坛内垫放猪骨，将猪肉、鸡肉、墨鱼、金钩、火腿、冬笋、鸡蛋、猪肉丸等放入坛内，加精盐、酱油、醪糟汁、冰糖汁和纱布袋装好的姜（拍破）、葱（挽节）、胡椒（拍碎）、口蘑（胀发），并掺入鲜汤，然后用纸（润湿）封严坛口，将坛置谷糠壳火上煨约5～6小时后揭去封纸，取出装姜、葱、口蘑的纱布袋，装入盘中即成。这道菜原料丰富，形态丰腴，色泽棕红，味道浓厚，鲜香可口。

干煸肉丝

【原料】猪肉350克，素油、鲜冬笋各50克。

【调料】葱、酱油、料酒各10克，干辣椒5克，盐3克，味精0.5克。

【制法】1.葱、干辣椒分别切成细丝；猪肉切成长约6厘米的丝；鲜笋切成长约5厘米的丝。

2.锅置中火上，下素油烧热（约120℃），放入干辣椒丝炸成棕红色捞起，再下肉丝，煸干水汽，加入料酒、盐、酱油、笋丝继续煸炒，煸至干香亮油时，下辣椒丝、味精炒匀，起锅装盘，撒上葱丝即成。这道菜色泽棕红，干香酥软，咸鲜味浓。

苕菜狮子头

【原料】猪肉、鲜汤各500克，苕菜、荸荠各100克，火腿50克，金钩30克。

【调料】猪油500克，蛋清豆粉40克，料酒20克，水豆粉、葱各15克，姜、熟鸡油各10克，盐、胡椒粉各3克，味精1克。

【制法】1.金钩泡胀；荸荠去皮，与猪肉、火腿均切成约3厘米的小粒，装盆中，加盐、胡椒粉、料酒、蛋清豆粉，拌匀后做成4个相等的扁圆形肉团；苕菜洗净。

2.锅置旺火上，下猪油烧热（约150℃），放入肉团，炸成呈浅黄色时捞起，放入罐内，加鲜汤、盐、料酒、姜（拍松）、葱（挽节），烧沸，撇去浮沫，改用小火煨，加入胡椒粉，下苕菜烧入味，放入味精，捞起肉团放盘中，苕菜镶四周，原汁用水豆粉勾薄芡，淋入熟鸡油，浇于盘中即成。这道菜肉质细嫩，鲜爽可口。

香椿白肉丝

【原料】猪后腿肉（带皮）500克，香椿芽100克。

【调料】上等酱油20克，白糖15克，辣椒油、蒜泥各10克，香油5克，精盐2克，味精1克。

【制法】1.猪肉刮洗干净，入汤锅煮熟捞出，放入热汤中浸泡10分钟，捞起搌干水分，切成长约6厘米的丝，装盘。

2.香椿芽洗净，入碗，用开

水稍焖，捞出去蒂柄，切成细粒；酱油、白糖、辣椒油、香油、味精、蒜泥、精盐等入碗调匀成味汁，淋于肉丝上，再撒上香椿芽粒即成。这道菜色红味浓，咸鲜微辣。

鹅黄肉

【原料】猪肉250克，鸡蛋4个，荸荠75克。

【调料】油500克，鸡蛋豆粉35克，酱油15克，糖20克，葱、姜、泡辣椒、醋各10克，盐3克，胡椒粉2克，味精1克。

【制法】1.荸荠洗净，去皮，与猪肉分别剁细，装碗加盐、胡椒粉、味精、鸡蛋豆粉、葱花、姜末拌匀成馅；鸡蛋调散，入炙好的锅摊成蛋皮，将蛋皮铺案上，抹蛋清豆粉，中放馅料，然后将蛋皮卷成宽约5厘米、厚约0.7厘米的长方形，再用刀切成“佛手”形。

2.炒锅置旺火上，放油烧热（约150℃），放入佛手卷炸熟，呈金黄色时捞出，装盘；下油烧热，将泡辣椒丝炒熟，下酱油、醋、糖烹成鱼香滋汁，淋于佛手卷上即成。这道菜色泽金黄，形如佛手，外酥内嫩，汁浓味香。

芝麻肉丝

【原料】猪瘦肉500克，熟芝麻25克，鲜汤350克。

【调料】菜油500克，白糖25克，姜、香油、葱、糖色、料酒各10克，盐4克，八角2克，味精1克。

【制法】1.猪肉洗净，切成长约10厘米的粗丝，用姜（拍破）、葱、盐、料酒拌匀码味约30分钟。

2.锅置旺火上，下菜油烧热（约150℃），下肉丝炸至呈浅黄色时捞出，滗去炸油，锅洗净，放肉丝，加鲜汤烧沸，去尽油沫，加盐、白糖、八角、糖色烧沸后，移小火收至汁干吐油时，放入味精、香油略收，起锅晾冷，装盘撒上熟芝麻即成。这道菜酥香滋润，鲜香带甜。

龙眼咸烧白

【原料】猪肉、汤各750克，芽菜100克。

【调料】素油150克，红酱油35克，泡红辣椒、豆豉各25克，盐2克。

【制法】1.猪肉刮洗净，入

汤锅煮熟，捞起揩干，在皮上抹红酱油少许，入油锅内烙皮，至呈褐红色时捞出，入汤锅中浸至皮显皱纹时捞出，片成长约8厘米、宽4厘米、厚0.4厘米的片。

2.泡红辣椒切成短节，芽菜切细；肉片每片裹辣椒1节，豆豉2～3粒，呈卷筒状，立装于蒸碗内，再放芽菜、红酱油、盐，上笼蒸，取出，翻扣于盘中即成。这道菜肥而不腻，嫩而不烂，味咸鲜香。

荷叶蒸肉

【原料】猪肋肉400克，猪瘦肉350克，青豆50克。

【调料】白糖50克，泡辣椒20克，酱油、葱、豆腐乳汁各15克，糖色、姜各10克，醪糟汁5克，盐、花椒、八角各3克，胡椒粉2克，味精1克，荷叶5张，郫县豆瓣20克，大米适量。

【制法】1.将猪肋肉刮洗干净，切成长约5厘米、宽3.5厘米、厚0.5厘米的片；瘦肉切成与猪肋肉大小相等、厚3厘米的片；将猪肋肉和瘦肉一起放入盆中，加盐、酱油、胡椒粉、味精、醪糟汁、郫县豆瓣（剁细）、白糖、糖色、豆腐乳汁、姜米、葱花混合拌匀，腌渍入味；大米、花椒、八角（铡烂）混合后，用小火干炒成黄色，磨成粗米粉。

2.泡辣椒去籽，切成斜刀块；青豆洗净沥干；鲜荷叶洗净，入沸水中烫一下，取出切成约15厘米长的等边三角形（共20片）。

3.将米粉与腌渍好的肉片拌匀，然后取荷叶1片，放肋肉1片，再放青豆数粒，泡辣椒1节，上面再放瘦肉1片，包上，共做20个，排码于蒸碗中，上笼蒸（约3小时），取出翻扣于盘中即成。这道菜外绿内黄，质鲜酥烂，荷叶清香，咸鲜略甜，风味别具。

炸蒸肉

【原料】猪肉500克，鲜豌豆100克，米粉75克，鸡蛋、面包粉各50克。

【调料】素油500克，白糖30克，料酒15克，酱油、姜、葱、豆腐乳汁、醪糟汁、椒盐各10克，花椒、盐各2克，五香粉适量。

【制法】1.将猪肉刮洗干净，切成长约6厘米、宽4厘米、厚0.4厘米的片，装碗中，加酱油、五香粉、花椒、豆腐乳汁、醒糟汁、白糖、姜米、葱花、料酒、盐拌匀，腌渍入味后，加米粉、豌豆拌匀，将肉片摆于碗底（呈一本书形），上放豌豆，入笼蒸，取出翻扣于碗中，拣出肉片，豌豆入笼保温。

2.鸡蛋去壳搅匀，抹于肉片上，再沾上面包粉，入油锅炸至呈金黄色捞起装于条盘中，两端镶上蒸好的豌豆，并配椒盐碟上桌。这道菜黄绿兼有，肉片外酥内肥，肥而不腻。

一品酥方

【原料】带肋骨硬边猪肉1方（约7500克），双麻酥饼1750克，清汤750克。

【调料】绍酒100克，香油25克，甜面酱20克，生姜、大葱各15克，精盐、白糖各10克，花椒、蒜片各5克。

【制法】1.猪肉刮洗干净，修整齐，用竹签在肋骨缝隙间刺上若干气孔，擦干水分，用铁质双股烤叉由方肉中部平穿过去，干柴放炉内，火苗燎出炉口约30～40厘米，手持叉柄，将肉方的皮向着火苗燎，着重燎肉方的四周和四角，并不断左右转动铁叉，待肉皮上一层很薄的黑焦皮自行脱落（俗称漂方），遂将肉方离开炉火，擦净叉尖，取下肉方放入温水中冲洗，并用小刀轻轻刮去焦皮，搌干水分，抹上用料酒浸泡的姜、葱、盐、花椒汁，用干净纱布捂半小时。

2.火池里放入烧红的木炭，将肉方重上叉，皮向上，左右翻动，慢慢烤背脊肉厚部位，烤至肉熟（俗称吊膛），将池中木炭拨至池边，转将肉皮向下烤，此时叉的转动要快，使肉油浸在肉皮上，不滴入池中，烤至方皮呈金黄色时，边烤边刷香油，至用竹筷敲皮发出酥泡声时，将叉离火池，再刷一次香油，擦净叉尖，取出铁叉；用刀将整块酥皮取下，改成长方条形，照原样摆于肉方上，酥皮向上放于大圆盘中；葱白切成花，蒜切片；甜酱加白糖；香油调匀装碟，另配高级清汤、双麻酥一并上席。这道菜色泽金黄，美观大方，咸鲜酥香，爽口不腻。

龙眼甜烧白

【原料】猪肥膘肉500克，糯米100克，红枣75克，豆沙50克。

【调料】白糖20克，红糖15克，猪油、水豆粉各10克。

【制法】1.红枣在炭火上将皮烧得微微带焦，用清水浸泡20分钟，去掉皮核，卷上豆沙。猪肥膘肉煮熟，捞起晾凉，切成长约7厘米、宽2厘米、厚0.3厘米的片，每片裹上1个枣卷，成圆筒，立放于蒸碗中。

2.糯米经淘洗浸泡后，上笼蒸软，取出，加红糖、猪油拌匀，装入放有肉卷的蒸碗中作底，上笼蒸（约半小时）。

3.炒锅内放白糖、清水少许，勾芡成水晶滋汁，取出蒸好的烧白，翻扣于圆盘中，淋上滋汁即成。这道菜外形美观，甜香肥糯。

夹沙肉

【原料】猪肥膘肉500克，豆沙75克，玫瑰25克，糯米100克。

【调料】红糖、猪油各50克，白糖25克。

【制法】1.猪肉刮洗干净，入锅煮至刚熟捞出晾冷，用刀切成长约8厘米、宽4.5厘米、厚0.7厘米的片（16片），再将肉片逢中片一刀，使成皮相连的两张薄片，锅内放红糖炒化，加豆沙、猪油炒匀，加玫瑰搗匀，然后将馅塞于肉片夹层中，压成扁形，逐片摆于蒸碗中呈圆形。

2.糯米淘洗后用清水浸泡半小时，用净布包好，上笼蒸20分钟，取出用清水浸一次，再入笼蒸至糍软，取出加红糖、猪油拌匀，放于摆好肉片的蒸碗中，上笼蒸（约2小时），取出扣于盘中，撒上白糖即成。这道菜甜香糯，肥而不腻。

糖粘羊尾

【原料】菜油500克，猪肥膘肉400克，鸡蛋50克。

【调料】白糖100克，豆粉25克。

【制法】1.猪肥膘肉刮洗干净，入沸水锅内煮熟，捞出去肉皮，晾凉切成长约4厘米、宽厚各1厘米的条，用沸水冲洗去油腻，用热毛巾搌干水分；鸡蛋打散与干豆粉调成蛋糊，将肉条放入蛋糊碗内拌匀。

2.炒锅置旺火上，下菜油烧至120℃，将肉条逐一放入锅中炸定型捞出，待油温升至约150℃时，再将肉条放入炸至外酥、色金黄时捞出，滗去炸油。

3.洗净锅，置火上，加清水、白糖，熬至糖液起大泡时，将锅端离火口，放入炸好的肉条，用小铲不断翻炒，使均匀粘上糖液，起锅装盘晾冷即成。这道菜色泽金黄，外酥内嫩，肥而不腻。

原笼玉簪

【原料】猪正肋骨750克，红薯150克，大米100克，芹菜50克。

【调料】红糖汁20克，姜、葱、醒糟汁各15克，豆腐乳汁、豆瓣各10克，花椒、盐各2克，酱油适量。

【制法】1.大米入锅干炒至呈微黄色，铲出磨成粗粉备用；猪排骨洗净后，从肉缝处划开，斩成约7厘米长的段，并将两端的肉修去一部分，使骨头整齐地露出。

2.姜洗净去皮拍松，与葱、花椒同用刀铡成细末；修整好的排骨装盆中；将酱油、豆腐乳汁、红糖汁、豆瓣、醒糟汁、川盐、姜、葱、花椒末等料放于碗中调匀后，倒于排骨盆中和匀，再放入米粉拌匀。

3.红薯去皮洗净后，切成不规则的块，放小竹蒸笼中，再将拌匀的排骨整齐地码在红薯上，盖好笼盖，上笼锅蒸至排骨肉烂熟，取出揭去笼盖，放上几片洗净的芹菜嫩叶即成。这道菜形如玉簪，肉质软，口味浓香，乡土气息浓郁。

豆瓣肘子

【原料】猪肘（去骨）、鲜汤各500克，青蒜苗100克。

【调料】猪化油50克，素油30克，料酒、糖色、水豆粉各15克，盐3克，郫县豆瓣25克。

【制法】1.猪肘洗净，与鸡骨入锅出水，捞出冲洗净，用刀将肘剞成大方块，将鸡骨架垫于锅内，肘子皮向下放于鸡骨上。

2.炒锅置火上，下猪化油烧热，放剁细的豆瓣炒出红色，加鲜汤，沥去豆瓣渣，下盐、料酒、糖色，倒入装肘子的锅中。

3.将锅置大火上烧沸，去掉浮沫，移至小火煨至汁浓肉烂时，将肘子捞出。锅下油烧热，下青蒜苗、盐、料酒，稍炒，起锅垫于盘底，肘子皮向上放于蒜苗上，煨肘于厚汁收浓，加水豆粉勾芡，收汁，亮油时，起锅淋于肘子上即成。这道菜色润红亮，肘子糍糯，肥而不腻，微辣鲜香。

红枣煨肘

【原料】猪肘750克，红枣50克，鲜汤750克。

【调料】冰糖25克，姜10克，葱15克，盐3克。

【制法】1.猪肘洗净，入沸水去血腥味，捞出冲洗净；红枣去核洗净；冰糖砸碎，一部分炒成糖汁。

2.罐内放鸡骨垫底，上放猪肘，加入鲜汤、姜（拍松）、葱（挽节）、盐、糖汁，用旺火烧沸，撇去浮沫，移小火煨热，拣去葱、姜，下红枣、冰糖继续煨至肘子软糯汁浓，起锅装于大圆盘内（皮向上），原汁淋于肘子上即成。这道菜色红亮，肘子软糯，甜咸适口。

豆渣猪头

【原料】清汤500克，猪头肉750克，豆渣200克。

【调料】猪油50克，冰糖汁、料酒各25克，姜、葱、酱油各20克，醒糟15克，八角5克，花椒、草果、胡椒、盐各3克，味精1克。

【制法】1.猪头洗净，去尽毛、骨渣，入清水锅用旺火煮5分钟捞出，用清水冲洗后，改切大菱形块；姜、葱拍松，用干净纱布将姜、葱、花椒、胡椒、八角、草果包好。

2.在大口砂锅中，放清汤，加料酒、醒糟、冰糖汁、盐、酱油和香料包，再放入猪头骨，猪头骨上放改切好的猪头肉，用旺火烧开，然后将锅口用草纸封严烧约4小时。

3.将磨细的豆渣，上笼蒸10分钟取出晾凉，用净布包起，挤去水分。锅置火上，下猪油烧热，放入豆渣用微火炒至豆渣酥香起锅，揭去砂锅封口草纸，捞猪头肉装盘，将烧肉原汁滗入炒锅中，放入炒好的豆渣和味精，拌匀淋于猪头肉上即成。这道菜色泽棕红，汁浓味醇，肉质糍糯，豆渣酥香。

糖醋排骨

【原料】猪排骨400克，熟芝麻25克，鲜汤150克。

【调料】素油500克，白糖100克，醋50克，料酒、姜、葱、香油各10克，盐、花椒各2克。

【制法】1.猪排骨斩成长约5厘米的节，入沸水内出水，捞出装入蒸盆中，加盐、花椒、料酒、姜、葱、鲜汤入笼蒸至肉离骨时，取出排骨。

2.锅置旺火上，下油烧热至180℃放入排骨炸呈金黄色捞出，下素油烧热，炒糖汁，加鲜汤，下排骨、白糖用微火收汁，汤汁将干时，加醋，待亮油起锅，淋上香油，装盘晾凉，撒上芝麻拌匀即成。这道菜色泽红亮，干香滋润，甜酸味醇。

网油腰卷

【原料】猪腰250克，猪网油200克，猪肥肉、水发兰片、生菜各100克，蛋清豆粉40克。

【调料】素油300克，香油25克，干豆粉15克，料酒、糖、椒盐各10克，醋5克，盐、胡椒粉各2克。

【制法】1.猪腰去膜，片成两片，去尽腰臊，洗净，与猪肉、兰片分别切成细丝，入碗加盐、料酒、胡椒粉、蛋清豆粉拌匀成馅。

2.猪网油洗净晾干，平铺于案上，修成长方形（长约20厘米，宽约10厘米），抹一层蛋清豆粉，将馅放于网油一边，呈一字形，两头包起，裹成卷条（直径约2厘米），并用竹签或刀尖在卷上扎些小孔，沾上干豆粉。

3.锅置旺火上，下素油烧热（约150℃），下卷炸至外酥内熟，呈金黄色时捞出，抹上香油，斜刀切成长约3厘米的段，叠摆于盘的一端，另一端配糖醋生菜，并椒盐碟上桌。这道菜色泽金黄，皮酥内嫩，配蘸椒盐和生菜，麻香可口。

炸花仁腰块

【原料】猪腰400克，花生仁100克，生菜、豌豆苗各50克。

【调料】素油500克，蛋清50克，豆粉25克，香油15克，葱、姜、椒盐、料酒、糖各10克，白醋5克，盐、胡椒粉各2克，味精1克。

【制法】1.葱切短节；姜切片；生菜切成细丝，加白糖、白醋腌渍；蛋清加干豆粉调成稀糊；猪腰去膜，平片成两片，去尽腰臊，洗净，用直刀剞交叉十字花纹后，改成约2.5厘米见方的块；花生仁用开水浸泡，去掉皮衣，剁成细粒。

2.将腰块用料酒、胡椒粉、味精、姜片、葱节拌匀，腌渍入味，去掉姜、葱，加蛋清、豆粉上心。

3.炒锅置旺火上，下素油烧热（约150℃），将上好浆的腰块，沾上花生仁粒入锅，炸至熟透呈黄色起锅，淋上香油，盛于盘的一端，另一端将用糖醋拌匀的生菜摆上，并配椒盐碟上桌。这道菜色形美观，质鲜嫩脆，花仁酥香，别具风味。

火爆荔枝腰

【原料】猪腰400克，冬笋、鲜汤各50克，水发木耳30克。

【调料】猪化油50克，豆粉、糖各30克，料酒20克，泡辣椒、葱各15克，姜、蒜、醋、酱油各10克，盐3克，胡椒粉42克，味精1克。

【制法】1.木耳洗净；冬笋切薄片；泡辣椒去籽，切斜刀块；姜、蒜切片；葱切马耳朵形；猪腰撕去膜，平片成两片，去尽腰臊洗净，先用斜刀，后用直用交叉剞成十字花纹，然后改成2.5厘米见方的块，入碗加盐、料酒、水豆粉拌匀。

2.盐、酱油、胡椒粉、料酒、醋、白糖、味精、水豆粉、鲜汤入碗兑成芡汁。炒锅置旺火上，下猪化油烧热（约220℃），下腰花爆炒推散，将配料一起放入炒匀，烹入芡汁，推匀起锅装盘即成。这道菜形如荔枝，脆嫩鲜香，味美爽口。

火爆肚头

【原料】猪肚头400克，水发兰片50克，水发香菌30克，鲜汤35克。

【调料】猪化油50克，精盐3克，料酒、葱各15克，豆粉30克，姜、蒜、泡辣椒各10克，胡椒粉2克，味精1克。

【制法】1.肚头洗净去尽油筋，剞十字花刀，切成边长约2厘米的菱形块；兰片、香菌均片成片；精盐、味精、胡椒粉、水豆粉、鲜汤兑成芡汁。

2.炒锅置旺火上，下猪化油烧热（约200℃），肚头加精盐、料酒、豆粉拌匀后，入锅爆炒，散籽翻花后，迅即下兰片、香菌、姜、葱、蒜、泡辣椒炒匀，烹入芡汁，颠匀起锅装盘即成。这道菜色形美观，紧汁亮油，质地脆嫩，咸鲜微辣。

酸辣臊子蹄筋

【原料】发好的猪蹄筋300克，猪肉50克，好汤500克。

【调料】猪化油50克，醋30克，酱油20克，水豆粉15克，葱、姜、香油、料酒各10克，胡椒粉3克。

【制法】1.猪蹄筋油发后去

尽油质，改成长约3厘米的节，用鲜汤喂氽1次；猪瘦肉剁成细粒；葱切花；姜切细末。

2.炒锅置火上，下猪化油烧热，下猪肉煸酥，加酱油、姜、料酒稍炒，放入盐、胡椒粉，加好汤，下蹄筋烩入味后，用水豆粉勾芡，下醋、葱花、香油推匀，起锅装碗即成。这道菜质地肥糯，酥辣而香。

生烧筋尾舌

【原料】猪舌、猪尾、猪蹄筋各100克，好汤300克，菜心50克。

【调料】猪化油50克，糖15克，酱油、姜、葱、料酒各10克，盐2克。

【制法】1.蹄筋洗净，切成长约5厘米的段；姜拍松；葱挽节；猪尾刮洗净，切成长约3厘米的段；猪舌入沸水锅中煮10分钟，捞出冲凉，刮去舌上粗皮，改成长约5厘米、宽2厘米、厚约0.5厘米的片。

2.炒锅置旺火上，下猪化油烧热，放入舌、尾、蹄筋、姜、葱稍炒，待水汽稍干，加料酒、冰糖、酱油、盐、好汤烧沸，撇去浮沫，倒入罐内用微火煨；菜心氽熟，垫于盘底（或镶于盘边），拣去罐内葱、姜，舀起装于盘中即成。这道菜色泽金黄，软糯鲜美，味浓可口。

宫保牛肉

【原料】牛肉250克，肉汤50克。

【调料】酱油20克，葱末15克，姜片、蒜片、醋各5克，油炸花生仁、熟菜油、干红辣末、花椒、白糖、盐、味精、料酒、湿淀粉各适量。

【制法】1.碗内放入白糖、盐、酱油、醋、料酒、味精、肉汤、湿淀粉，拌成汁；牛肉切丁加盐、酱油、料酒、淀粉腌制。

2.炒锅内放入油，烧至六成热，放入干红辣椒末，炸至呈棕红色，加入花椒，稍后倒入牛肉丁炒散，再放葱、姜、蒜炒出香味倒入兑好的味汁，边倒边翻炒，最后放花生米炒匀出锅装盘即成。

豆苗炒鸡片

【原料】鸡胸脯肉300克，豆苗500克，鸡蛋2个，汤适量。

【调料】大油80克，料酒、湿淀粉各30克，盐8克，味精6克。

【制法】1.把鸡胸脯肉切成片，长约4厘米、宽约2厘米，先用料酒拌匀，并浆上蛋糊，拌上点油；豆苗摘尖洗净，用蛋清和湿淀粉兑成糊；用盐、味精、料酒、湿淀粉和汤兑成汁。

2.将炒勺烧热注油，油热后下入鸡片，轻轻拨散，滑熟，然后捞出沥油，勺内留少许底油，下入豆苗翻炒几下，再投入鸡肉片翻炒均匀，将兑好的汁倒入，汁开时翻炒均匀即可。这道菜色艳丽，味鲜香。

姜汁热窝鸡

【原料】笋鸡1只（约750克），汤250克。

【调料】香油、姜各25克，酱油、醋各15克，葱10克，盐、味精各5克，湿淀粉、辣椒油各适量。

【制法】1.将鸡开膛去内脏，洗净后用白水煮透捞出，然后去腿骨剁成条状，撒上少许盐盛入碗中，注入汤，上屉用旺火蒸10分钟左右取出；姜捣成汁；蒜切片。

2.炒勺烧热后注入香油，下葱稍炒，随将蒸鸡的原汁倒入（鸡扣入盘），再加入酱油、味精、姜汁、醋，用湿淀粉勾芡，浇上辣椒油，吃时揭开扣碗将热汁浇在鸡上即可。这道菜姜味浓香，酸微带甜。

宫保鸡丁

【原料】鸡脯肉300克，花生米50克。

【调料】干红辣椒20克，白糖15克，酱油、料酒、精盐、醋各10克，花椒、姜片、蒜片各2克，味精1克。

【制法】1.花生米用温水泡涨，去皮，用油炸脆；干红辣椒去蒂、籽，切成2厘米长的节；用酱油、白糖、醋、味精、清汤、水豆粉调成芡汁；将鸡脯肉去筋，切十字花刀，切成2厘米见方的丁，装碗加酱油、精盐、料酒码味后，用水豆粉拌匀。

2.锅内油烧至五成热，放干辣椒、花椒，炸呈棕红色，倒入鸡丁炒散，放入姜、葱、蒜炒匀，烹入芡汁，加花生米翻两下装盘即可。

水煮鱼

【原料】草鱼1条，黄豆芽适量。

【调料】干辣椒、花椒、

姜、葱段、蒜、辣椒油、油、食盐、味精、干淀粉、料酒、豆瓣、香菜、胡椒粉各适量。

【制法】1.鱼肉洗净切片，用料酒、盐、蛋清拌匀腌30分钟，豆芽、香菜、蒜洗净、切断。

2.锅内放油，下豆芽微炒至热，铺于碗底。锅内放油烧七分热，下花椒、干辣椒、蒜、姜片炒出香味，加入盐、豆瓣、辣椒油拌匀，加高汤烧沸，将鱼片一片一片快速加入，熟后倒在豆芽上，撒香菜。锅内放少许油，下少许花椒、干辣椒、葱段炒出香，趁热淋于香菜、鱼肉上即可。

芹黄烧鱼条

【原料】鲜鱼1000克，芹菜心250克，汤适量。

【调料】植物油800克（实耗约100克），豆瓣酱、料酒各100克，酱油25克，白糖、葱、姜、蒜各10克，湿淀粉、醋、胡椒粉各少许，味精5克。

【制法】1.将鱼去鳍、鳞、鳃和内脏，清洗干净，切成长6厘米、宽3厘米的长条；姜、蒜均切末；葱切大葱花，留部分葱、姜拍破腌用；芹菜洗净去叶抽筋，切4厘米长段。用盐、料酒和拍破的葱、姜拌鱼，腌2小时入味。

2.将鱼放入烧开的油中炸成黄色捞出，炒勺留50~100克油，将豆瓣酱炸酥出味后，入汤稍煮，即加入鱼、料酒、葱、姜、蒜，酱油、糖、胡椒粉，先旺火将汤烧开，再用炆火煨熟，而后再加入芹菜稍氽，滴醋少许，用湿淀粉勾芡，并淋少量热油即成。这道菜色泽金黄润亮，鱼肉鲜嫩味香。

宫保虾仁

【原料】大虾、鸡蛋、腰果各适量。

【调料】酱油、白糖、花椒、干辣椒、葱、姜、醋、红油、盐、胡椒、料酒各适量。

【制法】1.将大虾肉剞两刀或夹刀片，擦干水分，加盐、胡椒、料酒、蛋清糊、少许酱油拌匀，投入温油中划熟，用盐、水淀粉、料酒、白糖、酱油、汤放碗中调成汁。

2.另起锅，下底油将花椒、干辣椒炸成褐红色，接着下葱、姜片及碗中的汁，倒入虾球翻炒几下，淋少许醋和红油，放入炸熟的腰果拌匀即可。

粤菜

潮州冻肉

【原料】猪前脚750克，猪五花肉500克，猪皮、香菜各250克，鱼露150克，清水3杯。

【调料】冰糖、珠油（潮汕地区的一种调味品，色泽近似深色酱油，味道偏甜）各3茶匙，味精2茶匙，明矾0.5茶匙，芫荽适量。

【制法】1.将五花肉、猪蹄、猪皮刮干净分别切成块，每块花肉约100克，猪蹄约200克，猪皮约50克，将它们用沸水分别滚氽约1分钟，捞起洗净。

2.炒锅放清水1500克，烧沸，加入冰糖、珠油、鱼露，放入竹箅子垫底，把全部肉料放在竹箅子上面，先用中火烧沸，后转用小火熬约3小时至软烂。

3.取出肉类，放入砂锅内皮向下，然后将炒锅内浓缩的原汤约750克放回炉上烧至微沸，加入明矾，撇去浮沫，再加入味精，用洁净纱布将汤过滤后，倒入砂锅。

4.将砂锅内的肉汤放在炉上烧至微沸，端离火口，冷却凝结后，取出放在碟上，伴以芫荽、鱼露佐食。这道菜味鲜软滑，入口即化，肥而不腻。

果汁肉脯

【原料】瘦猪肉300克，鸡蛋1个，果汁100克。

【调料】花生油500克，米酒3茶匙，干淀粉1.5汤匙，芝麻油1克。

【制法】1.将鸡蛋磕入碗内打散；将猪肉洗净切片，把鸡蛋液倒入猪肉片，撒入味精，拌匀腌渍5分钟，拍上干淀粉。

2.炒锅内放入油1汤匙，将拍上干淀粉的猪肉放入锅内煎两面均呈黄色，再加油450克，烧六成热后端离火口，浸炸1分钟。

3.另用一个炒锅烧热后放入花生油0.5汤匙，烹入米酒，加果汁、麻油，浸炸好的肉片，快速炒几下即成。这道菜果味香浓。

烧肉藏珠

【原料】猪肉1000～1500克，去壳板栗300克。

【调料】植物油适量，酱油少许。

【制法】1.猪肉可切块；板

栗去壳及内皮，分成两片。

2.把锅烧热，放入植物油，加葱花爆香，再放入板栗、猪肉烧炒片刻，再加入适量清水、酱油煮沸，转纹火炖熟即可。这道菜烧肉衬板栗宛如藏珠，香甜可口，且有润肺之功。

大良肉卷

【原料】带皮肥肉300克，猪瘦肉200克，火腿50克，鸡蛋2个。

【调料】花生油1000克，汾酒5茶匙，精盐、酱油各3茶匙，白糖2.5茶匙，味精1茶匙。

【制法】1.将瘦肉片成薄片，用精盐2茶匙、白糖、味精、酱油、汾酒、1个鸡蛋（将鸡蛋打散），腌约20分钟；将猪肥肉片成长20厘米、宽16厘米的肉片，用汾酒1茶匙、精盐2茶匙腌约30分钟。

2.将肥肉拍上干淀粉，铺开，再将瘦肉铺在肥肉上2/3，用火腿腊肠条做芯，卷成圆筒形，把1个鸡蛋清打散拌干淀粉贴口，放入长盘中入笼蒸约40分钟至熟，取出，待凉后放入砧板上切成棋子形块，放入鸡蛋液拌匀，而后再拍上干淀粉。

3.炒锅置旺火上，烧热后放入花生油，烧至六成热时，下入肉块炸至金黄色捞出装盘。这道菜皮脆里软，咸鲜甘香，肥而不腻。

广东粉果

【原料】猪肉200克，红萝卜、肉各150克，冬菇12.5克，芫荽1棵，澄面325克，清水450克。

【调料】生粉50克，栗粉75克，油3汤匙，盐3/4茶匙，糖1茶匙，生抽、盐各2茶匙，麻油、胡椒粉各适量。

【制法】1.芫荽洗净择叶；冬菇浸透，与猪肉、红萝卜及肉一同切粒；烧热锅，下油1汤匙爆炒各粒料，加入调味料拌匀成馅料，候冻。

2.澄面、生粉、栗粉同筛匀，清水及盐煲滚，熄火，倒入粉迅速搅匀，加盖3分钟取出，加油将粉料搓至极匀，再搓成长条，分切小粒，碾成圆形薄片，包入馅料及芫荽一片，涂上油排于碟上，放入蒸笼内隔水蒸10分钟即成。这道菜皮薄馅靓，令人垂涎。

炒绵羊丝

【原料】绵羊肉丝200克，笋丝250克，粉丝15克，湿香菇

25克。

【调料】植物油500克，青、红辣椒各25克，鸡蛋清15克，深色酱油、葱丝各3茶匙，姜丝1.5茶匙，胡椒粉、麻油各1茶匙，绍酒、湿淀粉各0.5汤匙。

【制法】1.在碗中放入芝麻油、胡椒粉、深色酱油、一半湿淀粉，调成汁待用；绵羊肉丝放入盆内，加入鸡蛋清和另一半湿淀拌匀浆好。

2.炒锅置旺火上，烧热下入植物油，烧至五成热时，放入粉丝炸透，倒在漏勺里，沥去油，盛在盘中；锅内放油半汤匙烧至五成热时，将绵羊肉丝放入油中浸至熟，倒入漏勺中。

3.炒锅内放油适量，烧四成热下入姜丝、葱丝、青红辣椒丝、笋丝、香菇丝炒透，加入绵羊肉丝，烹绍酒，调入芡汁，搅拌匀后，加熟油适量拌匀装盘，炸粉丝拌边即成。

脆皮鸡

【原料】鸡汁0.5汤匙，雏母鸡1只，龙虾片50克。

【调料】花椒、精盐各1碟，精盐5茶匙，八角5粒，丁香、甘草、桂皮各6克，花椒20粒，麦芽糖20克，米酒、醋、开水各半汤匙，植物油500克。

【制法】1.将鸡收拾干净。

2.将八角、丁香、甘草、桂皮、花椒用纱布包起放在锅内，加入水没过鸡，煮1小时，放精盐煮熟捞出。

3.将麦芽糖、料酒、醋、开水放在碗内调匀，淋在鸡身上挂起晾2小时。

4.炒锅内放油烧热后淋入鸡腹腔内，炸鸡，边炸边动，炸至大红色，将炸鸡切块装盘，配鸡汁、花椒、精盐蘸食即可。

冬瓜干贝炖田鸡

【原料】冬瓜、田鸡各500克，干贝150克。

【调料】精盐15克，姜末、葱末各适量。

【制法】1.将干贝煮滚，除去异味，将水倒掉；将冬瓜去皮切成棋子形，田鸡去皮切成块，用温水洗净，取出将水沥干。

2.另备一盅开水，将冬瓜、田鸡、干贝、姜末、葱末、盐一起下锅，上笼约蒸两小时即好。

灌汤龙凤球

【原料】鸡脯肉、虾肉各

175克，猪皮酱、面包末各40克，芝麻末80克，菱粉、白兰地酒各13.5克。

【调料】葱末、精盐、白糖、味精、胡椒粉各适量。

【制法】1.把猪皮酱加白兰地酒，放在冰箱里冻硬，取出，切成12块；把虾肉剁成茸，加胡椒粉、味精、盐拌和，分成12垛；把鸡脯肉也剁成蓉，加味精、盐、葱末、糖、胡椒粉、菱粉和水50克拌和，分成12垛。

2.包成12只圆球，包时先用虾蓉放在手心揿开做外皮，鸡蓉放在第二层，冻猪上块放在当中做馅心，包好后，一个个滚满芝麻末和面包末，放入温热大生油锅内炸，一见圆球浮上油面，即捞出装盘。这道菜色黄红，味甘香鲜脆。

脆皮炸鸡

【原料】嫩光油鸡1只（约750克）。

【调料】饴糖、白醋、黄酒各4克，地栗粉5克。

【制法】1.将光油鸡除去内脏杂物，揩净血水，放在准备好的白卤水（用盐、八角、桂皮、草果、陈皮、水煮成）内浸透两小时，将鸡取出揩净，用饴糖、白醋、地栗粉调匀，遍擦鸡身，经过风干，再涂上用地栗粉、酒、醋调的糊。

2.另起锅，将猪油烧到六成熟时，一面把鸡头放入炸，一面用油从鸡的肛门浇入肚内，等头呈金黄色，肚也烧热，再一面把腿放入炸，一面用油浇全身，看皮呈现金黄色，取出刀，先把腿、翅膀切下，再从腰部进刀切成两片，最后分别切成小块，仍按整鸡形状，分两排装在盘中，中间放鸡脯肉，两边放腿肉，前面放鸡头即好。上桌时，另跟椒盐。这道菜味脆嫩鲜美。

葱油白切鸡

【原料】净肥嫩雏母鸡1只（约400克～600克）。

【调料】植物油、葱各120克，姜40克，盐15克，味精8克，胡椒粉适量。

【制法】1.葱、姜切成细丝；将鸡在滚开汤锅内浸烫熟（不宜过熟，一般15分钟左右即可），取出后切成块（保持原鸡形状），装上头翅。

2.炒勺内倒入油，在旺火上烧开，鸡身上撒上姜丝，然后以热油浇淋，而后再放葱丝。

3.炒勺内下汤200克，在炆火上烧开，再加入胡椒粉、盐、味精等熬成汁，淋于鸡上即成。这道菜洁白带油黄，具有葱油香味。

炸子鸡

【原料】光鸡1只。

【调料】绍酒适量。

【浸鸡料】花椒、八角、陈皮、桂皮、姜、草果各适量。

【糖醋料】糖、白醋、浙醋、生粉、马蹄粉、白酒各适量。

【调味料】盐、花椒、五香粉各适量。

【制法】1.鸡洗净，以绍酒擦匀鸡腔。

2.浸鸡料以布袋盛着，加入清水10杯慢火煲20分钟，取出布袋，加入盐、绍酒及鸡，慢火煮至鸡皮凸起取出。

3.拌匀糖醋料，隔水炖至稍浓稠，盛起，涂于鸡身，调味料涂匀鸡腔，将鸡挂在通风处，鸡皮略干再涂糖醋料，重复做四五次，最后将鸡吹至干透。

4.烧滚多量油，将鸡放入炸至金黄色，见鸡腿肉收缩即熟，斩件上碟即成。炸子鸡是广东菜的招牌菜，皮脆肉嫩，寿筵喜宴不可缺少的菜肴。

蚝油鸡翅

【原料】鸡翅中段500克，青江菜250克，水200克。

【调料】油300克，蚝油40克，姜片25克，糖、酱油、葱段各20克，精盐5克，味精1克。

【制法】1.鸡翅用酱油腌5分钟，油炸变色后取出。

2.锅中留适量油爆香葱、姜，倒入鸡翅、蚝油、糖、水、味精，焖煮至汁稠；半锅开水加精盐，投入青江菜烫一下，捞出冲凉排盘，把煮好的鸡翅排入即可。这道菜汁稠味厚，肉质软嫩。

盐酥鸡块

【原料】鸡胸700克，生菜100克，鸡蛋1个。

【调料】油1000克，红薯粉200克，糖、酒各25克，椒盐粉、酱油、葱各15克，大蒜10克，盐、姜各5克，胡椒粉、味精各1克。

【制法】1.鸡胸洗净剁成小块，先把酱油、糖、精盐、酒、胡椒粉、鸡蛋、葱、姜、大蒜、味精放入容器中搅拌匀后，将鸡块拌腌10分钟。

2.腌好的鸡块每块沾上干红

薯粉待用，油加热后投入沾好红薯粉的鸡块，中火油炸，炸至呈金黄色时即可捞出，排入铺好生菜的盘中，蘸椒盐食用。这道菜成菜外焦里嫩，鲜咸香郁。

明炉梅子鸭

【原料】嫩光鸭1个（约1500克），酸梅5个。

【调料】食油25克，蒜蓉、姜、葱末各2.5克，味精、麻油各5克，糖、柱候酱各25克，胡椒粉1克，麦芽糖、浙醋、盐各10克，料酒8克。

【制法】1.将酸梅搓烂待用；取肥嫩光鸭，在翼底部用小刀划一个洞，取出内脏和硬软喉管洗净，沥干水分，下沸水锅将鸭皮烫一下捞起，注意鸭皮不宜烫得太熟，否则不易上色和用铁钩挂起。

2.烧热锅放入食油，投入蒜蓉、姜、葱末煸透，烹入料酒，再加入酸梅、味精、盐、糖、柱候酱、胡椒粉炒匀取出，灌入鸭肚内。

3.把麦芽糖用浙醋和料酒调稀，涂在鸭皮上用手抹匀，吊在通风处吹干后，放入烤炉，烤熟后取出，倒出原汁，砍下鸭头、鸭尾，将鸭身斩件，排在盆中，安上头、尾成原鸭形状，再在原汁内加入麻油调匀，淋在鸭面上即成。这道菜色呈酱红色，入口香、脆、嫩、滑。

广东烤鸭

【原料】嫩鸭1只，应时素菜适量。

【调料】精盐、胡椒粉、黄酒、辣酱油各适量，溶化白脱油100克，蔬菜香料500克。

【制法】1.将嫩鸭洗净后沥干，用精盐和胡椒粉涂抹一遍后，烹上黄酒和辣酱油，再浇上溶化白脱油，将蔬菜香油切成碎块后撒上，加入适量清水。

2.进入烤炉内，烤至金黄色并熟透时取出，切成大块后装入盆内，浇上烤剩的油汁，边上配放一些应时素菜，即可食用。

蚝油鸭掌

【原料】鸭掌500克。

【调料】蚝油12.5克，陈皮、八角、味精、生油、地栗粉、鸡汤各适量。

【制法】1.将鸭掌剪去趾甲，先放入滚水内滚一滚，取出，剥去外皮，再洗净。

2.将陈皮切成小块，八角切成小粒，与蚝油、鸭掌放入锅内，加适量鸡汤，用炆火焖1小时左右，再放味精，临起锅前，拣去陈皮、八角，将鸭掌取出，装在菜盘内。

3.再用锅内卤汁调适量的栗粉勾芡，淋在鸭掌上面，另外浇上一点生油即好。

素烧鹅

【原料】豆腐皮2张，白糯米500克，红枣、金钱饼、冬瓜糖各100克。

【调料】白糖200克，花生油250克，芝麻油适量。

【制法】1.将白糯米用水洗净，浸1小时后，沥干，锅中放水烧开，再把糯米放置锅中蒸1小时，成糯米饭后取出，待用。

2.将红枣、金钱饼、冬瓜糖、白糖、芝麻、香油和糯米饭拌匀；将豆腐皮平放案板上，把拌匀的饭放在豆腐皮上，卷成长条形，置油锅炸熟，起锅切成方块，装盘上席。这道菜呈米黄色，形似红烧鹅，味香诱人。

参附鸽鸳鸯戏水

【原料】满月雌雄雏鸽1对。

【调料】党参、米酒各50克，制附片5克，冰糖200克。

【制法】1.先将鸽子闷死，去毛洗净，用剪刀开腔取出内脏，保留血水。

2.将鸽子、党参、附片、冰糖同装入盆中，加水适量，置锅中隔水蒸1小时，起锅去药渣，加米酒，装盆上席。这道菜双鸽同盆，形似鸳鸯，清甜郁香。

大地鹌鹑片

【原料】净鹌鹑700克，鲜笋400克，鸡蛋清80克，大地鱼干、冬菇各15克，鸡汤适量。

【调料】植物油800克（实耗约70克），料酒15克，酱油、盐、葱各10克，味精8克，湿淀粉、姜各6克，胡椒粉2克。

【制法】1.鲜笋切成长方形小薄片；冬菇、葱、姜均切成小片；将鹌鹑肉片成薄片，用料酒、酱油、盐各适量拌均匀，然后再加入鸡蛋清、湿淀粉拌匀；炒勺内倒入油，上中火烧到七八成热，放入大地鱼干炸成末，捞出沥油。

2.利用炒勺的热油，将鲜笋片下入过油，熟后取出沥油。将炒勺留底油，用旺火，放入炸好的笋片，加入葱、姜等炒香后，再加入料酒调味，然后下鹌鹑片，加鸡汤、冬菇、料酒、酱油、盐、味精、葱、姜、胡椒粉等，翻炒均匀，最后用湿淀粉勾芡，炒干汁即可上盘。上菜时，将炸好的大地鱼末撒于菜上。这道菜入口爽滑油嫩，适于深秋食用。

田鸡饭煲

【原料】田鸡600克。

【调料】葱15条，姜10片，云耳25克，山根10只，红枣、盐、糖、生抽、老抽、姜汁、酒、生粉、蚝油各适量。

【制法】1.葱切2寸长；田鸡去皮，洗净抹干水斩块，加腌料腌10分钟，泡油，下油2汤匙，爆香姜、葱，下田鸡兜匀，下酒2茶匙，熄火；山根放入滚水煮软，捞起，沥干水，每只切开2件；云耳用清水浸软洗净，放入滚水中煮5分钟捞起，沥干水。

2.在煲内下油1汤匙，下云耳、山根，加入调味煮滚再煮片刻勾芡，下田鸡及姜、葱兜匀煮滚；用另一煲煲饭熟后倒入田鸡再稍煲片刻，原煲上台即可。这道菜清爽可口，食之不腻。

鱼肠蒸蛋

【原料】鲩鱼肠2副，鸡蛋3个，油条半条，葱粒1汤匙。

【调料】盐、酒各半茶匙，姜汁1茶匙，胡椒粉1/4茶匙，麻油适量。

【制法】1.鱼肠去油脂及鱼胆；鱼肝洗净切片；鱼肠剖开，用盐及生粉洗净，切段，沥干；鸡蛋打散，加入鱼肝、鱼肠及调味料拌匀，倒入深碟内。

2.油条切薄片，放在鸡蛋上，隔水蒸10分钟取出，撒上葱粒，滴适量熟油，即可趁热食用。

潮州生淋鱼

【原料】鲜鲩鱼1条（约750克）。

【调料】猪油100克，菱粉20克，麻油15克，味精、精盐各10克，白醋、砂糖各75克。

【制法】1.先将鱼削洗干净，背部分开刀纹，用盆盛起，用开水750克冲入盆内浸鱼，立即用盖儿盖好，约20分钟后鱼即熟。

2.在鱼将熟时，即着手煮咸酱料和酸甜酱料各两小碗，将咸酱料下锅先炒，再加入上汤150克、味精5克，盐适量，下湿菱粉勾芡，再加入麻油适量，便成咸酱，另起锅，将酸甜酱料下锅炒熟，加入糖、醋、味精5克和适量湿菱粉勾芡，再加入麻油适量，便成酸甜酱。鱼熟时捞起，用烧开的猪油100克淋在鱼身上。食时，咸酱和酸甜酱各两小碗同上。

姜葱鲤鱼

【原料】宰净鲤鱼1条（约750克）。

【调料】植物油150克，姜块、葱段各100克，蒜泥、白糖各5克，绍酒25克，深色酱油、湿淀粉各15克，蚝油10克，浸发陈皮丝2.5克，芝麻油0.5克，精盐、味精、胡椒粉各适量。

【制法】1.姜块捶裂后放入沸水锅中焯约1分钟取出；将鱼洗净晾干水分。

2.用中火烧热炒锅，下油60克，放入鱼煎至两面金黄色取出，下蒜、姜、葱爆至有香味，烹绍酒，加适量水、陈皮丝、精盐、味精、白糖、蚝油、酱油和油50克推匀，然后放入鲤鱼，加盖用小火焖约15分钟至熟，取出放在碟中。

3.锅内原料撒上胡椒粉，用湿淀粉调稀勾芡，最后加入芝麻油和植物油40克推匀，淋在鱼上便成。这道菜色泽红润，肉质滑嫩，醇香浓郁。

油泡鱼青丸

【原料】鱼青500克，上汤15克。

【调料】猪油1000克（实耗油50克），芡汤20克，绍酒10克，湿淀粉7.5克，大葱、麻油各5克，生姜1.5克，胡椒粉0.5克，大蒜适量。

【制法】1.大蒜剁茸；取大葱切成橄榄形；生姜切成姜花；用大碟盛清水，将鱼青挤成榄核形小丸，每粒约重5克，随挤随放进碟中。

2.在铁锅中加入沸水1000克置火上，将已挤好的鱼青丸放入水中，以慢火浸至熟鱼青丸浮起，捏之有弹性便为熟，捞起滤干水分，将芡汤、上汤、麻油浇在上面即可食用。这道菜鱼丸白洁，鲜嫩爽滑，鲜咸适中。

煲仔鱼丸

【原料】搅碎鲮鱼肉225克，生菜180克，鸡清汤100克，粉丝50克，浸软发菜20克，腊肠1条，切碎的香菜10克。

【调料】酱油、油各20克，

生粉、香油各15克，葱、虾各10克，精盐、胡椒粉各5克。

【制法】1.将虾粒、腊肠粒、发菜段、香菜、葱和鱼肉搅拌均匀。

2.鸡汤倒入锅中加热，鱼肉挤成鱼丸下到汤中，煮熟后捞出。

3.将粉丝、生菜放入汤锅中，随后放酱油等调味品稍煮，将鱼丸排在上面。

4.另用锅将淀粉勾芡，浇在鱼丸上即可。

古法扣全瑞

【原料】活甲鱼600克，火腩、冬菇各20克，高汤200克，冬笋10克。

【调料】葱段10克，精盐5克，料酒、胡椒粉各2克，味精、姜末各1克。

【制法】1.甲鱼去内脏洗净；将火腩、冬菇、冬笋焯水捞出；炒锅置旺火，将葱段、姜末爆香，加火腩、冬菇、冬笋、料酒、高汤略煨，然后连汤带料放入砂锅。

2.甲鱼放入砂锅，加精盐、味精蒸至软烂，撒上胡椒粉即可。这道菜是广东的风味砂锅菜，味道独特，营养大补。甲鱼，因其寿命长，对人体有良好滋补功效，故称“瑞”，为吉祥长寿之意。

荷包鲤鱼

【原料】鲤鱼1条（约1200克），花肉400克，上肉粒300克，湿冬菇粒100克，冬笋粒50克，虾米粒、地鱼粒各25克，上汤适量。

【调料】网油200克，味精、酱油、菱粉各适量。

【制法】1.把鲤鱼削洗干净，用刀开背，去掉肠脏，同时也要把中骨和腹骨去净。

2.把地鱼粒炒香，用碗盛起，加入上肉粒、冬菇粒、笋粒、味精、精盐搅匀，然后把这些材料酿在鱼肚内，在背部涂抹少量湿菱粉。

3.起热油锅，把鱼炸至呈金黄色，捞起，顺锅把花肉片油包好，投入锅内同焖至鱼熟为止，把鱼取出，解去网油不用，将鱼上碟，另把原汁加入味精，下湿菱粉勾芡淋在鱼上即成。

池塘莲花

【原料】鱼肉150克，肥肉、蕉芋粉各100克，精肉25

克，白莲子24个，青菜叶6片，鸡蛋1个。

【调料】味精15克，盐8克，食用红色素适量。

【制法】1.将鱼肉、肥肉剁成肉茸，加入蕉芋粉、蛋白、清水、盐，拌和后分成三份，一份加蛋黄，一份加食用红色素，一份本色；精肉剁成肉茸，加入味精、盐做成12个小丸子；莲子蒸熟后，剖成两片。

2.取12个大小一样的小酒杯，放入白色的鱼肉茸做底，其中6个小杯再放入黄色做面，另6个小杯放入红色做面，中间嵌入小肉丸，四周嵌入莲子。

3.上蒸笼旺火蒸25分钟起锅，去掉杯子，装入大盘，盘中先放入熟青菜叶丝做衬底，再摆莲花状，中心堆高，宛如花蕊。

鳜鱼虾干泡丝瓜

【原料】鳜鱼肉160克，大虾干12只，丝瓜半斤约300克，清鸡汤1罐，水1杯。

【调料】盐1/4茶匙，生粉1茶匙，蛋白1汤匙，姜4片，麻油、盐、胡椒粉各适量。

【制法】1.鳜鱼肉冲净抹干，切双飞，拌入腌料约10分钟；大虾干冲净，放碟内加1片姜，隔水蒸5分钟至软，丝瓜刨皮，冲净，取出。

2.烧热4汤匙油，爆炒鱼片至变色刚熟，取出，用余下的油爆香姜片及丝瓜，炒至软身，加入清鸡汤与水煮滚至丝瓜软熟，加蒸好的虾干及鱼片炒匀，加调味料即成。

生炊龙虾

【原料】龙虾750克。

【调料】熟猪油50克，白酒10克，潮州橘油2碟，盐3克，姜3克，香菜末20克，小香葱30克。

【制法】1.原只活龙虾洗净，去净腮和虾屎，斩去虾脚后斩段，用刀轻拍一下，摆落碟；虾头开边，外壳和肋去净后斩件摆落在虾脚上面；尾部开边（一定要捡去虾屎），连壳斩件摆在脚头上面。

2.小碗盛白酒，加精盐搅匀，洒在虾肉上。

3.虾肉放上葱和姜，入蒸笼猛火蒸8～10分钟（一定要用猛火）。

4.取出后捡去姜、葱，淋上熟猪油；

5.橘油碟边伴香菜，与虾肉

一起上桌即可。

乳酪蒸虾仁

【原料】带壳鲜虾250克，脱脂鲜奶200克，鸡蛋清100克，鸡粉50克，火腿茸30克，鸡清汤80克，香菜10克。

【调料】香油、生粉各5克，精盐3克，胡椒粉、糖各1克。

【制法】1.将鸡蛋、鲜牛奶、鸡粉、盐拌匀，撒上虾仁、火腿蓉原盘上笼，清蒸20分钟。

2.出笼后淋上香油、味精、胡椒粉即可。这道菜色泽淡黄，虾仁韧嫩，清淡鲜香。

水晶明虾球

【原料】明虾10只，味精12.5克。

【调料】精盐、地栗粉、麻油、胡椒粉各适量。

【制法】1.将明虾剥壳去头尾，再将表面的黑皮用刀片去，每只明虾片成3片，腌放碱水中（每500克明虾用碱水50克），2小时后取出，以冷水冲1小时。

2.另用旺火温生油锅，将明虾放入，稍爆即捞出，再用清水烧开，将明虾放入氽一下即捞出；另起旺火油锅，将明虾放入，一推即倒出。

3.利用原油锅，把姜丝、葱丝放入煸一下，随即将明虾倒入，迅速划开，同时加入麻油、味精、胡椒粉、精盐、油勾芡，马上倒入漏勺，滤去地栗粉装盘。食时跟蚝油、虾酱各一小碟。这道菜色雪白透明，吃来爽脆，夏季最宜。

上汤虾丸

【原料】鲜虾275克，面粉40克。

【调料】味精、盐各适量。

【制法】1.将虾去头去尾、壳，用盐洗净，放在干净的白布上包起，挤去水分，再用干净的纸铺在台上，将虾肉放入，把未干的水分再挤一下，加入味精、盐、面粉，搓揉到松软，放入冰箱，冰冻一小时取出。

2.将虾肉制成圆子，放入烧滚的清水里煮，煮时水不能滚起泡，否则太老，煮到虾圆浮起时，即捞起，放入盛鲜汤的碗内即好。上汤虾丸这道菜色白，味鲜嫩爽脆，四季皆宜。

酸辣虾仁烘蛋

【原料】虾仁160克，小洋葱1

个，葱1条，蒜2瓣，鸡蛋4个。

【调料】盐1/3茶匙，胡椒粉及麻油适量，生粉半茶匙，蛋白1汤匙。

【芡汁料】酸辣汁1/4杯，水半杯，糖、生粉各半茶匙，生抽1茶匙。

【制法】1.虾仁去黑肠，洗净及抹干水，拌入腌料拌匀腌20分钟；洋葱切条；葱切段；蒜头切碎；蛋与调味料拌匀。

2.烧热2汤匙油，倒入蛋汁翻炒至凝固，改用中慢火烘至两面金黄色，取出即成。

3.再烧热2汤匙油，爆炒虾仁，加入洋葱、蒜头及葱炒香，最后加芡汁煮滚，淋于蛋面即成。

蒸大红膏蟹

【原料】膏蟹3只（约1000克）。

【调料】精盐3茶匙，葱条2棵，姜5片，姜泥、浙醋、花生油、麻油各1汤匙。

【制法】1.将蟹宰杀，取出蟹黄，盛入碗中，加油半汤匙拌匀。取出蟹螯上节排在碟中，连身的蟹瓜放在两端上面，排成两个扇形蟹身一端向外，爪的一端向里。

2.蟹螯前节四只放在蟹爪上，另两只再放在前四只的顶上，淋油半汤匙后放上精盐、姜片、葱条，将蟹盖面向下放在四周，入蒸笼蒸熟即好。

砂锅螃蟹

【原料】螃蟹1只，鲜汤1000克。

【调料】葱3根切段，绍酒25克，白糖、味精、熟猪油、蒜、姜各适量。

【制法】1.炒锅上旺火，用油划锅，将螃蟹下锅稍煎，烹入绍酒和姜汁，加盖稍焖，加糖、鲜汤1000克，加盖再焖。

2.蟹至八成熟，放味精，烧沸后，倒入大砂锅内，放在微火上煨5分钟再移入中火烧约2～3分钟，撇去浮沫，加味精、葱，淋入熟猪油，原锅上桌即可。

香芹海蜇卷

【原料】海蜇皮、蟹柳、西芹、五香豆腐干各适量。

【调料】醋、生抽、麻油各适量。

【制法】1.豆腐干、蟹柳以滚水洗净，切粗条备用。

2.海蜇皮洗净，浸两天经常换水，放入大热水中拖水，一半切成3厘米宽的长条；另一半切丝，沥干水分。

3.西芹撕去筋，切粗条，放入油、盐、滚水中灼热。

4.铺平海蜇皮，放入豆腐干、蟹柳、西芹各1条，卷好排在碟，中央放上海蜇丝，拌匀蘸汁料同吃。这道菜配搭独特，味道清鲜。

白灼响螺片

【原料】大螺肉2000克。

【调料】姜、葱各2克，黄酒20克，白醋3滴，猪油适量。

【制法】1.将大螺壳敲开剥出肉，洗净后切掉螺肉的边缘，用横切的方法把螺肉片成灯盏形；起猪油锅把姜、葱倒入稍爆，再加清水烧透，取出葱姜，加白醋3滴，立即将螺片放入锅内，略烫3秒钟即取出，沥干水分用洁毛巾将螺肉水吸干。

2.另用油锅，加适量猪油烧热后，将螺肉倒入略炒几下，即加黄酒适量翻炒几下，便离火装盘。这道菜色奶白，脆嫩爽口。

炒红云雪影

【原料】牛奶250克，水发榆耳、蟹黄各65克，鸡蛋清8个，湿菱粉适量。

【调料】味精、白糖、精盐、胡椒粉各适量。

【制法】1.把榆耳片成薄片，放入开水内氽一下，把蛋清、湿菱粉、味精和牛奶125克打匀，把蟹黄下油锅拖一拖，即取出，同以上两种原料混和，再倒入温的大生油锅内，用瓢子慢慢推动，一等泡起，即用汤勺捞出，滤去油，同时将锅内的油倒出。

2.另将牛奶125克、味精、盐、糖、胡椒粉加菱粉勾芡，接着再将捞出的榆耳、蟹黄倒入芡内一翻即好。这道菜色红白分明，味鲜嫩滑润。

干贝发菜

【原料】干贝300克，大白菜200克，发菜50克，高汤100克。

【调料】食用油50克，淀粉10克，精盐、胡椒粉各5克，味精1克。

【制法】1.干贝用开水泡软，移入蒸笼内蒸1小时，整齐地排入碗中。

2.大白菜切成细丝，放入热油锅中，加精盐、味精炒软，沥干水分放入排好干贝的碗中，蒸20分钟取出扣在盘中。

3.发菜泡软放高汤中煮，等入味后捞出排在干贝的四周，放精盐、胡椒粉、高汤、淀粉勾芡，淋上即可。这道菜色彩缤纷，汁汤浓厚。

蒜子瑶柱豆苗

【原料】豆苗480克，瑶柱3粒，蒜头8瓣。

【调味料】盐半茶匙，鸡粉、白砂糖各1茶匙，姜4片。

【芡汁料】水半杯，生抽、蚝油各1汤匙，糖1茶匙，麻油、胡椒粉各适量，生粉3/4汤匙。

【制法】1.豆苗择去硬茎，洗净控干水；瑶柱用水盖面浸软，捞出撕碎浸水留用，蒸大约10分钟至软；蒜头去衣，整粒留用。

2.烧热半杯油，将蒜头用中火炸至金黄色，取出，留6汤匙油，用猛火炒豆苗至软身，下调味料兜匀，取出控净水上碟。

3.用1汤匙油爆香姜片，加芡汁、瑶柱丝，浸瑶柱水及蒜头煮成汁，淋于豆苗上即成。

冬瓜羹

【原料】冬瓜500克，青豆1汤匙，红萝卜碎2汤匙量，免洗猪肉150克，清鸡汤1罐，水2杯。

【调料】生粉1汤匙，盐、麻油及胡椒粉各适量。

【制法】1.冬瓜去皮再刨碎，连汁放煲内，免洗猪肉拌入调料腌10分钟。

2.清鸡汤、水及冬瓜碎煲滚，加青豆、红萝卜碎及免洗猪肉再煮滚，拌入生粉水成羹，加盐、麻油及胡椒粉调味即可。

蚝油生菜

【原料】生菜600克。

【调料】蚝油30克，清油60克，酱油、白糖、胡椒面、水淀粉各10克，料酒20克，盐1克，味精、蒜末各3克，香油5克，汤适量。

【制法】1.把生菜老叶去掉，清洗干净。坐锅放水，加盐、糖、油，开后放生菜，翻个倒出，压干水分倒盘里。

2.坐勺放油，加蒜炒一炒，加蚝油、料酒、胡椒面、糖、味精、酱油、汤，开后勾芡，淋香油，浇在生菜上即可。

肠粉

【原料】淀粉1000克，甘栗粉200克，香菜2棵。

【调料】盐适量，辣椒酱

100克。

【制法】1.将淀粉加温水调成糊状，倒入甘栗粉、盐，再加水拌和揉透，静置2小时。

2.将面团搓条，摘成胚子，再擀成皮子，卷成卷儿。

3.上笼后搁置2～3分钟，用旺火沸水蒸1刻钟左右，出锅后，撒辣椒酱及香菜点缀即可。

芥蓝沙拉

【原料】新鲜芥蓝300克。

【调料】沙拉酱或沙拉、色拉油各适量。

【制法】1.将芥蓝洗净，用热水焯一下，取出后用清水冷却，控干水分待用。

2.将焯好的芥蓝切成长段，码放在盘内，淋色拉油适量，挤上沙拉酱即可。

清风送爽

【原料】豆腐500克，瘦肉、虾肉、蛋清、荸荠、西红柿、香菇、茄子各适量。

【调料】香油适量。

【制法】1.取豆腐横刀切成薄片，制成扇形（底面两层），待用；将瘦肉、虾肉、蛋清、荸荠制成肉，配上精盐、味精搅匀后抹在底层豆腐上面，再将面层豆腐覆盖上去，成夹心状。

2.用茄子做成扇柄骨架，西红柿切成半圆状，置于扇形顶端，白萝卜丝做扇坠，成型后放入蒸笼蒸5分钟即熟，取出后，用其余辅料在扇面点缀图案，洒上香油，即可上席。这道菜造型别致，赏心悦目。

冬瓜甑

【原料】冬瓜1个，香菇50克，鱿鱼150克，精肉500克，肉汤1000克，粉丝、虾仁各适量。

【调料】精盐、味精、香油各适量。

【制法】1.将冬瓜去毛洗净，在距离冬瓜蒂约8厘米处拦腰切下瓜盖，挖出冬瓜瓤。

2.将洗好的冬瓜，用瓷盆盛装，再将香菇、鱿鱼、精肉、粉丝倒入冬瓜甑内，隔水用炆火蒸约50分钟，起锅时，调入精盐、味精、香油，即可食用。冬瓜甑这道菜色呈草绿，清凉解暑。

白玉藏珠

【原料】鸡蛋12个，银耳、白莲子各25克。

【调料】白糖200克。

【制法】1.把鸡蛋放入锅内，加入冷水，用旺火煮熟，然后用漏勺捞出放置盆内，用冷水将其冷却后，把蛋壳剥去。

2.将银耳洗净，用冷水浸泡2～3小时，取出用开水煮2分钟，然后放置盘内同蛋一起摆置好。

3.把白糖倒入碗内，用开水适量将其溶解，淋于鸡蛋、银耳之上，装盘完毕后用熟白莲子配成各种花样即成。这道菜色泽洁净、艳目，清甜可口。

黄埔炒蛋

【原料】去壳鸡蛋250克。

【调料】熟猪油350克，精盐2茶匙，味精1茶匙。

【制法】1.鸡蛋液加入味精、精盐及熟猪油，搅成蛋浆。

2.炒锅洗净放在中火上，下油搪锅后倒回油盆，再下油半汤匙倒入蛋浆，边倒边铲边下油，炒至刚熟装盘。这道菜鲜嫩香滑。

植物扒四宝

【原料】竹笋尖100克，水发冬菇、鲜蘑菇各65克，干竹荪20克，青菜心14克，鸡汤400克。

【调料】味精、菱粉、精盐、白糖各适量，蚝油13克，鸡油40克。

【制法】1.把笋尖、冬菇、蘑菇、竹荪放入温油锅中，用温火炸烤一下，再加鸡汤300克、鸡油15克、蚝油、味精、糖各适量约烩5分钟可熟，每样分开放在盘子中央呈花瓣形。

2.临吃时，一面就原盘上笼蒸约10分钟，一面把青菜心下热猪油锅，加适量调味品，用温火烧熟，取出围边，最后滗出少量烩笋尖等的原汤，加适量菱粉、鸡油勾芡，浇上即好。这道菜色淡黄，味鲜香脆，四季皆宜。

苏菜

枣方肉

【原料】猪肋条肉1块（约1500克），红枣50克。

【调料】酱油30克，绍酒、冰糖各25克，葱、姜、精盐各10克，味精7.5克。

【制法】1.将肋条肉刮洗干净，放入锅中出水至断血，捞出洗净，在肉皮一面剞上花刀。

2.取砂锅一个，内垫竹箅，将肉皮朝下放入砂锅内，加猪肉汤、绍酒、酱油、冰糖、葱、姜等调味品，用一个圆盘将肉压住，再盖上锅盖，置火上烧沸，后移至小火焖约1小时，将肉取出，皮朝下扣入碗中，倒入原焖肉卤汁。

2.将红枣洗净煮烂，去掉枣皮和核，用刀面剁成枣泥，炒锅上火烧热，放油，投入枣泥、白糖炒匀起锅，把枣泥铺放在肉面上，用玻璃纸封口，上笼蒸约1小时取出，去掉封口纸，将肉翻扣在盘中即成。这道菜甜中带咸，风味别致。

糟扣肉

【原料】猪五花肉750克，香糟45克。

【调料】白糖50克，绍酒25克，葱、姜各20克，味精15克，精盐12克，酱油、猪肉汤适量。

【制法】1.将已出水的五花肉皮朝下，放入垫有竹箅的砂锅中，加酱油、白糖、绍酒、葱、姜、猪肉汤，用圆盘压住，盖上锅盖，置中火上烧沸后移至小火焖半小时，将肉取出，凉透。

2.取碗一个，内倒适量酱油，将肉切成长9厘米、厚0.9厘米的片，皮朝下排入碗内，用香糟焖的原汁100克调匀，浇在碗内肉面上，用玻璃纸封口，上笼蒸1小时，取出，将肉翻扣在盘中即成。这道菜色泽酱红，酥烂入味，糟香诱人。

酱方

【原料】猪五花肉750克，绿叶菜500克。

【调料】绍酒、水淀粉各25克，酱油20克，大葱、姜各15克，味精12克，冰糖屑、盐各10克。

【制法】1.五花肉刮洗干净，修成正方形，用竹签在精肉一面戳些小孔，再用盐擦透放入钵中腌制1天。

2.将腌制的方块肉取出放入锅中出水，洗净后将肉皮朝下放入垫有竹箅的砂锅内，倒入原汤，加入酱油、绍酒、少量冰糖屑、葱、姜，用盆将肉压紧，加盖用旺火烧沸后，改用小火焖至酥烂。

3.将肉取出，皮朝下扣入碗内，再放适量冰糖屑，食时先上笼略蒸，取出扣入盘中，再把原汁倒入锅中烧沸，勾芡，淋浇盘内，另将绿叶菜加盐炒熟饰盘边即成。这道菜口味咸中带甜，食而不腻，入口即化，富有苏帮风味。

金陵圆子

【原料】肥四瘦六的优质猪肉、肋排各500克，青菜叶、水发蹄筋各250克，虾米50克。

【调料】绍酒100克，味精50克，精盐15克。

【制法】1.将猪肉细切，初斩成米粒状，掺入斩碎的虾米，加调料搅拌均匀，制成大小一致的扁形肉圆10个，用水淀粉在肉圆上抹匀，下油锅煎至两面发黄时取出。

2.取砂锅1个，肋排用沸水略烫洗净，放入砂锅中，水发蹄筋切成两段放在肋排上，舀入猪肉汤，加葱、姜、绍酒，置于火上，将肉圆铺在蹄筋上面，再加精盐、味精，盖上青菜叶。

3.加锅盖烧沸，移至微火焖2小时，然后揭去青菜叶，撇去浮油即成。这道菜肉圆酥嫩鲜香，蹄筋软糯醇美，汤汁稠浓味厚。

酱汁肉

【原料】猪肋条肉1000克，猪蹄髈、猪爪各500克。

【调料】绍酒25克，酱油20克，葱、姜、白糖各15克，味精12克，精盐、糖色各10克，八角、红曲粉各5克，冰糖适量。

【制法】1.将猪肋条肉、蹄髈、猪爪分别洗净，将肋条肉切成100克重的方块，连同蹄髈、猪爪放入大锅内出水至断血，取出后洗净。

2.将原汤浮沫撇去，加入精盐，放入竹箅垫底，先将猪爪、蹄髈放在下面，把肉块皮朝上排放在上面，加入绍酒、葱、姜、八角、盖上锅盖，用中火烧约3小时，然后加入糖色、红曲粉，用小火焖至酥烂，加冰糖、白糖，待卤汁浓稠时，锅离火，取出酱汁肉蹄、爪另用，皮朝上放在大瓷盘中，食时切块浇上卤汁即成。这道菜色泽酱红光亮，肉酥烂肥醇。

樱桃肉

【原料】带皮猪肋条肉1000克，豌豆苗250克。

【调料】绍酒30克，黄酒25克，冰糖20克，味精12克，精盐、葱、姜各10克，茴香7克，丁香3克，红曲米水适量。

【制法】1.肋条肉洗刮干净，入水锅中出水至断血，取出肉皮朝上，用刀在肉皮面上直剞1.5厘米见方的十字花刀，深至第一层瘦肉。

2.取砂锅一个，内垫竹箅，肉皮朝上放入锅内，加入猪肉汤、葱、姜、绍酒、精盐、红曲米水，加盖上火烧约30分钟，放冰糖，再加盖移至小火上焖1小时至酥烂，再加入冰糖，移至中火上烧至卤汁浓稠，离火拣去葱、姜，去掉肋骨，放入腰盘中皮朝上，浇上原卤汁。

3.另将豌豆苗加调料煸炒至翠绿色，围放在肉块两侧即成。这道菜肉肥烂入味而不腻，甜中带咸。

扁大枯酥

【原料】猪肋条肉（五花肉）375克，鸡蛋（取蛋黄）3个，肥膘肉60克，豌豆苗125克，粳米30克。

【调料】酱油、小葱各30克，姜50克，料酒、淀粉、蚕豆各15克，盐、味精各2克，白砂糖10克，猪油（炼制）80克，清鸡汤适量。

【制法】1.粳米碾碎成米粉；葱去根须，洗净，切末；姜洗净，切末；豌豆苗择洗干净；猪肥膘洗净，煮熟。

2.将肋条肉、肥膘分别剁成米粒大小的馅，然后一起放入碗内，加鸡蛋黄、粳米粉、葱末、姜末、精盐、少量味精搅拌均匀，搅拌均匀的馅分成5份，用手做成直径约7.5厘米的圆饼5块。

3.锅置旺火上烧热，舀入熟猪油烧至八成热时，将肉饼逐个放入，边炸边用铁勺按扁，炸到色黄、起软壳时，用漏勺捞起，沥去油，晾1分钟，再放入八成热的油锅中，用铁勺不断移动，炸到金黄色时，将锅端离火口3分钟，再置旺火上炸约2分钟，直至肉饼变成枯黄色，倒入漏勺，沥去油，盛入长盘中心。

4.在炸肉饼的同时，炒锅置旺火上烧热，舀入猪油25克，放入豌豆苗，加适量精盐、白糖、味精，炒至翠绿色起锅，装入长盘两端。

5.炒锅再置旺火上，舀入鸡清汤300毫升，加酱油、白糖8克烧沸，再加料酒、味精少许，将湿淀粉调稀勾芡，淋入熟猪油15克，起锅浇在肉饼上即成。

松子熏肉

【原料】鲜猪五花肉750克，松子仁50克，荷叶1张。

【调料】花生油200克，冰糖50克，酱油30克，绍酒25克，精盐15克，花椒、麻油、葱、姜各5克，丁香3克，茶叶、锅巴适量。

【制法】1.将五花肉刮洗干净，用精盐、绍酒、花椒腌制，然后洗净，擦干水分，用铁叉插入肉内，皮向下在旺火上烘烤至皮呈焦黄色，离火，放入清水中泡刮、洗净。

2.大砂锅垫入竹箅，放入方肉，加入酱油、绍酒、冰糖、精盐、丁香、葱、姜，加水烧沸，移小火焖至酥烂；铁丝络垫入荷叶，将方肉放上皮朝上，在锅内投入茶叶、糖及锅巴，再将铁丝络放入锅内，加盖上火，以旺火烧2～3分钟，离火取出，切块装盘，再淋上麻油。

3.松子仁入油锅内滑油，撒在肉上即成。这道菜色泽金黄，肉酥味香。

生麸肉圆

【原料】猪腿肉500克，生麸（水面筋）250克。

【调料】绍酒、湿淀粉、白糖各25克，精盐12克，葱、姜各10克，味精7.5克。

【制法】1.将水面筋搓成长条，剪成50个小块，每块捏成圆子，另将猪腿肉斩碎，加调料搅拌成50个馅心，把水面筋圆子拉开，包进肉馅捏紧。

2.锅放水烧沸，加精盐，肉圆随做随下锅，但水不能沸，适时加放冷水，免使沸水激破肉馅，至圆子全部浮在水面时，再加入绍酒、味精，起锅装汤碗即成。这道菜柔软皮薄，肉圆汁多鲜嫩。

百花酒焖肉

【原料】去骨肋条肉1000克。

【调料】白糖、百花酒50克，酱油30克，葱、姜各15克，精盐10克，味精7.5克。

【制法】1.猪肋条肉洗刮干净，用洁布吸去水分，用烤叉插入肉块中，肉皮朝下，在中火上烤至皮色焦黑，其目的是起香增色，离火，抽出烤叉，将肉入温水中泡软，刮去皮上焦污并洗净，然后修去肉的左角，切成大小均等的12个方块，再在每块肉皮上剞芦席形花刀。

2.取砂锅一个，内垫竹血箅，放入葱姜，把肉块皮朝上排放入锅，加百花酒、白糖、精盐，置旺火上烧沸，再加清水、酱油，盖上锅盖，用微火焖1小时至酥烂，再移至旺火收浓汤汁，拣去葱、姜，装盘即成。这道菜酒香浓郁，肉酥入味，甜咸可口。

刺猬圆子

【原料】猪五花肉500克，糯米150克，光荸荠100克。

【调料】料酒100克，湿淀粉50克，葱、姜汁各15克，盐、味精各5克。

【制法】1.把荸荠、猪肉切成如绿豆粒大小，然后稍剁数刀，使荸荠和肉混合均匀后盛入碗中；将料酒、盐、葱、姜汁、味精和湿淀粉，与适量水拌匀上劲，捏成约40克重一个的圆子。

2.糯米淘洗干净后，用清水泡15分钟左右，沥去水放入钵中，加料酒、味精拌匀，腌10分钟左右，沥干汁水。

3.把捏好的圆子滚上糯米，放入事先抹上油的盆内，上屉用旺火蒸20分钟即成。这道菜外糯里嫩，香甜可口。

香菜梗炒肚丝

【原料】猪肚头6克，香菜梗100克，鸡蛋清30克，生菜油500克（实耗约50克），鸡汤25克。

【调料】盐5克，料酒25克，湿淀粉40克，味精4克，胡椒粉适量。

【制法】1.先将猪肚头表面浮皮剔去，里外洗净，切成6厘米长的细丝，放入碗中，加入料酒、盐，搅拌均匀，然后把鸡蛋清加入湿淀粉制成糊，与肚丝拌匀挂好浆后稍放一下，使之不易脱浆；香菜梗切成长约3厘米的段；料酒、鸡汤、味精、湿淀粉放入碗中调成卤待用。

2.将炒勺烧热，倒入生菜油，将油烧至六成热时，把肚丝下入翻炒速散开至熟倒出，之后在原勺内放入香菜梗、卤汁，待汁熬至浓稠时，即放入肚丝，翻炒均匀后取出，撒上胡椒粉即可。这道菜白绿相映，味香脆嫩。

酱汁排骨

【原料】猪肋排骨1000克。

【调料】酱油30克，白糖50克，绍酒25克，味精、精盐、葱、姜各10克，八角、桂皮各5克。

【制法】将排骨下水锅出水，洗净，锅内放入竹箅垫底，将排骨整齐放入，加绍酒、八角、桂皮、葱、姜、清水，用旺火烧沸后再加入白糖、酱油盖好锅盖，用中火烧至汁稠。食时改刀装盘，浇上原汁即成。这道菜色泽酱红，肉质酥烂，芳香扑鼻。

无锡肉骨头

【原料】排骨800克，清水适量。

【调料】食盐、绍酒、葱、姜、茴香、桂皮、酱油、白糖各适量。

【制法】1.将排骨先斩成小块，用硝末、食盐拌匀入缸内腌10小时左右取出，放入锅内，加清水烧沸。

2.烧沸后，捞出洗净，将锅洗净，用竹箅垫底，将排骨和方肉放入，加绍酒、葱、姜、茴香、桂皮、清水各适量，用大火烧沸后再加酱油、白糖，用中小火焖烧1小时，至排骨酥烂，汤汁稠浓而香时即成，食用时取出改刀装盘，浇上卤汁。这道菜浓油赤酱，肉质酥烂脱骨。

宿迁猪头肉

【原料】猪头1个（约2500克）。

【调料】甜面酱50克，酱油40克，精盐30克，茴香、桂皮各7.5克。

【制法】1.猪头泡入水中洗净，镊去细毛，割下双耳，去掉猪眼圈、嘴唇、耳圈、鼻子，脸劈成2块，下巴劈成3块，再放入水中浸泡，漂去血水，下水锅煮半小时，捞出洗净，切成块。

2.取锅上火放油，下甜面酱炒成甜酱色，放入肉块、茴香、桂皮、酱油、精盐及清水，先用旺火烧沸，再用炆火煮约3小时至肉酥烂即成。这道菜肥肉酥烂，精肉鲜香，味纯而嫩，香气芬芳。

氽脊脑

【原料】鲜猪脑子、猪脊髓各250克，笋片150克，熟火腿片50克，香菇25克。

【调料】绍酒25克，熟鸡油20克，精盐15克，味精12克。

【制法】1.将猪脑和脊髓放在盆中用清水浸泡，并轻轻去掉血衣、血筋，把猪脑切成4块，脊髓切成几段。

2.炒锅上火，放入鸡清汤烧沸即投入脑、髓烧透，撇去浮油沫，移小火焖2分钟，再移至旺火，放入配料，加精盐、味精、绍酒，起锅装入碗内，淋上熟鸡油即成。这道菜鲜嫩细腻，风味独特。

风蹄

【原料】猪前蹄750克，风鱼150克。

【调料】绍酒50克，酱油40克，白糖25克，精盐20克，味精、葱、姜各15克。

【制法】1.将刮洗干净的猪蹄剖开主骨，斩下猪爪，一起放入锅中，舀入肉汤烧沸，撇去浮沫，捞出蹄子，洗净，再放入原锅中，加绍酒、精盐、葱、姜烧沸，移至小火烧至六成熟，捞出，剔去大骨，用酱油抹在蹄皮上。

2.将风鱼切成条块，放入碗中，将猪蹄皮朝下放在鱼块上，再放入猪爪，加绍酒、酱油、味精、白糖，舀入锅内原肉汤，用圆盘盖在碗上，上笼用旺火蒸约2小时至蹄髈酥烂，取出滗出汤汁，翻扣入盘中，浇上汤汁即成。这道菜蹄髈皮糯肉烂，风鱼味鲜，酒香四溢，别具一格。

水晶肴肉

【原料】猪蹄适量。

【调料】硝水、粗盐、葱节、姜片、绍酒各适量。

【制法】1.将猪蹄刮洗干净，用刀平剖开，剔去骨，皮朝下平放在案板上，用竹签在瘦肉上戳几个小孔，均匀地洒上硝水，再用粗盐揉匀擦透，猪蹄入缸腌制后取出，放入冷水内浸泡1小时，取出刮除皮上污物，用温水漂净。

2.将猪蹄皮朝上入锅，加葱节、姜片、绍酒、水焖煮至肉酥取出，皮朝下放入平盆中，盖上空盆，压平后，将锅内汤卤烧沸，去浮油，倒入平盆中，稍加一些鲜肉皮冻凝结，即成水晶肴肉。这道菜质地醇酥，油润不腻，滋味鲜香。

酒酿金腿

【原料】金华熟火腿中峰750克。

【调料】酒酿250克，绍酒75克，白糖50克，湿淀粉25克。

【制法】1.将熟火腿去皮并修净油头，切成薄片，取10片火腿，逐片卷入酒酿使其呈喇叭形，置小盘中。

2.将火腿片整齐排在碗内，加白糖、绍酒，并以酒酿垫底，用保鲜纸封口，与火腿卷同时上笼蒸20分钟。

3.将蒸好的火腿片反扣在盘中，原汁入锅烧热勾芡，用火腿卷围边，浇上原汁即成。这道菜香甜不腻，甜中趋咸，如配以鲜莲同蒸更妙。

京葱炆牛方

【原料】小牛腩肉750克，冬笋片150克。

【调料】花生油250克（实耗油50克），绍酒50克，京葱、酱油、白糖各25克，精盐15克，姜片10克，味精12克，丁香7.5克，芝麻油5克。

【制法】1.将牛腩肉两面剞上刀纹，用酱油涂抹，锅置旺火放入花生油，放入牛腩煎至两面呈金黄色时，放入笋片、京葱段、姜片、丁香、酱油、绍酒及白糖，加清水，盖上锅盖烧沸。

2.烧沸后移到小火上炆3个小时至牛肉酥烂，待卤汁收稠时，拣去丁香，加味精，淋入芝麻油，取锅装盘即成。这道菜卤汁稠黏入味，牛肉鲜香酥烂。

沛公狗肉

【原料】狗肉、甲鱼、清水各适量。

【调料】花生油、酒、精盐、葱、姜、酱油、白糖、八角、花椒各适量。

【制法】1.将甲鱼宰杀洗净，狗肉切成小块，加酒、精盐、葱、姜腌渍2小时。

2.将甲鱼入沸水锅略焯洗净，炒锅烧热，放花生油烧热，先下葱、姜煸香，再放狗肉和甲鱼块，略炒后加酒、酱油、精盐、白糖、八角、花椒，加清水焖烧至半熟，倒入垫有竹箅的大砂锅内烧沸。

3.烧沸后转用小火炖至肉质酥烂，卤汁浓醇即成。这道菜色泽深红，香味浓郁，狗肉酥烂入味。

叫花鸡

【原料】母鸡1只，鲜荷叶、包装纸、酒坛泥、虾仁、鸡肫丁、猪瘦肉、熟火腿丁、水发香菇丁、大虾米各适量。

【调料】猪网油、绍酒、精盐、酱油、葱段、姜末、丁香、八角、山柰末、芝麻油、熟猪油各适量。

【制法】1.将光鸡去脚、爪、肋下，取脏，用刀背敲断腿、翅、颈骨入坛，加酱油、绍酒、精盐腌渍1小时，取出，将丁香、八角碾末，加山柰末遍抹鸡身，炒锅入熟猪油，炸葱、姜起香后捞去。

2.将虾仁、鸡肫丁、香菇丁、猪肉火腿丁、虾米入炒锅颠炒几下，加绍酒、酱油、绵白糖炒至断生，待凉后塞入鸡腹，鸡头塞入刀口，腋下放丁香，用猪网油包紧鸡身，外用鲜荷叶包裹数层，用细麻绳扎紧，把酒坛泥碾成粉加清水拌和起黏，平摊湿布上，把鸡置泥中间用湿布兜起，使泥紧粘，揭去湿布，用包装纸包裹，再戳一小孔。

3.将鸡装入烤箱，旺火烤约40分钟取出，用湿酒坛泥封孔再烤半小时，用小炆火烤80分钟，再用微火烤90分钟，取出敲去泥，去绳、荷叶装盘，淋芝麻油即成。这道菜原汁原味，皮色光亮金黄，肉质肥嫩酥烂。

炖菜核

【原料】青菜心、鸡脯肉、鸡蛋黄、火腿片、冬笋片、虾仁各适量。

【调料】猪油、盐、酒、味精、鸡清汤、鸡油各适量，干淀粉10克。

【制法】1.将青菜心洗净，菜头削成橄榄形，剞十字形刀纹，切去菜叶；把鸡脯肉批成柳叶片，放入碗中加鸡蛋黄、干淀粉拌匀。

2.炒锅用大火烧放猪油，烧至四成热时，放菜心，用铁勺翻动至翠绿色时，捞出，沥干油；鸡脯肉下锅划油后，取出，沥干油。

3.将部分青菜心放入砂锅垫底，再将菜心沿砂锅边顺序排列，把火腿片、冬笋片、鸡脯片顺序排列成圆形，放在菜心上面，中心缀以虾仁，再加盐、酒、味精、鸡清汤，置火上浇沸，转用小火炖15分钟，淋上鸡油即成。这道菜色呈黄绿，棵形完整，菜心酥烂。

美人肝

【原料】鸭胰、鸡脯丝、冬笋、水发冬菇、鸡蛋清、鸡汤各适量。

【调料】湿淀粉、精盐、料酒、味精、鸡油各适量。

【制法】1.将鸭胰白放入沸水锅内烫约10分钟后取出，入冷水中冷却，撕去臊筋，放入盘内，将鸡脯丝也放入鸭胰盘内，用鸡蛋清、湿淀粉拌匀，水发冬菇、冬笋切成薄片。

2.将鸡油烧至四成热，将鸭胰白、鸡脯丝、冬笋丝、冬菇丝放入，用手勺推动，见油起沫时起锅，倒入漏勺沥油。炒锅置火上，舀入鸡清汤，加精盐、料酒、味精，用湿淀粉勾芡，将鸭胰白、鸡脯、冬菇、冬笋倒入，颠翻炒锅，淋上鸡油即成。这道菜色泽乳白，光润鲜嫩，味美爽口。

霸王别姬

【原料】光仔鸡500克，活鳖450克，鸡肉茸50克，青菜心、熟冬笋各35克，水发冬菇、熟火腿各25克，鸡清汤200克。

【调料】淀粉、姜各25克，绍酒40克，葱30克，盐10克。

【制法】1.光鸡下冷水锅中洗净；鳖宰杀烫洗，去掉黑衣膜后去壳、内脏，洗净，下水锅中焯水；鳖肉捞出，用洁布吸去水分，撒上干淀粉，酿入鸡肉蓉，团成“鳖蛋”。

2.将“鳖蛋”放入，盖上鳖盖背朝上放入砂锅中，与鸡同放入砂锅，舀入鸡清汤，加绍酒、葱、姜、精盐，上笼蒸至鸡肉酥烂取出，去掉葱、姜，加入冬笋、冬菇、火腿、青菜心，再上笼略蒸即成。这道菜汤汁清澈，味鲜醇厚，为宴席佳肴中之上品。

金陵盐水鸭

【原料】清水、鸭各适量。

【调料】精盐、花椒、五香粉、葱、姜、八角、香醋各适量。

【制法】1.鸭宰杀洗净，放入清水中浸泡去血水洗净，沥干水分。

2.炒锅烧热放精盐、花椒、五香粉，炒热后倒入碗内，用热盐擦遍鸭身后，再将鸭放入缸盆内腌制1.5小时取出，再放入清卤缸内浸渍4小时左右取出。

3.锅内加清水，用大火烧沸，放葱、姜、八角、香醋，将鸭腿朝上，头朝下放入锅中，焖烧20分钟后，待四周起水泡时提起鸭腿，将鸭腹中的汤汁沥出，接着再把鸭子放入汤中，使腹中灌满汤汁，如此反复三四次后，再焖约20分钟取出，沥去汤汁，冷却即成，食用时改刀装盘。这道菜皮色玉白油润，鸭肉微红鲜嫩。

三套鸭

【原料】家鸭、菜鸽、野鸭、冬菇、火腿片、肫肝、清水各适量。

【调料】葱节、姜块、绍酒、精盐各适量。

【制法】1.将活鸭宰杀洗净后，剔去鸭骨，放入沸水中烫去血污，再用清水洗净；野鸭和菜鸽用上述同样方法出骨，焯水，洗净；将鸽子、冬菇、火腿片塞入野鸭腹中，再将野鸭塞入家鸭腹中，成三套鸭。

2.将三套鸭放入沸水中略烫，放入有竹箅垫底的砂锅中，加肫肝、葱节、姜块、绍酒、清水，用中火烧沸，撇去浮沫，转用小火焖煮3小时至酥烂，端离火口，捞出葱、姜、竹箅。

3.将鸭翻身，捞出肫肝切片放在鸭上，加精盐再炖半小时即成。这道菜风味独特，滋味极佳。

锅烧野鸭

【原料】光肥野鸭1只，鸡蛋2个。

【调料】白糖40克，酱油75克，菱粉、葱、姜、黄酒各适量。

【制法】1.把野鸭从背脊处剖开，洗净，放入开水内氽透，去其血水，取出再洗，洗后放入砂锅内，加葱、姜、酱油、糖、酒用小火焖烂，取出拆骨留头。

2.将鸡蛋打碎，再用菱粉、鸡蛋液倒在野鸭肉上（不要倒在皮上），放入热猪油锅内两面煎黄，取出，切成1.5厘米宽、4.5厘米长的条子。

3.再照整鸭的形状装盘，鸭头一切为二，镶在鸭身前面，用椒盐或甜酱蘸食。

太湖银鱼

【原料】银鱼、鸡蛋、笋丝、水发木耳、韭芽、白汤各适量。

【调料】酱油、绍酒、精盐、猪油、白糖、味精各适量。

【制法】1.将银鱼择去头尾，用清水洗净，沥水；鸡蛋磕入碗中，加盐调散；笋丝入开水锅中焯一下，捞出；木耳清水洗净，用开水泡发，沥干。

2.炒锅上火，用油划锅，放猪油烧热，下银鱼煸炒几下，倒入蛋液中搅和，炒锅内再加猪油烧沸，倒入银鱼和蛋液，待蛋液涨发，一面煎黄后，端起炒锅翻身，再煎另一面。

3.煎熟后用铁勺将蛋块拉成四大块，加入绍酒、酱油、精盐、白糖、味精、白汤，倒入笋丝、木耳加盖用小火焖烧23分钟，再旺火收汁，放入韭菜，再加猪油出锅装盘即成。这道菜色泽金黄，肥鲜香嫩。

松鼠鳜鱼

【原料】鲜汤、鳜鱼、干淀粉、笋丁、虾仁、香菇、豌豆各适量。

【调料】糖、香醋、酒、盐、蒜瓣末、猪油、麻油、番茄酱各适量。

【制法】1.将鳜鱼去鳞及鳃，剖腹，去内脏，洗净，鱼皮朝下在鱼肉上先直剞、再斜剞，深至鱼皮呈菱形刀纹，用绍酒、精盐调匀，抹在鱼头和鱼肉上，再滚上干淀粉。

2.用手拎鱼尾抖去余粉；将番茄酱放入碗内加鲜汤、糖、香醋、酒、盐、湿淀粉拌成调味汁。

3.炒锅用大火烧热下猪油，烧至八成热时，先将两片鱼肉翻卷，翘起鱼尾，放入油锅稍炸使其成形，再将鱼全部放入油锅炸，至金黄色捞起，放入盘中，装上鱼头拼成松鼠形。

4.锅内留油适量，放葱段煸香，捞出，加蒜瓣末、笋丁、香菇丁、豌豆炒熟，下调味汁用大火烧浓后，放猪油和虾仁拌和，淋上麻油，起锅浇在鱼身上即成。这道菜外松脆，内软嫩。

叉烤鳜鱼

【原料】活鳜鱼750克，猪肉丝30克，京冬菜、笋丝各15克，鸡蛋1个（约50克）。

【调料】猪网油250克，香醋50克，熟猪油、绍酒各40克，芝麻油15克，生姜、精盐、味精各10克，葱6克。

【制法】1.活鳜鱼宰杀后放砧板上，刮去鳞，掏除鳃，从鳃部用筷子绞出肉脏，使腹部保持完整无破损，洗净后晾干水分；猪网油洗净，用葱、姜汁浸渍；京冬菜择去杂物洗净；鸡蛋磕碗内，加葱、椒盐、干淀粉，调成蛋糊。

2.炒锅置中火上烧热，加入熟猪油，投入姜、葱丝略煸，再将肉丝放入煸炒，放入京冬菜、笋丝，加入绍酒、精盐、味精，炒熟成馅；把洗净的鱼放在砧板上，用刀在鱼两面剞上花刀，刀深至内不能划破鱼腹，然后用葱、姜、绍酒、精盐擦抹鱼身，腌渍2小时后，将馅心从鱼口中填入鱼腹；把猪网油摊平，上涂蛋糊，放上鳜鱼包好。

3.取铁丝络1个，放上鳜鱼，鱼的上下两面放上葱段、姜片，上叉入炉烘烤，将两面烤至金黄色时，拣去葱、姜，放入盘中，用刀在鱼身上顺长直划一刀，露出馅心，淋上芝麻油，带姜、醋上桌即成。这道菜外脆里嫩，肉质鲜香，馅料软糯，回味无穷。

青鱼甩水

【原料】青鱼350克。

【调料】熟猪油75克，绍酒25克，酱油20克，葱、白糖各15克，姜10克，芝麻油各7.5克。

【制法】1.将青鱼尾段洗净，顺长切3～5刀，尾鳍相连。

2.炒锅置旺火烧热，放入熟猪油，投入葱段煸黄出香后，捞出，放入鱼尾煎至两面发黄，烹入绍酒稍焖，再加入姜末、酱油、白糖及清水，盖上锅盖，烧沸后移小火焖8分钟，再转旺火收稠卤汁，淋入芝麻油，起锅将鱼尾整齐地装入盘中即成。这道菜色泽酱红，咸中带甜，肉质肥嫩。

爆氽

【原料】净青鱼肉500克，笋片25克，水发冬菇15克。

【调料】豆油450克（实耗油75克），鸡清汤450克，绍酒25克，酱油15克，葱、姜各10克，精盐2克，味精1.5克。

【制法】1.将青鱼段斜片成1.5厘米的鱼块，用绍酒、酱油浸渍5分钟。

2.炒锅置旺火上，放入豆油，烧至八成热时，放入鱼块炸至深黄色时捞出。

3.另取锅上火，加入鸡清汤，投入爆鱼块、笋片、水发冬姑、绍酒、葱、姜，烧5分钟，再放入精盐、味精即成。这道菜汤汁浓厚、鲜肥，佐酒下饭兼优，尤宜老人食用。

炝虎尾

【原料】鳝鱼1000克。

【调料】蒜头25克，酱油15克，芝麻油10克，醋3克，胡椒粉1.5克。

【制法】1.将鳝鱼尾部背肉入沸水中略烫捞出，取小碗1个，将鳝鱼肉尾部向下整齐地排列扣入碗中，再用沸水浇烫过两次后，反扣入碗中，浇上酱油、醋。

2.取锅上火，放入芝麻油烧热，投入蒜头泥炸香，连油带蒜泥倒在鱼肉上，撒上胡椒粉即成。这道菜鱼肉绵软滑嫩，清爽利口，最宜夏季食用。

白汤鲫鱼

【原料】活鲫鱼2条（约重500克），熟笋片50克，熟火腿片、水发香菇各25克。

【调料】绍酒50克，精盐7

克，味精2.5克，熟鸡油10克，姜片5克，熟猪油75克，葱节少许。

【制法】1.将鲫鱼洗净，在鱼脊背两侧剞斜十字刀纹。

2.将锅置旺火上烧热，舀入熟猪油，烧至四成热时，将鱼放入，两面略煎后，加绍酒、葱节、姜片和清水750克，烧沸后撇去浮沫，盖上锅盖，移至小火上煮到汤色乳白时约8分钟，再移至旺火上，加精盐、味精、火腿片、笋片、香菇，烧2分钟后端离火口，拣去葱、姜，盛入大汤碗，将火腿片、香菇片放在鱼身上，淋入熟鸡油即成。这道菜肉质鲜嫩，鱼形完整，汤色乳白，味香浓醇。

双皮刀鱼

【原料】刀鱼、猪熟肥膘蓉、熟火腿片、熟火腿末、香菜末、春笋片、水发冬菇、鸡蛋清、鸡清汤各适量。

【调料】绍酒、精盐、味精、葱节、姜片、水淀粉、熟猪油各适量。

【制法】1.将刀鱼刮鳞，去鳃、鳍，在肛门外横划一刀，用竹筷从鳃口插入鱼腹，绞去内脏，切掉鱼尾尖，洗净，逐条在鱼背外用刀沿脊骨两侧剖开，去掉脊骨，鱼皮朝下平铺在砧板上，用刀背轻捶鱼肉使细刺粘在鱼皮上，再用刀面蘸水，刮下两面鱼肉，剁成鱼蓉。

2.把鱼蓉放入碗中，加猪熟肥膘蓉、鸡蛋清、精盐、味精、绍酒和适量清水搅匀分成四份，平铺在四条刀鱼皮的肉面上，再将另一面鱼皮合上成鱼原状，在合口处沾上火腿末、香菜末，放入盘中，将火腿片、春笋片、冬菇片相间铺在鱼身上。

3.再在鱼上放上葱节、姜片，加绍酒、精盐上笼蒸熟取出，去葱、姜，滗去汤汁。

4.将锅置旺火上，舀入鸡清汤，再加味精、精盐，烧沸后用水淀粉勾芡，淋入熟猪油，再浇在鱼身上即成。这道菜鱼形完整，食之无刺。

滑炒虾仁

【原料】虾仁600克。

【调料】油50克，葱20克，精盐6克，酒5克，姜、胡椒粉各2克，香油1克，味精少许。

【制法】1.虾仁用精盐水抓洗后，再以清水冲洗，沥干。

2.虾仁沥干，加入精盐、

酒、胡椒粉、蛋白、淀粉腌10分钟；葱切段；姜切片待用。

3.油温热后投入虾仁，一变色即可捞出，另用油入锅，依序下葱段、姜片及虾仁，快速调入精盐、味精、香油、胡椒粉翻炒数下即可。这道菜色泽素雅，肉质滑爽脆嫩。

松子鱼米

【原料】柿子椒、蛋清、红泡椒、高汤、鳜鱼、松子各适量。

【调料】盐、料酒、淀粉、味精、胡椒粉、花生油、糖、姜末各适量。

【制法】1.鱼肉切成绿豆大小的鱼米，松子用温油炸熟；锅上火放油，待油温下入鱼米划开。

2.原锅上火，注入花生油，放姜末煸炒后，放鱼米与松子炒均，调味芡汁，熟透装盘即成。这道菜鱼肉鲜嫩，松子酥香。

文思豆腐

【原料】豆腐、清汤、清鸡汤、火腿丝、菜丝、笋丝、香菇丝各适量。

【调料】盐、味精、鸡油各适量。

【制法】1.将豆腐切成豆腐丝，入沸水锅中略焯。

2.在炒锅内加清鸡汤，外加清汤，放豆腐丝、笋丝、香菇丝，烧沸后，撇去浮沫，加盐、味精、火腿丝和菜丝稍烩，出锅倒入汤碗内，淋上鸡油即成。这道菜色泽白绿相间，豆腐细嫩。

浙菜

云猪手

【原料】猪脚500克，清水适量。

【调料】白醋、白糖、精盐各适量。

【制法】1.将猪脚去净毛甲，洗净，用沸水煮约30分钟，改用清水冲漂约1小时，剖开切成块，每块重约25克，洗净，另换沸水煮约20分钟，取出，又用清水冲漂约1小时，然后再换沸水煮20分钟至六成软烂，取出，晾凉，装盘。

2.将白醋煮沸，加白糖、精盐，煮至溶解，滤清，凉后倒入盆里，将猪脚块浸6小时，随食随取。这道菜骨肉易离，皮爽肉滑，不肥不腻，酸甜可口。

茶香骨

【原料】猪肋骨排640克，姜3片，干葱肉粒、干葱蓉各少许。

【调料】红茶包4包，生抽、老抽各1汤匙，八角3粒，柠檬皮1/8个。

【制法】1.将肋骨排切成长条，洗挣，抹干水分，用干葱蓉和姜片腌片刻备用。

2.用1汤匙油爆香干葱肉，倒入3杯水和调味料煮滚，放入肋骨排，用中火煮约7分钟，熄火后再浸30分钟，捞起，沥干备用。

3.用锅烧滚3杯油，放入肋骨排炸至呈金黄色便成。

梅子排骨

【原料】厚肉大排骨500克，梅子2粒，红椒1只。

【调料】绍酒、酱油各半汤勺，葱2颗，浙醋、冰糖各少许，盐适量。

【制法】1.将排骨斩成大块，酸梅压烂，涂在近骨一面加上绍酒、酱油、葱、浙醋、冰糖、盐腌1小时，放入滚油中炸2分钟，捞起，然后待油温回升将排骨复炸1分钟。

2.红椒、葱一同切丝，烧热锅，下油两勺，加入调料慢火烧至糖熔，放入排骨，加盖煮两分钟，拌匀后煮至汁浓加入红椒丝、葱丝即可。

葱炖猪蹄

【原料】葱50克，猪蹄4个（约1000克）。

【调料】食盐适量。

【制法】1.将猪蹄拔去毛，洗净，用刀划口。

2.将葱切段，与猪蹄一同放入锅中，加水适量和食盐少许，先用武火烧沸，后用炆火炖熬，直至熟烂即成。

茶香牛肉

【原料】牛肉500克，绍酒50克。

【调料】酱油75克，白糖、红枣各25克，绿茶5克，葱段、姜片、植物油各适量。

【制法】1.牛肉切小块，下冷水锅煮，将沸时撇去浮沫，置小火上煮半小时，倒出洗净。

2.原锅洗清，放少量植物油，下葱段、姜片及牛肉略加煸炒，加绍酒、酱油、白糖、绿茶、桂皮、茴香少许、红枣、清水适量，用大火烧开，改小火焖烧约1.5小时，待牛肉熟酥，茶香扑鼻，移大火上收浓卤汁即可。这道菜无牛肉膻气，茶香肉酥，冷餐、热吃皆宜。

酥炸牛柳

【原料】洗净牛柳500克，鸡蛋100克。

【调料】食粉4克，生姜1块，大葱1棵，白糖、味精、淮盐、喼汁各3茶匙，酱油、绍酒各半汤匙，干淀粉5汤匙，花生油1500克。

【制法】1.把牛柳切片，每片重50克，用刀背横、直拍松，加入食粉、味精、酱油、绍酒、白糖和用刀拍松的姜、葱，腌渍1.5小时。

2.将鸡蛋打散，放入干淀粉3汤匙搅成糊状，把腌好的牛肉放入拌匀，每片拍上干淀粉。

3.炒锅内放入花生油，烧至六成热时，下入牛柳炸至金黄色，捞起，1件改切3片装盘即可。这道菜皮脆里嫩，甘香可口。

萝卜杏仁煮牛肺

【原料】萝卜块500克，苦杏仁15克，牛肺250克。

【调料】姜、料酒各适量。

【制法】1.牛肺用开水烫过，再以姜汁、料酒旺火炒透。

2.瓦锅内加水适量，放入牛肺、萝卜、杏仁煮熟即成。

红烧狗肉

【原料】鲜狗肉1000克。

【调料】植物油75克，料酒、酱油各50克，大葱、大蒜瓣各25克，精盐20克，干红辣椒、生姜各15克，熟芝麻面10克，味精2克。

【制法】1.将大葱去皮，洗净，切段；大蒜去皮，拍碎末；生姜去皮，洗净，切薄片；辣椒洗净，去蒂，切段，待用；将狗肉放入清水中浸泡一天，待用。

2.泡好之后将狗肉取出，洗净，控水，剁成3厘米见方的块，放进锅里，加清水直到没过肉块为好，烧开，捞出，再用清水冲洗三次，控干水分。

3.把油放入锅里烧热，投入狗肉，用旺火煸炒4分钟，烹入料酒和酱油，待水干后，放入葱段、辣椒须和清水，用温火煨，待肉烂时，放入盐、大蒜末、味精，烧开后盛入碗内，撒上熟芝麻面，趁热吃即可。这道菜汤汁浓郁，味道香辣，狗肉细嫩。

霸王鸡翅

【原料】鲜鸡翅、甲鱼、清汤各适量。

【调料】葱、姜、蜂蜜、精盐、料酒、醋、味精、湿淀粉、花生油各适量。

【制法】1.先将鸡翅洗净，扎上小孔，加精盐、料酒腌渍，皮面抹上一层蜂蜜。

2.煎盘内加入花生油，用微波炉高段火力加热2分钟，放入鸡翅两面各炸3分钟，捞出摆在盘内。

3.甲鱼杀后洗净，甲壳备用，肉剁成块，盛入碗内，加葱段、姜片、料酒、精盐、醋，加盖，用微波炉高段火力加热15分钟，取出，盛在鸡翅中间，加上甲壳，汤汁滤清，调入湿淀粉，加热1分钟，浇在上面即成。这道菜鸡肉香醇，甲鱼鲜嫩，两者相配，风味独特。

核桃鸡丁

【原料】核桃仁100克，鸡肉300克，鸡蛋清1个，冬笋75克，湿冬菇25克。

【调料】湿淀粉1汤匙，味精1.5茶匙，生抽、料酒各3茶匙，姜1块，葱1棵，精盐2茶匙，植物油500克。

【制法】1.葱切花；姜切末；将鸡肉片成厚片，剞十字花刀，改切成丁，放蛋清，一半湿淀粉拌匀；核桃仁用水泡软去衣；冬笋、冬菇切丁焯水。

2.取一碗，加入精盐、味精、一半湿淀粉、生抽调匀成汁，将核桃仁下入热油锅中，炸呈微黄时速捞出（避免过火发苦），再将鸡丁、冬笋丁下锅划透捞出。

3.锅留底油，下姜末、葱花、冬菇丁、鸡丁、笋丁、核桃仁、料酒翻炒，倒入调好的汁，炒匀出锅装盘。

元蹄炖鸡

【原料】肥嫩母鸡1只（约1000克），元蹄1只（约700克），火腿50克，料酒25克，水发冬菇60只。

【调料】盐5克，生姜2片，碎冰糖15克。

【制法】1.将肥嫩母鸡放血、宰杀，净膛，去内脏，去毛后，用刀从背脊处剖开，放入开水锅中，稍烫片刻，取出，洗净血沫。

2.火腿切成厚片；水发冬菇

洗净，去蒂，再冲洗干净；元蹄烧净小毛，刮洗干净，放入清水中浸泡，去污洗净，亦放入开水锅中，烫片刻捞出，放入清水中，洗去油腻。

3.把鸡放入瓷盆内，然后放上元蹄、火腿片、冬菇片和生姜片，注入冷开水至八成满，加酒、盐、冰糖调味，盖严，上蒸笼锅内，炖1.5～2小时左右，待肉料酥烂时，调好口味，出锅上桌即可。这道菜母鸡肥嫩，元蹄软糯，香美适口。

百花鸡

【原料】虾仁、鸡胸脯肉各400克。

【调料】盐、味精、酒、太白粉、胡椒粉各适量。

【制法】1.虾仁去泥肠后剁碎，加盐、味精、酒、太白粉、胡椒粉拌匀；鸡胸肉加盐腌一下。

2.鸡胸肉扑点太白粉，将虾仁置于鸡胸肉上，入热油锅中小火炸至色泽金黄色时取出，沥干，切块。

酱鸭

【原料】光鸭1只（1500克），红米25克。

【调料】冰糖75克，料酒50克，葱、姜各20克，盐15克，八角、桂皮各5克。

【制法】1.光鸭剖腹，挖去内脏，洗净，斩去嘴巴、脚爪，割去鸭臆，放入开水锅中氽一下捞出，再洗净血秽，鸭腹内壁用盐擦匀。

2.将铁锅放于炉上，加入水1000克，后将红米、葱、姜、八角、桂皮用洁布包好，放入锅中，烧至汁呈红色时捞出布包，将鸭子下锅，加入冰糖、盐、料酒，用小火烧2小时左右，待鸭子酥后汤汁余200克左右时，即用旺火收汁，一面用勺子舀汁，不断地浇在鸭上，一面兜锅使鸭子不断转动，待汤汁剩100克左右时，即将鸭子捞出盛入盘内，待其自然冷却后成块装盆即成。这道菜鲜、香、肥、嫩，咸甜适口。

荷香笼仔鸭

【原料】番鸭500克，水发香菇25克，红萝卜花片10克，荷叶1张。

【调料】花生油20克，湿淀粉15克，生抽10克，味精、葱段、老酒各5克，精盐、芝麻油各2克。

【制法】1.将番鸭洗净，切成长3厘米、宽2厘米的鸭件；香菇切片。

2.把鸭件、香菇片、红萝卜花、生抽、精盐、味精、老酒、芝麻油、湿淀粉、花生油、葱段一起搅匀，腌渍30分钟；荷叶剪好放在小笼仔中，将腌好的鸭件摆放在荷叶上，上锅用旺火蒸30分钟，即可上席。这道菜味道芳香，嫩滑爽口。

虫草全鸭

【原料】冬虫夏草10克，老雄鸭1只。

【调料】料酒、生姜、葱白、胡椒粉、食盐、味精各适量。

【制法】1.将鸭宰杀，去净毛和内脏，清洗干净，剁去脚爪，在开水中氽一下，捞出晾凉；冬虫夏草用温水洗净；生姜、葱切好待用。

2.将鸭头顺颈劈开，取冬虫夏草8～10枚，装入鸭头内，再用棉线缠紧，余下的冬虫夏草和生姜、葱白一起装入鸭腹内，然后放入盆中，注入清汤，用食盐、胡椒粉、料酒调好味，用湿棉纸密封盆口，上笼蒸约2小时，出笼后去棉纸，拣去生姜、葱白，加味精即成。

银耳陈皮炖乳鸽

【原料】乳鸽2只（每只约重400克），水发白木耳100克，高汤750克。

【调料】精盐、水发陈皮各10克，味精5克，鸡精2克。

【制法】1.乳鸽宰杀洗净，剁成块，放入沸水锅中氽水2分钟，用水冲凉，装入汤碗中。

2.水发白木耳洗净，切块，放入沸水锅中氽一下，也放入汤碗中，再放入水发陈皮。

3.锅置中火上，下高汤烧沸，加入精盐、味精、鸡精搅匀，冲入汤碗中，上笼屉，用旺火蒸30分钟至熟即成。这道菜味道清鲜，有滋阴补肺的作用。

柠汁焗鹌鹑

【原料】鹌鹑10只。

【调料】花生油500克，柠檬250克，味精1.5茶匙，精盐、白糖、酱油、辣椒油、黄酒各3茶匙，麻油、胡椒粉各1茶匙，葱3段，姜1块。

【制法】1.用刀斩去鹌鹑头，用手从脖子处连皮带毛一起撕下，去掉内脏洗净，抹上酱油、黄酒（以增加颜色）；葱、姜均切片；柠檬切两半。

2.旺火加宽油，将拌上酱油的鹌鹑过油炸至八成熟捞出。

3.锅留底油，上旺火，下葱、姜炝锅，下入鹌鹑，烹上黄酒，加辣酱油、精盐、白糖、胡椒粉、味精和水，加盖用小火焗熟，旺火收汁，加入柠檬汁，淋麻油，翻匀出锅。这道菜咸鲜酸，鹌鹑鲜嫩。

清汤菊花鱼

【原料】青鱼400克，火腿片、上汤、绿叶蔬菜各适量。

【调料】料酒、盐、味精、麻油各适量。

【制法】1.青鱼宰杀后去骨，切成小块，剞十字花刀，共用料酒、盐腌制待用。

2.锅内热水，倒入腌制过的鱼块，烫至熟，取出。

3.在另一锅内，倒入上汤，调味，随后放入鱼块，烧滚即可。

龙井鱼片

【原料】鳜鱼1条（约500克重），龙井茶叶、高汤各适量。

【调料】盐、酒、味精、胡椒粉、生粉各适量。

【制法】1.茶叶用开水泡成茶叶汁水待用。

2.活鳜鱼宰杀后洗净，去骨，片成长方形的鱼片。

3.鱼片用生粉、胡椒粉、盐等料上浆后，放入开水中焯熟，加高汤、酒、味精，置火上烧滚后装入玻璃盛器，倒入茶叶汁水即成。

奶汤火腿大鱼头

【原料】鲜鲢鱼头1个（约1000克重），金华火腿、浓汤各100克。

【调料】葱、姜、盐、味精、黄酒、油各适量。

【制法】1.火腿切成薄片；鱼头洗净捞起，沥干水分。

2.烧热锅，倾入油，烧熟，投入鱼头略炸一下，连油一起倒入漏勺，沥去油。

3.在原锅内，加油，投入葱、姜末，煸出香味后，倾入浓汤，加盐、黄酒、味精，放入鱼头、火腿片，用旺火烧10分钟左右后，即可盛起，装入汤碗内供食用。

麒麟鲈鱼

【原料】鲈鱼1000克，香菇

6个，火腿300克，笋片150克。

【调料】姜片20克，精盐8克，黄酒25克，胡椒粉、味精各2克，葱段、香油各15克，淀粉10克。

【制法】1.香菇泡软对切成12片；鲈鱼切下头、尾，从中段背部剖开成两大片，每片斜切成6小片，然后用精盐、黄酒、胡椒粉、味精腌一下。

2.鱼头、尾排开置于盘中，鱼肉、香菇、火腿、笋片各取一片组成一组，共12组，排好后放入蒸笼中蒸8分钟，然后用精盐、味精、水、香油、淀粉勾芡，淋在蒸好的鱼面上即可。

三丝敲鱼

【原料】鲩鱼1条（约750克），熟火腿25克，水发香菇、熟鸡脯肉各50克，青菜心100克，清汤500克。

【调料】料酒20克，精盐7克，味精2克，干淀粉10克，熟鸡油10克。

【制法】1.将鲩鱼取净肉，切成片，然后在砧板上放上干淀粉，用小木槌敲成鱼片。

2.清水烧沸，将鱼片落锅煮熟，捞出，入冷水过凉后，切成条；熟火腿、香菇、熟鸡脯肉均切成细丝。

3.把鱼片和青菜心放入沸水锅中氽一下，捞起，沥去水，炒锅中倒入清汤，放进鱼片、青菜心、精盐、料酒，用中火烧沸，撇去浮沫，放入香菇丝、熟鸡脯丝、熟火腿丝、味精，淋上熟鸡油，起锅盛入汤盘即可。

松鼠鳜鱼

【原料】鲜活鳜鱼750克，虾仁30克，熟春笋丁、水发香菇丁各20克，青豌豆15粒，鲜汤10克。

【调料】熟猪油1500克，番茄酱100克，干淀粉60克，香醋50克，湿淀粉35克，料酒25克，香油15克，精盐12克，绵白糖、葱白段各10克，蒜末5克。

【制法】1.番茄酱、鲜汤、绵白糖、香醋、料酒、湿淀粉、精盐调成味汁；鳜鱼用料酒、精盐调匀，沾上干淀粉。

2.将两片鱼肉翻卷，翘起鱼尾呈松鼠形，提起鱼尾放入油锅，炸20秒钟定型，整鱼入油锅炸至淡黄色捞起，盛入盘中拼成松鼠形。

3.熟猪油旺火加热，放虾仁炸熟后捞出，沥油；放入葱白段炸至葱黄发香，捞出；蒜末、笋丁、香菇丁、青豌豆炒熟，加味汁搅匀，加熟猪油、香油搅匀后浇在鱼上，撒上熟虾仁即可。

糟香鱼头云

【原料】花鲢鱼头1个（约1500克），菜苞12只，火腿片5克，鲜菇片15克，高汤适量。

【调料】糟卤、味精、盐、生油、水生粉、高汤各适量。

【制法】1.将花鲢鱼头去腮，洗净，随后上笼蒸熟去骨（不可拆碎）待用。

2.锅内倾入高汤，放入糟卤、盐、味精等调料，随后放进鱼头、火腿片、鲜菇片、菜苞，烧沸后用水生粉勾芡，淋上油即可。

粟米鲈鱼块

【原料】鲈鱼块250克，去壳鸡蛋2个，粟米1罐分成3份，蛋白20克。

【调料】干淀粉2.5汤匙，上汤3汤匙，精盐、麻油各2茶匙，绍酒3茶匙，味精、胡椒粉各1茶匙，植物油300克。

【制法】1.将鱼块用精盐拌匀，然后再用鸡蛋浆、干淀粉再拌匀。

2.炒锅内放植物油烧至五成热，将鱼块放入炸至金黄色以熟为度，捞起放在碟中如山形。

3.把粟米放入锅中，用精盐、味精调味，放入绍酒、上汤撒上胡椒粉，用湿淀粉打芡，加入蛋白推匀，加熟油、麻油和匀，淋在鱼块上便成。

菊花鲈鱼块

【原料】鲈鱼脊肉150克，菊花2朵。

【调料】料酒6克，白糖1.5克，葱花、精盐、姜末各3克，生菜油500克（实耗36克），淀粉、味精、香油各适量。

【制法】1.将菊花瓣摘下，剪去两端，先用10%的淡盐水略洗，再用冷开水冲泡后捞出，沥去水，再用汤6克把淀粉溶开，待用。

2.将鱼肉切成长和宽均为6.6厘米、厚为3.3厘米的方块，下入140℃的热油中入至熟，捞出，控去油。

3.炒锅内略留油底，上火烧热，下葱花、姜末略爆，炝入料酒，依次加放汤、食盐、白糖、味精、鱼块，颠匀，勾芡，淋入香油，出锅上盘。菊花的一半放在鱼块下垫底，另一半围在盘边上即成。

酱味烤海鱼

【原料】小海鱼4～6条。

【调料】豆瓣酱、沙拉油、植物油各2汤匙，白糖、酱油、清水各1汤匙，蒜蓉、姜汁各0.5汤匙，味精、精盐各1茶匙，竹签4～6支。

【制法】1.将小海鱼洗净，擦干水分，然后用竹签由鱼口至尾穿好。

2.炒锅内放入植物油烧至四成热，放入豆瓣酱、白糖、沙拉油、酱油、蒜蓉、姜汁、清水、味精、精盐，炒匀，煮2分钟成酱料盛出。

3.将小海鱼两面涂上酱料放在火上或电烤炉上面，烘烤至熟即可，烤时请注意，要边烤鱼边涂酱料。这道菜咸鲜味香，营养价值高。

川贝酿梨

【原料】川贝母12克，雪梨6个，糯米饭、冬瓜粒各100克。

【调料】冰糖180克，白矾适量。

【制法】1.将川贝母打碎；白矾溶化成水。

2.雪梨去皮，由蒂把处刀切下一块为盖，挖出梨核后浸没在白矾水内以防变色，将梨入水中烫一下，捞出过凉，放入碗内。

3.将糯米饭、冬瓜粒、冰糖、川贝母拌匀后分成6等份，装入6个雪梨中，盖好蒂把，装入碗内，上笼蒸至梨烂。

4.锅内热水，放入剩余冰糖，溶化收浓汁，待梨出笼时，逐个浇在雪梨上。

香荽鱼松酿银萝

【原料】鲮鱼肉160克，火腿2片，虾米1汤匙，白萝卜1个，芫荽碎1棵。

【调料】腌料：盐半茶匙，清水6汤匙，胡椒粉1/4汤匙、麻油少许，生粉1.5汤匙，葱1棵。芡汁料：水（清水及蒸萝卜汁）3/4杯，盐1/4汤匙，糖半茶匙，生抽2汤匙，麻油少许，生粉3/4汤匙。

【制法】1.鲮鱼肉切片剁茸，拌入腌料和芫荽碎，搅拌成鱼胶。

2.葱、火腿切粒；虾米用清水浸透。

3.白萝卜去皮，横切成肥

件，刮去中央部分成圆圈状，把内圈涂上薄薄生粉，酿入鱼胶，排放碟内，隔水蒸8~10分钟，滤出汁水留用。

4.烧热1汤匙油，爆香葱粒、金华火腿及虾米，倒下芡汁煮滚，淋于萝卜上即成。

天麻鱼头

【原料】天麻25克，川芎、茯苓各10克，鲜鲤鱼1尾（1500克）。

【调料】酱油、料酒、食盐、味精、白糖、胡椒粉、香油、葱、生姜、水豆粉各适量。

【制法】1.将川芎、茯苓切成大片，用第2次米泔水泡上，再将天麻放入泡过川芎、茯苓的米泔水中浸泡4~6小时，捞出天麻置米饭上蒸透，切成片待用；将鲜鲤鱼去鳞、鳃和内脏，洗净，装入盆内。

2.将天麻片放入鱼头和鱼腹内，将鱼仍置盆内，然后加入葱、生姜和适量清水，上笼蒸约30分钟，将鱼蒸好后，拣去葱和生姜。

3.另用水豆粉、清汤、白糖、食盐、料酒、酱油、味精、胡椒粉、香油烧开勾芡，浇在天麻鱼上即成。这道菜熄肝风，定惊止痛，行气活血。

鱼片蒸蛋

【原料】鲜鲈鱼、鸡蛋各200克。

【调料】葱花、精盐各3茶匙，胡椒粉、味精各1茶匙，酱油、熟猪油、植物油各半汤匙，二汤1.5杯。

【制法】1.取宰好的鲈鱼肉切成薄片，放入钵中加精盐、植物油适量拌匀待用。

2.将鸡蛋磕破倒入碗中，加入二汤、精盐、味精、用竹筷搅打均匀后倒入大盘内。

3.取笼屉放蛋盘，蒸至八成熟，表面上铺放鱼片、葱花，再以慢火蒸熟取出鱼盘，淋上酱油、熟猪油、胡椒粉即成。这道菜鱼肉鲜嫩，软滑适口。

贝母甲鱼

【原料】甲鱼1只，川贝母5克，鸡清汤1000克。

【调料】料酒、盐、花椒、生姜、葱各适量。

【制法】1.将甲鱼宰杀，用清水洗净。

2.将甲鱼切块放入蒸钵中，

加入鸡汤、川贝母、盐、料酒、花椒、姜、葱，上蒸笼蒸1小时即成。

海鲜铁锅烧

【原料】鲜虾75克，鱼肚、海参、冬笋各50克，菜心、秘制上汤各适量。

【调料】料酒、味精、盐、胡椒粉、葱、姜、香料各适量。

【制法】1.鱼肚、海参、鲜虾、冬笋、菜心分别汆水后放入上汤中浸3分钟，然后沥干水分。

2.炒锅烧热，用葱、姜炝锅，然后注入上汤，倒入鱼肚、海参、鲜虾、冬笋等原料，置火上烧滚后盛入预热过的铁锅中，放在烧架上点上酒精，待烧开即可食用。

干煎大虾

【原料】大对虾450克。

【调料】精盐7克，料酒20克，酱油8克，糖10克，油200克。

【制法】1.将大虾去须、足，将虾身切为两段，用盐腌10分钟。

2.煎锅内加油烧热，放入虾段，反复煎炸至熟，放入料酒、糖、酱油拌匀移出即可。

油焖海明虾

【原料】鲜海明虾500克。

【调料】烹调油40克，葱、姜各20克，精盐、味精和胡椒粉各适量，料酒1汤匙。

【制法】1.将虾用清水漂洗干净，剪掉须和脚，剪开虾背，挑净沙线；葱、姜均洗净切片。

2.锅中放入烹调油烧热，将虾入锅煸炒，待其色泽鲜红，虾油吐出时，放入葱、姜片，烹入料酒，添汤（水）4汤匙左右，放入精盐、味精、胡椒粉烧开，烧约1分钟左右，把汤汁收稠，将虾取出放盘中，汤汁浇虾即可。这道菜色泽红亮，口感脆嫩，咸鲜适口，醇香味美，为佐酒下饭佳肴。

茄汁熘虾仁

【原料】净虾仁250克，鸡蛋2个，玉米粉2汤匙。

【调料】白糖、醋、水淀粉、料酒、番茄酱各1汤匙，精盐1/3汤匙，烹调油250克。

【制法】1.虾仁挤净水分，用少量精盐、料酒腌上；鸡蛋磕在碗中打散，加玉米粉调成蛋糊；把白糖、醋、精盐、料酒和水淀粉同时放碗中调成味汁。

2.在锅中放入烹调油烧热，虾仁放入蛋糊中拌匀，逐个放入油锅中炸熟，捞出；油再次烧热，虾仁第二次下锅复炸至酥脆，捞出。

3.锅里余油倒出，留少许，番茄酱下锅稍炒，炒至出香味，烹入兑好的汁，开后下入虾，炒匀即可。这道菜色泽红亮，酥脆细嫩，酸甜可口。

白菜扣虾

【原料】白菜750克，干大虾150克，大冬菇1个。

【调料】精盐3茶匙，生抽、料酒各半汤匙，味精、香油、胡椒粉各1茶匙，姜1块，葱节10克，淀粉3茶匙，猪油1汤匙。

【制法】1.大虾用湿水泡透，用刀片成两半，去掉沙线洗净；大白菜洗净切长条，用开水氽一下，沥干水分。

2.锅放油烧三成热，将姜、葱下锅爆香，放大虾、料酒、生抽、汤、精盐和味精炒一下。

3.冬菇泡洗洁净，去蒂，放在碗底；虾整齐摆放在碗边；白菜放在碗中，锅内汁浇在碗内，上笼蒸15分钟，下屉滗出原汤扣在盘中。

4.原汤放在锅内烧开，勾淀粉薄芡，撒胡椒粉，淋香油浇在菜上。这道菜清素不腻，主辅相映。

鲜虾扒豆苗

【原料】豆苗400克，腌虾仁25克。

【调料】绍酒、湿淀粉各半汤匙，精盐3茶匙，味精、胡椒粉、麻油各1.5茶匙，植物油1汤匙。

【制法】1.将豆苗放在锅中干炒，加入一些油、姜汁酒，加入滚水，倒在漏勺里，沥干水分。

2.炒锅内放油半汤匙烧三成热，将豆苗放回锅里抛匀。

3.炒锅内放油半汤匙烧至三成热，将虾仁放入炒至刚熟，倾在漏勺里，滤去余油，将锅放回炉上，烹入绍酒，注入上汤，用精盐、味精调味，撒上胡椒粉，用湿淀粉打芡，再将虾仁放入锅中，加入麻油和匀，扒在豆苗上。这道菜鲜香可口。

醉活虾

【原料】淡水活虾1200克。

【调料】葱末半汤匙，姜末3茶匙，精盐2茶匙，绍酒、酱油各1汤匙，味精、麻油、胡椒粉各1茶匙。

【制法】1.将活虾洗净，控干水分。

2.将葱末、姜末、精盐、酱油、绍酒、味精、麻油放在碗内拌匀，倒入活虾立即盖上盖子，约5分钟后即可，食前撒入胡椒粉。这道菜味道鲜美，营养价值高。

鹿茸三珍

【原料】鹿茸20克，水发鱼翅、水发海参、干贝、鸡脯肉各250克，鸡蛋清、清汤各适量。

【调料】盐、味精各5克，料酒10克。

【制法】1.将鹿茸、干贝洗净，加调料上锅蒸制。

2.将海参、鱼翅用开水汆透，将鸡脯肉切成肉末，拌入鸡蛋清和调料。

3.将鱼翅、海参、干贝、鸡肉丸和鹿茸一次码入气锅内，加清汤调料蒸制1小时即可。鹿茸三珍这道菜是冬季时令佳肴，富有滋补作用，且易消化。

白及冰糖燕窝

【原料】燕窝10克。

【调料】白及15克，白冰糖适量。

【制法】1.燕窝择去毛渣；白及洗净，切薄片。

2.燕窝与白及同放瓦锅内，加清水适量，隔水蒸炖至极烂，过滤去滓，加冰糖适量，再炖片刻即成。这道菜补肺养阴，止嗽止血。

豉姜泥鳅

【原料】活泥鳅500克，豆豉15克。

【调料】酱油25克，猪油15克，姜片、精盐、蒜蓉各5克。

【制法】1.将泥鳅放进竹箩里，盖好，用热水烫死，冷水洗去黏液，并去鳃及肠肚，洗净，切成5厘米长的段。

2.锅置旺火上，放入猪油，爆香蒜蓉，加入清水（水刚好浸过泥鳅面），再将姜片、豆豉、精盐、酱油放入锅内，旺火烧沸，下入泥鳅，改用慢火，煮至水汁起胶状即可。

功德豆腐

【原料】南豆腐250克，冬菇10个（约50克），蘑菇10个（约5克），绿樱桃、香菇各12个，素鲜汤适量。

【调料】酱油、料酒、白糖、味精、盐各适量。

【制法】1.将豆腐切圆形；香菇洗净；蘑菇洗净去根；樱桃切两片。

2.豆腐下七成热油中炸至金黄色，放酱油、料酒、白糖、味精、盐、素鲜汤烧入味。

3.汤浓后勾芡码在豆腐顶部，先码冬菇再码蘑菇，最后码樱桃即成。

罗汉上素

【原料】水发香菇、水发口蘑、水发发菜、水发腐竹、水发木耳、水发银耳各50克，冬笋、青椒、胡萝卜、油面筋、炸马铃薯各25克。

【调料】料酒、酱油、白糖、盐、味精各适量。

【制法】1.胡萝卜切花刀片；油面筋、青椒掰成小块；口蘑、冬笋切片；香菇、腐竹切丝；银耳、木耳撕成小朵。

2.姜切细丝，下六成热油中炒出香味，再把各料下锅煸炒，加料酒、酱油、白糖、盐、味精调好味后，勾芡，淋香油即可出锅。

干烧冬笋

【原料】冬笋尖250克，水发冬菇30克，胡萝卜、青豆各25克，素汤适量。

【调料】料酒、盐、白糖各适量。

【制法】1.冬笋切片，剞十字花刀后切粗长条；冬菇、胡萝卜均切丁；郫县豆瓣剁碎；葱、姜均切末；冬笋、冬菇、胡萝卜丁、青豆下开水中煮透捞出。

2.用葱末炝锅，下豆瓣炒出红油加料酒、素汤、盐、白糖烧，再投全部原料，烧开后用小火煨10分钟，改中火收汁，至汁尽油清时，装盘即成。

杏仁豆腐

【原料】苦杏仁150克，洋菜9克。

【调料】白糖、奶油各60克，糖桂花、菠萝蜜、橘子、冷甜汤各适量。

【制法】1.将苦杏仁放入适量水中，带水磨成杏仁浆。

2.将锅洗净，放入冰水150克，加入洋菜，置火上烧至洋菜溶于水中，加入白糖，拌匀，再加杏仁浆拌透后，放入奶油拌匀，烧至微滚，出锅倒入盆中，冷却后，放入冰箱中冻成块，即为杏仁豆腐。

3.用刀将其划成棱子块，放

入盆中，撒上桂花，放上菠萝蜜、橘子，浇上冷甜汤或汽水，即可食用。这道菜利肺祛痰，止咳平喘。

芙蓉蛋

【原料】鸡蛋液200克，熟笋肉125克，叉烧25克，湿香菇15克。

【调料】烹调油60克，大葱10克，芝麻油5克，精盐2克，味精2.5克，胡椒粉0.5克。

【制法】1.将叉烧、笋肉、湿香菇均洗净，切成中丝；将大葱去老叶切成细丝；把笋丝放入沸水锅中焯半分钟捞起，用净毛巾吸干水分。

2.将鸡蛋液放入碗中，加入精盐、味精、芝麻油、胡椒粉拌匀，再放入叉烧丝、笋丝、香菇丝、葱丝拌匀。

3.炒锅内放油滑锅后，将油倒入缸内，端离火位，将拌匀的鸡蛋液放入锅内，放回炉上，用中火边煎边加油，煎至金黄色，翻转再煎另一面，煎至熟装盘即成。这道菜金黄、味鲜、甘香、软滑。

海米拌菜花

【原料】菜花400克，海米2汤匙。

【调料】精盐、香油各2汤匙，味精少许。

【制法】1.将菜花的根和叶切除，整株菜花清洗干净。

2.取1个盆，放适量水，加1汤匙盐，然后将菜花在稀盐水内泡10分钟，捞出，再用清水洗净后，切成小朵花，放沸水锅内烫熟，捞出，沥水，晾凉，放盘内加入精盐、味精拌匀腌10分钟。

3.将海米洗净，用热水泡发后，切成碎米，撒在菜花上，淋上香油即成。这道菜菜花色白，味鲜爽口。

翡翠裙边

【原料】鲜圆裙边400克，绿菜叶75克，清汤适量。

【调料】黄酒、精盐、味精、水生粉、三味鸡油、葱、姜片、蒜片、食用碱水、生菜油各适量。

【制法】1.绿菜叶放入开水锅中，加食用碱水烫，捞起，用冷开水漂凉，然后用细网筛将绿菜叶滤成绿菜蓉备用。

2.裙边放入开水锅中烫后取出，刮去黑皮，洗净，切成长方块待用。

3.烧热锅放入菜油，投入蒜片、葱、姜片煸香，随后放入裙边，烹入酒，加清汤、盐、味精，加盖煨上味并裙边至八成烂时捞出葱、姜片、蒜片，滗出浮油，投下绿菜蓉，轻推匀，用水生粉勾芡，即可起锅装盆。

湘菜

红椒酿肉

【原料】猪肉300克，金钓虾、水发香菇各15克，鸡蛋1个。

【调料】泡红鲜椒500克，蒜瓣50克。

【制法】1.肉猪肉剁成泥，虾、香菇洗净剁碎，加肉泥、鸡蛋、味精、盐调淀粉成馅。

2.泡红椒在蒂部切口，去瓤，填入肉馅，用湿淀粉封口，炸至八成熟捞出。

3.底朝下码入碗内，撒上蒜瓣上笼蒸透，滗出原汁翻扣在盘中，原汁加调料勾芡淋在红椒上即成。

尖椒炒腊肉

【原料】腊肉250克，红、绿尖辣椒各50克。

【调料】料酒4克，酱油、豆豉各3克，味精、干辣椒各2克，油70克，鸡汤适量。

【制法】1.将整条腊肉去皮，切成片；红、绿尖辣椒切成段。

2.起锅放开水将腊肉焯一下，捞出，另起锅放底油，投入豆豉、干辣椒、尖椒爆香，放腊肉、料酒、酱油、味精、鸡汤烧开后用微火焖10分钟，收干汁出盘。这道菜浓香鲜美，风味独特。

豉椒肉丝

【原料】瘦猪肉200克，柿子椒、冬笋各50克，豆豉30克，鸡蛋液20克，鸡汤适量。

【调料】酱油25克，料酒10克，干辣椒、盐、味精各5克，葱粒15克，水淀粉30克，油75克。

【制法】1.将猪肉切丝，加酱油、料酒、鸡蛋液、水淀粉上浆；冬笋、柿子椒切丝；干辣椒切末；豆豉洗净切粒。

2.起锅放油烧七成热，将肉丝滑散、控油；冬笋丝用开水焯好。

3.锅留底油，下入豆豉、辣椒末、葱粒炒香，投入冬笋丝、肉丝，加入料酒、盐、味精、酱油、鸡汤，用水淀粉勾芡，投入柿子椒丝翻炒，淋明油出锅即可。这道菜色泽红亮，香辣味浓。

腊味合蒸

【原料】腊猪肉、腊鲤鱼、腊鸡肉各200克，肉清汤25克。

【调料】味精0.5克，熟猪油25克，白糖15克。

【制法】1.将腊肉、腊鸡、腊鱼用温水洗净，盛入钵瓦内上笼蒸熟取出。

2.腊肉去皮，腊肉切4厘米长、0.7厘米厚的片；腊鸡去骨，腊鱼去鳞，腊鸡、腊鱼切成大小略同的条。

3.取瓷菜碗1个，将腊肉、腊鸡、腊鱼分别皮朝下整齐排放碗内，再放入熟猪油、白糖和调好味的肉清汤上笼蒸烂，取出翻扣在大瓷盘中即成。

红焖牛头

【原料】牛头1个，鸡汤1000毫升。

【调料】酱油20克，胡椒粉5克，白糖10克，味精、盐、香油、水淀粉、油各适量。

【制法】1.将牛头用开水煮熟后，去骨头，用布搌干净，涂糖色，起锅放油烧热，将牛头肉炸至金黄色捞出。

2.将炸好的牛头肉加入调料用锅蒸约25分钟，改刀成块，在加调料蒸入味。

3.起锅放鸡汤，下牛头肉焖10分钟，肉装盘，原汤用水勾芡，淋香油后浇在牛头肉上即成。这道菜肉质软烂，香浓味厚。

酸辣百叶

【原料】水发牛百叶400克，泡菜（萝卜）50克，香菜末20克，鸡汤适量。

【调料】干辣椒、料酒各10克，白醋20克，香油5克，猪油50克，水淀粉15克，盐、味精各适量。

【制法】1.牛百叶洗净，切丝，锅内放清水及适量盐烧开将百叶焯一下，沥干水。

2.起锅放大油烧热，投入干辣椒、泡菜、牛百叶、料酒、醋、盐、味精、鸡汤炒匀，勾芡，淋香油，撒香菜末即成。这道菜色泽美观，红白相间，酸辣脆香。

三色百叶

【原料】鲜牛百叶300克，青豆5克，香菇2克，红尖椒5克，鸡汤适量。

【调料】干辣椒、香油各1克，酱油、盐、味精各2克，醋10克，料酒4克，淀粉3克，油5克。

【制法】1.牛百叶切成象眼片，用开水焯后用鸡汤煨透，码在盘中；香菇、红尖椒切丁。

2.起锅放油烧热，投入干辣椒爆香，放入青豆、香菇、红尖椒、各种调料，用水淀粉勾芡，淋适量香油，将汁芡浇在百叶上即可。这道菜美观，口味鲜，酸辣香浓。

好丝百叶

【原料】生牛百叶750克，水发玉兰片、牛清汤各50克。

【调料】熟茶油100克，黄醋20克，葱段10克，精盐3克，芝麻油2.5克，干红椒末1.5克，味精1克，湿淀粉15克。

【制法】1.将生牛百叶分割成5块，放入桶内，倒入沸水浸没，用木棍不停地搅动3分钟，捞出放在案板上，用力搓去上面的黑膜，以清水漂洗干净，下冷水锅煮1小时，至七成烂捞出。

2.将牛百叶逐块平铺在砧板上，剔去外壁，切成约5厘米长的细丝盛入碗中，用黄醋10克、精盐1克拌匀，用力抓揉去掉腥味，然后用冷水漂洗干净，挤干水分。

3.玉兰片切成4厘米长的段，取小碗1个，加牛清汤、味精、芝麻油、黄醋、葱段、湿淀粉兑成芡。

4.炒锅置旺火，放入茶油，烧至八成熟，先把玉兰片丝和干椒末下锅炒几下，随下牛百叶丝、精盐2克炒香，倒入调好的汁，快炒几下，出锅即成。这道菜鱼肉肥嫩细腻，蘸以姜末、香醋，口味更加鲜美。

椒盐兔片

【原料】鲜兔肉300克，鸡蛋2个，面粉40克。

【调料】熟猪油1000克（实耗75克），湿淀粉、料酒各25克，精盐、葱花、香油各5克，花椒粉、味精各0.5克。

【制法】1.将鲜兔肉洗净，剔去筋膜，斜片成3厘米长、2厘米宽、0.3厘米厚的薄片置碗中，加料酒、味精、精盐抓匀腌渍3分钟。

2.将面粉、鸡蛋、湿淀粉放入大碗中调匀制成糊，倒入腌好的兔肉片均匀挂糊。

3.炒锅置旺火上，放入熟猪油，烧至六成热，将挂糊的兔肉片，逐片下油锅，待表面炸呈淡黄色，倒入漏勺，沥去油。

4.炒锅内留适量油置旺火上，下兔肉片急炒，撒上葱花、花椒粉，淋入香油，持锅颠几下，装盘即成。这道菜成菜色泽淡黄，外焦内软，香酥麻辣。

东安子鸡

【原料】嫩母鸡1只（1000克）。

【调料】红干椒10克，葱、姜各25克，黄醋、料酒、盐、花椒末各适量。

【制法】1.净鸡煮七成熟捞出晾凉，去头、爪、骨后，切块，炒锅置旺火上加油烧至八成热，下鸡块、姜丝、辣椒末煸炒。

2.再加入黄醋、料酒、盐、花椒末调好味，加肉汤焖至汤汁收干时，放葱段勾芡，装盘即可。

酸辣鸡丁

【原料】鸡腿肉250克。

【调料】柿子椒50克，鸡蛋清20克，干辣椒、盐、味精各2克，酱油、料酒各3克，醋4克，淀粉10克，清油80克，香油少许。

【制法】1.将鸡腿肉去骨，上花刀后切成丁，用蛋清液、淀粉上浆；柿子椒切块。

2.起锅放油烧热，投入鸡丁划散，捞出控油。

3.锅留底油，放干辣椒爆香，投入鸡丁及调料翻炒，淋入水淀粉、明油、香油出锅。

老姜鸡

【原料】鸡腿500克，木耳10克，鸡汤适量。

【调料】姜片20克，盐6克，胡椒粉、味精各2克，油、香油、水淀粉各适量。

【制法】1.鸡腿剁成块，用开水焯好。

2.起锅放底油，投入鸡块煸炒，放木耳、调料、鸡汤微火焖15分钟，水淀粉勾芡，淋明油、香油出锅。这道菜肉质细嫩，姜香浓郁。

面包鸡排

【原料】面包渣300克，鸡胸肉250克。

【调料】油80克，鸡蛋液6克，盐3克，料酒、葱、姜各2克，干淀粉适量。

【制法】1.将鸡胸肉从中间

切开，两面剞花刀切片，用盐、料酒、葱、姜片腌约30分钟，逐片沾鸡蛋液、干淀粉、面包渣，按实。

2.起锅放油烧至八成热，下入加工好的鸡排，炸至金黄色捞出装盘。这道菜外酥里嫩，咸香适口。

龙凤葡萄珠

【原料】鸡胸肉250克，草鱼肉250克，油菜叶300克。

【调料】油100克，白糖、淀粉各50克，葱汁、番茄酱、姜汁各20克，鸡蛋1个，盐、味精、老抽酱油、绿菜汁、白醋各适量。

【制法】1.鸡肉、草鱼肉分别制泥，分别加入鸡蛋液、淀粉、葱、姜汁、盐、味精调味；油菜取绿汁，加入鱼泥中搅匀，鸡泥加老抽酱油搅匀。

2.起锅放水烧开后，将两种泥分别余成栗子般大小的丸子，漂起时捞出。

3.锅上火倒入菜汁，加适量盐，用水淀粉勾成玻璃芡，下鱼丸，淋明油出锅。

4.再起锅入适量油烧热，下入番茄酱，加白糖、白醋、水淀粉勾玻璃芡，下入鸡丸，淋明油即可。

5.将做好的两种丸子分别码在盘中呈葡萄串状。这道菜色形悦目，味道鲜美。

炸八块

【原料】嫩子鸡3只（2000克），鸡蛋2个，香菜100克。

【调料】花生油1000克（实耗100克），花生米100克，料酒、湿淀粉各50克，盐5克，味精2克，糖10克，香油25克，姜、葱各15克，花椒20粒，花椒粉2克。

【制法】1.花生米用盐炒熟，去皮，剁碎；葱一半切成花，余下葱和姜一起拍破。

2.将鸡肉去骨后，用刀背捶松，砍成4.5厘米见方的肉块，用料酒、盐、糖、葱、姜、花椒、味精腌约1小时后，拣去花椒、葱和姜，再用蛋清、湿淀粉浆好，沾上碎花生米。

3.锅内放花生油烧沸，逐块下入油锅炸一下即捞出，待油锅中水分烧干时，再下入油锅炸焦酥呈金黄色，滗去油，撒花椒粉、葱花，淋香油，摆入盘中，香菜拼边即成。这道菜颜色金黄，外酥里嫩，咸鲜味美，佐酒最宜。

清汤柴把鸭

【原料】鲜鸭肉1000克，水发大香菇、熟火腿、水发玉兰片各75克，鸡清汤500克。

【调料】味精1克，葱段5克，精盐2克，水发青笋50克，鸡油5克，熟猪油25克，胡椒粉0.5克。

【制法】1.将鲜鸭肉煮熟，剔去粗细骨，切成5厘米长、0.7厘米见方的条，水发大香菇去蒂，洗净；熟火腿、玉兰片均切成5厘米长、0.3厘米见方的丝；水发青笋切成粗丝。

2.取鸭条4根，火腿、玉兰片、香菇丝各2根，共计10根，用青笋丝从中间缚紧，捆成小柴把形状，共24把，整齐码入瓦钵内，加入熟猪油、精盐1.5克、鸡清汤250克，再加入剔出的鸭骨，入笼蒸40分钟取出，去掉鸭骨，原汤滗入炒锅，鸭子翻扣在大汤碗里。

3.在盛鸭原汤的炒锅内，再加入鸡清汤250克烧开，撇去泡沫，放入精盐0.5克、味精、葱段，倒在大汤碗里，撒上胡椒粉，淋入鸡油即成。注意：蒸制柴把鸭，大火气足，蒸约40分钟，以软烂为佳。这道菜营养丰富，清润滋补，清香浓郁。

麻辣田鸡腿

【原料】大活田鸡1500克。

【调料】花生油1000克（实耗100克），小红辣椒、料酒、大蒜、湿淀粉各50克，酱油25克，香油、醋各10克，盐5克味，精2克，花椒粉1克。

【制法】1.用右手持刀在田鸡头部横刺一刀，用左手拉着皮往左扯去，然后撕破腹部，去内脏并洗净，在背骨紧连后腿处斩下两腿，用刀背敲断腿骨，再将两腿砍开，装盘待用。

2.红辣椒去蒂去籽，洗净后切成斜方块；大蒜切斜段；用酱油、醋、味精、香油、湿淀粉和适量汤兑成汁。

3.田鸡腿用适量盐和酱油拌匀，再用湿淀粉浆好。将花生油烧沸，下入田鸡腿脚炸一下即捞出，待油内水分烧干时，再下入田鸡腿重炸焦酥呈金黄色，倒漏勺滤油。锅内留一两油，下入红椒后加盐炒一下，再放入花椒粉、大蒜、田鸡腿，倒入兑汁颠几下，装入盘内即成。这道菜麻辣香酥，味鲜可口。

柴把鱼

【原料】鲜鱼肉200克，水发香菇75克，冬笋50克，熟火腿25克，青蒜叶适量。

【调料】猪油、水淀粉各50克，鲜姜、料酒、鸡油各25克，胡椒粉、盐、味精、鸡汤、葱、姜汁各适量。

【制法】1.鱼肉切成3厘米长的粗丝，加料酒、葱、姜汁、盐、味精腌入味，香菇、冬笋、火腿、姜均切成细丝。

2.用青蒜叶将姜丝、火腿丝、香菇丝、冬笋丝、鱼丝捆绑在一起，共分24捆，用刀将两头切齐，码入碗中，加鸡汤、盐、味精、葱姜汁、猪油、料酒、胡椒粉，上笼屉蒸熟，码整齐，将鱼头、鱼尾用水焯好，复位。

3.蒸鱼的原汁滤净，倒入锅中烧开，水淀粉勾芡，淋明油浇在鱼肉上即可。这道菜形似柴火捆，味厚鲜嫩，微辣。

鱿鱼肉丝

【原料】鱿鱼150克，猪肉丝100克，柿子椒丝、冬笋丝各30克。

【调料】盐、味精各2克，酱油3克，料酒5克，油30克，水淀粉、香油各适量。

【制法】1.鱿鱼切丝，用开水焯好，猪肉丝用淀粉上浆。

2.起锅放油烧热，下猪肉丝划散，控油。

3.锅留底油，下入鱿鱼丝、猪肉丝，加柿子椒丝、冬笋丝以及调料翻炒，用水淀粉勾芡，淋明油、香油出锅。这道菜色泽清新，味道鲜美。

麻辣笔鱼

【原料】鲜笔鱼1条（重约1000克），鲜汤250克。

【调料】熟猪油100克，红辣椒30克，酱油25克，葱20克，姜15克，湿淀粉、芝麻油各10克，绍酒5克，味精1克，胡椒粉、精盐各1.5克。

【制法】1.把红椒去籽和姜一起分别切成丝；葱白切成段；葱叶切成葱花；将笔鱼宰杀洗净，沥干，切成4厘米长、2厘米宽的骨牌块。

2.炒锅上旺火，下猪油60克，烧至八成热，放入鱼块翻炒几下，加红椒、姜、葱白、绍酒、精盐、酱油，煸炒一下，放入鲜汤，焖烧2~3分钟至汤汁收紧。

3.再在锅里加入味精、猪油30克、葱花，用湿淀粉勾芡，淋入麻油，撒上胡椒粉即成。这道菜肉质细嫩，甘甜可口，油而不腻，浓香四溢。

锅贴鱼

【原料】青鱼肉200克，肥膘肉100克，火腿米、香菜末各50克，鸡蛋1个，玉米粉适量。

【调料】植物油100克，香油25克，湿淀粉30克，料酒18克，味精2克，盐2克，椒盐少许，葱末10克，姜末10克。

【制法】1.把青鱼肉和肥膘肉片成同样大小（鱼肉厚0.6厘米、猪肉厚0.3厘米）的4大片，用盐、味精、香油、鸡蛋（多半）、料酒、葱末、姜末等分别煨好。

2.用肥膘肉铺底，上面撕玉米粉，用少量鸡蛋、湿淀粉调成稀芡糊，在鱼片上挂上一层，然后放在猪肉上，中间撒上火腿米，两边撒上香菜末。

3.在炒勺内倒入植物油（50克），用炆火烧热，猪肉面向下，放入勺内煎，移入旺火，倒入余量油炸至金黄色，捞出后切成小片，整齐地码在盘内即成。这道菜色似金黄闪光，鱼片腊香鲜嫩，临食蘸上椒盐，更显味道特佳。

云托八鲜

【原料】鱿鱼、海参、香菇、虾肉、鲜贝、蟹肉、鱼皮各30克，黄瓜50克，南豆腐1盒，鸡汤适量。

【调料】料酒5克，酱油3克，盐、味精、胡椒粉各2克，淀粉适量。

【制法】1.将黄瓜切滚刀块；南豆腐用水稍煮；将鱿鱼、海参、鱼皮、香菇用开水焯好；虾肉、鲜贝用淀粉上浆。

2.起锅放油烧热，将鲜贝、虾肉入锅划散，捞出。

3.锅留底油将主、配料投入锅中，放调料、鸡汤焖约5分钟，同时将南豆腐放入砂锅，锅内“八仙”用湿淀粉勾芡，加黄瓜倒入砂锅即可。这道菜多料多味，营养丰富。

翠竹粉蒸鱼

【原料】母鱼1尾，熟米粉100克。

【调料】绍酒、白醋、葱、姜各5克，五香粉10克，原汁酱油、甜面酱各15克，豆瓣酱25克，精盐、味精、胡椒粉、花椒粉各1克，芝麻油、辣椒油各30克，白糖1.5克，熟猪油40克。

【制法】1. 取直径10厘米、长25厘米、两端竹节的翠竹筒1节，离竹筒两端约4厘米处，横锯2条，再破成宽10厘米的口，破下的竹片作筒盖。

2.将鱼从腹部剖开，去内脏，洗净，沥干，切成5厘米长、3厘米宽、2厘米厚的长方块，再用水清洗一下，沥干水，放入大碗，加原汁酱油、豆瓣酱、胡椒粉、五香粉、甜面酱、花椒粉、精盐、白糖、白醋、绍酒、味精、芝麻油、辣椒油、葱、姜末拌匀，然后加入米粉、熟猪油拌匀，腌5分钟，再将腌好的鱼放入竹筒，盖上筒盖，上笼蒸20分钟取出，用托盘竹上席，揭去盖即成。这道菜菜型别具一格，回味悠长。

芙蓉鲫鱼

【原料】鸡清汤250克，鲫鱼2尾（750克），熟瘦火腿15克，鸡蛋清5个。

【调料】绍酒50克，葱25克，姜、鸡油各15克，精盐5克，味精2克，胡椒粉0.5克。

【制法】1.鲫鱼去鳞、鳃、内脏，洗净，斜切下鲫鱼的头和尾，同鱼身一起装入盘中，加绍酒和拍破的葱、姜，上笼蒸10分钟取出，头尾和原汤不动，用小刀剔下鱼肉。

2.将蛋清打散后，放入鱼肉、鸡汤、鱼肉原汤，加入精盐、味精、胡椒粉搅匀，将一半装入汤碗，上笼蒸至半熟取出，另一半倒在上面，上笼蒸熟，即为芙蓉鲫鱼，同时把鱼头、鱼尾蒸熟。

3.将芙蓉鲫鱼和鱼头、鱼尾取出，头、尾分别摆放芙蓉鲫鱼两头，拼成鱼形，撒上火腿末、葱花，淋入鸡油即成。注意：鲫鱼不可久蒸，以10分钟为度，蒸的时间过长，肉死刺软，不易分离，鲜味尽失。这道菜味道鲜嫩，入口即溶。

金鱼戏莲

【原料】干鱿鱼200克，虾料子100克，泡菜、水发香菇、香菜各25克，鸡蛋清3个，肉末、鲜红椒各50克。

【调料】精盐5克，味精1克，干淀粉50克，青豆、醋、蒜瓣各15克，芝麻油10克，熟猪油750克（实耗150克）。

【制法】1.将干鱿鱼去须，碱发好，漂洗干净，在正面的一边剞上十字花刀，另一边切0.3厘米粗的丝，不要切断，再切成4厘米的片，即成金鱼形，置于盘中，加精盐0.5克、干淀粉25克拌匀；将鲜红椒、泡菜、蒜瓣、水发香菇切成米粒丁；味精、干淀粉25克、醋、清水10克兑成汁。

2.鸡蛋清搅匀，拌入虾料子内，取小酒杯12个，逐个抹上熟猪油，将鸡蛋清、虾料子放入杯内，周围镶入5粒青豆，中间放1粒青豆，上笼蒸2分钟，即成莲蓬，入笼内保温。

3.炒锅置旺火，放入熟猪油烧至八成热，下鱿鱼氽一下，滑熘至剞刀处卷起捞出。

4.锅内留油50克，放入红椒、泡菜、蒜瓣、水发香菇、肉末、精盐4.5克煸炒入味，下入鱿鱼卷炒匀，倒入兑好的汁子，持锅颠几下，淋入芝麻油出锅，用筷子夹起鱼卷，头朝一个方向摆在盘子的一边，再将制好的莲蓬取出，摆在盘子的另一边，周围拼上香菜即成。这道菜鱿鱼脆嫩，莲蓬滑润。

酸辣笔筒鱿鱼

【原料】水发鱿鱼300克，瘦猪肉50克。

【调料】泡菜25克，泡辣椒适量。

【制法】1.鱿鱼剞十字花刀，切成长方形的片，在70℃水中氽成笔筒形，放碱水中浸30分钟捞出，漂去碱味，加调料、湿淀粉入味后下八成热油中氽熟捞出。

2.锅留底油，下肉末、泡辣椒炒出香味，下鱿鱼，加酱油、黄醋、味精合炒，再加清汤烧开勾芡装盘即成。

青韭鱿鱼丝

【原料】水发鱿鱼200克，青韭100克。

【调料】料酒5克，盐3克，味精2克，胡椒粉1克，油适量。

【制法】1.青椒切段；鱿鱼切丝，用水氽透去碱。

2.起锅放油烧热，投入鱿鱼、青韭以及调料煸炒入味即可出锅。这道菜吃起来脆鲜，有浓郁的韭香味。

紫龙脱袍

【原料】鳝鱼500克，冬笋丝50克，红柿子椒丝30克，香菇丝10克，香菜3克，鸡蛋液30克。

【调料】葱、姜丝各10克，盐、味精各2克，淀粉、料酒各30克，胡椒粉、香油、油各适量。

【制法】1.将鳝鱼去皮、骨、头，净膛洗净切6厘米长丝，用鸡蛋液、淀粉上浆。

2.起锅放油烧热，下入鳝鱼丝划散，捞出控油；冬笋丝、柿子椒丝、香菇丝过油。

3.锅留底油，投入葱、姜丝爆香，放入鳝鱼、冬笋、香菇、柿子椒丝、盐、味精及料酒，翻炒均匀，撒入胡椒粉，淋香油，放香菜即可。这道菜鲜香味美，诱人食欲。

豉椒划水

【原料】草鱼或鲤鱼划水（尾巴）300克，笋片10克，鸡蛋2个，豆豉10克，鸡汤适量。

【调料】干辣椒2克，青蒜适量，酱油、料酒各4克，盐、醋、味精各2克，白糖3克，湿淀粉10克，油80克。

【制法】1.划水（尾巴）用盐腌约10分钟，用湿淀粉、鸡蛋液上浆。

2.起锅放油烧至八成热，下入划水炸至金黄色，捞出。

3.锅留底油，放干辣椒爆香，放豆豉、划水（尾巴）、配料以及调料煸炒，放鸡汤用微火焖透，淋水淀粉勾芡，出锅装盘。这道菜豆豉味香浓，色泽洪亮。

雪菜黄鱼

【原料】黄鱼1尾（重约750克），南豆腐200克，雪里红150克，鸡汤1000克，香菜2克。

【调料】葱5克，味精3克，盐、胡椒粉各2克，香油、油各适量。

【制法】1.将黄鱼净膛后两面剞柳叶刀；葱切马蹄形小段；雪里红切段用水稍焯；豆腐切小扁方块。

2.起锅放油烧热，将黄鱼炸至金黄色捞出。另起锅放鸡汤、调料、豆腐块、黄鱼、雪里红段，烧开，改微火焖约15分钟，出锅前放胡椒粉，淋香油，加入香菜即可。这道菜动植物蛋白互补，营养丰富。

双色鱿鱼卷

【原料】鲜墨鱼、水发鱿鱼各

300克，油菜心8棵，鸡汤适量。

【调料】油100克，番茄酱25克，料酒20克，泡椒汁、姜汁、蒜汁各5克，胡椒粉、白糖各3克，白醋2克，盐、味精、水淀粉各适量。

【制法】1.鲜墨鱼、水发鱿鱼去头、尾，直刀、斜刀交叉切（不可切透），再改刀为菱形块，用加盐、料酒的沸水烫起卷，捞出控水；油菜心用开水焯后码在盘中。

2.起锅放油烧热，下入姜汁、泡椒汁、番茄酱、盐、料酒、白糖、蒜汁，水淀粉勾玻璃芡，投入鱿鱼卷翻炒均匀，淋明油，出锅装盘。

3.另起锅放适量油，下入姜、蒜汁、盐、味精、胡椒粉、鸡汤、水淀粉勾芡，下入墨鱼翻匀，淋明油出锅与鱿鱼同装盘中即可。这道菜红、白相间，菜色美观，同时可品尝两种口味。

玻璃鲜墨

【原料】鲜墨鱼300克，鸡汤适量。

【调料】盐、味精各2克，胡椒粉1克，水淀粉、姜汁、清油、鸡油各适量。

【制法】1.将鲜墨鱼改刀为长约10厘米、宽5厘米的块，从一半处剞十字花刀，其余部分改为夹刀片后，顺刀切成鱼尾状。

2.将加工好的鱼片用开水焯好码在盘中。

3.起锅放清油、鸡汤、姜汁、盐、味精、胡椒粉烧开，适量水淀粉勾玻璃芡，淋明油，将汁浇在码好的墨鱼片上，临适量鸡油即可。这道菜味道鲜美，咸香适口。

组庵鱼翅

【原料】水发玉结鱼翅约2000克，肥母鸡肉1500克，猪肘肉1000克。

【调料】酒150克，干贝、葱节、姜片各50克，熟鸡油25克，精盐8克，味精2.5克，胡椒盐1克。

【制法】1.把葱、姜拍破；干贝掰去边上老筋，洗净后放入葱、姜、料酒和水，上笼蒸好待用。

2.将猪肘肉刮洗干净后砍成块；将鸡宰杀，去净毛，开膛去内脏，洗净，砍成大块；再把猪肉和鸡肉一起下入开水锅内煮过捞出，用来清洗不干净血沫。

3.取大瓦钵1只，用竹箅子

垫底，放入用白稀纱布包好的鱼翅，用鸡汤，加入料酒和葱、姜，在旺火上烧开后移到小火煨约半小时，从锅内取出鱼翅，这道汤倒掉不要，铺上猪肘肉、葱节、姜片，重新铲入鱼翅、鸡块，再加入干贝汤、绍酒、精盐、清水1500克用盘盖上，在旺火上烧开，再移至小火上煨约4小时，直至鱼翅软烂、浓香、柔软，然后离火去掉鸡肉、肘肉、葱、姜，将鱼翅从白布中取出，摆放盘中。

4.在炒锅内放入熟鸡油，烧至八成热，倒入大瓦钵内的原汤，放入味精，烧开成浓汁，浇在鱼翅上，撒上胡椒粉，淋鸡油即成。这道菜颜色淡黄，汁明油亮，软糯柔滑，鲜咸味美，醇香适口。

红烧龟肉

【原料】龟1只（250～500克）。

【调料】菜油60克，黄酒20克，生姜、葱、花椒、冰糖、酱油各适量。

【制法】1.将龟放入盆中，加热水（约40℃），使其排尽尿，然后剁去其头、足，剖开，去龟壳、内脏，洗净，将龟肉切块。

2.锅中加菜油，烧热后，放入龟肉块，反复翻炒，再加生姜、葱、花椒、冰糖等调料，烹以酱油、黄酒，加适量清水，用炆火煨炖，至龟肉烂为止。

洞庭金龟

【原料】金龟1000克，猪五花肉150克，冬笋、香菜各50克，水发香菇25克。

【调料】八角、味精、白糖、精盐各1克，干红椒5克，葱、姜各15克，酱油、绍酒各25克，芝麻油20克，胡椒粉0.5克，桂皮2克，熟猪油50克。

【制法】1.将龟肉下开水烫过，除去薄膜，剁去爪尖，洗净滤干，切成3厘米长、2厘米宽的块；猪五花肉切成3厘米长、1厘米宽、0.2厘米厚的片；冬笋切成梳形片；香菇去蒂洗净，大的切开；葱打结；姜去皮、拍破；香菜洗净。

2.炒锅置旺火，放入熟猪油，下入葱、姜煸出香味，随即下入龟肉、五花肉煸炒，烹入绍酒、酱油，放入桂皮、八角、干红椒、精盐、白糖、适量清水烧开，撇开泡沫，倒入炒锅，移到小火上煨1小时至龟肉软烂，再加入笋片、香菇、味精，撒上胡椒粉，淋入芝麻油，盛入汤盆中，香菜盛入小碟同时上桌。这道菜咸鲜香辣，汤稠肉红，醇厚浓郁，是滋补佳品。

煎连壳蟹

【原料】青蟹500克，肉清汤25克，净香菜50克。

【调料】黄醋、湿淀粉、面粉各25克，味精、精盐各1克，绍酒50克，姜末、葱花各10克，芝麻油5克，酱油15克，熟猪油500克（实耗100克）。

【制法】1.将青蟹洗净，除去背壳、蟹鳃和下腹脐部，刮净脚下的毛，再将青蟹切成2厘米的长方块，留下大小腿，去掉关节和脚爪，然后底板朝下摊开平放一个瓷盘里，撒上面粉待用。

2.把葱花、姜末盛入小碗，再放入酱油、醋、绍酒、味精、湿淀粉、精盐和肉清汤25克兑成汁子。

3.炒锅置旺火，放入熟猪油，烧至七成热，下蟹块，炸呈红色后，连油倒入漏勺，滤去油。

4.炒锅放入熟猪油75克，烧至六成熟，下入炸好的蟹块，将汁子搅匀倒入炒锅颠翻几下，淋入芝麻油装盘，香菜拼放盘边即成。这道菜焦脆鲜嫩，风味独特。

五彩鲜贝

【原料】鲜贝300克，胡萝卜球、黄瓜球、草菇各20克，水发香菇5克。

【调料】料酒5克，味精3克，盐、胡椒粉各2克，淀粉、油各适量。

【制法】1.将胡萝卜球、黄瓜球连同草菇、香菇用开水焯一下；鲜贝用淀粉上浆。

2.锅置火上，放油烧热，将鲜贝划透。

3.锅留底油，放入全部原料及盐、味精、料酒、胡椒粉煸炒，淋入适量水淀粉勾芡，淋明油出锅。这道菜色泽美观，味道鲜美。

沙律海鲜卷

【原料】鲜贝、虾仁、蟹柳各100克，鸡蛋2个，面包渣、卡夫奇妙酱各50克。

【调料】盐、味精、姜汁各适量，威化纸12张，油150克。

【制法】1.鲜贝、虾仁洗净用开水焯好，同蟹柳切成丁，加盐、味精、姜汁、卡夫奇妙酱搅拌成馅，用威化纸包卷，蘸鸡蛋液，滚沾面包渣。

2.起锅放油烧六成热，投入海鲜卷，炸至微黄，捞出，控油，码盘即可。

炒素什锦

【原料】鲜蘑、香菇、黄瓜、胡萝卜、姜、西蓝花、玉米笋、清水马蹄、莴笋、紫菜头各40克，鸡汤适量。

【调料】盐、味精、姜汁、水淀粉各适量，胡椒粉3克，油50克。

【制法】1.将西蓝花掰成小朵；玉米笋切成段；马蹄、莴笋、紫菜头均削成球状；鲜蘑去蒂，刀切进一半深，用手按一下成扇形；香菇切梅花状；黄瓜、胡萝卜均切成2厘米段，削边呈蝶状；西红柿去皮切成菱形；姜去皮切锯齿片。

2.将全部原料放入开水锅中焯一下。

3.起锅放适量油，烧热，投入全部原料，加入鸡汤及调料翻炒，用水淀粉勾芡，淋明油出锅。这道菜颜色美观，口味清香微辣。

腐乳冬笋

【原料】冬笋200克，腐乳汁10克。

【调料】味精、盐各2克，油适量。

【制法】1.冬笋切片，起锅放少量油烧热，倒入腐乳汁。

2.再投入冬笋，加调料翻炒，淋明油出锅即成。这道菜脆爽适口，腐乳香味浓郁。

南荠草莓饼

【原料】荸荠500克，鸡蛋清50克，面包渣（馒头渣也可）适量。

【调料】白糖50克，水淀粉25克，干淀粉10克，草莓酱100克，油适量。

【制法】1.将荸荠去皮后用刀背拍碎，块大的再剁一剁，用豆包布包好拧干水分，加入干淀粉搅拌均匀，和成面团。

2.将面团分块包上草莓酱成球状，逐个蘸上鸡蛋清、面包渣拍实，起锅放油投入荸荠饼坯，炸至金黄色捞出，码盘，按扁。

3.净锅加入水、白糖烧开，用水淀粉勾玻璃芡，淋明油，浇在饼上即可。这道菜菜式美观，酸甜适口。

冰糖湘莲

【原料】湘白莲200克，鲜菠萝50克，樱桃、青豆、桂圆肉各25克。

【调料】冰糖300克。

【制法】1.菠萝去皮切丁；白莲去皮；以上材料同桂圆肉上笼蒸软取出，滗汁装入碗中。

2.炒锅放中火上，加清水500克，放冰糖溶解后，滤去杂质，放入樱桃、青豆煮开，倒入汤碗中即成。

徽菜

徽州圆子

【原料】熟猪肥膘肉、生猪肥膘肉各100克，炒米500克，金橘20克，蜜枣25克，鸡蛋1个。

【调料】糖桂花1茶匙，白糖300克，青红丝、香油、青梅、生粉各适量。

【制法】1.将熟猪肥膘肉、金橘、蜜枣、青梅分别切成绿豆大的丁，放在碗内，加入白糖（200克）、糖桂花拌匀，做成比杏核稍大的核心；另将生猪肥膘肉剁成泥，放在碗内打入鸡蛋，加生粉拌匀，再放入炒米（将糯米淘洗净，蒸成干饭晒干搓散，放在锅内，加上干净细沙炒至米粒膨胀，呈白色盛出筛去细沙即成，也可用粳米代替）拌匀，用手搓散成湿炒米。

2.用手蘸冷水洒在一部分湿炒米上（用一点，洒一点，拌一点，如洒水面积过大，会影响炒米黏度），取一份湿炒米，放入手掌上，搓成一个直径约5厘米的薄饼，包入一个馅心，用手搓团成圆子，放在碟里。

3.烧热锅，下香油，烧至五六成熟时，下圆子，炸成金黄色时捞出装碟。

4.在炸圆子的同时另用一炒锅，放入适量水、白糖、青红丝，用小火煮滚，淋上香油，均匀地浇在炸好圆子上即可。

萝卜烧排骨

【原料】猪排骨、萝卜各500克。

【调料】酱油20克，葱8克，姜、淀粉、料酒、白糖各5克，油50克，盐4克，味精3克。

【制法】1.萝卜切绞成块；葱切段；姜切片。

2.炒锅上火，放油将葱、姜和萝卜放入，煸炒至上色加入料酒、酱油、盐、味精、白糖和清水，放入排骨，用火烧开锅后，转用小火烧25分钟。

3.待汁收浓且口味浓香时，加入水淀粉，把汁全部挂在原料表面即可。

杨梅丸子

【原料】猪肉600克，面包屑80克，鸡蛋2个，杨梅汁200克。

【调料】醋2汤匙，白糖4汤匙，香油、生粉各适量。

【制法】1.选用三成肥七成瘦的猪腿肉，剁成肉泥，放在碗内将鸡蛋打入，加盐、适量水拌匀，再加面包屑拌匀成馅。

2.烧热锅，下油，烧至五成熟时，将肉馅用手挤成像杨梅圆子大小的圆球，滚上面包屑，下锅炸至浮起，呈金黄色时，倒入漏勺，滤干油。

3.原锅中放入适量水，加白糖、醋、杨梅汁，在中火上熔化成卤汁，再用生粉水勾芡，随将炸好的肉丸倒入，翻炒片刻，淋上香油即可。这道菜呈玫瑰红色，入口香甜带酸。

芫荽炖牛肉

【原料】芫荽100克，牛肋条肉500克，清汤800克。

【调料】葱节、姜块各25克，八角2克，绍酒20克，精盐3克，味精1克，芝麻油10克。

【制法】1.将芫荽洗净切段；牛肋条肉切块。锅内加水烧开，下入牛肉块焯透捞出。

2.锅内另加清汤，下入葱节、姜块（拍松）、八角、绍酒、牛肉旺火烧开，撇净浮沫，炖至熟烂，去掉调料渣，加精盐、芫荽烧开，装入碗内，淋芝麻油即成。这道菜汤清味鲜，牛肉软烂，芫荽清香。

牛腩煲

【原料】牛腩肉、胡萝卜各600克，肉汤、香菜各适量。

【调料】郫县豆瓣两大勺，姜、大料、桂皮、花椒、草果、冰糖、料酒、生抽、盐、鸡精、色拉油各适量。

【制法】1.将牛腩肉切成1.5厘米见方的方块，沸水洗净；姜去皮切片；郫县豆瓣酱切碎；胡萝卜切滚刀待用。

2.炒锅置火上，放入适量色拉油烧热，放姜片煸炒，放入豆瓣酱炒香；放入牛腩块同炒，加入料酒、生抽、冰糖，加入肉汤或清水没过牛肉，加入大料、桂皮、花椒、草果调味。

3.烧开后将牛肉移入煲内小火炖至牛肉稍软，加入胡萝卜，炖至酥软，去除大料、桂皮、花椒、草果，加盐和鸡精调味，盛出，放入切碎的香菜即可。

清蒸石鸡

【原料】石鸡750克，水发木耳25克，熟火腿片、熟笋片各50克，鸡汤适量。

【调料】料酒、精盐、味精、白糖、姜片、蒜瓣、猪油各适量。

【制法】1.将石鸡用刀从颈部开一小口，从刀口处下手剥去外皮，再去内脏，剁去头、爪，洗净，每只切成4块；将木耳洗净，撕小片。

2.将石鸡放入汤碗中，加入料酒、精盐、白糖、味精、姜片、蒜瓣、猪油、鸡汤、木耳、火腿片、笋片，汤碗上盖一个大盘，上笼蒸半小时取出即成。此菜汤清香郁，肉细嫩柔滑，原味鲜醇，素以珍品著称。

双爆串飞

【原料】鸡脯肉、鸭脯肉各200克，青豆、香菜各适量，鸡蛋清1个。

【调料】葱1段，姜2片，盐、鸡精、花椒粉各少许。

【制法】1.鸡脯肉和鸭脯肉洗净，沥干水，剞十字花刀，加少许花椒粉、鸡精和盐腌片刻。

2.锅中煮开水，腌过的肉脯入沸水氽烫至变色即捞出，沥水后用蛋清液抓匀；青豆入沸水烫去豆腥味。

3.起油锅，下青豆和葱、姜炒，入脯肉炒至熟，盛盘时拣出葱段、姜片加香菜调味即可。

茶叶熏鸡

【原料】嫩鸡750克，小米锅巴100克。

【调料】姜10克，茶叶、小葱、香油各15克，盐5克，赤砂糖、酱油各25克，黄酒20克，花椒3克。

【制法】1.葱10克切成段，另5克葱和花椒、盐一起制成细末，拌成葱椒盐备用。

2.去毛整鸡，脊背开刀，掏去内脏和鸡嗉，洗净，沥干水，用葱椒盐均匀撒在鸡身上，腌20分钟。

3.将鸡身扒开，皮向下放在

碗里，上放葱段、姜片，加酱油、烧酒，上笼蒸至八成熟，取出；锅巴掰碎放入炒锅，撒上菜叶、红糖，架上篦子，将鸡皮向上摆在篦子上，盖严锅盖。

4.先用中火熏出茶叶，片刻改旺火熏至浓烟四起时离火，烟散尽，掀开锅盖，取鸡刷上芝麻油；将鸡头、鸡尖、鸡腿爪剁下，鸡身切成5厘米长、3厘米宽的块，鸡骨、鸡胫拍松垫底，鸡块按鸡原形装盘，鸡头放前，鸡腿爪放两边即成。这道菜烟熏味中带有瓜片茶叶之清香，金黄悦目，肉质鲜美，风味别具。

无为熏鸭

【原料】鸭子2只。

【调料】姜片、葱片各100克，茴香25克，盐、酱油、香料适量。

【制法】1.鸭子洗净，用盐擦透鸭身，放缸中腌4小时，中间须翻动一次。

2.将鸭在开水中烫至皮缩紧，挂在风口处，擦去皮衣。

3.熏锅中架放4根细铁棍，把鸭背朝下放上，熏5分钟后翻身，再熏5分钟。

4.大锅内放入茴香、香料、酱油、葱、姜块，烧开后放入鸭子焖煮45分钟捞出，将鸭剁成块装盘即成。这道菜色泽金黄油亮，滋味鲜美可口。

花菇田鸡

【原料】水发花菇150克，去皮田鸡腿400克，鸡汤250克。

【调料】熟猪油100克，姜汁10克，味精1克，甜米酒、精盐、湿淀粉各5克。

【制法】1.将田鸡腿入开水锅中略烫，捞出，洗净，沥干，用姜汁、精盐、甜酒、味精腌渍入味；水发花菇去蒂，洗净，腿排列在碗中；花菇放在田鸡腿上面。

2.加入猪油、鸡汤，另用1只盘子盖好，上笼旺火蒸15分钟取出，拣出花菇即可。

当归獐肉

【原料】獐肉1000克，腌雪里红100克。

【调料】熟猪油100克，当归15克，小葱节、姜块、湿淀粉各10克。

【制法】1.当归擦去表面的浮灰；雪里红用水洗净后去根；将去皮的獐肉放在冷水中泡半小时左右捞起，再放到冷水锅里烧开，去尽血分和腥味后，捞出沥干水，然后切成3厘米见方的块。

2.锅置旺火上，放入熟猪油75克，烧至五成热，下獐肉煸1分钟，加水淹过肉，放入当归和酱油，烧开后再加入葱节、姜块（拍松）、盐、白糖，换小火细烧。

3.獐肉炖至七成烂时，另用一锅放在旺火上，放入熟猪油25克，烧至五成热，下雪里红煸几下，倒在獐肉锅内，继续烧至獐肉九成烂时，用湿淀粉调稀，勾薄芡，出锅装盘即成。

银鱼煎蛋

【原料】银鱼200克，鸡蛋300克。

【调料】姜、小葱各2克，盐5克，黄酒15克，熟猪油100克。

【制法】1.葱、姜洗净，均切成末；鸡蛋磕入碗内，加葱末、姜末、黄酒和盐，搅散后再放入银鱼拌匀；选用长5厘米左右的小银鱼洗净，沥干水分。

2.炒锅置中火，放入熟猪油75克，烧至八成热下入鸡蛋，随即将锅微微转动，使蛋液摊开。

3.待鸡蛋液凝固时再一颠锅，使鸡蛋整个翻身，淋上熟猪油25克，换用小火煎透出锅，装盘即成。

火腿炖甲鱼

【原料】甲鱼500克，火腿骨半条，火腿70克，熟猪肉10克，清汤3杯。

【调料】香油、小葱、姜各适量，冰糖、胡椒粉各少许，绍酒1汤匙。

【制法】1.选用肥瘦相连的火腿切成4大块；火腿骨洗净滤干。

2.将甲鱼头引出齐甲盖处颈部宰杀，流尽血水，放在80℃热水中浸烫，剥去皮膜，用刀沿甲壳四周划开，掀掉甲盖，去内脏（留下甲鱼蛋）、脚爪和尾，洗净，剁成3.3厘米长、2厘米宽的条块放入滚水锅内，煮至水再滚时捞出，再清洗一次。

3.取砂锅1个，先整齐地摆入甲鱼块，然后将火腿、葱（打结）、姜（拍松）和火腿骨围在甲鱼四周，加入清汤和绍酒，盖好盖，用大火煮滚撇去浮沫，放冰糖，改用小火炖1小时左右，去葱、姜和火腿骨不用，火腿取出切成片，放回锅中，淋上香油，撒上胡椒粉即可。这道菜汤色清醇，肉烂香浓，裙边滑润，无腥味。

菊花冬笋

【原料】冬笋400克，鲤鱼250克。

【调料】鸡蛋清30克，茶叶100克，胡萝卜25克，玉米淀粉10克，猪油（炼制）、色拉油各50克，盐4克，味精、香油各2克，姜汁10克，姜5克。

【制法】1.将冬笋切成柳叶片，蒸熟。

2.用青鱼肉和肥膘肉的肉泥加鸡蛋清及多种调料做成圆饼。

3.冬笋片做菊花花瓣斜插饼上，共四层，中间用火腿末作为“花蕊”，用绿色蔬菜叶制成“菊花叶”，经笼蒸锅煮，勾芡即成。

包公鱼

【原料】鲫鱼750克，莲藕250克。

【调料】酱油、黄酒各100克，香油50克，冰糖30克，小葱、姜各25克，醋20克。

【制法】1.藕（包河藕）洗净，横切成0.2厘米厚的大片；选用新鲜的小鲫鱼（包河鲫鱼），体长7厘米左右为宜，去鳞、鳃、开膛，去除内脏，洗净，控干水分，加酱油75克、黄酒、葱段10克、姜片10克，腌渍30分钟左右。

2.取炒锅1个，锅底铺一层剔净肉的猪肋骨，然后放一层藕片、姜片和葱段，再将小鲫鱼放入，头朝锅边，一个挨一个地围成一圈。

3.将酱油175克、醋、黄酒75克、冰糖（碾末）放碗中和匀；再加清水150毫升倒入锅中，用小火焖5小时左右，端下锅，待冷却。

4.冷却后，覆扣入大盘，去葱、姜、藕片和骨头；食用时取藕片数片垫在盘底，将鱼一条条取出摆入盘中，淋上香油即成。此菜骨酥肉烂，味鲜，入口即化，有青荷香气，味道鲜美。

干烧臭鳜鱼

【原料】猪肉末100克，腌鲜鳜鱼1条。

【调料】精盐、料酒、陈醋、老抽、味精、葱、姜末、干红椒末、白糖、色拉油各适量。

【制法】1.腌鳜鱼洗净，切麻布花刀。

2.锅上火划油，留底油下腌鲜鳜鱼，煎至两面呈金黄色时起锅。

3.锅底留少许油，下调料炒

香，再下腌鲜鳜鱼调味，加少量清水焖烧至熟，待汤汁收干时，淋明油起锅装盘。

腌鲜鳜鱼

【原料】青菜250克，蟹肉50克，鸡蛋5个，鳜鱼肉50克，上汤100克，水发香菇、熟火腿片各10克。

【调料】熟猪油50克，小葱叶段5克，绍酒2茶匙，姜汁、生粉、盐、上汤各适量。

【制法】1.将鸡蛋下冷水锅煮熟捞起，放冷水中略浸剥壳，每个鸡蛋切成4块，去蛋黄放碟内摆好；青菜择洗干净，滤水；将鱼肉剁成泥置碗中，加姜汁、盐、绍酒1茶匙和适量水拌匀成馅料；蟹肉放碗内，加盐和绍酒1茶匙调好味。

2.在蛋白上撒上干淀粉，每块放鱼肉馅1份，再放上蟹肉1份在碟内排放好。碟中间的1份再放上一点蟹黄，其余的上面分别放葱叶段、香菇片、火腿片，连碟上笼蒸熟取出。

3.炒锅置中火上，放入熟猪油35克烧至六成熟，下青菜煸炒，加适量盐炒熟放在碟内，滤去汁水，将蒸好的蟹移至菜碟中；炒锅中放入上汤加适量盐，用生粉水勾芡，淋入熟猪油15克，浇在上面即可。

中和汤

【原料】虾米（以淡水虾米为佳）50克，鲜瘦肉火腿心150克，豆腐500克，水发香菇、鲜冬笋尖各适量。

【调料】食盐、鲜板油、葱花各适量。

【制法】1.先将豆腐切成0.5～1厘米见方的小丁，焯水捞出待用。

2.再将鲜瘦肉火腿心切成碎丁；1根鲜冬笋剥去外皮，洗净，切成米粒大小，切几片火腿肉并水发香菇几个、虾米几个，均切成小丁，备用。

3.将切好的各种小丁放入砂锅内，加入虾米丁和大半锅鸡汤，用旺火烧沸，撇去浮油，放入精盐，用小火炖0.5～1小时。

4.加入豆腐丁，稍微加一些油，再炖十几分钟左右，等汤煮透了，再撒上一些葱花、胡椒粉，一款中和汤就烧煮成功了。

问政山笋

【原料】净问政山笋（或春

笋）500克，水发香菇、火腿各50克。

【调料】香油、料酒、生粉、盐各适量。

【制法】1.将火腿、山笋分别切成丝，坐锅，点火，倒入清水，放入山笋，加少许盐煮开后捞出放在小碗里。

2.把火腿丝摆放在笋上，在顶部放两块香菇，再放入水淀粉、料酒，放入蒸锅蒸15分钟。

3.蒸熟后用漏勺把汁滗出，扣入盘中，然后再将汁淋在菜上即可（可在盘子周围加几个西蓝花做装饰）。此菜笋色玉白，清香脆嫩，鲜甜微酸。

凤阳酿豆腐

【原料】肥瘦猪肉100克，嫩豆腐500克，虾仁25克，鸡蛋4个，肉汤150克。

【调料】熟猪油1000克，葱、姜各适量。

【制法】1.猪肉切末；虾仁剁碎加精盐、湿淀粉拌匀；将葱、姜、肉末煸至松散，烹入料酒、肉清汤、味精、精盐炒和后，用湿淀粉勾芡成馅。

2.豆腐切厚片，将馅分成12份，分别放在豆腐片上拌匀，盖一片豆腐制成豆腐生坯，鸡蛋清搅成泡沫状，加干淀粉调匀成糊。

3.油烧至五成热，将豆腐坯蘸匀蛋泡糊，逐个炸至变色捞起，油温升至七成热时，重炸至金黄色捞出。肉汤中加入豆腐、精盐、白糖以小火烧开，加醋，勾芡即可。

八公山豆腐

【原料】八公山豆腐250克，鸡汤150克，水发木耳50克，熟笋25克，虾子10克。

【调料】小葱段5克，精盐2克，酱油50克，湿绿豆淀粉100克，熟猪油50克，花生油500克（约耗100克）。

【制法】1.豆腐切块，下冷水锅中烧开捞起，沥干。

2.笋切片；淀粉加水调成糊状；豆腐滚浆，下五成热油中炸至黄金色。

3.虾子、笋片、木耳下五成热油中煸炒，加入豆腐、调料和水，再放入淀粉浆勾芡，炒几下即成。青豆、香菇煸炒后加调料和鸡汤烧开勾芡，倒入虾炒匀，出锅装在盘内即成。

日本料理

日本红豆饭

【原料】红豆90克，长糯米500克，水4杯，炒香黑芝麻适量。

【调料】盐适量。

【制法】1.红豆洗净，加入4杯水煮开后，调成中火煮10分钟后熄火待凉。

2.长糯米洗净，沥干后与已经凉的红豆连汤一起混合泡1小时左右，再用炊饭锅炊熟。食用时将适量盐和黑芝麻撒在饭上。

彩色饭团便当

【原料】彩色芝麻香松包适量，肉松2大匙，热白饭1碗。

【调料】盐1小匙。

【制法】1.将饭分成五等份，在手心放适量盐，这样一来，把白饭放在手上时较不易沾手，将每份饭团中心包上1/5的肉松，再将每个饭团外围沾上不同的材料，做出五种颜色的饭团。

2.煲入不同食材，如甜或咸的各式蜜饯均可。

炸天妇罗

【原料】天妇罗半斤，小黄瓜1条。

【调料】盐、甜辣酱各适量，白醋、糖各1大匙，香油半大匙。

【制法】1.将小黄瓜洗净，切成小圆片状，用盐腌泡至软，即可将盐水洗掉，沥干后用香油、白醋、糖腌15分钟。

2.将天妇罗用热油炸至膨胀即可捞起，将油沥干切片排入盘中，再将小黄瓜片放在盘中即可，要吃时再蘸甜辣酱即可。

日式炸豆腐

【原料】板豆腐或中华火锅豆腐、白萝卜（用果汁机打成泥）各适量，清水4杯。

【调料】酱油1杯，日本味淋半杯，白细砂糖半杯，生姜（磨成汁）、海苔丝、低筋面粉各适量。

【制法】1.先把酱油、清水、味淋、姜汁、砂糖煮滚备用。

2.火锅豆腐切成8小块沾上低筋面粉，油热至140℃左右，把沾好面粉的豆腐下油锅炸至金黄色起锅。

3.豆腐上放适量萝卜泥淋上调好的豆腐汁，加适量海苔丝即可食用。

蔬果寿司

【原料】卤香菇4个，白萝卜片、雪里红叶子各2片，白饭适量，黄秋葵2支，水果适量，海苔半张。

【调料】米醋1/3杯，糖2大匙，盐1大匙，醋、姜、寿司醋、酱油、绿芥末各适量。

【制法】1.将黄秋葵入开水烫过，漂凉。

2.寿司醋先煮开待凉后，加入热的白饭中拌匀再捏成小饭团，抹适量芥末，再铺上各类蔬果材料，容易滑动的就用海苔卷起来固定。

紫菜卷寿司

【原料】糖醋米饭、紫菜、人造蟹肉、日本黄萝卜咸菜、芦笋、三文鱼（切成长条状）各适量。

【调料】青芥末、日本酱油、白糖、醋各适量。

【制法】1.蒸米饭之前要将米浸泡1~2个小时，米饭要蒸得软硬适中，用醋加糖熬至黏稠，再把熬好的糖醋汁均匀拌在米饭中，做成糖醋米饭，要等到米饭温度略低于手温时再铺在紫菜上。

2.铺米饭的过程，尽量快速完成，不然紫菜会因吸收过多水分而变软，无法成型，包裹的时候，米饭不要外露，松紧要适中。

3.将紫菜平铺在展开的竹帘上，把米饭握在手中捏软，迅速将米饭均匀地平摊在紫菜上（米饭厚度大约0.5厘米），压结实，并空出上端2厘米左右的紫菜，再将入造蟹肉、日本黄萝咸菜、芦笋、三文鱼条均放置于米饭的中央。

4.用竹帘裹住紫菜和米饭卷紧，然后撤走竹帘，再把卷好的寿司切成段装盘即成。

水滴寿司

【原料】紫菜4张，米饭4碗，菠菜250克，肉松半碗，胡萝卜4长条，竹帘1张，鸡蛋1个。

【调料】白糖、白醋各3大匙，盐适量。

【制法】1.蛋打散，加适量盐调味，入平底锅中煎成蛋皮后，切成长方型，再切成长条；菠菜放进加盐的热水中烫熟，漂凉后挤干水分；米饭趁热拌上白糖、白醋，放凉备用。

2.取竹帘垫底，上铺紫菜，米饭铺至3/4处，中间放进所有肉馅包卷起来，卷到前端时，倾斜下压，缝口用米饭沾起来，成水滴状，以利刀将水滴寿司切薄片，排列于盘中即可。

日式土豆沙拉

【原料】土豆350克，三明治火腿120克，黄瓜60克，胡萝卜50克，水煮蛋2个。

【调料】沙拉酱5大匙，青芥辣（挤约5厘米长度即可），细盐1/4小匙。

【制法】1.胡萝卜及黄瓜分别切小薄片；火腿切丁，锅内烧开水，放入胡萝卜略烫，捞出用凉开水冲凉，沥净水，备用。

2.土豆去皮，切块，放入微波容器内，加盖高火加热5分钟，放凉后，放入食品袋内用擀面棍擀成泥。

3.鸡蛋冷水下锅，煮至十成熟，去壳切成小细末，将所有材料放入碗内，加入沙拉酱、青芥辣、盐，再用铲彻底拌均匀即可。加盖移入冰箱冷藏2小时后食用更佳。

日式叉烧肉

【原料】梅花肉500克。

【调料】酱油膏半碗，酱油1碗，八角3粒，色拉油3大匙，五香粉1小匙，蒜10瓣（拍碎），葱5根（切段）。

【制法】1.梅花肉切长条，用1大匙酱油及五香粉腌20分钟入味，腌好的肉用绵绳扎紧，锅内入油烧热，放进梅花肉煎至两面焦黄。

2.续加入蒜、葱煎香，加入淹过肉的水及所有调味料，以大火煮滚后改小火煮30分钟，待叉烧肉放凉后切片，淋上卤汁即可享用。

茶壶蒸海鲜

【原料】鸡肉、鱼肉、蛤

蜊各40克，柠檬半个，贝芽菜适量，鲜香菇4个。

【调料】盐2/3小匙，淡口酱油适量。

【制法】1.贝芽菜切段；鸡肉、鱼肉洗净切片；柠檬分切4片；蛤蜊、鲜香菇洗净备用。

2.将鸡肉用1/8小匙盐腌，鱼肉、蛤蜊分别以开水氽烫捞出。

3.茶壶内放入鸡肉、鱼肉、蛤蜊、香菇煮开，盖上盖子移入蒸笼，大火蒸3分钟取出，撒上贝芽菜并立即盖好，即可趁热食用，食时淋上柠檬汁即可。

日式蒸鱼

【原料】香菇1个，海带半条，红萝卜1片，大七星斑下巴（约500克），火锅豆腐1盒。

【调料】葱1根，味淋1大匙，柴鱼酱油2大匙，高汤半杯。

【制法】1.鱼下马剁块；豆腐切长条；葱斜切长段；海带剪2厘米长。

2.将所有材料与调味料排于盘中，加高汤半杯，入蒸笼以大火蒸约12分钟即可。

日式海鲜炒面

【原料】意大利干面条120克，鱼肉80克，青椒、虾仁、目鱼各30克，洋葱20克，蘑菇10克。

【调料】葱10克，大蒜1头，色拉油、酱油、盐各适量。

【制法】1.用热水把面条煮10分钟，控去水分。

2.把蘑菇切片；大蒜切末；鱼肉、青椒、洋葱、葱、目鱼切成细条。

3.在炒锅中加入色拉油、鱼肉、虾仁、目鱼炒熟后，加入青椒、洋葱、京葱、蘑菇、大蒜炒熟散发香味后，加入面条炒匀后，浇入酱油、盐炒匀即可食用。

日式凉面

【原料】水5杯，日本进口绿藻面1包，海苔丝适量。

【调料】酱油1杯，砂糖、味素、山葵酱各适量。

【制法】1.先将水、酱油、砂糖、味素适量先煮滚放凉，冰在冰箱备用。

2.清水滚后放下面干，面再滚后关小火，约煮10～12分钟左右，面煮好时冲冰水冷却为止；山葵酱适量、海苔丝放进冰箱，要吃时再拿出来。

3.吃时面汁依个人口味放适量山葵酱、海苔丝。

4.食用时蘸上调好的凉面汁即可。

天妇罗大虾面

【原料】天妇罗粉、煮熟的大虾、芦笋、洋葱片、香菇各适量，面条、水各1碗。

【制法】1.将天妇罗粉和水以1：1.5的比打糊，也可用白面、鸡蛋和水打糊。

2.把大虾、芦笋、洋葱片、香菇放在天妇罗粉糊中沾裹，再依次放入滚开的油锅中煎炸，至金黄色即可捞出。

3.把面条煮熟，拌上日本酱油，再把炸好的大虾盖在面条上。注意：这道菜的关键在于打糊，糊的浓稠度要用筷子挑起时能流淌即可。

海鲜刺身

【原料】新鲜的加吉鱼、金枪鱼、三文鱼、北极贝、裙带菜、白萝卜各适量。

【调料】绿芥末、日本酱油各适量。

【制法】1.把加吉鱼、三文鱼、金枪鱼、北极贝、裙带菜、白萝卜切成均匀的细丝。

2.把萝卜丝码在盘子底下，把裙带菜和海鲜码一些在萝卜丝上，吃的时候蘸绿芥末和日本酱油即可。

海鳗鸡骨汤

【原料】海鳗400克，牛蒡半根，鲜冬菇4朵，红萝卜、西芹各100克，独活5厘米，三叶芹1束。

【调料】鸡骨5份量，水5升，瓜状昆布2片，黑胡椒适量，淡口酱油2茶匙，盐半茶匙，酒1茶匙，醋少许。

【制法】1.把鸡骨焯至发白，用水洗去多余脂肪、血污，把鸡骨、昆布、水放入锅，用旺火煮沸，改用微火，撇出汤末，去除怪味，使汤保留滚的状态，熬到二成（水熬去一半），用法兰绒布过滤。

2.红萝卜切成3厘米长段，纵向切成两半，切口朝下，横削薄片，叠起切成细丝；牛蒡用棕刷刷净表面，纵向切刻刀纹，放菜板上，向削铅笔那样，边用手转动牛蒡，用醋漂洗，去除涩味，中间换几次水；漂洗后将水沥干；海鳗连皮带骨刺切成肉片，放入170℃～175℃油中，炸至表面变色；边削竹片（竹叶状）；鲜冬菇切去硬蒂，再切成薄片；独活切成3厘米的长段，厚削皮，旋削带状薄片；叠起切成细丝，用醋水漂洗；西芹去筋，切成3厘米长段，顺纤维切成细丝。

3.加热鸡汤，煮沸，放入沥干的各种配菜，稍煮，去掉异味，用盐、淡口酱油调味后，放入海鳗鱼片，用酒调味，撒入三叶芹筋，用胡椒瓶，把黑胡椒撒入即可食用。

日式年糕汤

【原料】日式年糕8块，鸡肉300克，高丽菜200克，韭菜100克，红萝卜50克，香菇3个，日式高汤5杯。

【调料】盐适量。

【制法】1.鸡肉洗净切小丁；高丽菜洗净后切片；韭菜切5厘米左右长段，红萝卜、香菇则切片备用；鸡肉用滚水氽烫过，再用冷水冲洗后备用。

2.将高汤放入汤锅内煮开，再将所有材料放入锅中一起煮，等到所有材料都熟透后，用盐调味即可。

味噌汤

【原料】鲷骨（赤宗鱼骨）300克，红萝卜丝、白萝卜丝各半杯。

【调料】味噌80克，糖、味精各1/8小匙，葱花2大匙。

【制法】1.鲷鱼（或其他新鲜鱼骨）切块，入开水氽烫捞出，再用清水洗净。

2.锅内入水烧开，将红、白萝卜丝煮软，续入鱼骨煮滚，去除泡沫，将味噌、糖、味精置小漏勺内，以木棍（或汤匙）拌匀，立即熄火盛碗，并撒上葱花即成。

韩国料理

韩国手卷饼

【原料】韭菜、鸡蛋饼、薄饼皮、紫卷心菜、香肠、豆芽、青笋、胡萝卜、卤肉、黄瓜各适量。

【调料】盐、味精、蒜水、甜辣酱各适量。

【制法】1.原料都切成二粗丝，除卤肉外，全部氽水，放入拌盆，加入调味料搅拌均匀。

2.紫卷心菜洗净打底，将韭菜、香肠、豆芽、青笋、胡萝卜、卤肉、黄瓜、薄饼皮打卷有序铺好。

3.打开薄饼皮，摊开鸡蛋饼盖在薄饼上，铺些培根和黄瓜，卷起来即可。

丸子煎饼

【原料】牛肉400克，豆腐100克，鸡蛋2个，面粉1/4杯。

【调料】盐3小勺，香油1小勺，胡椒面1/4小勺，油3大勺。

【制法】1.搅拌好牛肉，将豆腐除水分后压碎。

2.混合搅拌好的肉和豆腐加佐料拌匀，并做成4厘米大小的圆形后沾一层白面和鸡蛋，用油煎出来，配以醋酱油即可。

海鲜蔬菜饼

【原料】新鲜的韭菜适量（其他你喜欢的绿色蔬菜皆可），鸡蛋1个，中筋面粉适量（半饭勺左右）。

【调料】葱、蒜苗各半根，精盐、虾米各若干，鸡粉适量。

【制法】1.将葱和蒜苗切碎；韭菜切成3厘米左右的段；虾米剁成末儿。

2.将鸡蛋打匀后稍加水，缓缓倒入面粉中，搅拌均匀后加入所有原料搅匀。

3.煎锅内倒入少许花生油，八成热后，将搅好的鸡蛋面糊倒入锅中，两面煎至金黄，即可分成若干份盛盘即可。

韩式杂菜煎饼

【原料】洋葱、青菜、土豆、胡萝卜、面粉各适量。

【调料】辣椒酱适量。

【制法】1.把青菜切碎；土豆、胡萝卜和洋葱均切细丝。

2.在青菜、土豆、胡萝卜中加入面粉和盐，调成面糊糊。

3.把平底的不粘锅用中火烧热，加一点点油，盛一大勺的面糊糊下去煎，慢慢地，煎到两面都金黄了即可。吃的时候蘸点辣椒酱。

东来葱煎饼

【原料】牡蛎100个，蛤蜊、红蛤蜊各100克，面粉2杯，粳米面1杯，鸡蛋2个，鲥鱼汤500毫升。

【调料】细葱200克，盐适量，食用油1杯。

【制法】1.把细葱切成15厘米长，并将葱须部分用刀背拍一拍；混好面粉和米面。

2.在鲥鱼汤里放入鸡蛋打

散，并加入盐调味，再加入混合面粉和粳米面冲开；把生牡蛎、蛤蜊、红蛤蜊用盐水洗净，取出一半切碎后与面一起和，并以盐调味。

3.在放油的平锅里摇一勺面放匀后，加剩余的葱和海产品，再舀一勺面放在上面。

4.下面煎熟时，把火调弱翻过来，再煎熟，并在热的时候，蘸醋、酱油吃。

烤酱鲈鱼

【原料】泡开的粉条10克，辣椒面1克，鲈鱼200克。

【调料】葱末20克，酱油10克，蒜末5克，姜汁、香油各3克，胡椒面儿0.2克，芝麻粉1克，辣椒面0.5克，柠檬少许，黄瓜适量。

【制法】1.把鲈鱼的肉切成0.3厘米厚的片。

2.在酱油里放入葱、蒜、生姜汁、辣椒面、胡椒面、芝麻粉、香油调匀，做成调料酱。

3.把鲈鱼片用调料酱腌15分钟以后，抹上调料酱串到铁支子上烤，把烤熟的鲈鱼放到盘子里用柠檬和黄瓜装饰。

烤鱿鱼

【原料】鱿鱼2条，洋葱1个，香菇3个。

【调料】辣椒酱3大勺，捣好的葱、捣好的蒜、白糖、芝麻各1大勺，酱油、香油各1小勺。

【制法】1.把鱿鱼去皮，只放扁平一边以1厘米间距弄出刀纹，并放在酱油里蘸佐料酱。

2.把鱿鱼按圆形切好，过10分钟以后烤鱿鱼。

韩国海带汤

【原料】鲜海带200克，瘦牛肉100克。

【调料】白皮大蒜5克，胡椒粉、香油各2克，酱油、大豆油各20克。

【制法】1.牛肉切末与酱油、香油拌匀；海带在水中泡一下。

2.在锅中放入香油，炒牛肉和海带，炒后加入水煮一下，然后放入酱油、蒜末、胡椒粉即可。

烤五花肉

【原料】五花肉适量，凉开水各2大匙。

【调料】韩国辣椒酱2大匙，芝麻酱半大匙，香油、葱、姜、蒜末、料理米酒、糖、芝麻各1大匙，韩国辣椒粉1小匙。

【制法】1.把所有调料调和到一起，拌均匀即可，形成韩式烤肉酱。

2.五花肉用做好的韩式烤肉酱腌上3个小时左右，把肉盆上盖保鲜膜，放到冷藏里。

3.腌好后取出，展平铺到烤盘锡纸上，烤箱预热200℃，然后放到烤箱里，烤5分钟即可。

韩国烤鸡肉

【原料】鸡肉400克，豆腐100克。

【调料】芝麻盐、白糖各2克，酱油、葱各20克，蒜15克，生姜3克，香油5克。

【制法】1.将鸡肉和豆腐剁碎，用葱、蒜、酱油、生姜汁做调料。

2.在油纸上铺0.5厘米厚的鸡肉，在鸡肉切几个口子后撒上精盐，放到铁支子上烤，把它边烤边抹上调料酱，烤成红栗色。

3.待鸡肉熟了以后去掉油纸，切出漂亮的形状放到盘子里，跟调料酱一起端出即可。

烤牡蛎串

【原料】牡蛎500克，芋头、豆腐各100克。

【调料】酱油、葱各20克，香油、生姜、蒜各10克，醋5克，芝麻盐2克，胡椒面0.5克。

【制法】1.在酱油里放入葱、蒜、香油、生姜汁、胡椒面、芝麻盐，做成调料。

2.把豆腐煎一下，切均匀；把牡蛎用滚烫的盐水烫；把芋头煮熟后去皮，大的切成一半。

3.在签子上交错串上牡蛎、豆腐、芋头后，抹上调料汁在炭火上烤。

4.待熟了以后放到碟子上，跟糖醋酱一起端出。

香菇青椒串烤

【原料】新鲜香菇250克，青椒2个。

【调料】白酒、盐各少许，糖半大匙，白胡椒粉1小匙，白芝麻少许。

【制法】1.将香菇洗净，在表面用尖刀划十字形交叉刀，划的时候不能太深，全部做好后即可三朵一串，用竹签分别串好，备用。

2.在青椒方面，另外也可以选择甜椒，因为色彩比较丰富，串起来更好看；把青椒纵切成对半，去籽，切除头蒂后，切成3厘米×5厘米的长方形，一枝竹签串三片，全部串好备用。

3.将调味料搅拌均匀，再一一刷在香菇串及青椒串上，烧烤至熟即可食用。

包泡菜

【原料】酱黄花鱼1杯，鱿鱼、鳆鱼各1条，香菇5个，生栗10个，石耳2个，松子半杯，大枣1杯，白菜2棵，萝卜2个，水芹100克。

【调料】芥菜200克，细葱、蒜各50克，生姜、辣椒丝各30克，辣椒面半杯，盐1杯。

【制法】1.白菜分半，腌在9%盐水里；萝卜按宽3厘米、长4厘米、高0.5厘米大小切成片，并用盐腌好，腌的白菜切成同样的大小。

2.把泡的香菇和石耳切成粗条；葱、蒜、生姜切成丝；梨与萝卜切成同样大小；栗子切成片；水芹菜、芥菜、葱切成4厘米大小；鱿鱼去皮切成4厘米大小；鳆鱼切成薄片；酱黄花鱼切成厚肉片。

3.在萝卜、白菜中放海味和佐料，用辣椒面拌后以酱黄花鱼汁调味；在小碗里铺2~3张白菜叶，并将拌好的泡菜放在上面，把香菇、生栗、辣椒丝、松子等调料放在上面，把白菜叶按顺序盖好，并装在罐子里。

4.用黄花鱼头和酱黄花鱼骨头熬成汤，然后晾凉，放上5%的盐调味，放在凉快的地方等到入味即可。

小黄瓜泡菜

【原料】小黄瓜10根，红萝卜1根，白萝卜半根，蒜末2大匙，葱（切段）1根，姜汁1大匙，水梨汁1/4杯。

【调料】盐2大匙，香油5大匙，糖适量，辣椒粉1大匙。

【制法】1.红萝卜、白萝卜洗净去皮后切丝备用；将小黄瓜洗净，沥干，切成2厘米长段，再用刀背略拍。

2.红萝卜、白萝卜、小黄瓜加入2大匙盐腌浸约2小时，再滤除盐水，沥干备用。

3.再放入其他调味料搅拌均匀，放入彻底沥干的瓦瓮中腌渍，约冷藏3天入味即可食用，约可保存1周。

韩味泡菜锅

【原料】超市售韩式辣白菜1袋，猪五花肉250克，豆腐1块。

【制法】1.砂锅放清水，加鸡粉或牛肉粉使汤味更加鲜美，将辣白菜切成小块放入，煮沸。

2.将五花肉切成薄片、豆腐切片，下入煮沸的锅中，改用纹火煮5～8分钟，即可食用。

韩国酱汤

【原料】豆腐、五花肉、西葫芦、土豆、香菇、尖椒、洋葱各适量，小鲜贝三四个。

【调料】辣椒面、韩国黄酱、生姜各适量。

【制法】1.把3个香菇撕成条状一起入锅加水煮；四分之一的豆腐块切成小方块；西葫芦三分之一切小方块；五花肉切成薄片；土豆二分之一切丁；生姜一小块拍松与鲜贝一起加入，水开后把沫子撇去。

2.再加入1大勺黄酱调味至咸淡合适，改用中火煮到土豆熟了时，尖椒一两个切段，洋葱五分之一切粗丝，一起加入慢火煮十来分钟，最后加入少许辣椒面出锅即可。

韩国泡菜汤

【原料】中型土豆1个，韩国辣白菜1碗，小型洋葱1个，黄豆芽、金针菇各1把，豆腐1块，五花肉1小块（牛肉亦可）。

【调料】洗米水1大碗（约500毫升），大葱1小段，料酒2勺，香油、辣椒粉、蒜泥、大酱各1勺，生姜泥、白糖各半勺。

【制法】1.将五花肉切成片；土豆去皮后切成片；泡菜切成块；洋葱切成丝；大葱斜切成段备用。

2.在五花肉片内调入蒜泥、姜泥、料酒、香油、白糖和辣椒粉拌匀，腌制10分钟。

3.在陶锅内倒入少许芝麻油，然后放入腌制好的五花肉片小火煎至变色，然后分别放入洋葱丝和泡菜，翻炒2分钟。

4.往锅内倒入洗米水，转大火，然后调入大酱，将土豆片放入锅内煮2分钟后，再依次放入豆芽、豆腐、金针菇煮至沸腾，最后将切好的葱段放入锅内烫熟提味即可。

韩式芝麻冷汤

【原料】新鲜香菇6个，红甜椒、蛋各1颗，鸡腿肉400克，小黄瓜1条，水6杯。

【调料】白芝麻100克，盐、胡椒粉、酒、太白粉各适量。

【制法】1.鸡肉先洗净，与6杯水及2小匙盐一起煮开，煮开后，转小火再煮20分钟；将肉取出切成小丁，并撒上少许胡椒粉略腌一下；等汤汁冷却后，去除油脂备用。

2.小黄瓜、红甜椒、香菇都切成1.5厘米宽的条状，撒上少许太白粉，用滚水汆烫一下，并迅速用冰水冲凉，沥干备用。

3.蛋打散用平底锅煎成蛋皮，并切成和蔬菜一样大小的条状备用。

4.白芝麻先用干锅略为炒香，注意不可烧焦，再加入制法1一半的汤汁，一起用食物调理机（果汁机）搅打过，再与剩下的汤汁混合后过滤即可。

5.将鸡肉丁、小黄瓜条、甜椒条、香菇条、蛋皮丝放入碗内，再将做好的汤汁倒入即可食用。

清曲酱汤

【原料】白菜泡菜200克，牛肉50克，豆腐1块，青椒3个，淘米水3杯。

【调料】葱末、蒜末各适量，清曲酱100克，辣椒面2小勺，盐少许。

【制法】1.把豆腐分半，切成1厘米大小；牛肉切成丝并与葱、蒜拌好；白菜泡菜切成3～4厘米宽；青椒切后去籽。

2.在砂锅里放3杯水，再放牛肉和泡菜煮熟。

3.煮一会儿冲清曲酱，并放上青椒和豆腐煮一会儿，用辣椒面和盐调味，把萝卜切薄或泡好的香菇放进去更好。

韩国参鸡汤

【原料】鸡腿2个，糯米1杯，红枣、栗子各8枚，参须50克，水适量。

【调料】大蒜8瓣，白果8颗，盐少许。

【制法】1.将鸡腿洗净备用；糯米洗净后泡水2小时备用。

2.将所有材料放入炖锅内，加入水至盖过材料。

3.用保鲜膜将炖锅口封住，以隔水加热炖煮约2小时，最后再用少许盐调味即可。

牛杂碎汤

【原料】牛排骨和肉500克，牛头2000克，牛足、牛膝盖骨、腔骨各1个。

【调料】葱4棵，蒜1头，生姜1块，盐、水、辣椒面、胡椒面各适量。

【制法】1.把牛头、牛足、腔骨、牛膝盖骨切成块，在凉水里泡1小时后捞出；把牛排和肉等做汤用的肉整个洗净后捞出。

2.在大锅里放一定量的水，把牛头、牛足、腔骨、牛膝盖骨放进去，等煮沸以后将火调弱，漂去在上面的油和沫，并在煮的时候，把葱、生姜、蒜切成大块放进去。

3.肉煮至半熟时，把牛排骨和肉整个放进去煮烂后捞出来，等汤凉后再漂去油；刮去骨头上的肉，再切小，排骨肉捞出来切成薄肉片。

4.把肉片放在海碗里，把汤烧热后浇上，再放上切小的葱、盐、胡椒面、辣椒面即可。

田螺汤

【原料】露葵150克，韭菜250克，田螺1杯。

【调料】大酱5大勺，辣椒酱、面粉各2大勺，辣椒面1小勺，切好的葱、捣好的蒜各半大勺。

【制法】1.把田螺泡5小时左右，吐出来泥后洗净，捞取，用开水烫后捞出来用针把肉挑出来，在煮天螺的汤里加淘米水冲大酱、辣椒酱再煮。

2.放以3厘米大小切的韭菜、露葵、切成丝的葱放进去煮熟，煮一会儿，在芋羹上沾一层面粉后放在汤里再煮，放辣椒面、切好的葱、捣好的蒜即可。

韩国辣白菜

【原料】青口大白菜800克，苹果300克，胡萝卜50克。

【调料】白皮大蒜3克，姜5克，大葱15克，盐25克，白砂糖10克，辣椒粉20克。

【制法】1.胡萝卜去皮切斜象眼片，放入容器中，放一层撒一层盐，放满后，上置重物，停放过夜。次日，再压出菜汁盐水，用清水洗净，控干。

2.将白菜叶洗净，用手撕成小块。

3.将白菜、胡萝卜、苹果、葱、姜、蒜末等放在干净盆中，放入白糖、辣椒粉、少许味精拌匀，并用干净盘子压实，上罩干净纱布，室温下发酵至酸香扑鼻为止（约1~2天，冬天需在暖器旁发酵一天以上），存入冰箱，随吃随取。

韩国拌菜

【原料】油菜300克，青尖辣椒100克。

【调料】白砂糖2克，味精1克，白皮洋葱150克，芝麻15克，盐3克，白皮大蒜5克。

【制法】1.油菜一叶一叶地掰开；油菜、洋葱、青辣椒均用水焯一下；油菜烫熟后捞出，挤去过多水分；洋葱只过一下水减轻一下辣味。

2.将油菜、洋葱、青椒放进一个小盆，加盐、糖、味精、芝麻，再根据自己的口味加蒜泥等拌匀，盛到盘子里即可。

韩式冷汤面

【原料】后腿牛肉200克，圆白菜100克，标准粉面条150克，乳黄瓜50克，泡菜30克，鸡蛋60克。

【调料】白芝麻100克，辣椒酱15克，奶油10克，大葱、姜、白砂糖、醋各5克，盐3克，香油2克。

【制法】1.牛肉取出切片备用；冷面放入沸水中煮6~7分钟，捞出浸冷水，并用手轻轻搓洗，取出沥干；小黄瓜洗净切圆片，用少许盐拌匀腌软，再用冷开水冲过沥干，拌入少许香油备用。

2. 除冷面、芝麻外，把小黄瓜、牛腿肉、圆白菜、小黄瓜、泡菜、鸡蛋（水煮）、盐、葱、葱末、姜末、白糖、醋、香油全部下锅，用小火炖煮50~60分钟后，把蔬菜部分捞除，并用纱布过滤。

3.冷面盛碗，放上牛肉片、小黄瓜片、水煮鸡蛋及泡菜，加辣椒酱、冷藏的牛肉汤，最后撒上白芝麻即可。

牛骨汤面

【原料】菠菜、萝卜（切大块）各300克，韩式扁面条225克，牛骨1200克。

【调料】葱（切粒）1条，蒜蓉、麻油各半汤匙。

【制法】1.牛骨在热水中稍烫一下，再以冷水冲洗干净，牛骨加萝卜块及适量的水熬4小时，隔渣成牛骨汤，下盐调味。

2.将菠菜用清水洗干净，用滚水灼熟，待冷后切成一小段一小段上碟，加入蒜蓉及麻油拌匀供食。

3.扁面条放滚水内煮8分钟，捞起，沥干水分，置大汤碗内，加上葱粒，浇上煮滚的牛骨汤，配以菠菜供食。

冻土豆黄豆面条

【原料】冻土豆粉200克，黄豆50克。

【调料】白芝麻5克，精盐3克。

【制法】1.芝麻放入煎锅中稍微炒一下；将黄豆洗净后放入水中泡，然后放入锅中煮到没有腥味。

2.将煮好的黄豆和炒好的芝麻、精盐放入磨盘中磨，然后用筛子筛，做成黄豆汤。

3.冻土豆淀粉的调理方法与冻土豆面条一样，然后放入凉水和，做成圆扁的模样，最后放入蒸锅中蒸30~40分钟左右，蒸好后，放入压面机中在凉水中压面做成面条儿，最后放入碗中浇上黄豆汤端出。

蘑菇炒牛肉

【原料】瘦牛肉、鲜蘑菇各250克。

【调料】大蒜泥、生姜片各3克，精盐5克，豆油40克，调料汁65克（或热水），玉米粉12克，凉水250毫升，葱花少许。

【制法】1.鲜蘑菇洗净泥沙，去蒂，切大块，待用；瘦牛肉洗净，切成薄片，加入大蒜泥、生姜末和精盐，抓匀。

2.炒锅烧热，放入豆油，烧七成热，放入牛肉，用旺火爆炒，直炒至肉色变白，再放入蘑菇块，翻炒几下，倒入调料汁，改用小火，盖上锅盖，焖2分钟。

3.玉米粉用凉水搅拌均匀，放入炒牛肉丝锅里，不断搅拌，直到变稠为止，最后把牛肉和玉米浆拌匀，出锅，装盘，撒上少许葱花即可。这道菜口味清香，牛肉细嫩，蘑菇清香。

黄豆芽汤饭

【原料】黄豆芽250克，鲥鱼30克，饭5杯，水10杯。

【调料】芝麻、虾酱各3大勺，辣椒面、酱油各2大勺，葱、蒜各20克，香油1大勺。

【制法】1.在10杯水中放鲥鱼做鲥鱼酱汤并与煮黄荳芽的汤混在一起；把黄豆芽去头截尾，放3杯水煮熟并捞取加佐料拌。

2.把饭盛在砂锅中，在上面放虾酱、葱、蒜、黄豆芽，并倒许多汤加酱油熬，盛的时候放芝麻、香油、辣椒面。

山菜拌饭

【原料】山菜160克，牛肉100克，绿豆芽、桔梗、胡萝卜各50克，大米3杯，鸡蛋1个。

【调料】葱2小勺，酱油1大勺，蒜、香油、芝麻、白糖各1小勺，胡椒1/4小勺。

【制法】1.把桔梗撕成细条，用盐洗净并加香油调味；牛肉切好加佐料炒出来；胡萝卜切成丝，炒出来加佐料；把绿豆芽烫一烫加佐料。

2.把山菜煮熟捞出，泡在凉水里去苦味后除去水分，并在平锅里放食用油炒出来加佐料；鸡蛋煎好；白鸡蛋切成丝。

3.米饭煮好后与牛肉一起拌好，并把各种材料配色摆好后，将黄、白鸡蛋与芝麻等码放在上面即可。

紫菜饭

【原料】黏性米约150克，即食紫菜数张，冬菇5个，火腿约85克，上汤一杯半。

【调料】西芹粒、甘笋粒各2汤匙，葱粒、胡椒粉各少许，盐适量。

【制法】1.紫菜剪条；火腿切粒；冬菇浸软切粒，加入少许油和生粉拌匀。

2.米洗净，用上汤煮，待米汤煮热后，下冬菇粒、火腿粒、西芹粒、甘笋粒和调味料同煮，饭煮熟时撒上葱粒，拌匀成什锦饭。

3.取玻璃纸一张，放在做寿司的小竹席上，表面略为弄湿，将少许什锦饭放玻璃纸上，利用小竹席卷起玻璃纸，将饭搓卷成小圆柱状，以紫菜条包裹即成。

韩式炒饭

【原料】米饭、胡萝卜丝、洋葱丝、鸡肉丁各适量。

【调料】辣番茄酱、生抽、色拉油各适量。

【制法】1.一平锅，热了后，倒入色拉油，油热下，胡萝卜丝炒软后，下鸡肉丁炒白后，下洋葱丝炒透后，加生抽炒匀。

2.将其到入做好的白米饭，同时加辣番茄酱即可食用。

土豆汤圆

【原料】土豆1000克，豆沙、黄豆粉、绿豆粉、红豆粉各1杯。

【调料】盐1小勺，白糖1杯，桂皮粉1大勺。

【制法】1.把土豆去皮，洗

净后蒸出来。

2.在蒸的土豆里混合盐、白糖、桂皮粉压碎。

3.把压碎的土豆捏圆并蘸豆沙食用。

尖椒炖鱼

【原料】明太鱼50克，鲜鱼200克，芝麻1克，白菜叶30克。

【调料】白糖、葱丝、植物油各10克，尖椒50克，蒜末5克，姜末1克，酱油30克，胡椒面儿0.3克，白糖5克。

【制法】1.把鲜鱼切成3厘米的段条；把尖椒洗净备用。

2.在小锅里铺层白菜叶，上面整齐地摆放鲜鱼、尖椒，然后加入酱油、白糖、生姜、1升水炖。

3.把汤炖到一半，中间加入植物油继续炖，然后放入胡椒面、葱、蒜，上芝麻盛到盘子里。

南瓜煳煳

【原料】老南瓜1500克，糯米面4杯，糯谷面、豌豆、小豆各1杯，面粉1/3杯，水10杯。

【调料】盐4小勺。

【制法】1.把老南瓜洗净，分成四份，除去种子，倒放在平锅里，并把小豆、豌豆也洗净放在一起加水煮熟，开锅20～30分钟之后，南瓜若烂煳继续煮小豆和豌豆，并将南瓜取出用勺子刮去肉。

2.把刮的南瓜继续放在平锅里煮，等小豆和豌豆煮烂煳时放糯米面和糯谷面摇匀，太稀时也可以加一点面粉，用盐调味，并为了防止沾锅底边摇边煮，30分钟后把火调弱，焖一焖即可。

酱鸡

【原料】嫩鸡1500克，酱油50克。

【调料】白糖50克，精盐40克，料酒、辣大酱各25克，大葱段10克，生姜末、大蒜末各5克。

【制法】1.将鸡宰杀，去毛，净腔，去内脏，洗净，控干水，用盐搓擦鸡的里外，擦匀后，置盆中，用重物压紧，腌一天一夜后取出，控干盐水。

2.再将鸡放入锅中，放入清水，水略淹没鸡，烧开，捞出；鸡汤过滤成清汤，再把鸡用凉水冲洗干净，再放回原清汤中，并加入大葱段、生姜末、大蒜末、酱油、25克白糖、料酒，用盆把鸡压入汤中，盖好锅盖，大火烧开，用小火焖至八成熟，捞出，冷却。

3.原汤过滤后，入锅，用旺火烧开，加25克白糖，使其熬成浓汁，抹在鸡皮上面，抹匀，抹好。

4.食用时，切成片后，码成原鸡形，入盘，吃时蘸辣大酱即可。这道菜色泽金黄，口味咸辣，浓香扑鼻。

蒸人参鸡

【原料】鸡1只，人参30克，糯米50克。

【调料】精盐5克。

【制法】1.把鸡用精盐腌；糯米泡水备用；在鸡肚子里放入人参和糯米蒸。

2.待鸡肉熟了以后切成块，放到盘子里，旁边放上煮熟的糯米和人参，把蒸出来的汁，浇到鸡块上。

韩国炒粉条

【原料】猪肉、粉条、泡开的海参、胡萝卜、泡蕨菜、蘑菇各50克，白菜茎200克。

【调料】芝麻盐、香油各5克，酱油、豆油、蒜各10克，胡椒面0.5克，辣椒丝2克，葱20克。

【制法】1.把白菜根、胡萝卜、泡开的蕨菜、蘑菇、海参、猪肉切成丝，用调料酱腌。

2.在炒锅中倒入豆油将猪肉炒熟以后，放入白菜根、胡萝卜、蕨菜、蘑菇、海参。

3.等到蔬菜熟了，放入切好的粉条，用调料酱调味后放到碟子里撒上芝麻盐，最后用辣椒丝浇头即可。

番茄咖喱烩蔬菜

【原料】高丽菜心6棵，小番茄6个，秋葵3条，芹菜段半杯，水2杯。

【调料】蒜末少许，香油1/3大匙，沙拉油1大匙，番茄咖喱酱半杯，太白粉水适量。

【制法】1.将材料洗净，沥干后，分别切好；高丽菜先汆烫后备用。

2.起油锅，放入蒜末爆香，依序放入高丽菜心、秋葵、小番茄拌炒数下后，再倒入番茄咖喱酱，煮沸后改中火，用太白粉水勾芡，至浓稠状即可盛入盘中食用。

红枣蜜饯

【原料】红枣40枚，白酒1大勺。

【调料】白糖1/4杯，蜂蜜1大勺，芝麻1/2～1大勺。

【制法】1.把大枣洗净，洒点酒并放在蒸锅里蒸至柔软。

2.芝麻暂时泡在水里，用手撮掉皮并炒出来。

3.放与白糖同量的水、蜂蜜后做糖稀。

4.把蒸好的红枣放在糖稀里拌，并撒炒的芝麻再拌出来。

鱿鱼卷

【原料】鱿鱼适量。

【调料】大头菜叶、红辣椒、绿辣椒、胡萝卜各适量。

【制法】1.红辣椒、绿辣椒、胡萝卜分别切丝；鱿鱼洗净，划刀，在沸腾的水里烫一下。

2.将大头菜叶铺在鱿鱼卷内，卷上红、绿辣椒丝、胡萝卜丝，卷好后切成2厘米高、4～5厘米长即可。

生鱿鱼片

【原料】生鱿鱼1条，黄瓜1个。

【调料】辣椒酱、切好的葱、白糖各1大勺，醋半大勺，切好的蒜、芝麻、盐各1小勺。

【制法】1.把黄瓜先横切后，再竖着细切，然后腌在盐水里；把鱿鱼去掉内脏和爪子、皮后，洗干净，切成1厘米宽的大小，再泡在盐水里；在辣椒酱里放葱、蒜、白糖、醋、芝麻、盐后搅拌。

2.把泡在盐水里的生鱿鱼和黄瓜洗一遍后，去掉水分，把生鱿鱼和黄瓜放在大容器里，再放调料酱后搅拌即可。

清炖狗肉

【原料】鲜狗肉1000克。

【调料】大葱40克，生姜15克，植物油75克，胡椒粉2.5克，料酒50克，熟芝麻面10克，味精2克，精盐20克。

【制法】1.大葱去皮，洗净，切成块；生姜去皮，洗净，切片，待用。

2.用凉水把狗肉洗净，放入清水中浸泡一天，把狗肉捞出，冲洗干净，控干，切成1厘米见方的小块丁，放入煮锅里，加入凉水，烧开，捞出，再用清水冲洗三次，控干。

3.将植物油放入锅里烧热，投入狗肉块丁，用旺火煸炒4分钟，烹入料酒，待水分干，加入生姜片、葱块、盐和1000毫升左右的清水，烧开后，去沫，改用小火炖熟，加入味精、胡椒粉和熟芝麻面即成。

红蛤蜊

【原料】干红蛤蜊30个，牛肉50克。

【调料】酱油4大勺，白糖2大勺，胡椒面0.25克，小葱1棵，蒜2瓣，生姜1块，淀粉、香油、松子粉各1大勺，水1杯。

【制法】1.把红蛤蜊泡在水中洗净，牛肉切薄并与红蛤蜊一起以佐料酱调味。

2.把红蛤蜊和肉放在平锅里，倒1杯水加火，开锅时把火调弱后慢慢地煮；白葱切成丝；蒜和生姜切成片放进去。

3.汤快炖完的时候，在1大勺凉水中沏1大勺淀粉，再放香油后炖至润泽。盛在碗中，并撒上松子粉即可。

芥末菜

【原料】牛排骨肉片、小黄瓜、洋白菜、胡萝卜、煮的竹笋各50克，梨1/4个，栗子3个，松子1小勺，鸡蛋1个，鳆鱼1只，水1.5大勺。

【调料】盐适量，芥末汁、芥末松子粉、醋各2大勺，胡椒面1.5大勺，白糖、盐各1小勺，炼乳3大勺。

【制法】1.把黄瓜、胡萝卜、洋白菜分别用清水洗净，切成长4～5厘米、宽1厘米的块；竹笋也切成同样的大小，在开水里烫出来。

2.将梨去皮，切成与蔬菜一样的大小；松子去三角笠；栗子去内皮层切扁，泡在凉水里再捞出来；把鳆鱼用盐洗净，在开水里煮后割成薄片；牛排骨和肉煮熟压成肉片，切成与蔬菜一样的大小。

3.鸡蛋分蛋清、蛋黄煎厚一点，切成与蔬菜一样的大小；芥末粉用开水调匀，盖一会儿有辣味后，加醋、白糖、盐做芥末汁。

4.把准备好的佐料放凉，端上桌之前，撒一点盐、胡椒粉，再加芥末汁和炼油拌后盛在碗里放松子。

一品鲜贝

【原料】白鸡油100克，鲜贝500克，火腿50克，生菜25克，面粉5克，蛋清6个。

【调料】湿淀粉、生姜水各10毫升，料酒15克，盐5克，味精3克。

【制法】1.鲜贝洗净，控

水，剁成泥蓉，加生姜水，调成稠糊状搅上劲，加入盐、味精、料酒、3个蛋清调匀，再加入白鸡油及淀粉搅拌均匀，待用。

2.将调制好的鲜贝泥放入大盘内摊平，盘四周用一张油纸抹上少许油，上蒸锅，蒸10分钟左右，取出。

3.制出高丽糊，三个鸡蛋清打入盘内，用筷子抽打起泡，加干面粉调匀。

4.再将蒸好的鲜贝换盘，抹蛋泡糊用火腿、生菜叶，组织成图案由蒸锅蒸1分钟后，取出。

5.炒勺内倒入鸡汤，加入生姜水、盐烧开，放湿淀粉，勾芡，浇在一品鲜贝上即可。

意大利餐

番茄青蚝汤（4人份）

【原料】连壳青蚝1000克，番茄（切粒）120克，银鱼柳蓉10克、Marinara汁2汤匙。

【调料】去皮蒜3～4瓣，干辣椒（切碎）1克，橄榄油少许，白酒3汤匙，意大利芫茜（切碎）10克，茄膏、橄榄油、盐及胡椒各少许。

【制法】1.橄榄油加热后炒香蒜蓉及银鱼柳蓉，倒入茄膏，慢火煮约10分钟。

2.拍松蒜头，放橄榄油中煎至金黄色，转猛火加入青蚝，加入番茄粒和白酒，盖盖煮至所有青蚝打开。

3.加入Marinara汁，以慢火煮至汤浓，洒上少许橄榄油，拌以芫茜即可。

鲜茄海鲜幼面（4人份）

【原料】意大利幼面条320克，新鲜蚬250克，带子、青蚝各8只。

【调料】意大利芫茜（切碎）5克，蒜1头，橄榄油1汤匙，干辣椒（切碎）少量，鱼上汤2汤匙，番茄（切粒）60克，白兰地、牛油、酱汁各少量。

【制法】1.用橄榄油将牛油煮溶，加入鱼柳炒熟，倒入白兰地和鱼上汤，煮至剩下一半，加入番茄，用慢火炆20分钟后熄火备用。

2.烧热油后炸蒜头至金黄色，取走蒜头后加入干辣椒，用盐水以猛火烩意大利幼面约7分钟，沥干水分后放入锅炒。

3.加入酱汁拌匀，略煮一会儿

后即可上碟，撒上芫茜碎即成。

法国菜

红焖狍肉（8人份）

【原料】熏肉膘200克，狍肉2500克，黄油120克，面粉2勺，胡萝卜3根，洋葱1个，白葡萄酒1500毫升。

【调料】油2勺，盐、胡椒粒、月桂、丁香、香芹酱汁各适量，蒜2瓣。

【制法】1.将肉腌泡在白葡萄酒里48小时，在沥干水分的肉块上抹油。

2.肉膘在油里炒成金黄，放入肉并煎一下，加面粉染色。

3.煮一个半小时同时注意加入酱汁，可以加一些洗净并切块的蘑菇。

红焖野兔（6人份）

【原料】野兔1只，肉膘150克，黄油100克，洋葱2个，面粉20克，巴黎蘑菇300克。

【调料】油、黑pinot汁、酱汁各适量，胡萝卜2根，大个洋葱2个，蒜1瓣，香料1扎。

【制法】1.野兔切块，在放了洋葱、圆胡萝卜片、蒜和香料的黑pinot汁中腌24小时，时不时翻动兔肉块。

2.在平底锅里用猪油翻炒一下切片洋葱和兔肉块。

3.加盐、黄油，撒面粉，在烤箱里烤成棕色，浇酱汁。盖上盖后再慢火煮1.5～2小时即可。

阿尔萨斯鹅肝酱（6人份）

【原料】肝1块（约700克重），猪肥膘、瘦猪肉、小牛肉各300克，一杯白兰地，400克用黄油和成层状的面团，50克黄油，1小袋肉冻。

【调料】盐、胡椒、小洋葱头各适量。

【制法】1.仔细清理掉肝的血管和胆囊，然后切碎、绞碎瘦猪肉；肥膘、小牛肉和小洋葱头一起炒一下，用白兰地将炒好的馅料浸一浸。

2.在砂锅里先用做千层饼的面片铺底，在上面铺一层馅料，一层碎鹅肝，再一层馅料。

3.用做千层饼的面片封住砂锅，不要忘了做一条孔道以便蒸汽外溢，然后浇蛋黄液，放进烤箱中火烤一个半小时，冷却并将肉冻从散蒸汽的孔中灌入，冷却后食用即可。

洋葱蛋塔（8人份）

【原料】洋葱800～1000克，水油酥面团400克，3个鸡蛋。

【调料】精盐、胡椒粉、鲜奶油、油各适量。

【制法】1.准备水油酥面团；洋葱剥皮切片。

2.将其在油锅中微火炒1个小时左右，撒盐和胡椒粉，用水油酥面铺在馅饼模子里做底。

3.将3个鸡蛋打入拌了鲜奶油的洋葱泥里，依个人口味调整盐和胡椒粉的量后放入烤箱高温烤40分钟。

洋葱汤（6人份）

【原料】洋葱500克切片，面粉50克，牛肉清汤1500毫升。

【调料】黄油适量。

【制法】1.用一大块黄油把洋葱片炒黄，变色后撒一些面粉于其上以便边缘焦黄，倒入牛肉汤，不要加盐，煮20分钟。

2.倒入大汤碗并撒一些碎奶酪屑，将薄面包片烤过后配汤。

阿尔萨斯水手鱼块（6人份）

【原料】鲈鱼、鳗鱼、白斑狗鱼、冬穴鱼、鳟鱼各500克，蘑菇300克，黄油、面粉各40克，鸡蛋3个，小洋葱头2个，鱼汤500毫升。

【调料】香料（月桂或百里香）1扎，胡萝卜、大葱各1根，洋葱1个，盐、胡椒、鲜奶油各适量。

【制法】1.将洋葱和小洋葱头绞碎；胡萝卜和葱白切片；鱼仔细刮净鳞片，清空肚子，洗净后切成块。

2.用黄油把平底锅底擦一遍，放入蔬菜、鱼汤，后把鱼块按下列顺序摆放：鳗鱼、白斑狗鱼、冬穴鱼、鲈鱼，最后鳟鱼，用炆火煨约20分钟。

3.将黄油和面粉混合成面糊，混入滤过的煮剩下的汤拌成汁，将蛋黄及搅拌过的鲜奶油都倒入汁中。不要煮沸，最后拌入用少量黄油快速爆炒过的蘑菇。

明火烤蛋塔（4人份）

【原料】做面包用的面团500克，鲜奶酪250克，蛋黄2个，洋葱100克，咸猪膘肉丁80克。

【调料】油15克，盐、胡椒、豆蔻各适量。

【制法】1.洋葱切薄片并用

黄油煎一下；咸猪膘肉丁切末；面团擀成薄片，再把上面列出来的其他原料混合码放于其上。

2.用烤箱最大火力烤10分钟即可。

土豆洋葱烘肉（6人份）

【原料】去骨羊肉、猪脊骨或肩骨肉、去骨牛胸肉或肩肉各500克，土豆1000克，洋葱250克，威士莲酒1瓶。

【调料】蒜2瓣，香料（月桂或百里香）1扎，盐、胡椒各适量。

【制法】1.将肉切成大小均匀的块，放入加了蒜、一些洋葱和香料的干白中腌24小时。

2.土豆削皮切成圆片铺一层在陶瓷炖锅底上，然后放肉，再放切片的洋葱。

3.重复上述动作，直到最后以一层土豆和洋葱节束，加白葡萄酒。

4.用面片封住或盖上锅盖，中火烤2小时即可。

意大利细面条

【原料】细面条480克，西红柿、香肠各65克，茄子80克，柿子椒、豆角各30克。

【调料】洋葱60克，大蒜30克，色拉油、丘比千岛酱各适量。

【制法】1.茄子、柿子椒，切成片；洋葱去皮，切细丝；大蒜切碎；香肠切成斜块。把面条煮熟；西红柿切成块；焯好的豆角切成3厘米长。

2.锅中放油加热，把刚刚准备好材料倒入锅中炒。

3.将制法1和制法2混合，用丘比千岛酱调制即可。

意式香脂醋酱拌田园沙拉

【原料】生菜莴苣1束，番茄2个，小黄瓜3条，长菜莴苣1束，红椒、洋葱各1个，西洋芹菜1把，大小适中的蘑菇15个。

【调料】橄榄油、意式香脂醋、芥末粉、大蒜、盐、胡椒、柠檬各适量。

【制法】1.将大蒜压碎后再细切；将红椒、洋葱、芹菜、蘑菇均切细（切得非常细）；小黄瓜切片；莴苣剥开清洗并弄干。

2.将以上食材搅拌后并洒上柠檬汁。

3.将拌好的沙拉放入冰箱约10分钟后，淋上意式香脂醋和橄榄油即可。

云呢拿忌廉布甸

【原料】鱼胶粉16克，杏仁甜酒4汤匙，忌廉1000毫升。

【调料】鲜奶7汤匙，糖180克，云呢拿香油数滴。

【制法】1.鱼胶粉用4倍水开匀；将忌廉、鲜奶及糖用慢火加热2分钟后离火，加入云呢拿香油拌匀。

2.加入鱼胶粉溶液，用慢火煮至完全溶解，熄火待凉后，加入甜酒；将混合液倒入咖喱杯中，放入雪柜冻至凝固即成。

孕妇和儿童美食精选

孕妇菜谱

肉丝海带

【原料】瘦肉、水发海带各150克，冬笋50克。

【调料】红辣椒1个，花生油、酱油、精盐、味精、醋、白糖、姜各适量。

【制法】1.海带洗净，切成丝，放入开水锅内烫透捞出，控净水，装入盘中；把肉洗干净，切成丝，炒勺置于火上，倒入花生油，油热冒烟时，将肉丝放入，迅速炒散，肉丝变色时，加入酱油，翻炒几下，盛入盘中。

2.把冬笋洗净，切成丝，放入开水锅内烫一下，捞出，控净水，放在盘内；把姜洗干净，切成丝，放在盘内再加入精盐、味精、醋、白糖。

3.把辣椒去蒂、籽，洗净，切成丝；将炒勺置于火上，倒入花生油，油热后，放入辣椒丝，炸出辣味，倒入盘中，拌匀即可。这道菜微辣、鲜香、脆嫩，含有丰富的动物性优质蛋白、维生素和钙、铁、碘、钾等多种营养素。

肉片滑熘卷心菜

【原料】卷心菜400克，瘦猪肉150克。

【调料】花生油30克，酱油6克，精盐4克，味精2克，料酒5克，水淀粉20克，葱末、姜末各3克。

【制法】1.卷心菜洗净，切成1.5厘米宽的长条，再斜刀切成菱形块；瘦肉切成小薄片，加水淀粉拌匀上浆。

2.炒锅上火，放入花生油15克烧热，先下肉片稍炒，再加葱末、姜末翻炒，待肉片变色，加入料酒、酱油炒匀装盘。

3.锅中再放入花生油15克烧热，下卷心菜，用旺火翻炒，放盐，快熟时倒入熟肉片，翻炒均匀，用水淀粉勾芡，放味精，炒匀即成。这道菜菜脆肉嫩，味道鲜美，含有丰富的蛋白质、维生素、脂肪、碳水化合物及钙、磷、铁、锌等多种营养素。

砂锅狮子头

【原料】肥瘦猪肉200克，油菜300克，汤（或水）适量。

【调料】酱油15克，精盐4克，料酒5克，水淀粉50克，葱、姜各10克，花生油250克（约耗10克）。

【制法】1.猪肉剁成末；葱、姜切末；将剁碎的肉末放入碗内，加入葱末、姜末、酱油、精盐、料酒、水淀粉和少许水，搅匀成馅，团成4个大肉丸子；油菜择洗干净，切成段。

2.炒锅上火，放入花生油，烧至六成热，下肉丸炸至呈金黄色，捞出沥油；将油菜炒至半熟，倒入砂锅内，放入肉丸，加酱油、料酒、葱、姜及汤（或水），用微火慢烧20分钟即成。这道菜肉丸酥烂味香，油菜清爽适口，汤鲜味美，含有丰富的蛋白质、脂肪、碳水化合物以及钙、磷、铁、锌等矿物质和维生素。

肉丝拌豆腐皮

【原料】瘦猪肉150克，豆腐皮100克，黄瓜50克，海米10克。

【调料】花生油、精盐、酱油各适量，醋、香油、味精、大蒜各少许。

【制法】1.将瘦猪肉洗净，切成丝，炒勺置于火上烧热，放入花生油，待油热冒烟后，将肉丝放入，迅速炒散，待肉丝变色后，加入酱油，煸炒几下，炒勺离火，倒入小盆内。

2.将豆腐皮洗净，切成丝，用开火烫一下，捞出，控干水分；把黄瓜洗净，用凉开水冲一下，切成丝，放入小盆内；将海米用温开水泡好，捞出，撒在上面；将大蒜剥去皮，捣成泥，加入精盐、醋、香油、味精，兑好汁，浇入小盆内，拌匀装盘即成。这道菜色美味鲜，诱人食欲，含有极丰富的动物蛋白质，大豆蛋白质，钙、铁、锌等矿物质，维生素B_2、烟酸含量也非常丰富。

炝肉丝蒜苗

【原料】瘦肉200克，蒜苗150克。

【调料】花生油、淀粉、

姜、精盐各适量，花椒、味精各少许。

【制法】1.将蒜苗洗净，切成3厘米长的段，放入沸水锅内，烫透捞出，控净水；将肉洗净切成细丝，挂上淀粉糊，倒入沸水锅内，烫至熟时捞出，控净水。

2.将炒勺置于火上，倒入花生油，油热后放入花椒，炸至花椒变色有香味时，将花椒捞出，即成花椒油；将姜洗净，切成丝，与肉丝、蒜苗一起放入大碗中，加入精、盐、味精、花椒油，搅拌均匀在大碗上扣一盘，略焖一会儿，即可食用。这道菜鲜、嫩、质脆，含有丰富的优质蛋白质、多种矿物质和维生素C等营养素。

青椒里脊片

【原料】猪里脊肉200克，青柿椒150克，鸡蛋1个。

【调料】香油、精盐、水淀粉各5克，味精2克，料酒10克，干淀粉6克，花生油500克（约耗50克）。

【制法】1.猪里脊肉剔去筋膜，切成柳叶形薄片，放入清水内，漂净血水，取出放入碗内，加精盐、味精、鸡蛋清、干淀粉，拌匀上浆；青椒去蒂籽，切成大小与肉片相同的片。

2.炒锅上火，用油划锅，放入花生油，烧至四成热，下里脊片划熟，捞出沥油。

3.原锅留油少许置火上，下青椒片煸至变色，加料酒、精盐和清水40克烧沸，用水淀粉勾芡，倒入里脊片，淋香油，盛入盘内即成。这道菜色泽白绿，淡雅美观，青椒爽脆，肉片滑嫩，味鲜可口，含有丰富的蛋白质、脂肪、钙、磷、铁和维生素C、维生素E等多种营养素，尤其是维生素C的含量极为丰富。

拌猪肝菠菜

【原料】鲜猪肝300克，菠菜250克，发好的海米、香菜各20克。

【调料】香油、酱油、蒜泥各10克，精盐3克，醋5克。

【制法】1.猪肝洗净，切成小片，放入沸水锅内汆至断生，捞出用凉开水过凉，沥干水分。

2.将菠菜择洗净，焯后晾凉，切成2.5厘米长的段，沥净水分；香菜择洗干净，切成1.5厘米长的段。

3.将菠菜、肝片、香菜、海

米放入盘内，加入酱油、香油、醋、精盐、蒜泥，拌匀即成。这道菜清淡、鲜香，含有多种营养素，尤其含有丰富的优质蛋白质、维生素A、维生素D、维生素B_2、叶酸、钙、锌、碘、铁等营养素。

炒腰花

【原料】猪腰250克，木耳25克，青蒜100克，清汤少许。

【调料】酱油、葱各25克，醋、料酒各5克，味精2克，水淀粉50克，姜水少许，花生油500克（约耗50克）。

【制法】1.猪腰从中间切开，片去腰臊，切麦穗花刀，每片按大小改成4～6块。

2.葱切丝，青蒜切段，木耳撕成小片，一起放小碗内，加酱油、料酒、姜水、醋、味精、水淀粉和少许清汤，兑成芡汁；腰块用开水焯一下，捞出，沥水。

3.炒锅上火，放油烧热，下腰块稍爆，倒入漏勺内，炒锅留底油置火上，倒入芡汁炒浓，下爆好的腰块，翻炒均匀，淋少许明油，装盘即成。这道菜色泽金红，脆嫩爽口，含有丰富的维生素B_1、维生素B_2、烟酸、维生素C和铁、磷、钙、蛋白质、脂肪等多种营养素，具有健脾生血、补中益气、养肝明目、补肾益精等作用，可用于预防和辅助治疗维生素B_2缺乏症。

清炖牛肉

【原料】黄牛肋条肉500克，青蒜丝5克。

【调料】植物油20克，精盐10克，味精2克，料酒12克，胡椒粉0.5克，葱段15克，姜块7.5克。

【制法】1.牛肋条肉洗净，切成小方块，放入沸水锅内焯一下，捞出，放入清水内，漂清。

2.炒锅置旺火上，放入植物油烧热，下牛肉块、葱段、姜块煸透，倒入砂锅内，加清水（以漫过牛肉为度）、料酒，盖好锅盖，开锅后用小火炖至牛肉酥烂时，加入精盐、味精、胡椒粉，盛入汤碗内，撒入青蒜丝即成。这道菜牛肉酥烂、汤清味鲜，含有丰富的蛋白质、脂肪和钙、磷、铁、锌、烟酸、维生素E等多种维生素。

土豆烧牛肉

【原料】牛胸腩肉750克，土豆300克，水1000克。

【调料】酱油、精盐、白糖、葱段、姜片各适量，茴香、花椒各少许，植物油500毫升（约耗75毫升）。

【制法】1.牛肉洗净，切成3厘米见方的块，放入开水锅内氽透捞出，同花椒、茴香放在一起。

2.土豆洗净，去皮切成滚刀块，放入八成热的油内，炸呈金黄色捞出沥油。

3.锅内留底油50毫升，下牛肉、花椒、茴香、葱段、姜片煸炒出香味，加酱油、白糖、精盐和水1000克，汤沸时撇去浮沫，用小火炖约90分钟，最后下土豆再炖几分钟，待汁浓菜烂，盛入盘内即成。这道菜汁浓菜烂，香美适口。

鸡脯扒小白菜

【原料】小白菜1000克，熟鸡脯半个，牛奶50克，鸡汤适量。

【调料】花生油50克，精盐4克，味精2克，料酒10克，水淀粉15克，葱花5克。

【制法】1.将小白菜去根，洗净，每棵劈成4瓣，切成10厘米长的段（注意让菜心相连，不能散乱），用开水焯透，捞出用凉水过凉，理齐放入盘内，沥干水分。

2.炒锅上火，放入花生油烧热，下葱花炝锅，烹料酒，加入鸡汤和精盐，放入鸡脯和小白菜（顺着放），用旺火烧开，加入味精、牛奶，用水淀粉勾芡，盛入盘内即成。这道菜鲜嫩爽滑，清淡爽口，含有丰富的蛋白质、钙、磷、铁、胡萝卜素、烟酸和维生素C等营养素。

锅塌带鱼

【原料】鲜带鱼500克，鸡蛋150克，面粉50克，清水400毫升。

【调料】酱油、料酒、葱末、精盐、白糖、味精、姜末、蒜末各适量，香油25毫升，花生油100毫升。

【制法】1.将带鱼剁去头和尾尖，剖腹去内脏，刮掉腹内壁上的黑膜，冲洗干净，剁成10厘米长的段，放入盆内，加入料酒、精盐、酱油、葱末、姜末，拌匀腌2小时左右；鸡蛋磕入碗内，搅匀备用。

2.炒锅上火，放入花生油，烧至温热，把腌好的带鱼段两面沾上一层面粉，再裹匀一层鸡蛋液，分多次放入，用微火把两面均煎至呈金黄色取出。

3.原锅内倒入底油烧热，下葱末、姜末、蒜末，煸出香味，烹入料酒，再放入清水400毫升，加酱油、精盐、白糖、味精和煎好的带鱼段，用微火将汁塌至微浓，使带鱼入味，淋入香油，盛入盘中即成。这道菜色泽金黄，肉质软嫩，鲜香不腻，含有丰富的优质蛋白、钙、维生素A等多种营养素。

干蒸鲤鱼

【原料】鲜鲤鱼1条（500克左右），冬菜、鸡蛋糕、水发玉兰片各30克，水发冬菇、火腿（或香肠）各10克，清汤50克。

【调料】鸡油5克，酱油、白糖各7克，精盐2克，味精1克，料酒10克，葱丝、姜丝各3克。

【制法】1.鲤鱼去鳞、鳃，剖腹去内脏，洗净，放入开水锅内稍烫一下，刮去鱼身上的薄黑皮，擦干水分，用斜坡刀在鱼的两面每隔2厘米切一刀（切至鱼骨为度）。

2.将鱼尾提起，再放入开水锅内稍烫（使鱼肉刀口张开），擦干水分，用精盐、料酒腌片刻，放入盘内；玉兰片、鸡蛋糕、火腿分别切成长4.5厘米的丝；冬菇去蒂切丝；把以上4种丝和葱、姜丝，按不同颜色，相间地摆在鱼上；冬菜用清水洗净，挤净水分。

3.将清汤、酱油、白糖、料酒、味精、冬菜、鸡油均匀放入小碗内，调匀成味汁，和鱼盘一同放在笼内用旺火蒸15分钟，取出鱼盘，滗去水分，把同蒸的味汁均匀地浇在鱼上即成。这道菜鱼肉细嫩，味道鲜美，清香不腻。

醋椒鱼

【原料】活鲤鱼、鸡汤各1000克，香菜10克。

【调料】熟猪油25克，精盐4克，味精2克，白胡椒粉1克，醋10克，料酒25克，葱末、姜末各15克。

【制法】1.鲤鱼去鳞、去鳃，剖腹去内脏，洗净，在鱼身上剞十字花刀，用开水略烫。

2.炒锅上火，放熟猪油烧热，下葱、姜、胡椒粉，煸出香味后烹料酒，加鸡汤、精盐、味精，用旺火将汤煮沸几次，把鱼放入汤内再煮15分钟，捞入汤盆内，原汤过滤，加醋，倒入汤盆内，撒上葱丝、香菜段即成。这道菜鲜美适口，去油解腻，帮助消化，诱人食欲，含有丰富的优质蛋白质、维生素和钙、磷、铁等多种营养素。

奶汤鲫鱼

【原料】鲫鱼2条（约500克），熟火腿3片，豆苗、笋片各15克，白汤500克。

【调料】熟猪油50克，精盐3克，味精2克，料酒15克，葱2段，姜2片。

【制法】1.鲫鱼去鳞、去鳃、去内脏，洗净，用刀在鱼背两侧每隔1厘米剞入字形刀纹。

2.炒锅置旺火上，放入熟猪油25克，烧至七成热，下葱、姜炸出香味，放入鱼两面略煎，烹入料酒稍焖，加白汤及清水150克、熟猪油25克，盖盖儿煮3分钟左右，见汤汁白浓，转中火煮3分钟，焖至鱼眼凸出，放入笋片、火腿片，加精盐、味精，转旺火煮至汤浓呈乳白色，下豆苗略煮，去掉葱、姜，出锅装盆，笋片、火腿片齐放鱼上，豆苗放两边即成。此鱼汤味鲜美，鱼肉香醇，含有丰富的蛋白质、脂肪、碳水化合物和钙、磷、铁、锌、烟酸、维生素C等多种营养素。

干煎黄鱼

【原料】黄鱼500克，鸡蛋1个，肥猪肉20克。

【调料】青蒜20克，冬笋35克，香菇10克，香油、精盐、味精、料酒、面粉、葱段、姜片、高汤各适量，花生油75毫升。

【制法】1.黄鱼去鳞、鳃、骨、刺，在鱼身两面剞入十字形花刀，用精盐、料酒、葱、姜腌10分钟。

2.炒锅上火，放油烧至温热，把鱼两面沾上面粉，再拖一层鸡蛋液，放入锅内煎至呈金黄色，盛入盘内，上笼蒸10分钟。

3.炒锅内留底油，上火烧热，下已切好的肥猪肉丁、冬笋丁、香菇丁，加葱、姜、精盐、味精煸炒后，再加少量高汤，将鱼放入烧5分钟，收汁后加入青蒜段，淋入香油即成。这道菜外酥里嫩，香味四溢，诱人食欲，含有丰富的蛋白质、维生素A、维生素C和钾、钙、磷、碘等多种营养素。

家常熬鱼

【原料】鲜活鲤鱼1条（约750克），豆腐50克，肥肉片50克。

【调料】花生油、酱油、醋、绍酒、味精、葱、姜、蒜、高汤、味精各适量。

【制法】1.将豆腐用水冲一下，切成3厘米的条，把葱切成段，姜和蒜切成片；将鲤鱼去鳃、鳞、鳍，取出内脏，冲洗干净，在鱼身两侧各划距离1厘米的斜刀口。

2.锅置火上，倒入花生油烧热，将鱼放入，炸至金黄色捞出；放入豆腐条炸至透，沥去余油。

3.锅内留少许油，锅置火上，烧热放入肥肉片、葱段、姜片、蒜片煸炒一下，放入绍酒、醋、酱油、高汤，开锅后放鱼，将鱼熬透，起鱼入盘，锅内原汁加豆腐条烧开，加味精后，浇在鱼上即成。这道菜鱼肉鲜嫩味浓，醇香适口，含有质量较高的鱼蛋白和大豆蛋白及必需脂肪酸、钙、维生素B_2等营养素。

虾仁芙蓉蛋

【原料】鸡蛋6个，虾仁50克，清水100毫升。

【调料】精盐、味精、料酒、葱末各适量，干淀粉、熟猪油各10克。

【制法】1.将虾仁放在碗内，加精盐、干淀粉、蛋清各少许拌匀。

2.将鸡蛋清放碗内，加精盐搅散，放入清水100毫升、味精搅匀，倒入汤盆内，上笼蒸6~7分钟取出，即为芙蓉蛋。

3.炒锅上火，放熟猪肉烧热，倒入虾仁，用筷子搅撒，见虾仁挺身、粒粒成形后，滗去锅内余油，加葱末，烹料酒，出锅，散放在芙蓉蛋上即成。

炝虾子菠菜

【原料】菠菜500克，水发虾子5克。

【调料】花生油10克，香油3克，精盐4克，味精1克，花椒少许。

【制法】1.菠菜择洗干净，切成6厘米长的段。

2.炒锅上火，放油烧至七成热，下花椒炸香捞出，再把发好的虾子放入油锅中汆一下备用。

3.将菠菜放入沸水锅内略焯两下，捞入凉开水内浸凉，挤干水分，放入盘内，加入精盐、味精、香油和炸好的虾子花椒油，拌匀即成。这道菜色泽翠绿，鲜香利口。

白扒银耳

【原料】干银耳2克，豆苗50克。

【调料】鸡油15克，精盐3克，味精、料酒各2克，水淀粉适量。

【制法】1.银耳用水泡发，去根、洗净，用沸水闷软；豆苗取其叶洗净。

2.炒锅上火，放入适量清水，下精盐、味精、料酒，调好口味，放入银耳烧2～3分钟，用水淀粉勾芡，淋入鸡油，大翻锅拖入盘内；豆苗用沸水焯熟，撒在银耳上即成。这道菜色泽悦目，清爽脆嫩，为滋补佳肴。

奶油冬瓜

【原料】冬瓜500克，牛奶100毫升。

【调料】鸡汤250毫升，鸡油15克，精盐、味精、料酒、姜片、葱段、水淀粉各适量，大料少许。

【制法】1.冬瓜去皮、去瓤，洗净，切成长6厘米、宽4厘米、厚1.5厘米的片，瓤面向上依次码放汤碗中，加入鸡汤、大料、葱段、姜片、精盐，上笼蒸烂。

2.取出蒸碗，去掉大料、葱段、姜片，把碗内冬瓜连汤倒入锅内，加少量鸡汤，上旺火烧沸，找好口味，撇去浮沫，加入牛奶、味精、料酒，用水淀粉勾芡，淋入鸡油，盛入盘内即成。这道菜白绿相间色泽美，味道清淡入口鲜，含有蛋白质、维生素和微量元素等多种营养素。

芹菜拌银芽

【原料】芹菜、绿豆芽、香干各150克。

【调料】香油1克，醋20克，精盐3克，蒜泥5克。

【制法】1.芹菜择洗干净，大的破开，切成3厘米长的段，放入开水锅内焯一下，用凉开水泡凉，沥水备用。

2.绿豆芽掐去两头洗净，放入开水锅内焯一下捞出，用凉开水泡凉，和芹菜放在一起。

3.香干洗净，切成细丝，放入芹菜、豆芽中，加入香油、醋、精盐、蒜泥，拌匀即成。这道菜色艳味美，脆嫩爽口，含有丰富的铁、钙、磷、维生素C、蛋白质等多种营养素。

水晶西红柿

【原料】西红柿300克。

【调料】白糖50克。

【制法】1.将西红柿洗净，切去蒂，用开水烫一下，剥去薄皮，然后切成块，放在盘内。

2.把白糖均匀地撒在西红柿上即可。这道菜酸甜可口，含有碳水化合物、维生素C、胡萝卜素及水分含量较高，具有祛火开胃的作用。

脆爆海带

【原料】水发海带150克，面粉25克。

【调料】香油、料酒、蒜泥各5克，酱油8克，精盐、醋各2克，白糖3克，水淀粉10克，植物油300克（约耗50克）。

【制法】1.水发海带择洗干净，切成斜角块，用面粉挂糊，放入六成热的油内炸至面糊略干后捞出；待油烧至八成热，再放入炸至外壳色泽黄亮，捞起。

2.锅内留油15克烧热，倒入用酱油、精盐、白糖、醋、料酒、蒜泥调好的味汁，烧开后用水淀粉勾芡，倒入海带，翻炒均匀，淋入香油，盛入盘内即成。这道菜外脆内嫩，味道浓香，含丰富的碘、铁、钙、蛋白质、脂肪等多种营养素。

腌花菜

【原料】胡萝卜200克，芹菜、白菜各100克。

【调料】精盐适量，白酒少许。

【制法】1.将胡萝卜洗净，切成3厘米长的丝，用沸水焯一下，放入小盆内；将芹菜洗净，择去叶，削去根，切成3厘米长的段，放入小盆内；将白菜洗净，先切成3厘米长的段，再顺切成丝，放入小盆内。

2.然后撒上精盐，倒入一点白酒，拌匀，盖上盖，腌24小时即可食用。这道菜艳丽悦目，口味鲜醇，含有丰富的胡萝卜素、维生素C及多种营养素。

糖醋白菜丝

【原料】大白菜心250克，胡萝卜150克。

【调料】花生油、白糖、食醋、精盐各适量。

【制法】1.先将白菜心洗净，切成筷子粗细，长1.5～2厘米的条，放在盆里，撒上精盐腌20分钟左右，用手轻轻挤去水分，放在深盘里。

2.将胡萝卜洗净，切成细丝，用开水烫一下，捞出，控净水，放在盛白菜的盘内，掺拌均匀，使之红白相间。

3.将炒勺置于火上，加上花生油烧热，烹入食醋，再加入白糖烧化，用小火熬制片刻，当略有黏性时，倒出晾凉，浇在白菜上即可。这道菜脆嫩爽口，清淡不腻，富含胡萝卜素、维生素、粗纤维、钙、磷、铁等营养素。

海米醋熘白菜

【原料】白菜心500克，水发海米25克。

【调料】花生油50克，花椒油5克，酱油10克，白糖30克，醋15克，精盐2克，味精1克，水淀粉15克，料酒少许。

【制法】1.将白菜心切成约2.4厘米长、1.5厘米宽的片，放入沸水锅内焯一下，捞出，沥干水分。

2.炒锅上火，放油烧热，下海米、酱油、精盐、醋、料酒、白糖，加入白菜片翻炒，加水少许，待汤沸时，用水淀粉勾芡，放味精，淋花椒油，盛入盘内即成。这道菜酸甜鲜香，味美适口，有丰富的维生素C、钙、磷、铁、锌、蛋白质、脂肪等多种营养素。

麻酱白菜

【原料】大白菜心300克，山楂100克。

【调料】芝麻酱100克，白糖适量。

【制法】1.将大白菜心洗净，切成细丝，放入盘内；将山楂洗净，去核，切成薄片，也放入盘内。

2.将芝麻酱用凉开水懈开，倒在白菜上，加入白糖，拌匀，盛入盘中即成。这道菜香甜脆爽，含有丰富的蛋白质、必需脂肪酸、粗纤维、钙、磷、铁、维生素C、烟酸等多种营养素。

鲜蘑莴笋尖

【原料】莴笋尖20条（叶和茎各半），罐头鲜蘑300克，鸡汤250克。

【调料】花生油、鸡油各50克，精盐、料酒各5克，味精2克，水淀粉15克。

【制法】1.将莴笋尖掰去老叶，留下嫩叶，把茎的一端削去皮和筋，削成粗细一致的圆柱形，洗净，放入沸水锅内烫至半熟，捞出用凉水冲透，再把两头切改整齐，使其长短一致（不能切断，要整条）；鲜蘑开罐后，沥去水。

2.炒锅上火烧热，放花生油，下鲜蘑和笋尖稍煸，舀入鸡汤，加精盐、料酒，调好味，开透后放鸡精，用水淀粉勾芡，淋鸡油，盛入盘内即成。这道菜形状美观，色泽鲜艳，口味清香，含有多种维生素及钙、磷、铁等矿物质，莴笋中还含有多种微量元素，有利于人体对食物的消化吸收。

樱桃萝卜

【原料】胡萝卜300克，鸡蛋1个。

【调料】香油5克，白糖、面粉、水淀粉、酱油各50克，番茄酱25克，精盐2克，味精1克，醋15克，植物油1000克（约耗100克）。

【制法】1.胡萝卜洗净，切成1.3厘米见方的丁，放入沸水锅内焯透，捞出用凉水泡凉，沥去水分放入碗内，加入鸡蛋液、水淀粉、面粉拌匀。

2.将酱油、白糖、醋、番茄酱、精盐、味精、水淀粉和50克清水放入碗内，兑成芡汁。

3.炒锅上火，放入植物油，烧至七成热，下浆好的胡萝卜丁，炸至表面酥脆呈金黄色时捞出，沥油。

4.炒锅留底油少许，倒入兑好的汁炒浓，下胡萝卜丁，翻炒均匀，淋入香油，盛入盘内即成。这道菜色泽红润，外酥里嫩，鲜香适口，含有丰富的胡萝卜素。

拌腐竹

【原料】腐竹100克，香菇10克，芹菜250克。

【调料】香油10克，精盐、味精各适量。

【制法】1.腐竹用温水泡2小时，至泡透柔软时捞出，用刀从中间顺劈为二，切成3厘米长的段，放入沸水锅内焯透，捞出沥水，盛入盘内。

2.芹菜择洗干净，取中段切成2.5厘米长的段（粗的从中间劈开），放入沸水锅内稍焯一下，捞入凉开水内投凉，沥净水，放入盘内。

3.香菇洗净，用温水泡开，切成2.5厘米长的条，用沸水稍焯一下，捞入盛腐竹、芹菜的盘内，加入精盐、味精、香油，拌匀即成。这道菜色泽美观，鲜香适口，含有极丰富的蛋白质、脂肪酸、碳水化合物、钙、磷、铁等矿物质和粗纤维以及维生素B_1、维生素B_2、维生素C及烟酸等营养素。

柿椒炒嫩玉米

【原料】嫩玉米粒300克，红、绿柿椒共50克。

【调料】花生油10克，精盐2克，白糖3克，味精1克。

【制法】1.玉米粒洗净；红、绿柿椒均切成小丁。

2.炒锅上火，放入花生油，烧至七八成热，下玉米粒和盐，炒2～3分钟，加清水少许，再炒2～3分钟，放入柿椒丁翻炒片刻，再加白糖、味精翻炒均匀，盛入盘内即成。这道菜中的嫩玉米香甜可口，佐以辣椒，色泽美观，诱人食欲，含有丰富的维生素C和粗纤维。夏秋两季，均可食用。

香椿拌豆腐

【原料】豆腐300克，鲜嫩香椿100克。

【调料】香油10克，精盐、味精各适量。

【制法】1.豆腐用开水烫一下，切成0.7厘米见方的小丁，放入盘内；香椿择洗干净，用开水烫一下，挤去水分，切成末，放在豆腐上面。

2.食用时加入精盐、香油、味精，拌匀即成。这道菜软嫩可口，气味芳香，含有丰富的大豆蛋白质以及脂肪酸、钙、磷、铁等矿物质，还含有较丰富的胡萝卜素、核黄素和维生素C。

豆腐干拌豆角

【原料】豆腐干200克，豆角250克，胡萝卜50克。

【调料】花椒油10克，精盐6克，味精2克，姜少许。

【制法】1.豆角去掉筋丝，切抹刀片，放入沸水锅内焯熟，捞出放冷水中投凉，沥干水分。

2.豆腐干切成小片，放入沸水锅内焯一下，捞出，沥干水分。

3.胡萝卜洗净，切成小片；姜切末。

4.将豆角片堆放在盘子中间，豆腐干片放在豆角的四周，胡萝卜片放在豆角上面。

5.将花椒油、精盐、味精、姜末放在小碗内调匀，浇在豆角和胡萝卜片上，吃时拌匀。这道菜色泽美观，脆嫩清香，含有丰富的蛋白质、钙、磷、铁、锌、胡萝卜素和维生素C、维生素E等多种营养素。

素三鲜

【原料】西红柿、嫩扁豆、豆腐各100克。

【调料】海米10克，花生油、葱丝、姜丝、精盐、味精各适量。

【制法】1.将西红柿洗净，切成橘子瓣形；将扁豆撕去筋丝，洗净，切成3厘米长的段；豆腐切成2厘米宽、1厘米厚的片，放入沸水锅中烫透，捞出，控去水；将海米用温水泡好。

2.置锅火上，烧热，放入花生油，待油热冒烟时，放入葱丝、姜丝炝锅，然后放入西红柿，煸炒几下，倒入一点儿开水，将海米放入，把泡海米的水也倒入，再将扁豆、豆腐放入锅中，轻轻翻炒几下，开锅后加盐、味精，炒拌均匀即可。这道菜清淡爽口，含有丰富的大豆蛋白质、钙、磷等矿物质、维生素C、有机酸等。西红柿还有清热解毒、凉血清肝的功效。

糖醋黄瓜

【原料】嫩黄瓜300克。

【调料】香油5克，精盐2克，白糖30克，白醋15克。

【制法】1.黄瓜刷洗干净，用刀剖成两半，视黄瓜的粗细程度，再改成长条，斜刀切成象眼块，放入盆内，加少许精盐拌匀稍腌。

2.白糖放碗内，加入白醋，用汤匙慢慢把白糖研化。

3.将腌过的黄瓜轻轻挤去水分，放入糖醋汁中，再腌渍1小时左右，淋香油拌匀，盛入盘内即成。这道菜酸甜脆嫩，十分爽口，含有钙质、维生素C及丰富的纤维素，具有清热解毒、预防便秘的作用。

白干炒菠菜

【原料】菠菜500克，白豆腐干2块。

【调料】花生油40克，精盐3克，味精1克。

【制法】1.菠菜择洗于净，切成5厘米长的段；豆腐干洗净，切成小片。

2.炒锅置旺火上，放入花生油烧热，先将豆腐干倒入略煸，再下菠菜煸至深绿色时，加精盐、味精，翻炒几下，盛入盘内即成。这道菜色泽碧绿，清香可口。

凉拌菠菜

【原料】菠菜500克，花生米50克。

【调料】精盐、醋、白糖、香油各适量。

【制法】1.将菠菜泽洗净去根，放入沸水中烫一下，捞出，沥去水，切成2厘米长的段放在盘内，趁热加入精盐、白糖和醋，拌匀。

2.将花生米放入锅内炒熟，搓去红衣，放在案板上，用面棍压碎，放入菠菜中，淋入香油，拌匀即成。这道菜菠菜碧绿，咸香酸甜，含有丰富的蛋白质、必需脂肪酸、烟酸、维生素、铁、叶绿素等多种营养素。

白烧腐竹

【原料】干腐竹150克，绿豆芽、水发木耳各100克。

【调料】花生油20克，香油少许，精盐5克，味精2克，水淀粉15毫升，姜10克，黄豆芽汤200毫升。

【制法】1.腐竹放入盆内，倒入开水盖严，浸泡至无硬心时捞出，切成3.3厘米长的段。

2.姜切成末；绿豆芽择洗干净，放开水内氽一下捞出；木耳择洗干净。

3.炒锅上火，放油少许烧热，下姜末略炸，放入绿豆芽、木耳煸炒几下，加黄豆芽汤、精盐、味精，倒入腐竹，用小火慢烧3分钟，转大火收汁，用水淀粉勾芡，淋香油，盛入盘内即成。这道菜色泽美观，味鲜汁浓，含有丰富的蛋白质、脂肪、碳水化合物和钙、磷、铁、锌、维生素C等多种营养素。

香菇菜花

【原料】菜花250克，香菇15克，鸡汤200毫升。

【调料】鸡油10克，花生油15毫升，精盐、味精、葱段、姜片、水淀粉各适量。

【制法】1.将菜花择洗干净，切成小块，放入沸水锅内焯一下，捞出；香菇用温水泡发，去蒂，洗净。

2.炒锅上火，放花生油烧热，下葱、姜煸出香味，加鸡汤、精盐、味精，烧开后捞出葱、姜不要，放入香菇、菜花，用小火稍煨入味后，用水淀粉勾芡，淋鸡油，盛入盘内即成。这道菜色鲜味美，清淡适口，含有丰富的蛋白质、脂肪、碳水化合物、钙、磷、铁和维生素B_1、维生素B_2等。

炸熘海带

【原料】水发海带400克，面粉50克，鸡蛋1个。

【调料】淀粉10克，花生油、精盐、酱油、白糖、醋、葱花、姜末、蒜片各适量。

【制法】1.将海带洗净，切成象眼片，沾上一层面粉；鸡蛋磕入碗内，加面粉、淀粉及少量的水，调成稠糊状。

2.锅置火上，倒入花生油，烧至六成热时，将海带挂全糊放入油锅内，炸至金黄色，捞出，控净油。

3.原锅留底油，烧热，放入葱花、姜末、蒜片炝锅，加精盐、酱油、白糖、醋及少量水，开锅后，放入海带，炒匀，盛入盘内即可。这道菜色泽金黄，酥脆可口，含有蛋白质、脂肪及多种维生素，尤其是钙、磷、铁、碘的含量丰富，是矿物质的良好来源。

儿童菜谱

糖酥丸子

【原料】肥猪肉100克，鸡蛋黄60克。

【调料】白糖100克，面粉75克，香蕉精少量，植物油1000毫升（实耗75毫升）。

【制法】1.先把猪肉在水中煮成半熟，取出晾凉后切成小碎丁，和鸡蛋黄、面粉拌匀，做成肉馅。

2.用微火烧热油锅后，将用肉馅做成的小丸子放进油锅，待炸到呈金黄色时，捞出控油，再将白糖倒入炒锅里，加入少许糖、香蕉精及水，把糖熬成糖汁，待快能抽丝时，把炸好的丸子倒入糖锅里，用勺缓慢搅动，使每个丸子都蘸上糖汁，即可装盘上桌。

肉丝米粉

【原料】小米米粉250克，瘦猪肉100克。

【调料】精盐、料酒、酱油、葱花、姜末、味精各适量。

【制法】1.将猪瘦肉洗净切

丝，放入锅内煸炒，加入料酒、酱油、精盐、葱花、姜末和适量水炒至肉熟烂。

2.将米粉用沸水烫过，分装碗内，浇上烧好的肉丝，点入味精即成。

青椒炒肉丝

【原料】青椒250克，猪肉150克（肥三瘦七）。

【调料】猪油250克（约耗100克），精盐、料酒、酱油、干淀粉、湿淀粉各适量，香油、味精、葱姜丝各少许。

【制法】1.将青椒去蒂、籽，洗净，切丝；猪肉切细丝，用精盐、料酒、干淀粉适量加些水拌匀；葱姜丝、酱油、味精、料酒、精盐、湿淀粉、水一起放入碗内，兑成汁。

2.炒锅上火，放入猪油烧至五成热，下入肉丝划散，再放入青椒丝一起过油，倒入漏勺内控净油。

3.锅烧热，放入猪油，然后下入兑好的芡汁，待汁变浓时，投入过油的肉丝、青椒丝，淋入香油，出锅即成。

肉炒三丝

【原料】芹菜丝200克，瘦猪肉、豆腐丝各50克。

【调料】植物油、酱油各10毫升，精盐3克，葱丝、姜丝各2.5克，料酒、团粉各适量。

【制法】1.先将瘦猪肉自横断面切成细丝，用团粉、适量酱油、盐、料酒调汁拌好。

2.油锅热后，先下葱、姜再放入肉丝，用旺火快炒至八成熟时，离火，倒出待用；再用油锅炒芹菜、豆腐丝，至八成熟时，放入已炒过的肉丝及余下的酱油、料酒，再用旺火炒熟，即可上桌。

芙蓉肉

【原料】猪瘦肉250克，虾仁150克。

【调料】精盐、味精、料酒、酱油、花椒、酒酿汁、香油、猪板油各适量。

【制法】1.将猪瘦肉洗净，切大片；猪板油切成与猪肉同样大小的片，拍紧在猪肉上；虾仁洗净，放在板油上，用刀轻轻拍平，使肉、油虾构成一块块芙蓉片。

2.将花椒放入香油锅内，炸焦黄时捞出；将热油浇上芙蓉肉片三四次，至肉半熟，倒出锅内油，将芙蓉肉片放入锅内，浇上酒酿汁，加入精盐、味精、料酒、酱油，煮至肉熟，即可出锅。

熘腰子

【原料】木耳少许，猪腰子2个（约重200克）。

【调料】葱15克，淀粉25克，猪油400克（约耗50克），蒜2瓣，精盐、姜各少许。

【制法】1.先将猪腰子一剖两瓣，去掉腰臊，用清水洗净，切成片，再用淀粉拌匀备用。

2.锅内放猪油，油八成热时倒入腰片，炸1分钟，捞出控油，再放入葱、姜、蒜、精盐、木耳，加少量淀粉和清汤，在锅中颠两下即成。

酸辣猪血羹

【原料】猪血豆腐250克，瘦猪肉100克。

【调料】精盐、味精、料酒、酱油、醋、葱花、姜丝、蒜蓉、胡椒粉、猪油各适量。

【制法】1.将血豆腐洗净，切丁；猪肉洗净切碎，放入碗内，加料酒、酱油拌匀。

2.锅上火，放葱、姜、蒜煸香，先放入猪肉煸炒熟，再放入血豆腐，加水适量，放入料酒、酱油、精盐、醋，烧至入味；点入味精，撒入胡椒粉，出锅即成。

菠菜猪肝汤

【原料】熟猪肝、菠菜各200克。

【调料】精盐、味精、酱油、胡椒粉、猪油各适量。

【制法】1.将猪肝切成小薄片；菠菜择洗干净，用沸水烫一下，沥水，切段。

2.锅置火上，放猪油烧热，下猪肝煸炒一会儿，加精盐、酱油继续煸炒，注入适量清水烧沸，放入菠菜段烧沸，放味精，撒胡椒粉即可。

油炸芝麻猪肝

【原料】猪肝250克，芝麻100克，鸡蛋清适量。

【调料】姜末、面粉、植物油、精盐、葱末各适量。

【制法】1.将芝麻淘洗干净；将猪肝洗净，切成薄片；用鸡蛋清、面粉、精盐、葱末、姜末调匀，放入猪肝蘸浆，沾满芝麻。

2.锅上火，放植物油烧至七成热，放入沾满芝麻的猪肝，炸透，出锅装盘即可。

肝黄粥

【原料】猪肝100克，鸡蛋2个，粳米150克。

【调料】精盐、味精、料酒各适量。

【制法】1.将猪肝洗净，用刀刮成茸，放碗内，加入精盐、料酒腌渍；粳米去杂洗净；鸡蛋煮熟，取蛋黄压成泥。

2.锅内加水适量烧沸，放入粳米、肝泥、蛋黄共煮成粥，用精盐、味精调好味，出锅即成。

牛肉烧萝卜

【原料】冬菇6个，蒜苗2棵，萝卜500克，牛肉750克，高汤100毫升。

【调料】葱、姜、白糖、料酒、酱油各少许。

【制法】1.将牛肉洗净后切成块，萝卜洗净后切成滚刀块，大葱和蒜苗切成寸段；冬菇切片；姜切片。

2.油锅烧热后下葱、姜，炸出香味，放入牛肉块，煸去牛肉中一部分水，再放入酱油、料酒、糖，加入高汤烧开后移置小火煨，牛肉煨至七成熟时，投入萝卜同烧，烧熟时放入冬菇、蒜苗即可。

黄豆炖牛肉

【原料】牛肋条肉500克，黄豆250克。

【调料】精盐、料酒、酱油、白糖、葱段、姜片、八角、茴香、花生油各适量。

【制法】1.将牛肉洗净，入沸水锅内煮30分钟，捞出洗净后切丁；黄豆去杂洗净，放锅内用小火炒香。

2.油锅烧热，放入牛肉丁炒变色，加入精盐、葱段、料酒、酱油、姜片、八角和适量水，烧沸，放入黄豆再烧沸，改为小火焖煮至肉豆熟烂，加入精盐、白糖调味，出锅即成。

滑炒牛肝片

【原料】黄瓜200克，熟牛肝400克。

【调料】精盐、味精、酱油、白糖、葱丝、姜丝、蒜蓉、花椒水、湿淀粉、香油、植物油各适量。

【制法】1.将牛肝去杂切薄片，放碗内，加精盐、湿淀粉抓匀；黄瓜洗净切片；碗内放精盐、味精、酱油、白糖、花椒水、湿淀粉调汁。

2.锅内放植物油烧热，放入肝片划透，捞出，沥油。

3.原锅内留余油，放入葱、姜、蒜煸香，加入肝片、黄瓜片煸炒，倒入调好的汁继续煸炒，炒至入味，淋香油，出锅装盘即成。

羊肝菠菜汤

【原料】熟羊肝100克，菠菜250克。

【调料】料酒、精盐、味精、葱花、姜丝、白糖、花生油各适量。

【制法】1.将熟羊肝切片；菠菜择洗干净，用沸水略烫一下，捞出，沥水，切段。

2.锅内放油烧热，放入葱姜煸香，投入羊肝片煸炒几下，加入精盐、料酒、白糖和少量水煸炒入味，投入菠菜略炒，用精盐、味精调味，出锅即成。

姜丝羊肉

【原料】蒜苗段20克，瘦牛肉100克，甜椒200克，嫩姜25克。

【调料】植物油40毫升，酱油5毫升，精盐1克，甜面酱、水淀粉各3克，料酒5毫升。

【制法】1.先将嫩姜、甜椒（去蒂、籽）切成丝；羊肉按其纹理切成丝，放入料酒、酱油、精盐拌匀。

2.甜椒丝放入热油锅中煸炒至半熟，放入羊肉丝，炒至发白，加入嫩姜、蒜苗段，略炒数下，下甜面酱炒匀，倒入水淀粉液汁颠翻几下，装盘上桌。

油菜鸡肝

【原料】鸡肝150克，油菜250克。

【调料】精盐、料酒、味精、葱花、姜丝、猪油各适量。

【制法】1.将鸡肝去杂洗净，入沸水锅内焯去血沫，捞出洗净，再放入锅内煮至熟；油菜去杂洗净切段。

2.锅内放入油烧热，下葱、姜煸香，放入鸡肝、精盐、味精和适量水，烧至鸡肝入味，放入油菜炒至入味，出锅即成。

熘鸡肝

【原料】鸡肝400克，豆苗（或菠菜心）、冬笋各250克，汤少许。

【调料】猪油40克，鸡蛋1

个，淀粉20克，醋少许，酱油15毫升；料酒10毫升，姜5克，蒜2瓣，糖2克，味精、盐各1克，泡辣椒、葱各10克。

【制法】1.将鸡肝肉中间先切为2块，然后切成0.2厘米厚的片；豆苗洗净；冬笋切片；葱切马耳形；姜切四方片；蒜切片；泡辣椒去籽切斜段；将蛋清对淀粉调成稀糊。

2.用盐、料酒拌匀鸡肝，浆上蛋糊，再拌上一点油；用料酒、酱油、葱、姜、蒜、醋、糖、淀粉、味精、汤兑汁。

3.锅烧热，倒入油，油沸时下入鸡肝，用勺推动炒散变色时，相继加入冬笋、豆苗、泡辣椒，略炒几下，随即倒入已兑好的汁，汁开时翻动炒匀即成。

核桃米炒鸡丁

【原料】鸡蛋清17克，童子鸡脯肉125克，核桃米30克，小白菜丁20克。

【调料】植物油、肉皮汤各30毫升，白酱油、红酱油各5毫升，豆粉9克，料酒4毫升，白糖、胡椒面各1克，精盐、葱、姜、蒜末各2克。

【制法】1.先将核桃仁去皮，水发后切成0.7厘米见方米丁，用少量的植物油微炸至黄色，捞出控油。

2.将加工后的鸡胸脯肉切成0.7厘米见方的鸡丁，放入用6克豆粉、鸡蛋清和少许盐调好的蛋白粉汁中拌匀。

3.再将红酱油、白酱油、3克豆粉、肉皮汤、糖、料酒和胡椒面，调成汁。

4.最后把拌好的鸡丁放入烧到七成热的油锅中，翻炒至发白，加入葱、姜、蒜末和小白菜丁，翻炒均匀，倒入核桃米丁，煸炒两下，放入调料汁，再炒至熟，即可装盘上桌。

嫩姜爆鸭丝

【原料】熟烟熏鸭250克。

【调料】嫩姜40克，红甜椒、青蒜苗各25克，植物油25毫升，酱油8毫升，白糖1克。

【制法】1.先把烟熏鸭剔骨，切成长4厘米、粗0.7厘米的丝；姜切丝；甜椒切成粗0.7厘米的丝；青蒜苗切成小段。

2.把鸭丝放入烧至五成热的油锅中翻炒数下，加入姜丝、甜椒丝，再放入酱油、白糖、青蒜苗段，炒出香味，起锅装盘即成。

软炸鸭肝

【原料】鸭肝250克，鸡蛋2个，面包渣100克。

【调料】精盐、味精、料酒、湿淀粉、猪油各适量。

【制法】1.将鸭肝去杂，洗净，切薄片，放碗内，加入精盐、料酒腌渍；另取一碗，磕入鸡蛋，加入料酒、精盐、湿淀粉调匀成蛋糊。

2.油锅烧至六成热，将鸭肝一片片地挂匀蛋糊，底部沾上一层面包渣，炸至两面呈金黄色时，捞出即成。

鳝鱼蛋汤

【原料】鳝鱼150克，鸡蛋2个，面筋条25克，鸡汤、鳝鱼汤各适量。

【调料】精盐、味精、酱油、醋、胡椒粉、湿淀粉、香油各适量，葱花、姜片各少许。

【制法】1.鳝鱼肉切丝；鸡蛋磕入碗内，搅打成蛋液。

2.锅内放入鸡汤、鳝鱼汤各1碗，烧沸放入鳝鱼丝、面筋条、酱油、醋、葱花、姜片，烧好后倒入鸡蛋花，用湿淀粉勾芡，烧沸后盛入碗中，加入胡椒粉、味精、香油即成。

玉兰五花鱼

【原料】鱼750克（任何鱼均可），五花肉100克，玉兰片50克。

【调料】葱花、蒜片、姜末、酱油、味精、盐、醋、料酒、香油、植物油各适量。

【制法】1.将鱼洗净，两面打上花刀，过油炸一下，捞出待用。

2.用植物油、葱、姜、蒜炝锅，炒五花肉片和玉兰片，炒好加酱油、料酒、味精、醋和盐少许，再放5勺高汤，把鱼放锅内大火烧开，用微火煨大约15分钟，汁剩一半时，把鱼翻个捞出，放入盘中，调料也同时捞出，放在鱼上，后将原汁加上香油和酱油搅匀，洒在鱼身上即可。

奶汁带鱼

【原料】净带鱼段350克，牛奶100克。

【调料】料酒、精盐、味精、番茄酱、熟芝麻屑、胡椒粉、水淀粉、香油、花生油各适量。

【制法】1.将带鱼段去刺，切成小块，放入碗内，加入料酒、精盐、胡椒粉、香油腌渍入味，蘸上水淀粉，入七成热油锅中炸至呈金黄色，捞出沥油，放入盘内。

2.油锅内留少量余油，加适量水烧沸，倒入牛奶、番茄酱，搅动均匀，烧沸，放入精盐、味精调味，用水淀粉勾芡，浇在鱼块上，撒上芝麻屑即成。

油氽鱿鱼

【原料】水发鱿鱼500克，熟花生米25克。

【调料】植物油500毫升，酱油20毫升，五香椒盐粉0.5克，甜酱10克。

【制法】1.先把熟花生米去掉外衣，码在盘四周；将水发好的鱿鱼漂去碱味，撕去薄皮，抽去硬筋，从两旁剪三四刀，使鱼氽时容易入味，洗净，控干。

2.待锅内油热后，离开火，等油温稍冷，把鱿鱼放入油锅中过油4~5分钟，见鱿鱼呈紫色、软卷、外皮起小泡时捞出，切成小方块，装盘心，撒上五香椒盐、酱油，即可上桌。可另备一小碟甜酱，以备蘸着吃用。

海带牡蛎汤

【原料】牡蛎肉150克，水发海带100克，肉汤适量。

【调料】料酒、精盐、味精、姜片、猪油各适量。

【制法】1.将牡蛎肉洗净，用热水浸泡发胀后，去杂，洗净，放碗中；浸泡的水，澄清后放另一碗中，与牡蛎一起上笼蒸1小时；海带择洗干净，切丝。

2.锅内放猪油烧热，下姜片煸出香味，烹入料酒，加肉汤、精盐，倒入牡蛎肉和海带丝煮一段时间，加入味精调味即成。

鸡蓉牡蛎糊

【原料】净牡蛎肉500克，鸡脯肉150克。

【调料】猪肉25克，鸡蛋清4个，茶食（糕饼、果脯等）100克，熟火腿末10克，味精、酱油、胡椒粉、香油、熟猪油、鸡汤、面粉各适量。

【制法】1.将牡蛎肉去杂，洗净，放在漏勺中沥干水分，倒在砧板上切碎放入碗内；鸡脯肉、猪肉分别洗净，用刀脊砸成茸泥放入汤碗里，掺入鸡汤、味精、酱油，搅拌后打入鸡蛋清拌匀。

2.炒锅上火，放入猪油烧至七成热，将茶食下锅炸酥，倒进漏勺，沥去油，放入盘内。

3.炒锅留余油，用旺火烧至

七成热，放入面粉研至呈乳白色，加入牡蛎肉、鸡蓉、蛋清，搅匀后徐徐倾入锅内，边倒边用铁勺搅匀，烩一会儿后，起锅倒在茶食上，撒上胡椒粉、火腿末，淋上香油即成。

牛肉牡蛎汤

【原料】牡蛎肉、青菜叶各50克，牛瘦肉250克。

【调料】料酒、精盐、味精、葱末、姜末、熟猪油、肉汤各适量。

【制法】1.将牡蛎肉用热水浸泡，水凉后再换热水，泡发后洗净。

2.牛肉洗净，放入沸水锅中汆一下，捞出，洗净，切成丝。

3.锅上火，放入猪油，下入葱末、姜末煸香，再加入牛肉丝、料酒煸至水干，加入肉汤、精盐、牡蛎肉煮至熟烂，加入青菜叶，放入味精，盛入汤碗即成。

发菜虾排

【原料】鲜海虾肉150克，发菜45克，青菜250克。

【调料】猪油500克（约耗60克），酱油3毫升，料酒1毫升，团粉45克，味精1克，精盐1.5克，香油9毫升。

【制法】1.先将洗净的虾肉控干，放入由料酒、味精、精盐、酱抽拌匀的混合液中腌30分钟；青菜洗净，切成3厘米的段；发菜用清水洗净、吹干，整理好，放在干锅里用微火焙约10分钟，要用筷子不断地搅动，再慢慢淋上少许香油，直焙到又酥又香时为止。

2.将已腌的海虾四五个排成一排，把已焙好的发菜挤夹到每个虾与虾的排缝中，用竹签将海虾的头尾两端串连起来，成为虾排后，撒上干团粉，下热油锅中炸2～3分钟，至金黄色时，即可捞出控油，抽出竹签，照原样排在盘中即可上桌。

菜花虾米

【原料】虾米50克，菜花250克。

【调料】精盐、酱油、葱花、植物油各适量。

【制法】1.将虾米用温水泡发；菜花洗净，掰成小朵。

2.锅上火，放油烧热，下葱花煸香，投入菜花翻炒几下，加入精盐、酱油、虾米及泡虾米的水，烧至菜花入味，即可出锅。

板栗炒白菜

【原料】黄秧白菜500克，板栗250克，高汤360毫升，熟红萝卜10克。

【调料】海带丝20克，植物油30毫升，精盐2克，料酒4毫升。

【制法】1.用刀在板栗柄端划一裂缝，放入开水中煮熟后除去外壳和内皮，太大者可从中分一刀，切成两块。

2.将白菜洗净，去筋，切成长3厘米、宽3厘米的大块。

3.将油放入锅内，油热后倒入白菜，稍炒，放入适量高汤、板栗、料酒、精盐、海带丝烧熟，撒上红萝卜丝即可。

番茄白菜

【原料】大白菜心300克，番茄酱100克。

【调料】白糖60克，米醋30毫升，葱丝10克，香油适量。

【制法】1.将白菜心洗净，切成细丝，放入盘中，再将番茄酱倒在白菜丝上待用。

2.食用前，放入白糖、醋、香油、葱丝拌匀即可。

咸蛋芥菜汤

【原料】咸鸭蛋2个，芥菜150克。

【调料】味精、酱油、鲜汤各适量。

【制法】1.将芥菜择杂，洗净，切段；鸭蛋磕入碗内。

2.锅内加鲜汤烧沸，先放入蛋黄烧沸，加入芥菜、味精、酱油烧沸，再倒入蛋白烧熟，出锅即成。

素炒荠菜

【原料】荠菜250克。

【调料】花生油、黄酒、精盐、味精各适量。

【制法】1.将荠菜择净，用清水冲洗。

2.锅置旺火上，放花生油烧热，投入荠菜，急火翻炒至软，注入少许水，盖好锅，煮3～5分钟，加入精盐、黄酒、味精翻炒几下，盛起即成。

豌豆包

【原料】面粉500克，豌豆400克。

【调料】白糖、发酵粉、糖桂花各适量。

【制法】1.将豌豆去皮洗

净，放锅中加水适量，煮成泥，加白糖和糖桂花搅匀，晾凉即成豆馅。

2.将发酵粉倒入面粉，揉匀和好后盖上湿布静置发酵，案板上撒少许面粉，将面团搓成长条，揪成13个小剂，逐个按成圆饼，抹匀一层豆馅，包成圆形豆包，封口朝下码在笼内，蒸15分钟即熟。

糖酥花生米

【原料】鸡蛋1个，花生米250克。

【调料】面粉少许，白糖、花生油各适量。

【制法】1.将花生米去杂洗净；将鸡蛋磕入碗内，放入少量面粉和水，调成糊，将花生米放入，加入白糖拌匀。

2.锅置火上，放花生油烧热，将裹有面糊的花生米炸至琥珀色，捞出，晾凉即成。

琥珀花生

【原料】花生米250克。

【调料】花生油500毫升（约耗75毫升），鸡蛋1个，面粉60克，糖50克。

【制法】1.把鸡蛋磕入盆内打散，放入面粉和少许水调成糊；将洗净的花生米放入糊内，加入糖搅匀。

2.锅内放花生油烧至六成热时，用筷子将裹糊的花生米块拨入油中，用温油将花生米块炸至琥珀色捞出，晾凉，即可食用。

辣糊豆

【原料】黄豆250克，猪瘦肉125克，花生米75克，豆腐干50克，肉汤适量。

【调料】精盐、料酒、葱花、姜片、花生油各适量，辣椒粉、味精各少许。

【制法】1.将黄豆、花生米分别去杂，洗净；将黄豆放入锅内炒至将熟，出锅待用；花生米炒至将熟，出锅晾凉，去皮；猪瘦肉去杂洗净切丁；豆腐干切丁。

2.锅内放油烧热，下入肉丁煸炒，加入料酒、精盐、葱花、姜片和适量水，烧至猪肉熟，加入黄豆、花生米、肉汤和适量水，煮至黄豆、花生米熟酥，加入豆腐干、辣椒粉、味精及精盐，烧段时间即可出锅，冷凝后装盘食用。

三丝黄瓜

【原料】黄瓜3根，香肠丝、香菇丝、绿豆芽各30克。

【调料】熟花生油15克，精盐3克，味精2克，水淀粉10克，鸡汤适量。

【制法】1.黄瓜去皮，切去两头，切成3厘米长的段，捅掉黄瓜中间的籽瓤，把香菇丝、香肠丝和绿豆芽依次嵌入黄瓜段中间（三丝同黄瓜段要一样长短），全部做完后排放在盘内，上笼用旺火蒸5~7分钟，取出备用。

2.炒锅上火，加鸡汤、精盐、味精，烧沸后，用水淀粉勾薄芡，淋入熟花生油，把卤汁浇在三丝黄瓜上即成。

三鲜豆腐

【原料】鸡蛋35克，鸡蛋清20克，香菜25克，白豆腐500克，水发海参20克，虾仁100克，冬笋50克，鸡汤200毫升。

【调料】葱花、姜末、味精各3克，面粉15克，酱油15毫升，香油5毫升，花生油50毫升，淀粉适量，精盐少许。

【制法】1.先将海参、冬笋拣好，洗净，切成蚕豆丁大，用开水氽过放在碗中；另将虾仁洗净、切丁，用适量蛋清、面粉及适量精盐拌好，用温油划透，捞出待用；再将豆腐切成长方块，用热油炸成金黄色后捞出，从其上面片取一薄片，下面的一片揪成桶状。

2.将海参、冬笋及虾仁丁加入精盐、味精、姜末、香油拌匀，填入豆腐盒内，再将掺入蛋清的少许面粉抹在豆腐片上，将豆腐盖封好，上笼屉蒸10分钟后取出，滤出汤汁，码入盘中。

3.在砂锅中加入鸡汤、酱油，煮沸后加入淀粉勾成薄芡，淋在豆腐上，加入香油，撒上事先切好的香菜，即可上桌。

雪里红炒豆腐

【原料】豆腐300克，雪里红干菜100克。

【调料】酱油、味精、葱姜末、高汤、猪油、香油、淀粉各少许。

【制法】1.把豆腐切成小方丁，用开水氽一下，沥尽水；雪里红用水泡后洗净。

2.炒锅内入猪油，先用葱姜末爆出香味，再加入雪里红煸炒。

3.下入高汤，放进豆腐、酱油，烧开后移到小火上再烧焖数分钟，用水淀粉勾芡收汁，淋入香油，加入味精，出锅装盘即可。

虾皮炖豆腐

【原料】嫩豆腐4块，虾皮50克，笋片25克。

【调料】酱油、精盐、味精、料酒、清汤、香油各适量。

【制法】1.将豆腐切成小块，放在冷水锅内，加少许料酒，用旺火煮至豆腐周围有小洞时，把煮豆腐的水倒掉。

2.在豆腐锅内加入笋片、虾皮、酱油、精盐和清汤（以没过豆腐为度），用小火炖20分钟左右，撒入味精，淋入香油，即可出锅。

酥海带

【原料】干海带250克，猪五花肉75克。

【调料】大葱175克，姜、大蒜各25克，酱油、醋、白糖、料酒、精盐各适量。

【制法】1.将干海带用开水浸泡24小时，待发好后洗净泥沙，待用。

2.葱剥去皮洗净，其中一部分切段；姜切片；蒜去皮；猪肉切成长条。

3.锅底铺上葱（以防煳锅并起调味作用），把海带卷码在锅内，码一层撒上一层猪肉、葱段、姜片和大蒜，加入调料和汤汁（以没过海带为宜）上面压上盘子。

4.用旺火烧开后找好口味，再用小火烧4个小时，食用时将海带卷切片，码盘上桌即可。

核桃奶酪

【原料】核桃仁、牛奶各250克。

【调料】琼脂10克，白砂糖适量。

【制法】1.将核桃仁去杂，洗净，放锅内用小火炒熟，然后磨成细浆；将牛奶注入核桃浆内，搅拌均匀。

2.将琼脂放入锅内溶化，加入牛奶、核桃浆、白砂糖和适量水搅匀，煮沸后，趁热过滤倒入盘内，晾凉后放入冰箱内凝冻，用刀切成菱形，装盘即成。

烧腐竹

【原料】干腐竹150克，高汤适量。

【调料】玉兰片、口蘑、盐、白糖各少许；料酒、酱油、味精、香油、葱、姜末各适量。

【制法】1.将干腐竹用水发

透，挤去水分，切成斜刀寸段。

2.锅内放油烧至六七成热时，先以葱、姜末炝锅，随即烹上料酒，放酱油、盐、味精、白糖，加少许高汤，将腐竹段、玉兰片、口蘑片下锅同烧；中火烧一会儿，待汤汁吃进腐竹后，稍勾薄芡，淋上香油即可。

麻酱拌豇豆

【原料】长豇豆300克，麻酱50克。

【调料】精盐适量，味精少许。

【制法】1.将豇豆择洗干净，切成小段，放入开水中焯透，捞出后过凉，放入盘内。

2.将麻酱用凉开水懈开，调成粥状，与精盐、味精调匀，浇在豆角上，拌匀即成。

红枣木耳汤

【原料】水发木耳25克，红枣25枚。

【调料】白糖适量。

【制法】1.将水发木耳择洗干净，撕成小片；红枣洗净，去核。

2.将红枣、木耳、白糖同放入砂锅中，加入适量清水，煮至红枣、木耳熟透，盛入汤碗中即成。

安全买菜速查清单

随用随查，健康可靠

五谷类

大米：摸一摸，看外观

√优质大米颜色青白，米粒完整，坚实饱满，且具有天然的米香味。

╳掺了矿物油的“毒大米”，呈浅黄色，手捻米粒会有油腻感。

小米：捻一捻，闻一闻

√优质小米的米粒小，颜色呈黄色或金黄色，色泽均匀，有清香味道。

╳劣质小米用手捻易碎或成粉末，色泽发暗，久存的陈小米有霉变或异味。

糯米：看颜色，闻气味

√优质糯米粒大而饱满，均匀无杂质，颜色白皙有光泽，有米香味。

╳劣质糯米米色发暗或发黄，米中混有杂质，无糯米香味。

面粉：一看、二闻、三选

√优质面粉呈乳白色或微黄色，具有天然麦香味，大多标明“无添加增白剂”。

╳使用增白剂的面粉颜色惨白或灰白，长期食用会损害肝脏。

淀粉：辨外形，看手感

√优质淀粉粗细均匀，色泽洁白，具有一定光泽，手攥不易成团。

╳劣质淀粉呈黄白或灰白色，并缺乏光泽，会出现结块、成团的现象。

大豆：观察颜色和形状

√优质大豆光泽度高、颗粒饱满且整齐均匀、干燥不潮湿，具有正常的香气和口味。

╳劣质大豆色泽暗淡或无光泽、颗粒瘦瘪、残缺不全、有酸味或霉味。

绿豆：看豆色，捏一捏

√ 优质绿豆呈青绿或黄绿色，颗粒饱满圆润，大小均匀，有光泽。

╳ 劣质绿豆呈褐色，表面有白点，多含有空壳。

赤豆：看外观，检查颗粒

√ 优质赤豆颗粒饱满、大小均匀、颜色红艳、无虫蛀。

╳ 劣质赤豆颗粒瘦瘪、残缺不全、大小不均。

肉、蛋、水产类

猪肉：细细看，轻轻压

√ 新鲜猪肉呈淡红色，有光泽，具有正常的鲜肉气味，用手指按压凹陷后会立即复原。

╳ 用纸贴在肥瘦肉上，用手紧压，揭下来用火点燃，若不能燃烧，则说明肉中注了水。

牛肉：摸一摸，按一按

√ 新鲜牛肉红色均匀稍暗，表面不黏手，富有弹性，有正常的鲜肉气味。

╳ 变质牛肉严重粘手，或外表呈水湿样，指压后凹陷恢复很慢甚至不能恢复。

羊肉：手感、肉质来帮忙

√ 新鲜羊肉肌肉结构坚实，有弹性，摸上去有点黏手。

╳ 不新鲜羊肉发软，不会黏手，脂肪变黄说明冷冻时间过久。

鸡肉：闻一闻，摸一摸

√ 新鲜鸡肉表面有光泽且有弹性，肉切面具有光泽，具有鲜肉的正常气味。

╳ 劣质鸡肉眼球皱缩凹陷，色泽暗，腹腔内有轻微的气味，指压后凹陷恢复较慢或不能恢复。

火腿：看颜色，闻味道

√ 优质火腿表面干燥、清洁，肉皮坚硬，脂肪质地坚实，呈淡黄色。

╳ 可用竹签刺入肌肉，拔出后嗅竹签气味，缺少肉香味，有腐败气味的为劣质火腿。

腊肉：辨色泽及弹性

√ 优质腊肉呈鲜红或暗红色，肉身干爽，肉质紧实，有腊制品特有的风味。

╳ 劣质腊肉颜色发灰，没有光

泽，脂肪呈黄色，表面有霉点，肉质松软无弹性。

鸡蛋：蛋壳、蛋黄辨新陈

√ 新鲜鸡蛋，蛋壳较毛糙，对着日光看呈微红色、半透明状，蛋黄轮廓比较清晰。

╳ 不新鲜的蛋，蛋壳比较光滑，不易透光，摇晃时有水声。

虾：捏一捏，闻一闻

√ 鲜虾的肉色自然，头、身、尾连接紧密。

╳ 劣质虾的肉干瘪发黄，肉质白亮发黏、气味刺鼻的则可能是甲醛浸泡过的虾。

冻鱼：看鱼眼，观鱼身

√ 新鲜冻鱼眼球凸起，黑白分明，冰冻结实，色泽发亮，洁白无污物，肛门紧缩。

╳ 不新鲜冻鱼眼球下陷呈灰白色，颜色灰暗或泛黄，无光泽。

虾皮：看颜色，握一把

√ 优质虾皮个体色呈红白或微黄，肉丰满，用手紧握一把松开后，虾皮散开，干燥适度。

╳ 劣质虾皮色泽深黄，个体软碎，不均匀整齐，无光泽，成团、碎末多或发黏。

蔬菜、水果类

卷心菜：观察叶球的紧密度

√ 优质卷心菜的叶球坚硬紧实，松散的表示包心不紧，不要买。

╳ 叶球坚实但顶部隆起，说明球内开始挑薹，口味变差，也不要购买。

花菜：观察花球和花茎

√ 新花菜的花球大而紧实，花茎脆嫩，以花球周边未散开为最好。

╳ 劣质花菜的花球花散，花梗较长，有散花，花球失水，外包叶变黄。

韭菜：看根部的颜色和切口

√ 优质韭菜的根部呈白色，切口平整，且无异味。

╳ 老韭菜根部为青色且切口不平整，叶片异常宽大的韭菜有可能使用过激素。

土豆：搓一搓，掐一掐

√ 新土豆的表皮较薄，易被搓掉，含水较多，掐掐肉可出水。

╳老土豆的表皮较厚，肉质较干，表皮不容易被搓掉。

青椒：注意果形与颜色

√新鲜青椒整体饱满，充满水分，质感较硬，椒柄呈绿色。

╳放久了的青椒质感较软，表面有褶皱，一些部位还有黑斑。

茄子：看手感和带状环

√新鲜茄子的表面亮泽度高，萼片与果实连接处的带状环大，手握有黏滞感。

╳老茄子的表皮皱缩、光泽黯淡，手感发硬。

苹果：看果蒂，闻气味

√新鲜苹果的蒂是浅绿色的，闻起来还有股天然清新的果香气味。

╳苹果蒂如果是枯黄或者黑色的，一定存放了很久。

香蕉：观察果皮，捏捏果身

√成熟的香蕉皮色鲜黄光亮，两端带青，轻轻用手指捏果身，富有弹性。

╳尽量不买果皮没有梅花点的香蕉，极有可能是化学催熟的。

脐橙：摸一摸，看一看

√新鲜脐橙上端的小枝还在，叶子没有枯萎，果肉紧实，摸上去有弹性。

╳当心颜色鲜红有亮泽、摸上去细腻顺滑的脐橙，多为经过打蜡抛光的产品。

橘子：观察果蒂，摸摸外皮

√优质橘子的外表光滑，没有突起的斑点，也没有伤痕。

╳橘子个头以中等为最佳，太大的皮厚、甜度差，太小的可能生长得不够好，口感较差。